개념+유형

PLUS

유형편

기초탄탄 LITE

중등 수학

3·1

Q&A

How

어떻게 만들어졌나요?

유형편 라이트는 수학에 왠지 어려움이 느껴지고 자신감이 부족한 학생들을 위해 만들어졌습니다.

When

언제 활용할까요?

개념편 진도를 나간 후 한 번 더 정리하고 싶을 때! 앞으로 배울 내용의 문제를 확인하고 싶을 때!
부족한 유형 문제를 반복 연습하고 싶을 때! 시험에 자주 출제되는 문제를 알고 싶을 때!

Why

왜 유형편 라이트를 보아야 하나요?

다양한 유형의 문제를 기초부터 반복하여 연습할 수 있도록 구성하였으므로 앞으로 배울 내용을 예습하거나 부족한 유형을 학습하려는 친구라면 누구나 꼭 갖고 있어야 할 교재입니다.
아무리 기초가 부족하더라도 이 한 권만 내 것으로 만든다면 상위권으로 도약할 수 있습니다.

유형편 라이트 의 구성

- 문제 풀이의 비법을 담은 내용 정리

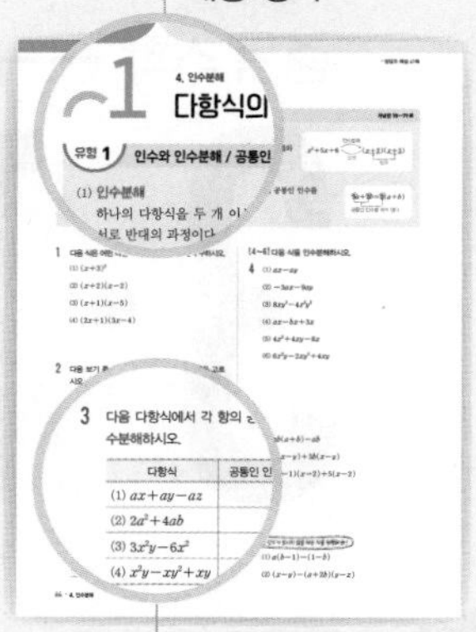

- 꼼꼼하게 짚어주는 단계별 연습 문제
- 부족한 유형은 한 번 더 연습

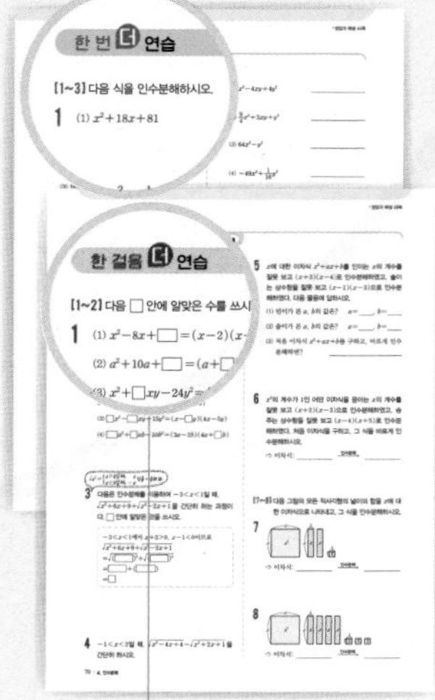

- 발전된 유형은 한 걸음 더 연습
- 자주 출제되는 문제를 두 번씩 보는 쌍둥이 기출문제

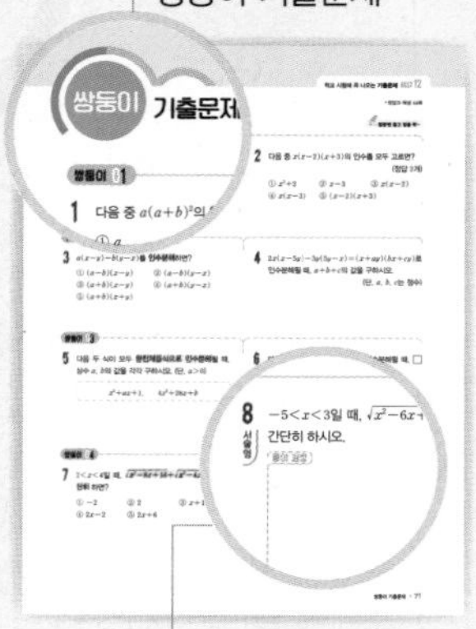

- 핵심 기출문제와 서술형 문제
- 쌍둥이 기출문제 중 핵심 문제만을 모아 단원 마무리

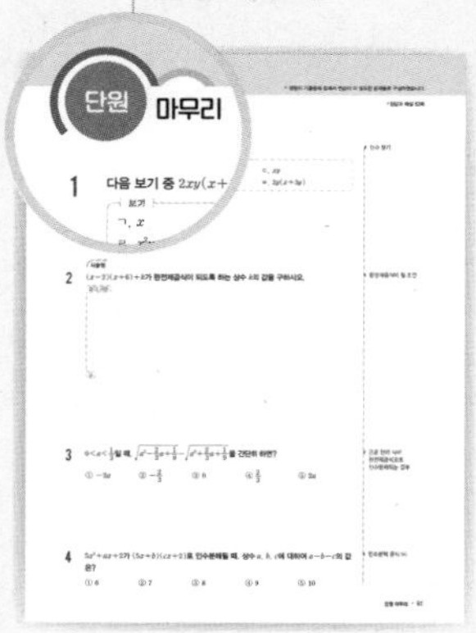

차례 ••• CONTENTS

1 제곱근과 실수

유형 1 제곱근의 뜻
유형 2 제곱근의 표현
유형 3 제곱근의 성질
유형 4 $\sqrt{a^2}$의 성질
유형 5 제곱인 수를 이용하여 근호 없애기
유형 6 제곱근의 대소 관계
유형 7 무리수
유형 8 실수
유형 9 무리수를 수직선 위에 나타내기
유형 10 실수와 수직선
유형 11 제곱근표
유형 12 실수의 대소 관계
유형 13 무리수의 정수 부분과 소수 부분

• 정답과 해설 16쪽

01 제곱근의 뜻과 성질

유형 1 제곱근의 뜻

개념편 8쪽

(1) a의 제곱근 ➡ 제곱하여 a가 되는 수 ➡ $x^2=a$를 만족시키는 x의 값 ➡ a, $-a$

5, -5 —제곱→ 25, 25 —제곱근→ 5, -5

(2) 제곱근의 개수

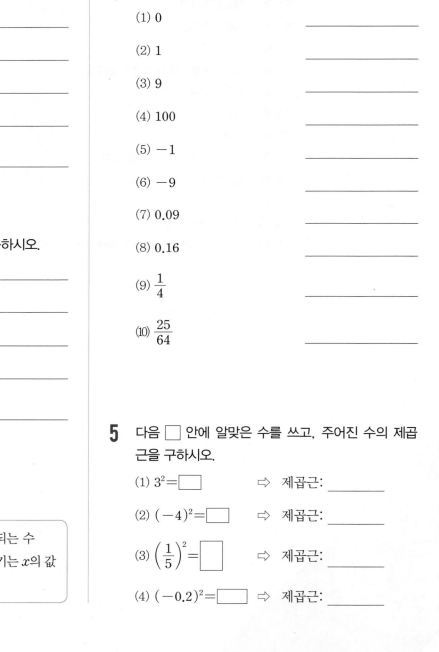

① 양수의 제곱근은 양수와 음수가 있다. ➡ 2개 → 두 수의 절댓값은 같다.

② 0의 제곱근은 0이다. ➡ 1개

③ 음수의 제곱근은 생각하지 않는다. ➡ 0개(없다.)

1 제곱하여 다음 수가 되는 수를 모두 구하시오.

(1) 4 ________

(2) 49 ________

(3) 81 ________

(4) 0.25 ________

(5) $\frac{1}{16}$ ________

2 다음 식을 만족시키는 x의 값을 모두 구하시오.

(1) $x^2=16$ ________

(2) $x^2=64$ ________

(3) $x^2=144$ ________

(4) $x^2=0.81$ ________

(5) $x^2=\frac{100}{9}$ ________

3 다음 □ 안에 알맞은 수를 쓰시오.

36의 제곱근 ⇨ 제곱하여 □이(가) 되는 수
⇨ $x^2=$□을(를) 만족시키는 x의 값
⇨ □ 또는 -6

4 다음 수의 제곱근을 구하시오.

(1) 0 ________

(2) 1 ________

(3) 9 ________

(4) 100 ________

(5) -1 ________

(6) -9 ________

(7) 0.09 ________

(8) 0.16 ________

(9) $\frac{1}{4}$ ________

(10) $\frac{25}{64}$ ________

5 다음 □ 안에 알맞은 수를 쓰고, 주어진 수의 제곱근을 구하시오.

(1) $3^2=$□ ⇨ 제곱근: ________

(2) $(-4)^2=$□ ⇨ 제곱근: ________

(3) $\left(\frac{1}{5}\right)^2=$□ ⇨ 제곱근: ________

(4) $(-0.2)^2=$□ ⇨ 제곱근: ________

유형 2 제곱근의 표현

개념편 9쪽

(1) 제곱근을 나타내기 위해 근호($\sqrt{\ }$)를 사용한다. 이때 $\sqrt{a}$를 '제곱근 a' 또는 '루트 a'라고 읽는다.

(2) 3의 제곱근 ➡ 양의 제곱근: $\sqrt{3}$, 음의 제곱근: $-\sqrt{3}$ ➡ 한꺼번에 나타내면 $\pm\sqrt{3}$

참고 근호 안의 수가 어떤 유리수의 제곱이면 근호를 사용하지 않고 나타낼 수 있다. 예 16의 제곱근: $\pm\sqrt{16}=\pm4$

주의 'a의 제곱근'과 '제곱근 a'의 비교 (단, $a>0$)

a의 제곱근	제곱하여 a가 되는 수 ➡ $\sqrt{a}$, $-\sqrt{a}$ (2개)
제곱근 a	a의 양의 제곱근 ➡ $\sqrt{a}$ (1개)

1 다음 수의 제곱근을 근호를 사용하여 나타내시오.

(1) 5 ______ (2) 10 ______

(3) 21 ______ (4) 123 ______

(5) 0.1 ______ (6) 3.6 ______

(7) $\frac{2}{3}$ ______ (8) $\frac{35}{6}$ ______

2 다음을 구하시오.

(1) 25의 양의 제곱근

(2) 100의 음의 제곱근

(3) 7의 양의 제곱근

(4) 1.3의 음의 제곱근

(5) $\frac{4}{5}$의 음의 제곱근

3 다음 표의 빈칸을 알맞게 채우시오.

a	a의 제곱근	제곱근 a
(1) 2		
(2) 23		
(3) 64		
(4) 144		

4 다음을 근호를 사용하지 않고 나타내시오.

(1) $\sqrt{1}$ ______

(2) $\sqrt{4}$ ______

(3) $-\sqrt{49}$ ______

(4) $\pm\sqrt{36}$ ______

(5) $\sqrt{1.21}$ ______

(6) $\sqrt{\frac{4}{9}}$ ______

(7) $-\sqrt{0.25}$ ______

(8) $\pm\sqrt{\frac{49}{64}}$ ______

5 다음을 구하시오.

(1) $\sqrt{9}=$☐의 음의 제곱근은 ☐이다.

(2) $(-7)^2=$☐의 양의 제곱근은 ☐이다.

(3) $0.\dot{1}=$☐의 음의 제곱근은 ☐이다.

(4) $\sqrt{256}$의 양의 제곱근

(5) $(-5)^2$의 음의 제곱근

유형 3 제곱근의 성질

개념편 11쪽

(1) 양수 a의 제곱근을 제곱하면 a가 된다.

$a>0$일 때, $(\sqrt{a})^2=a$, $(-\sqrt{a})^2=a$

예 $(\sqrt{3})^2=3$, $(-\sqrt{3})^2=3$

(2) 근호 안의 수가 어떤 유리수의 제곱이면 근호를 사용하지 않고 나타낼 수 있다.

$a>0$일 때, $\sqrt{a^2}=a$, $\sqrt{(-a)^2}=a$

예 $\sqrt{3^2}=3$, $\sqrt{(-3)^2}=3$

[1~4] 다음 값을 구하시오.

1 (1) $(\sqrt{2})^2$ ______ (2) $(\sqrt{5})^2$ ______

(3) $(\sqrt{0.1})^2$ ______ (4) $\left(\sqrt{\frac{3}{4}}\right)^2$ ______

2 (1) $(-\sqrt{5})^2$ ______ (2) $-(-\sqrt{5})^2$ ______

(3) $(-\sqrt{0.7})^2$ ______ (4) $-(-\sqrt{0.7})^2$ ______

(5) $\left(-\sqrt{\frac{6}{5}}\right)^2$ ______ (6) $-\left(-\sqrt{\frac{6}{5}}\right)^2$ ______

3 (1) $\sqrt{11^2}$ ______ (2) $\sqrt{\left(\frac{1}{3}\right)^2}$ ______

(3) $-\sqrt{0.9^2}$ ______ (4) $-\sqrt{\left(\frac{2}{5}\right)^2}$ ______

4 (1) $\sqrt{(-2)^2}$ ______ (2) $-\sqrt{(-2)^2}$ ______

(3) $\sqrt{(-0.3)^2}$ ______ (4) $-\sqrt{(-0.3)^2}$ ______

(5) $\sqrt{\left(-\frac{1}{5}\right)^2}$ ______ (6) $-\sqrt{\left(-\frac{1}{5}\right)^2}$ ______

5 다음 중 그 값이 서로 같은 것끼리 짝 지으시오.

$(\sqrt{7})^2$, $-\sqrt{(-7)^2}$, $-\sqrt{7^2}$, $(-\sqrt{7})^2$

6 예와 같이 ①, ②의 과정을 써서 다음을 계산하시오.

예 $(-\sqrt{2})^2-\sqrt{7^2}+\sqrt{(-4)^2}$
$=\underset{①}{\underline{2-7+4}}=\underset{②}{\underline{-1}}$

(1) $(-\sqrt{7})^2-\sqrt{3^2}$
= ______ = ______

(2) $\sqrt{18^2}\div(-\sqrt{6})^2$
= ______ = ______

(3) $\sqrt{(-2)^2}+(-\sqrt{6})^2+\sqrt{3^2}$
= ______ = ______

(4) $-(-\sqrt{7})^2+\sqrt{(-5)^2}-\sqrt{144}$
= ______ = ______

(5) $\sqrt{25}\times\sqrt{(-6)^2}\div(-\sqrt{3})^2$
= ______ = ______

(6) $\sqrt{(-6)^2}\times(-\sqrt{0.25})-\sqrt{4^2}\div\sqrt{\frac{4}{25}}$
= ______ = ______

• 정답과 해설 17쪽

유형 4 $\sqrt{a^2}$의 성질

개념편 12쪽

$\sqrt{a^2}=|a|=\begin{cases} a\geq 0\text{일 때, } & a \\ a<0\text{일 때, } & -a \end{cases}$

- $\sqrt{a^2}=|a|$: 음이 아닌 값
- a: a가 양수이면 부호는 그대로
- $-a$: a가 음수이면 부호는 반대로
- a, $-a$: 음이 아닌 값

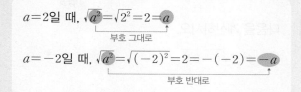

$a=2$일 때, $\sqrt{a^2}=\sqrt{2^2}=2=a$ (부호 그대로)

$a=-2$일 때, $\sqrt{a^2}=\sqrt{(-2)^2}=2=-(-2)=-a$ (부호 반대로)

1 $a<0$일 때, ◯ 안에는 부등호 $>$, $<$ 중 알맞은 것을 쓰고, □ 안에는 알맞은 식을 쓰시오.

(1) $\sqrt{a^2}$ ⇨ a ◯ 0이므로 $\sqrt{a^2}=$□

(2) $\sqrt{(-a)^2}$ ⇨ $-a$ ◯ 0이므로 $\sqrt{(-a)^2}=$□

(3) $-\sqrt{a^2}$ ⇨ a ◯ 0이므로 $-\sqrt{a^2}=$□

(4) $-\sqrt{(-a)^2}$ ⇨ $-a$ ◯ 0이므로 $-\sqrt{(-a)^2}=$□

2 $a>0$일 때, 다음 식을 간단히 하시오.

(1) $\sqrt{(2a)^2}$ ______

(2) $\sqrt{(-2a)^2}$ ______

(3) $-\sqrt{(2a)^2}$ ______

(4) $-\sqrt{(-2a)^2}$ ______

3 $a<0$일 때, 다음 식을 간단히 하시오.

(1) $\sqrt{(3a)^2}$ ______

(2) $\sqrt{(-5a)^2}$ ______

(3) $\sqrt{(3a)^2}-\sqrt{(-5a)^2}$ ______

4 $x<1$일 때, ◯ 안에는 부등호 $>$, $<$ 중 알맞은 것을 쓰고, □ 안에는 알맞은 식을 쓰시오.

(1) $\sqrt{(x-1)^2}$ ⇨ $x-1$ ◯ 0이므로 $\sqrt{(x-1)^2}=$□

(2) $\sqrt{(1-x)^2}$ ⇨ $1-x$ ◯ 0이므로 $\sqrt{(1-x)^2}=$□

(3) $-\sqrt{(x-1)^2}$ ⇨ $x-1$ ◯ 0이므로 $-\sqrt{(x-1)^2}=$□

(4) $-\sqrt{(1-x)^2}$ ⇨ $1-x$ ◯ 0이므로 $-\sqrt{(1-x)^2}=$□

5 $x>2$일 때, 다음 식을 간단히 하시오.

(1) $\sqrt{(x-2)^2}$ ______

(2) $\sqrt{(2-x)^2}$ ______

(3) $-\sqrt{(x-2)^2}$ ______

6 $-2<x<3$일 때, ◯ 안에는 부등호 $>$, $<$ 중 알맞은 것을 쓰고, □ 안에는 알맞은 수나 식을 쓰시오.

$\sqrt{(x+2)^2}+\sqrt{(x-3)^2}$

⇨ $x+2$ ◯ 0이므로 $\sqrt{(x+2)^2}=$□

$x-3$ ◯ 0이므로 $\sqrt{(x-3)^2}=$□

$\therefore \sqrt{(x+2)^2}+\sqrt{(x-3)^2}$

$=($□$)+($□$)$

$=$□

한 걸음 더 연습 유형 3~4

1 다음을 계산하시오.

(1) $\sqrt{4^2}+\sqrt{(-6)^2}$ ______

(2) $\sqrt{(-7)^2}+(-\sqrt{8})^2$ ______

(3) $\sqrt{121}-\sqrt{(-9)^2}$ ______

(4) $\sqrt{\left(\frac{3}{10}\right)^2}-\sqrt{\frac{1}{100}}$ ______

(5) $(-\sqrt{1.3})^2\times(\sqrt{2})^2$ ______

(6) $\sqrt{\frac{1}{4}}\div\sqrt{\frac{9}{4}}$ ______

2 다음을 계산하시오.

(1) $\sqrt{16}-\sqrt{(-3)^2}+(-\sqrt{7})^2$ ______

(2) $\sqrt{144}-\sqrt{(-6)^2}\times(-\sqrt{5})^2$ ______

(3) $\sqrt{1.69}\times\sqrt{100}\div\sqrt{(-13)^2}$ ______

(4) $\sqrt{(-3)^2}+(-\sqrt{5})^2-\sqrt{\left(-\frac{1}{2}\right)^2}\times\sqrt{36}$ ______

(5) $\sqrt{121}-\sqrt{(-4)^2}\div\sqrt{\frac{4}{49}}-(-\sqrt{3})^2$ ______

(6) $-\sqrt{0.64}\times\{-(-\sqrt{10})^2\}+\sqrt{\frac{4}{9}}\div\sqrt{(-2)^2}$ ______

3 $0<x<3$일 때, 다음 식을 간단히 하시오.

(1) $\sqrt{(3-x)^2}+\sqrt{x^2}$ ______

(2) $\sqrt{(-x)^2}-\sqrt{(x-3)^2}$ ______

4 $x<-1$일 때, 다음 식을 간단히 하시오.

(1) $\sqrt{(x+1)^2}+\sqrt{(1-x)^2}$ ______

(2) $\sqrt{(1-x)^2}-\sqrt{(x+1)^2}$ ______

5 $a>0$, $b<0$일 때, 다음 식을 간단히 하시오.

(1) $\sqrt{(a-b)^2}$ ______

(2) $\sqrt{a^2}+\sqrt{b^2}+\sqrt{(a-b)^2}$ ______

(3) $\sqrt{a^2}-\sqrt{b^2}-\sqrt{(a-b)^2}$ ______

• $a>0$, $b<0$인 경우 ⇨ $a-b>0$

6 $a-b<0$, $ab<0$일 때, 다음 식을 간단히 하시오.

(1) $\sqrt{(a-b)^2}-\sqrt{a^2}$ ______

(2) $\sqrt{(-b)^2}-\sqrt{(a-b)^2}$ ______

(3) $\sqrt{(ab)^2}-\sqrt{(2b)^2}+\sqrt{(b-a)^2}$ ______

• $a-b<0$, $ab<0$인 경우
⇨ $ab<0$이므로 a, b의 부호는 다르다.
이때 $a<b$이므로 $a<0$, $b>0$이다.

• 정답과 해설 18쪽

유형 5 제곱인 수를 이용하여 근호 없애기

개념편 13쪽

(1) $\sqrt{Ax}$, $\sqrt{\frac{A}{x}}$가 자연수가 되도록 하는 자연수 x의 값 구하기

❶ A를 소인수분해한다.

❷ 모든 소인수의 지수가 짝수가 되도록 하는 x의 값을 구한다.

(2) $\sqrt{A+x}$가 자연수가 되도록 하는 자연수 x의 값 구하기

❶ $A+x$가 A보다 큰 (자연수)^2 꼴인 수를 찾는다.

❷ $A+x=$(자연수)^{2}을 만족시키는 x의 값을 구한다.

(3) $\sqrt{A-x}$가 자연수가 되도록 하는 자연수 x의 값 구하기

❶ $A-x$가 A보다 작은 (자연수)^2 꼴인 수를 찾는다.

❷ $A-x=$(자연수)^{2}을 만족시키는 x의 값을 구한다.

〈제곱인 수〉
$1=1^2$
$4=2^2$
$9=3^2$
$16=4^2$
$25=5^2$
⋮

1 다음 식이 자연수가 되도록 하는 가장 작은 자연수 x의 값을 구하시오.

(1) $\sqrt{18x}$

> 18을 소인수분해하면 □×□^{2}이고
> 지수가 홀수인 소인수는 □이므로
> $x=$□×(자연수)^2 꼴이어야 한다.
> 따라서 $\sqrt{18x}$가 자연수가 되도록 하는 가장 작은 자연수 x의 값은 □이다.

(2) $\sqrt{20x}$ ______

(3) $\sqrt{54x}$ ______

(4) $\sqrt{120x}$ ______

2 다음 식이 자연수가 되도록 하는 두 자리의 자연수 x의 값을 모두 구하시오.

(1) $\sqrt{60x}$ ______

(2) $\sqrt{84x}$ ______

3 다음 식이 자연수가 되도록 하는 가장 작은 자연수 x의 값을 구하시오.

(1) $\sqrt{\frac{50}{x}}$

> 50을 소인수분해하면 □×□^{2}이고
> 지수가 홀수인 소인수는 □이므로 x는 50의 약수이면서 $x=$□×(자연수)^2 꼴이어야 한다.
> 따라서 $\sqrt{\frac{50}{x}}$이 자연수가 되도록 하는 가장 작은 자연수 x의 값은 □이다.

(2) $\sqrt{\frac{40}{x}}$ ______

(3) $\sqrt{\frac{72}{x}}$ ______

(4) $\sqrt{\frac{96}{x}}$ ______

4 다음 식이 자연수가 되도록 하는 가장 작은 자연수 x의 값을 구하시오.

(1) $\sqrt{13+x}$

> $\sqrt{13+x}$가 자연수가 되려면 $13+x$가 □보다 큰 (자연수)^2 꼴인 수이어야 하므로
> $13+x=$□, □, □, …
> $\therefore x=$□, □, □, …
> 따라서 $\sqrt{13+x}$가 자연수가 되도록 하는 가장 작은 자연수 x의 값은 □이다.

(2) $\sqrt{21+x}$ ______

(3) $\sqrt{37+x}$ ______

(4) $\sqrt{43+x}$ ______

5 다음 식이 자연수가 되도록 하는 가장 작은 자연수 x의 값을 구하시오.

(1) $\sqrt{10-x}$

> $\sqrt{10-x}$가 자연수가 되려면 $10-x$가 □보다 작은 (자연수)^2 꼴인 수이어야 하므로
> $10-x=$□, □, □
> $\therefore x=$□, □, □
> 따라서 $\sqrt{10-x}$가 자연수가 되도록 하는 가장 작은 자연수 x의 값은 □이다.

(2) $\sqrt{48-x}$ ______

(3) $\sqrt{81-x}$ ______

(4) $\sqrt{110-x}$ ______

유형 6 제곱근의 대소 관계

개념편 14쪽

(1) $a>0$, $b>0$일 때
① $a<b$이면 $\sqrt{a}<\sqrt{b}$
예 $4<7 \Rightarrow \sqrt{4}<\sqrt{7}$
② $\sqrt{a}<\sqrt{b}$이면 $a<b$
예 $\sqrt{3}<\sqrt{5} \Rightarrow 3<5$
③ $\sqrt{a}<\sqrt{b}$이면 $-\sqrt{a}>-\sqrt{b}$
예 $\sqrt{3}<\sqrt{5} \Rightarrow -\sqrt{3}>-\sqrt{5}$

(2) 근호가 있는 수와 근호가 없는 수의 대소 비교
근호가 없는 수를 근호를 사용하여 나타낸 후 대소를 비교한다.
예 2, $\sqrt{3}$의 대소 비교
$\Rightarrow 2=\sqrt{2^2}=\sqrt{4}$이고 $\sqrt{4}>\sqrt{3}$이므로 $2>\sqrt{3}$

양수끼리의 대소 비교

1 다음 두 수의 대소를 비교하여 □ 안에 부등호 >, < 중 알맞은 것을 쓰시오.

(1) $\sqrt{3}$ □ $\sqrt{6}$

(2) $\sqrt{\frac{1}{2}}$ □ $\sqrt{\frac{1}{3}}$

(3) $\sqrt{0.2}$ □ $\sqrt{\frac{3}{5}}$

(4) 3 □ $\sqrt{8}$

(5) 5 □ $\sqrt{35}$

(6) $\sqrt{48}$ □ 7

(7) $\frac{1}{2}$ □ $\sqrt{\frac{3}{4}}$

(8) 0.3 □ $\sqrt{0.9}$

음수끼리의 대소 비교

2 다음 두 수의 대소를 비교하여 □ 안에 부등호 >, < 중 알맞은 것을 쓰시오.

(1) $-\sqrt{3}$ □ $-\sqrt{2}$

(2) $-\sqrt{\frac{2}{5}}$ □ $-\sqrt{\frac{2}{3}}$

(3) $-\sqrt{\frac{1}{4}}$ □ $-\sqrt{0.22}$

(4) -8 □ $-\sqrt{56}$

(5) -4 □ $-\sqrt{15}$

(6) $-\sqrt{82}$ □ -9

(7) $-\sqrt{\frac{2}{3}}$ □ $-\frac{1}{2}$

(8) -0.2 □ $-\sqrt{0.4}$

음수는 음수끼리, 양수는 양수끼리 대소를 비교한 후 (음수)<(양수) 임을 이용하면 돼.

3 다음 수를 작은 것부터 차례로 쓰시오.

(1) $-\sqrt{3},\quad -2,\quad \frac{1}{4},\quad \sqrt{\frac{1}{8}}$

⇨ ＿＿ < ＿＿ < ＿＿ < ＿＿

(2) $-\sqrt{\frac{1}{3}},\quad 4,\quad -\frac{1}{2},\quad \sqrt{15}$

⇨ ＿＿ < ＿＿ < ＿＿ < ＿＿

한 걸음 더 연습

유형 6

1 다음 부등식을 만족시키는 자연수 x의 값을 모두 구하시오.

(1) $2<\sqrt{x}<3$

> $2<\sqrt{x}<3$에서 2와 3을 근호를 사용하여 나타내면
> $\sqrt{4}<\sqrt{x}<\sqrt{\square}\qquad \therefore\ 4<x<\square$
> 따라서 구하는 자연수 x의 값은
> ＿＿＿＿＿＿ 이다.

(2) $3<\sqrt{x}<4$ ＿＿＿＿

2 다음 부등식을 만족시키는 자연수 x의 값을 모두 구하시오.

(1) $0<\sqrt{x}\le 2$ ＿＿＿＿

(2) $1.5\le\sqrt{x}\le 3$ ＿＿＿＿

(3) $-4\le -\sqrt{x}<-3$ ＿＿＿＿

3 다음 부등식을 만족시키는 모든 자연수 x의 값의 합을 구하시오.

(1) $6<\sqrt{6x}<8$ ＿＿＿＿

(2) $2<\sqrt{2x-5}<4$ ＿＿＿＿

(3) $\sqrt{3}<\sqrt{3x+2}<4$ ＿＿＿＿

쌍둥이 기출문제

형광펜 들고 밑줄 쫙~

쌍둥이 01

1 4의 제곱근은?

① 2 ② -2 ③ ±2
④ $\pm\sqrt{2}$ ⑤ ±4

2 $\sqrt{25}$의 제곱근은?

① $\sqrt{5}$ ② $-\sqrt{5}$ ③ $\pm\sqrt{5}$
④ 5 ⑤ ±5

쌍둥이 02

3 64의 양의 제곱근을 a, $(-3)^2$의 음의 제곱근을 b라고 할 때, $a+b$의 값을 구하시오.

4 $(-4)^2$의 양의 제곱근을 A, $\sqrt{16}$의 음의 제곱근을 B라고 할 때, $A-B$의 값을 구하시오.

쌍둥이 03

5 다음 보기 중 제곱근에 대한 설명으로 옳은 것을 모두 고르시오.

보기
ㄱ. 0의 제곱근은 없다.
ㄴ. 제곱근 9는 3이다.
ㄷ. -16의 제곱근은 -4이다.
ㄹ. $\sqrt{(-2)^2}$의 제곱근은 $\pm\sqrt{2}$이다.

6 제곱근에 대한 다음 설명 중 옳지 않은 것은?

① $\sqrt{9}$의 제곱근은 $\pm\sqrt{3}$이다.
② 제곱근 36은 6이다.
③ $(-7)^2$의 제곱근은 ±7이다.
④ 모든 유리수의 제곱근은 2개이다.
⑤ 0.04의 음의 제곱근은 -0.2이다.

쌍둥이 04

7 $(-\sqrt{3})^2-\sqrt{36}+\sqrt{(-2)^2}$을 계산하면?

① -9 ② -5 ③ -1
④ 1 ⑤ 2

8 다음을 계산하시오.

$$\sqrt{(-1)^2}+\sqrt{49}\div\left(-\sqrt{\frac{1}{7}}\right)^2$$

쌍둥이 05

9 $4<x<5$일 때, $\sqrt{(x-4)^2}-\sqrt{(x-5)^2}$을 간단히 하면?

① -1 ② 1 ③ $-2x+9$
④ $2x-9$ ⑤ $2x-1$

10 서술형 $-1<a<1$일 때, $\sqrt{(a-1)^2}+\sqrt{(a+1)^2}$을 간단히 하시오.

풀이 과정

답

쌍둥이 06

11 $\sqrt{28x}$가 자연수가 되도록 하는 가장 작은 자연수 x의 값을 구하시오.

12 $\sqrt{\frac{18}{5}x}$가 자연수가 되도록 하는 가장 작은 자연수 x의 값을 구하시오.

쌍둥이 07

13 $\sqrt{34-x}$가 자연수가 되도록 하는 자연수 x의 값을 모두 구하시오.

14 $\sqrt{87-x}$가 정수가 되도록 하는 자연수 x의 개수를 구하시오.

쌍둥이 08

15 다음 중 두 수의 대소 관계가 옳지 않은 것은?

① $4<\sqrt{18}$ ② $-\sqrt{6}<-\sqrt{5}$
③ $\frac{1}{2}<\sqrt{\frac{1}{3}}$ ④ $0.2>\sqrt{0.2}$
⑤ $-3<-\sqrt{7}$

16 다음 중 □ 안에 들어갈 부등호의 방향이 나머지 넷과 다른 하나는?

① $\sqrt{5}$ □ $\sqrt{8}$ ② -5 □ $-\sqrt{23}$
③ $-\sqrt{0.3}$ □ -0.3 ④ $\sqrt{\frac{2}{3}}$ □ $\sqrt{\frac{2}{5}}$
⑤ 7 □ $\sqrt{50}$

쌍둥이 09

17 부등식 $1<\sqrt{x}\le 2$를 만족시키는 모든 자연수 x의 값의 합을 구하시오.

18 부등식 $3<\sqrt{x+1}<4$를 만족시키는 자연수 x의 개수를 구하시오.

● 정답과 해설 21쪽

02

1. 제곱근과 실수

무리수와 실수

유형 7 무리수

개념편 16쪽

(1) **유리수**: $\dfrac{(\text{정수})}{(0\text{이 아닌 정수})}$ 꼴로 나타낼 수 있는 수

(2) **무리수**: 유리수가 아닌 수, 즉 순환소수가 아닌 무한소수로 나타내어지는 수

(3) **소수의 분류**

소수 { 유한소수, 무한소수 { 순환소수 } ➡ 유리수 ; 순환소수가 아닌 무한소수 ➡ 무리수 } }

- 소수
  - 유한소수 ➡ 유리수
  - 무한소수
    - 순환소수 ➡ 유리수
    - 순환소수가 아닌 무한소수 ➡ 무리수

1 다음 수가 무리수이면 '무'를, 유리수이면 '유'를 ( ) 안에 쓰시오.

(1) 0 ( ) (2) -5 ( )

(3) 2.33 ( ) (4) $1.\dot{2}34\dot{5}$ ( )

(5) π ( ) (6) $-\sqrt{18}$ ( )

(7) $\sqrt{4}$ ( ) (8) $\dfrac{\sqrt{3}}{6}$ ( )

(9) $\sqrt{36}-2$ ( ) (10) $0.112123\cdots$ ( )

2 다음 중 순환하지 않는 무한소수가 적혀 있는 칸을 모두 찾아 색칠하시오.

$\sqrt{\dfrac{4}{9}}$	$\sqrt{1.2^2}$	$0.1234\cdots$	$\sqrt{\dfrac{49}{3}}$	$\sqrt{0.1}$
$(-\sqrt{6})^2$	$-\dfrac{\sqrt{64}}{4}$	$-\sqrt{17}$	1.414	$\dfrac{1}{\sqrt{4}}$
$\sqrt{2}+3$	$0.1\dot{5}$	$\dfrac{\pi}{2}$	$-\sqrt{0.04}$	$\sqrt{169}$
$\sqrt{25}$	$\dfrac{\sqrt{7}}{7}$	$\sqrt{(-3)^2}$	$\sqrt{100}$	$-\sqrt{16}$

3 유리수와 무리수에 대한 다음 설명 중 옳은 것은 ○표, 옳지 않은 것은 ×표를 ( ) 안에 쓰시오.

(1) 순환소수는 모두 유리수이다. ( )

(2) 무한소수는 모두 무리수이다. ( )

(3) 유한소수는 모두 유리수이다. ( )

(4) 무한소수는 모두 순환소수이다. ( )

(5) 무리수는 무한소수로 나타낼 수 있다. ( )

(6) 무리수는 $\dfrac{(\text{정수})}{(0\text{이 아닌 정수})}$ 꼴로 나타낼 수 있다. ( )

(7) 근호를 사용하여 나타낸 수는 모두 무리수이다. ( )

(8) 근호 안의 수가 어떤 유리수의 제곱인 수는 유리수이다. ( )

(9) 유리수이면서 무리수인 수는 없다. ( )

(10) $\sqrt{0.09}$는 유리수이다. ( )

● 정답과 해설 22쪽

유형 8 실수

개념편 17쪽

(1) 실수: 유리수와 무리수를 통틀어 실수라고 한다.

(2) 실수의 분류

실수
- 유리수
  - 정수
    - 양의 정수(자연수): $1,\ 2,\ 3,\ \cdots$
    - 0
    - 음의 정수 : $-1,\ -2,\ -3,\ \cdots$
  - 정수가 아닌 유리수 : $1.5,\ -\frac{2}{5},\ 0.\dot{4},\ \cdots$
- 무리수(유리수가 아닌 실수) : $-\sqrt{3},\ \pi,\ \sqrt{5},\ \cdots$

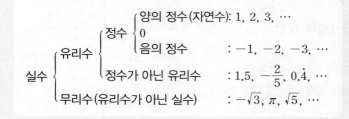

1 보기의 수 중 다음에 해당하는 것을 모두 고르시오.

보기

$\pi+1,\quad \sqrt{0.4},\quad 0.\dot{1}\dot{2},\quad \sqrt{9}-5,\quad \frac{2}{3},\quad \sqrt{36},\quad -\sqrt{10}$

(1) 자연수: ____________

(2) 정수 : ____________

(3) 유리수: ____________

(4) 무리수: ____________

(5) 실수 : ____________

2 다음 수에 해당하는 것에는 ○표, 해당하지 않는 것에는 ×표를 하시오.

	자연수	정수	유리수	무리수	실수
(1) $\sqrt{25}$					
(2) $0.\dot{5}\dot{6}$					
(3) $\sqrt{0.9}$					
(4) $5-\sqrt{4}$					
(5) $2.365489\cdots$					

3 보기의 수 중 오른쪽 □ 안에 해당하는 수를 모두 고르시오.

보기

$3.14,\quad 0,\quad \sqrt{1.25},\quad \sqrt{0.\dot{1}},\quad \sqrt{(-2)^2},\quad \sqrt{8}$

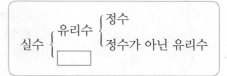

실수
- 유리수
  - 정수
  - 정수가 아닌 유리수
- □

유형 9 무리수를 수직선 위에 나타내기

개념편 20쪽

[무리수 $\sqrt{2}$와 $-\sqrt{2}$를 수직선 위에 나타내기]

❶ 오른쪽 그림과 같이 수직선 위에 원점을 한 꼭짓점으로 하고 빗변의 길이가 $\sqrt{2}$인 직각삼각형을 그린다.

❷ 원점을 중심으로 하고 반지름의 길이가 직각삼각형의 빗변의 길이 $\sqrt{2}$와 같은 원을 그린다.

❸ 원과 수직선이 만나는 두 점에 대응하는 수가 각각 $\sqrt{2}$, $-\sqrt{2}$이다.

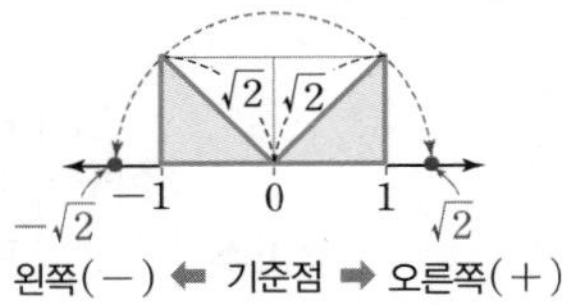

참고 오른쪽 그림에서 피타고라스 정리에 의해 직각삼각형의 빗변의 길이는 $\sqrt{2}$임을 알 수 있다.

1 다음 수에 대응하는 점을 수직선 위에 나타내시오. (단, 모눈 한 칸의 가로와 세로의 길이는 각각 1이다.)

(1) $-\sqrt{2}$

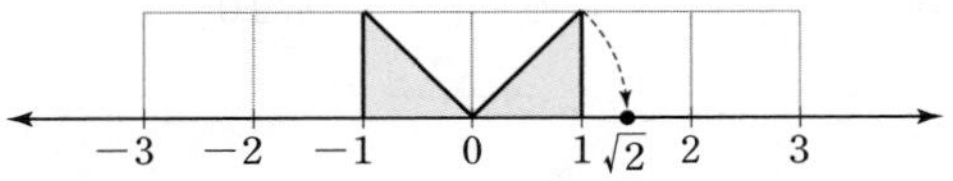

(2) $2+\sqrt{2}$, $2-\sqrt{2}$

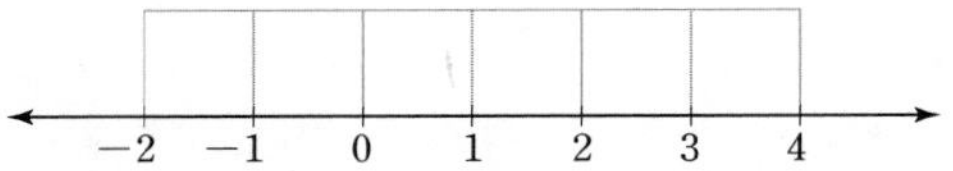

(3) $\sqrt{5}$, $-\sqrt{5}$

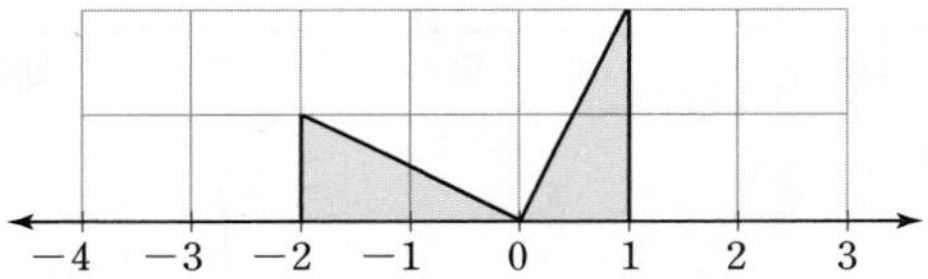

(4) $-1+\sqrt{5}$, $-1-\sqrt{5}$

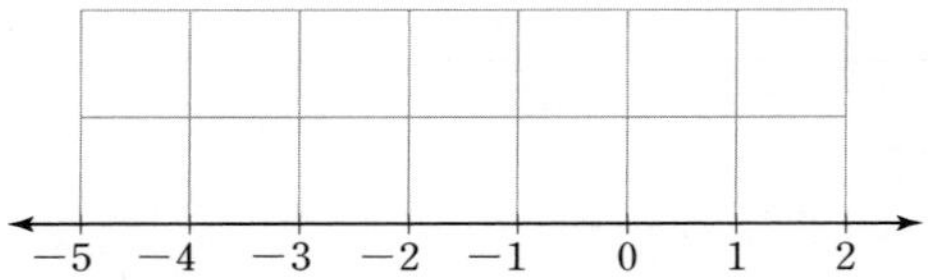

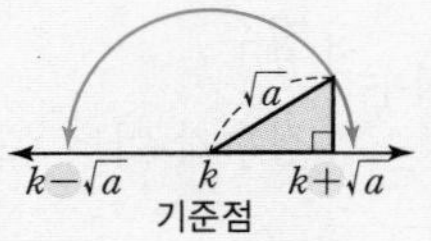

⇨ 대응하는 점이 기준점의
오른쪽에 있으면: $k+\sqrt{a}$
왼쪽에 있으면: $k-\sqrt{a}$

2 다음 수직선 위의 두 점 P, Q에 대응하는 수를 각각 구하시오. (단, 모눈 한 칸의 가로와 세로의 길이는 각각 1이다.)

(1)

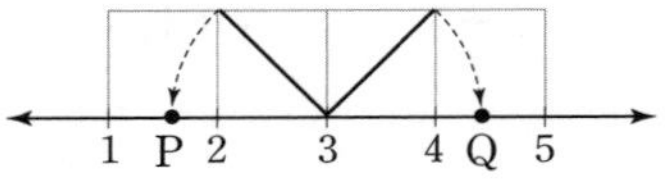

(2)

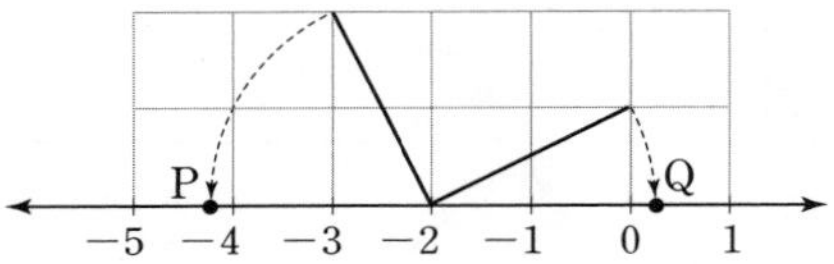

3 다음 수직선 위의 두 점 P, Q에 대응하는 수를 각각 구하시오. (단, 수직선 위의 사각형은 한 변의 길이가 1인 정사각형이다.)

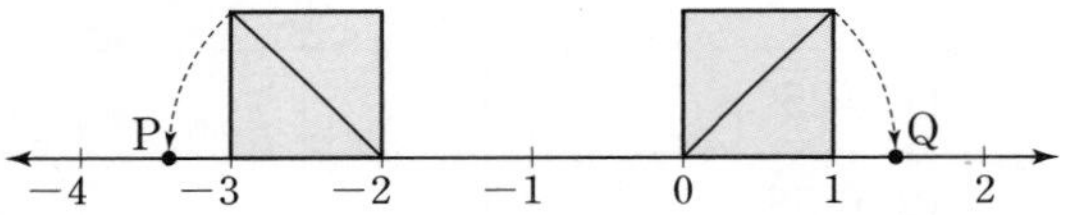

4 다음 수직선 위의 두 점 P, Q에 대응하는 수를 각각 구하시오. (단, 모눈 한 칸의 가로와 세로의 길이는 각각 1이다.)

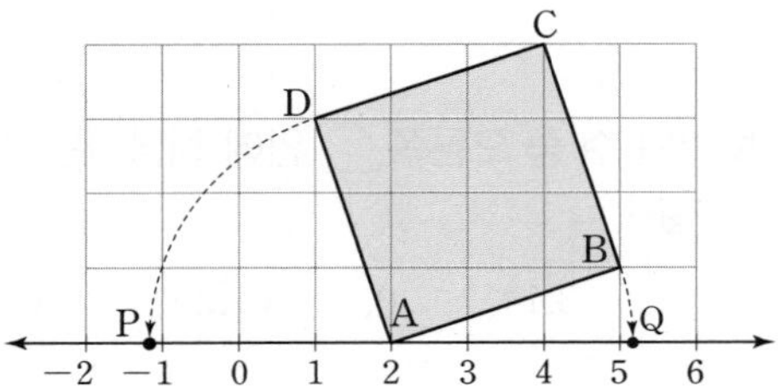

유형 10 실수와 수직선

개념편 21쪽

(1) 모든 실수는 각각 수직선 위의 한 점에 대응하고, 또 수직선 위의 한 점에는 한 실수가 반드시 대응한다.
(2) 서로 다른 두 실수 사이에는 무수히 많은 실수가 있다.
(3) 수직선은 유리수와 무리수, 즉 실수에 대응하는 점들로 완전히 메울 수 있다.

1 실수와 수직선에 대한 다음 설명 중 옳은 것은 ○표, 옳지 않은 것은 ×표를 ( ) 안에 쓰시오.

(1) $1+\sqrt{2}$에 대응하는 점은 수직선 위에 나타낼 수 없다. ( )

(2) 두 유리수 0과 1 사이에는 무리수가 없다. ( )

(3) 두 무리수 $\sqrt{6}$과 $\sqrt{7}$ 사이에는 유리수가 없다. ( )

(4) 서로 다른 두 유리수 사이에는 무수히 많은 무리수가 있다. ( )

(5) 수직선은 정수와 무리수에 대응하는 점들로 완전히 메울 수 있다. ( )

(6) 서로 다른 두 무리수 사이에는 무수히 많은 실수가 있다. ( )

(7) 서로 다른 두 정수 사이에는 무수히 많은 정수가 있다. ( )

(8) 모든 실수는 각각 수직선 위의 한 점에 대응한다. ( )

2 다음 보기에서 □ 안에 알맞은 것을 골라 쓰시오.

보기

실수, 유리수, 무리수, 정수

(1) 모든 □와 무리수, 즉 모든 실수는 각각 수직선 위의 한 점에 대응한다.

(2) 수직선은 □에 대응하는 점들로 완전히 메울 수 있다.

(3) 1과 $\sqrt{2}$ 사이에는 □가 존재하지 않는다.

• 정답과 해설 23쪽

유형 11 제곱근표

개념편 22쪽

(1) 제곱근표: 1.00부터 9.99까지의 수는 0.01 간격으로, 10.0부터 99.9까지의 수는 0.1 간격으로 그 수의 양의 제곱근의 값을 소수점 아래 넷째 자리에서 반올림하여 나타낸 표

(2) 제곱근표를 읽는 방법

예 • $\sqrt{2.02}$의 값 ➡ 2.0의 가로줄과 2의 세로줄이 만나는 칸에 적혀 있는 수

➡ $\sqrt{2.02}=1.421$

• $\sqrt{2.11}$의 값 ➡ 2.1의 가로줄과 1의 세로줄이 만나는 칸에 적혀 있는 수

➡ $\sqrt{2.11}=1.453$

수	0	1	2	3	⋯
⋮					
2.0	1.414	1.418	1.421	1.425	⋯
2.1	1.449	1.453	1.456	1.459	⋯
⋮					

1 아래 표는 제곱근표의 일부이다. 이 표를 이용하여 다음 제곱근의 값을 구하시오.

수	0	1	2	3	4
5.9	2.429	2.431	2.433	2.435	2.437
6.0	2.449	2.452	2.454	2.456	2.458
6.1	2.470	2.472	2.474	2.476	2.478
6.2	2.490	2.492	2.494	2.496	2.498
6.3	2.510	2.512	2.514	2.516	2.518
6.4	2.530	2.532	2.534	2.536	2.538
⋮	⋮	⋮	⋮	⋮	⋮
65	8.062	8.068	8.075	8.081	8.087
66	8.124	8.130	8.136	8.142	8.149
67	8.185	8.191	8.198	8.204	8.210
68	8.246	8.252	8.258	8.264	8.270
69	8.307	8.313	8.319	8.325	8.331

(1) $\sqrt{5.93}$

(2) $\sqrt{6}$

(3) $\sqrt{6.14}$

(4) $\sqrt{65.2}$

(5) $\sqrt{66.3}$

(6) $\sqrt{67}$

2 아래 표는 제곱근표의 일부이다. 이 표를 이용하여 a의 값을 구하시오.

수	5	6	7	8	9
9.5	3.090	3.092	3.094	3.095	3.097
9.6	3.106	3.108	3.110	3.111	3.113
9.7	3.122	3.124	3.126	3.127	3.129
9.8	3.138	3.140	3.142	3.143	3.145
9.9	3.154	3.156	3.158	3.159	3.161
⋮	⋮	⋮	⋮	⋮	⋮
95	9.772	9.778	9.783	9.788	9.793
96	9.823	9.829	9.834	9.839	9.844
97	9.874	9.879	9.884	9.889	9.894
98	9.925	9.930	9.935	9.940	9.945
99	9.975	9.980	9.985	9.990	9.995

(1) $\sqrt{a}=3.092$

(2) $\sqrt{a}=3.113$

(3) $\sqrt{a}=3.122$

(4) $\sqrt{a}=9.834$

(5) $\sqrt{a}=9.879$

(6) $\sqrt{a}=9.990$

• 정답과 해설 23쪽

유형12 실수의 대소 관계

개념편 24쪽

(1) 두 수의 차 이용

$3-\sqrt{2}$ □ 1 $\xrightarrow{a-b>0\text{이면 } a>b}$ $(3-\sqrt{2})-1=2-\sqrt{2}$ $\boxed{>}$ 0

$\therefore 3-\sqrt{2}$ $\boxed{>}$ 1

(2) 부등식의 성질 이용

$2+\sqrt{3}$ □ $\sqrt{5}+\sqrt{3}$ $\xrightarrow[\text{양변에 }+\sqrt{3}]{2(=\sqrt{4})<\sqrt{5}\text{이므로}}$ $2+\sqrt{3}$ $\boxed{<}$ $\sqrt{5}+\sqrt{3}$

참고 세 실수 a, b, c의 대소 관계 ➡ $a<b$이고 $b<c$이면 $a<b<c$

두 수의 차를 이용해 봐.

1 다음은 두 실수 2와 $\sqrt{5}+1$의 대소를 비교하는 과정이다. □ 안에 알맞은 수 또는 부등호를 쓰시오.

> 두 수의 차를 이용하면
> $2-(\sqrt{5}+1)=$ □
> 이때 $1-\sqrt{5}=\sqrt{1}-\sqrt{5}$ □ 0이므로
> $2-(\sqrt{5}+1)$ □ 0
> $\therefore 2$ □ $\sqrt{5}+1$

2 다음 두 실수의 대소를 비교하여 □ 안에 부등호 $>$, $<$ 중 알맞은 것을 쓰시오.

(1) $5-\sqrt{6}$ □ 3

(2) $\sqrt{12}-2$ □ 1

(3) $\sqrt{15}+7$ □ 11

(4) 2 □ $\sqrt{11}-1$

(5) 5 □ $\sqrt{17}+1$

부등식의 성질을 이용해 봐.

3 다음 두 실수의 대소를 비교하여 □ 안에 부등호 $>$, $<$ 중 알맞은 것을 쓰시오.

(1) $2-\sqrt{2}$ □ $\sqrt{5}-\sqrt{2}$ ← $2<\sqrt{5}$이므로 양변에서 $\sqrt{2}$를 뺀다.

(2) $\sqrt{7}+2$ □ $\sqrt{10}+2$

(3) $\sqrt{15}-\sqrt{8}$ □ $4-\sqrt{8}$

(4) $11-\sqrt{23}$ □ $11-\sqrt{26}$

(5) $\frac{1}{2}-\sqrt{5}$ □ $\sqrt{\frac{2}{3}}-\sqrt{5}$

세 수 a, b, c에 대하여 $a<b$이고 $b<c$이면 $a<b<c$임을 이용해 봐.

4 다음은 세 수 $3+\sqrt{2}$, 4, $\sqrt{7}+1$의 대소를 비교하는 과정이다. □ 안에 알맞은 수 또는 부등호를 쓰시오.

> ❶ 두 수 $3+\sqrt{2}$와 4의 대소를 비교하면
> $(3+\sqrt{2})-4=$ □
> 이때 $\sqrt{2}-1=\sqrt{2}-\sqrt{1}$ □ 0이므로
> $(3+\sqrt{2})-4$ □ 0　　$\therefore 3+\sqrt{2}$ □ 4　⋯ ㉠
> ❷ 두 수 4와 $\sqrt{7}+1$의 대소를 비교하면
> $4-(\sqrt{7}+1)=$ □
> 이때 $3-\sqrt{7}=\sqrt{9}-\sqrt{7}$ □ 0이므로
> $4-(\sqrt{7}+1)$ □ 0　　$\therefore 4$ □ $\sqrt{7}+1$　⋯ ㉡
> ❸ ㉠, ㉡에 의해
> $3+\sqrt{2}$ □ 4 □ $\sqrt{7}+1$

유형 13 무리수의 정수 부분과 소수 부분

개념편 25쪽

(1) 무리수는 정수 부분과 소수 부분으로 나눌 수 있다.

예 $\sqrt{2}=1.414\cdots=1+0.414\cdots$, $\sqrt{5}=2.236\cdots=2+0.236\cdots$
(1, 2: 정수 부분 / 0.414⋯, 0.236⋯: 소수 부분)

(2) 소수 부분은 무리수에서 정수 부분을 뺀 것과 같다.

예 $\sqrt{2}=1+0.414\cdots$에서 $0.414\cdots=\sqrt{2}-1$
즉, $\sqrt{2}$의 소수 부분은 $\sqrt{2}-1$로 나타낼 수 있다.

$\sqrt{a}$가 무리수일 때,
$\sqrt{a}=$(정수 부분)+(소수 부분)
⬇
(소수 부분)$=\sqrt{a}-$(정수 부분)

1 다음은 $\sqrt{7}$의 정수 부분과 소수 부분을 구하는 과정이다. □ 안에 알맞은 수를 쓰시오.

> $\sqrt{4}<\sqrt{7}<\sqrt{9}$이므로 □$<\sqrt{7}<3$이다.
> 따라서 $\sqrt{7}$의 정수 부분은 □이고, 소수 부분은 $\sqrt{7}-$□이다.

$\sqrt{m}$ 꼴인 무리수의 정수 부분과 소수 부분을 구해 보자.

2 다음 무리수의 정수 부분과 소수 부분을 구하려고 한다. 표의 빈칸을 알맞게 채우시오. (단, n은 정수)

무리수	$n<$(무리수)$<n+1$	정수 부분	소수 부분
(1) $\sqrt{3}$	$1<\sqrt{3}<2$	1	
(2) $\sqrt{8}$	$2<\sqrt{8}<3$		
(3) $\sqrt{11}$			
(4) $\sqrt{35}$			
(5) $\sqrt{88.8}$			

$a\pm\sqrt{m}$ 꼴인 무리수의 정수 부분과 소수 부분을 구해 보자.

3 다음 무리수의 정수 부분과 소수 부분을 구하려고 한다. 표의 빈칸을 알맞게 채우시오. (단, n은 정수)

무리수	$n<$(무리수)$<n+1$	정수 부분	소수 부분
(1) $2+\sqrt{2}$	$1<\sqrt{2}<2$ ⇨ $3<2+\sqrt{2}<4$	3	
(2) $3-\sqrt{2}$	$-2<-\sqrt{2}<-1$ ⇨ $1<3-\sqrt{2}<2$		
(3) $1+\sqrt{5}$			
(4) $5+\sqrt{7}$			
(5) $5-\sqrt{7}$			

쌍둥이 기출문제

• 정답과 해설 24쪽

형광펜 들고 밑줄 쫙~

쌍둥이 01

1 다음 중 무리수인 것을 모두 고르면? (정답 2개)

① $\sqrt{1.6}$　② $\sqrt{\frac{1}{9}}$　③ 3.65

④ $\sqrt{48}$　⑤ $\sqrt{(-7)^2}$

2 다음 수 중 소수로 나타내었을 때, 순환소수가 아닌 무한소수가 되는 것의 개수를 구하시오.

$-3,\ 0.\dot{8},\ -\sqrt{15},\ \sqrt{\frac{16}{25}},\ \frac{\pi}{3},\ \sqrt{40}$

쌍둥이 02

3 다음 중 유리수와 무리수에 대한 설명으로 옳은 것은?

① 유리수는 소수로 나타내면 유한소수가 된다.

② 무한소수는 모두 무리수이다.

③ 무리수는 모두 순환소수로 나타낼 수 있다.

④ 유리수가 되는 무리수도 있다.

⑤ $\sqrt{3}$은 $\frac{(\text{정수})}{(0\text{이 아닌 정수})}$ 꼴로 나타낼 수 없다.

4 다음 보기 중 옳은 것을 모두 고르시오.

보기

ㄱ. 무리수는 모두 무한소수로 나타낼 수 있다.

ㄴ. 순환소수는 모두 유리수이다.

ㄷ. 근호를 사용하여 나타낸 수는 모두 무리수이다.

ㄹ. 실수 중 유리수가 아닌 수는 모두 무리수이다.

쌍둥이 03

5 다음 중 오른쪽 □ 안에 해당하는 수를 모두 고르면? (정답 2개)

실수 { 유리수 / □ }

① $\sqrt{0.01}$　② $\pi+2$　③ $-\sqrt{\frac{81}{16}}$

④ $\sqrt{2.5}$　⑤ $0.\dot{3}$

6 다음 보기 중 유리수가 아닌 실수를 모두 고르시오.

보기

ㄱ. $\sqrt{121}$　ㄴ. $\sqrt{1.96}$　ㄷ. $\sqrt{6.4}$

ㄹ. $\frac{\sqrt{9}}{2}$　ㅁ. $\sqrt{4}-1$　ㅂ. $\sqrt{20}$

쌍둥이 04

7 오른쪽 그림은 한 칸의 가로와 세로의 길이가 각각 1인 모눈종이 위에 수직선을 그린 것이다. $\overline{AB}=\overline{AP}$, $\overline{AC}=\overline{AQ}$일 때, 두 점 P, Q에 대응하는 수를 각각 구하시오.

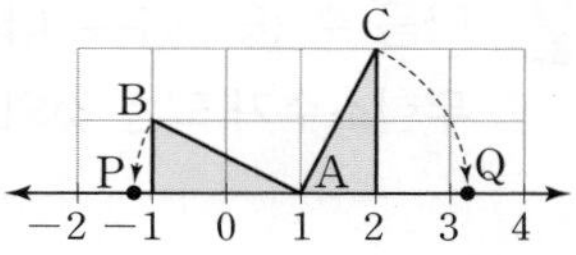

8 오른쪽 그림은 한 칸의 가로와 세로의 길이가 각각 1인 모눈종이 위에 수직선을 그린 것이다. $\overline{AB}=\overline{AP}$, $\overline{AC}=\overline{AQ}$일 때, 두 점 P, Q에 대응하는 수를 각각 구하시오.

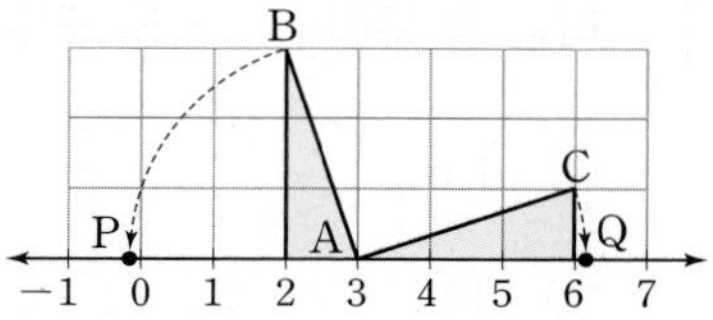

쌍둥이 05

9 다음 보기 중 옳은 것을 모두 고르시오.

보기
ㄱ. 0과 $\frac{1}{2}$ 사이에는 무수히 많은 무리수가 있다.
ㄴ. 1과 1000 사이에는 무수히 많은 정수가 있다.
ㄷ. π는 수직선 위의 점에 대응시킬 수 없다.
ㄹ. 수직선은 실수에 대응하는 점들로 완전히 메울 수 있다.

10 다음 중 옳지 않은 것을 모두 고르면? (정답 2개)

① $\frac{1}{5}$과 $\frac{1}{4}$ 사이에는 무수히 많은 유리수가 있다.
② 1과 2 사이에는 무리수가 없다.
③ 무리수에 대응하는 점만으로 수직선을 완전히 메울 수 있다.
④ $\sqrt{3}$과 $\sqrt{5}$ 사이에는 무수히 많은 유리수가 있다.
⑤ 서로 다른 두 무리수 사이에는 무수히 많은 무리수가 있다.

쌍둥이 06

11 아래 표는 제곱근표의 일부이다. 이 표를 이용하여 다음 제곱근의 값을 구하시오.

수	0	1	2	3	4
7.3	2.702	2.704	2.706	2.707	2.709
7.4	2.720	2.722	2.724	2.726	2.728
⋮	⋮	⋮	⋮	⋮	⋮
46	6.782	6.790	6.797	6.804	6.812
47	6.856	6.863	6.870	6.877	6.885

(1) $\sqrt{7.43}$　　(2) $\sqrt{46.2}$

12 다음 제곱근표에서 $\sqrt{55.1}=a$, $\sqrt{b}=7.635$일 때, $1000a-100b$의 값은?

수	0	1	2	3	4
55	7.416	7.423	7.430	7.436	7.443
56	7.483	7.490	7.497	7.503	7.510
57	7.550	7.556	7.563	7.570	7.576
58	7.616	7.622	7.629	7.635	7.642

① 1590　② 1591　③ 1592
④ 1593　⑤ 1594

쌍둥이 07

13 다음 중 두 실수의 대소 관계가 옳지 않은 것은?

① $\sqrt{3}<2$
② $6-\sqrt{5}<4$
③ $2<\sqrt{2}+1$
④ $1-\sqrt{6}<1-\sqrt{5}$
⑤ $\sqrt{10}+4<\sqrt{10}+\sqrt{3}$

14 다음 중 두 실수의 대소 관계가 옳은 것은?

① $4<2+\sqrt{2}$
② $4>\sqrt{3}+3$
③ $3-\sqrt{2}<3-\sqrt{3}$
④ $\sqrt{6}-3>\sqrt{7}-3$
⑤ $2+\sqrt{5}>\sqrt{3}+\sqrt{5}$

쌍둥이 08

15 다음 세 수 a, b, c의 대소를 비교하시오.

$$a=3-\sqrt{5},\quad b=1,\quad c=3-\sqrt{6}$$

16 세 수 $\sqrt{8}+1$, $4+\sqrt{2}$, 5 중 가장 큰 수를 M, 가장 작은 수를 m이라고 할 때, M, m의 값을 각각 구하시오.

쌍둥이 09

17 서술형 $\sqrt{3}$의 정수 부분을 a, $\sqrt{5}$의 소수 부분을 b라고 할 때, $a+b$의 값을 구하시오.

풀이 과정

답

18 $4+\sqrt{2}$의 정수 부분을 a, 소수 부분을 b라고 할 때, $b-a$의 값을 구하시오.

단원 마무리

1 $\sqrt{81}$의 음의 제곱근을 a, $(-5)^2$의 양의 제곱근을 b라고 할 때, ab의 값을 구하시오.

▶ 제곱근 구하기

2 제곱근에 대한 다음 설명 중 옳은 것을 모두 고르면? (정답 2개)

① 0의 제곱근은 0뿐이다.

② 0.9의 제곱근은 ±0.3이다.

③ 제곱근 $\frac{16}{9}$은 $\pm\frac{4}{3}$이다.

④ $(-6)^2$의 양의 제곱근은 6이다.

⑤ $\sqrt{(-11)^2}$의 제곱근은 ±11이다.

▶ 제곱근에 대한 이해

3 $\sqrt{5^2}-(-\sqrt{3})^2+\sqrt{225}\times\sqrt{(-9)^2}$을 계산하시오.

▶ 제곱근의 성질을 이용한 식의 계산

4 $a>0$, $ab<0$일 때, $\sqrt{(a-b)^2}+\sqrt{b^2}$을 간단히 하시오.

▶ $\sqrt{a^2}$의 성질

5 $\sqrt{150x}$가 자연수가 되도록 하는 가장 작은 자연수 x의 값을 구하시오.

풀이 과정

답

▶ $\sqrt{\square}$가 자연수가 될 조건

6 다음 보기의 수 중 무리수의 개수는?

▶ 무리수 찾기

보기

$\sqrt{27}$, 1.121231234⋯, $\sqrt{1.44}$, $-\pi$, $3-\sqrt{3}$, $\sqrt{\frac{14}{9}}$, $8.\dot{5}$

① 2개　② 3개　③ 4개　④ 5개　⑤ 6개

7 오른쪽 그림은 한 칸의 가로와 세로의 길이가 각각 1인 모눈종이 위에 수직선을 그린 것이다. $\overline{AB}=\overline{AP}$, $\overline{CD}=\overline{CQ}$일 때, 두 점 P, Q에 대응하는 수를 바르게 짝 지은 것은?

▶ 무리수를 수직선 위에 나타내기

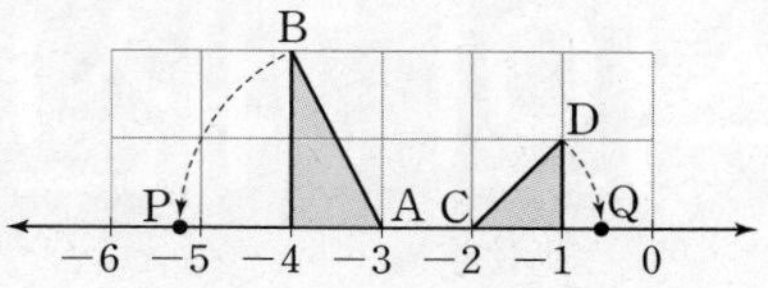

① P: $-\sqrt{5}$, Q: $\sqrt{2}$
② P: $-3-\sqrt{5}$, Q: $-2+\sqrt{2}$
③ P: $-3-\sqrt{5}$, Q: $-2-\sqrt{2}$
④ P: $-3+\sqrt{5}$, Q: $-2+\sqrt{2}$
⑤ P: $-3+\sqrt{5}$, Q: $-2-\sqrt{2}$

8 다음 중 □ 안에 알맞은 부등호의 방향이 나머지 넷과 다른 하나는?

▶ 두 실수의 대소 관계

① $2-\sqrt{18}$ □ -2
② $\sqrt{10}+\sqrt{6}$ □ $\sqrt{7}+\sqrt{10}$
③ $\sqrt{5}+3$ □ 5
④ $3-\sqrt{2}$ □ $\sqrt{11}-\sqrt{2}$
⑤ $\sqrt{7}-2$ □ 1

서술형

9 $5-\sqrt{3}$의 정수 부분을 a, 소수 부분을 b라고 할 때, $a-b$의 값을 구하시오.

▶ 무리수의 정수 부분과 소수 부분

풀이 과정

답

2 근호를 포함한 식의 계산

유형 1 제곱근의 곱셈과 나눗셈

유형 2 근호가 있는 식의 변형

유형 3 제곱근표에 없는 수의 제곱근의 값

유형 4 분모의 유리화

유형 5 제곱근의 덧셈과 뺄셈

유형 6 근호를 포함한 식의 분배법칙 / 근호를 포함한 복잡한 식의 계산

01 근호를 포함한 식의 계산 (1)

유형 1 제곱근의 곱셈과 나눗셈

개념편 36쪽

$a>0$, $b>0$이고 m, n이 유리수일 때

(1) $\sqrt{a}\times\sqrt{b}=\sqrt{a}\sqrt{b}=\sqrt{ab}$ 　예 $\sqrt{2}\times\sqrt{3}=\sqrt{2\times3}=\sqrt{6}$

$m\sqrt{a}\times n\sqrt{b}=mn\sqrt{ab}$ 　예 $3\sqrt{2}\times4\sqrt{3}$
$=(3\times4)\times\sqrt{2\times3}$
$=12\sqrt{6}$

(2) $\sqrt{a}\div\sqrt{b}=\dfrac{\sqrt{a}}{\sqrt{b}}=\sqrt{\dfrac{a}{b}}$ 　예 $\sqrt{2}\div\sqrt{3}=\dfrac{\sqrt{2}}{\sqrt{3}}=\sqrt{\dfrac{2}{3}}$

$m\sqrt{a}\div n\sqrt{b}=\dfrac{m}{n}\sqrt{\dfrac{a}{b}}$ (단, $n\neq0$)

예 $4\sqrt{2}\div5\sqrt{3}=\dfrac{4}{5}\sqrt{\dfrac{2}{3}}$

[1~2] 다음 □ 안에 알맞은 수를 쓰시오.

1 (1) $\sqrt{6}\times\sqrt{7}=\sqrt{6\times\square}=\sqrt{\square}$

(2) $\sqrt{2}\times\sqrt{5}\times\sqrt{7}=\sqrt{\square\times\square\times\square}=\sqrt{\square}$

2 (1) $-\sqrt{3}\times\sqrt{5}=-\sqrt{3\times\square}=-\sqrt{\square}$

(2) $2\sqrt{3}\times4\sqrt{2}=(2\times\square)\times\sqrt{\square\times\square}=\square\sqrt{\square}$

(3) $-3\sqrt{2}\times3\sqrt{3}=(-3\times\square)\times\sqrt{\square\times\square}$
$=\square\sqrt{\square}$

[3~4] 다음을 간단히 하시오.

3 (1) $\sqrt{3}\sqrt{7}$　　(2) $\sqrt{2}\sqrt{32}$

(3) $\sqrt{2}\sqrt{3}\sqrt{6}$　　(4) $-\sqrt{5}\times\sqrt{\dfrac{7}{2}}\times\sqrt{\dfrac{2}{5}}$

4 (1) $2\sqrt{\dfrac{3}{5}}\times3\sqrt{\dfrac{25}{3}}$

(2) $3\sqrt{10}\times2\sqrt{\dfrac{7}{5}}$

[5~6] 다음 □ 안에 알맞은 수를 쓰시오.

5 (1) $\dfrac{\sqrt{45}}{\sqrt{5}}=\sqrt{\dfrac{\square}{5}}=\sqrt{\square}=\square$

(2) $\sqrt{30}\div\sqrt{5}=\dfrac{\sqrt{\square}}{\sqrt{\square}}=\sqrt{\dfrac{30}{\square}}=\sqrt{\square}$

6 (1) $-4\sqrt{6}\div2\sqrt{2}=-\dfrac{\square}{2}\sqrt{\dfrac{6}{\square}}=\square\sqrt{\square}$

(2) $\dfrac{\sqrt{10}}{\sqrt{3}}\div\dfrac{\sqrt{5}}{\sqrt{9}}=\dfrac{\sqrt{10}}{\sqrt{3}}\times\dfrac{\sqrt{\square}}{\sqrt{\square}}$
$=\sqrt{\dfrac{10}{3}\times\square}=\sqrt{\square}$

[7~8] 다음을 간단히 하시오.

7 (1) $\dfrac{\sqrt{42}}{\sqrt{7}}$　　(2) $\sqrt{32}\div\sqrt{2}$

(3) $4\sqrt{14}\div2\sqrt{7}$　　(4) $(-3\sqrt{40})\div(-\sqrt{8})$

(5) $3\sqrt{\dfrac{4}{5}}\div\sqrt{\dfrac{2}{15}}$　　(6) $\sqrt{35}\div\sqrt{7}\div\dfrac{1}{\sqrt{2}}$

8 (1) $\sqrt{6}\times\sqrt{3}\div\sqrt{12}$

(2) $\sqrt{\dfrac{6}{7}}\div\sqrt{2}\times\left(-\sqrt{\dfrac{49}{3}}\right)$

유형 2 근호가 있는 식의 변형

개념편 37쪽

$a>0$, $b>0$일 때

(1) $\sqrt{a^2b}=a\sqrt{b}$ 예 $\sqrt{12}=\sqrt{2^2\times3}=2\sqrt{3}$

$\sqrt{\dfrac{b}{a^2}}=\dfrac{\sqrt{b}}{a}$ 예 $\sqrt{\dfrac{3}{4}}=\sqrt{\dfrac{3}{2^2}}=\dfrac{\sqrt{3}}{2}$

(2) $a\sqrt{b}=\sqrt{a^2b}$ 예 $2\sqrt{6}=\sqrt{2^2\times6}=\sqrt{24}$

$\dfrac{\sqrt{b}}{a}=\sqrt{\dfrac{b}{a^2}}$ 예 $\dfrac{\sqrt{7}}{3}=\sqrt{\dfrac{7}{3^2}}=\sqrt{\dfrac{7}{9}}$

1 다음 □ 안에 알맞은 수를 쓰시오.

(1) $\sqrt{40}=\sqrt{\square^2\times10}=\square\sqrt{10}$

(2) $\sqrt{63}=\sqrt{\square^2\times7}=\square\sqrt{7}$

2 다음 수를 $a\sqrt{b}$ 꼴로 나타내시오.
(단, a는 유리수이고, b는 가장 작은 자연수)

(1) $\sqrt{28}$ (2) $-\sqrt{54}$

(3) $\sqrt{288}$ (4) $\sqrt{1000}$

3 다음 □ 안에 알맞은 수를 쓰시오.

(1) $\sqrt{\dfrac{5}{16}}=\sqrt{\dfrac{5}{\square^2}}=\dfrac{\sqrt{5}}{\square}$

(2) $\sqrt{0.11}=\sqrt{\dfrac{11}{\square}}=\sqrt{\dfrac{11}{\square^2}}=\dfrac{\sqrt{11}}{\square}$

4 다음 수를 $a\sqrt{b}$ 꼴로 나타내시오.
(단, a는 유리수이고, b는 가장 작은 자연수)

(1) $\sqrt{\dfrac{6}{25}}$ (2) $\sqrt{\dfrac{17}{81}}$

(3) $\sqrt{0.03}$ (4) $\sqrt{0.28}$

5 다음 □ 안에 알맞은 수를 쓰시오.

(1) $3\sqrt{10}=\sqrt{\square^2\times10}=\sqrt{\square}$

(2) $-5\sqrt{2}=-\sqrt{\square^2\times2}=-\sqrt{\square}$

(3) $\dfrac{\sqrt{15}}{10}=\sqrt{\dfrac{15}{\square^2}}=\sqrt{\square}$

(4) $\dfrac{3\sqrt{3}}{2}=\sqrt{\dfrac{3^2\times3}{\square^2}}=\sqrt{\square}$

6 다음 수를 $\sqrt{a}$ 또는 $-\sqrt{a}$ 꼴로 나타내시오.

(1) $3\sqrt{5}$ (2) $-2\sqrt{\dfrac{7}{2}}$

(3) $\dfrac{\sqrt{45}}{3}$ (4) $-\dfrac{\sqrt{7}}{4}$

7 $\sqrt{2}=a$, $\sqrt{3}=b$라고 할 때, 주어진 수를 보기와 같이 a, b를 사용하여 나타낼 수 있다. 이때 주어진 수와 a, b를 사용하여 나타낸 식을 바르게 연결하시오.

보기

$\sqrt{6}=\sqrt{2\times3}=\sqrt{2}\times\sqrt{3}=ab$

(1) $\sqrt{12}$ • • ㉠ ab^3

(2) $\sqrt{24}$ • • ㉡ a^2b

(3) $\sqrt{54}$ • • ㉢ a^3b

• 정답과 해설 27쪽

유형 3 제곱근표에 없는 수의 제곱근의 값

개념편 38쪽

a가 제곱근표에 있는 수일 때,

(1) 근호 안의 수가 100보다 큰 경우 ➡ $\sqrt{100a}=10\sqrt{a}$, $\sqrt{10000a}=100\sqrt{a}$, …임을 이용한다.

(2) 근호 안의 수가 0보다 크고 1보다 작은 경우 ➡ $\sqrt{\frac{a}{100}}=\frac{\sqrt{a}}{10}$, $\sqrt{\frac{a}{10000}}=\frac{\sqrt{a}}{100}$, …임을 이용한다.

예 $\sqrt{1.34}$의 값과 $\sqrt{13.4}$의 값을 알 때

• $\sqrt{13400}=\sqrt{1.34\times 10000}=100\sqrt{1.34}$
자연수는 끝자리부터 두 자리씩 왼쪽으로 이동

• $\sqrt{0.00134}=\sqrt{\frac{13.4}{10000}}=\frac{\sqrt{13.4}}{100}$
소수는 소수점부터 두 자리씩 오른쪽으로 이동

1 $\sqrt{7}=2.646$일 때, 다음 □ 안에 알맞은 수를 쓰시오.

(1) $\sqrt{700}=\sqrt{7\times\square}=\square\sqrt{7}$
$=\square\times 2.646=\square$

(2) $\sqrt{70000}=\sqrt{7\times\square}=\square\sqrt{7}$
$=\square\times 2.646=\square$

(3) $\sqrt{0.07}=\sqrt{\frac{7}{\square}}=\frac{\sqrt{7}}{\square}=\frac{2.646}{\square}=\square$

(4) $\sqrt{0.0007}=\sqrt{\frac{7}{\square}}=\frac{\sqrt{7}}{\square}=\frac{2.646}{\square}=\square$

2 $\sqrt{6}=2.449$, $\sqrt{60}=7.746$일 때, 다음 제곱근을 $\sqrt{6}$ 또는 $\sqrt{60}$을 사용하여 나타내고 그 값을 소수로 나타내시오.

제곱근	$\sqrt{6}$ 또는 $\sqrt{60}$을 사용하여 나타내기	제곱근의 값
$\sqrt{0.6}$	$\sqrt{\frac{60}{100}}=\frac{\sqrt{60}}{10}$	$\frac{7.746}{10}=0.7746$
(1) $\sqrt{0.006}$		
(2) $\sqrt{0.06}$		
(3) $\sqrt{6000}$		
(4) $\sqrt{60000}$		

3 $\sqrt{1.2}=1.095$, $\sqrt{12}=3.464$일 때, 다음 제곱근의 값을 소수로 나타내시오.

(1) $\sqrt{1200}$

(2) $\sqrt{120}$

(3) $\sqrt{0.12}$

(4) $\sqrt{0.012}$

4 아래 표는 제곱근표의 일부이다. 이 표를 이용하여 다음 제곱근의 값을 소수로 나타내시오.

수	0	1	2	3	4
4.1	2.025	2.027	2.030	2.032	2.035
4.2	2.049	2.052	2.054	2.057	2.059
4.3	2.074	2.076	2.078	2.081	2.083
4.4	2.098	2.100	2.102	2.105	2.107
⋮	⋮	⋮	⋮	⋮	⋮
42	6.481	6.488	6.496	6.504	6.512
43	6.557	6.565	6.573	6.580	6.588
44	6.633	6.641	6.648	6.656	6.663

(1) $\sqrt{423}$

(2) $\sqrt{4230}$

(3) $\sqrt{0.443}$

(4) $\sqrt{0.0443}$

• 정답과 해설 27쪽

유형 4 분모의 유리화

개념편 39쪽

분모가 근호가 있는 무리수일 때, 분모와 분자에 0이 아닌 같은 수를 곱하여 분모를 유리수로 고치는 것을 분모의 유리화라고 한다.

(1) $\frac{3}{\sqrt{5}}=\frac{3\times\sqrt{5}}{\sqrt{5}\times\sqrt{5}}=\frac{3\sqrt{5}}{5}$

(2) $\frac{\sqrt{2}}{\sqrt{3}}=\frac{\sqrt{2}\times\sqrt{3}}{\sqrt{3}\times\sqrt{3}}=\frac{\sqrt{6}}{3}$

(3) $\frac{5}{2\sqrt{3}}=\frac{5\times\sqrt{3}}{2\sqrt{3}\times\sqrt{3}}=\frac{5\sqrt{3}}{6}$

└→ 분모의 근호 부분만 분모, 분자에 각각 곱한다.

1 다음은 주어진 수의 분모를 유리화하는 과정이다. □ 안에 알맞은 수를 쓰시오.

(1) $\frac{2}{\sqrt{5}}=\frac{2\times\square}{\sqrt{5}\times\square}=\square$

(2) $\frac{3}{\sqrt{7}}=\frac{3\times\square}{\sqrt{7}\times\square}=\square$

(3) $\frac{\sqrt{3}}{\sqrt{5}}=\frac{\sqrt{3}\times\square}{\sqrt{5}\times\square}=\square$

(4) $\frac{5}{2\sqrt{2}}=\frac{5\times\square}{2\sqrt{2}\times\square}=\square$

[2~5] 다음 수의 분모를 유리화하시오.

2 (1) $\frac{1}{\sqrt{11}}$ (2) $\frac{2}{\sqrt{2}}$

(3) $-\frac{5}{\sqrt{3}}$ (4) $\frac{10}{\sqrt{5}}$

3 (1) $\frac{\sqrt{3}}{\sqrt{2}}$ (2) $-\frac{\sqrt{5}}{\sqrt{7}}$

(3) $\frac{\sqrt{7}}{\sqrt{6}}$ (4) $\frac{\sqrt{2}}{\sqrt{13}}$

4 (1) $\frac{3}{2\sqrt{6}}$ (2) $\frac{\sqrt{5}}{2\sqrt{3}}$

(3) $\frac{2\sqrt{3}}{3\sqrt{2}}$ (4) $\frac{3}{\sqrt{3}\sqrt{5}}$

분모가 $\sqrt{a^2b}$ 꼴이면 $a\sqrt{b}$ 꼴로 고친 후 유리화해 봐.

5 (1) $\frac{4}{\sqrt{12}}$ (2) $\frac{\sqrt{3}}{\sqrt{20}}$

(3) $-\frac{5}{\sqrt{48}}$ (4) $\frac{4}{\sqrt{128}}$

6 다음을 간단히 하시오.

(1) $6\times\frac{1}{\sqrt{3}}$

(2) $10\sqrt{2}\times\frac{1}{\sqrt{5}}$

(3) $4\sqrt{5}\div2\sqrt{3}$

(4) $\sqrt{\frac{2}{5}}\div\sqrt{\frac{4}{15}}$

쌍둥이 기출문제

형광펜 들고 밑줄 쫙~

쌍둥이 01

1 다음 중 옳지 않은 것은?

① $\frac{\sqrt{9}}{\sqrt{3}}=\sqrt{3}$

② $\sqrt{2}\sqrt{3}\sqrt{5}=\sqrt{30}$

③ $3\sqrt{5}\times4\sqrt{2}=12\sqrt{10}$

④ $\sqrt{\frac{2}{3}}\times\sqrt{\frac{6}{2}}=\sqrt{2}$

⑤ $\sqrt{\frac{8}{5}}\div\frac{\sqrt{4}}{\sqrt{5}}=\sqrt{10}$

2 다음 중 옳은 것은?

① $\frac{\sqrt{25}}{\sqrt{5}}=5$

② $2\sqrt{3}\times2\sqrt{5}=4\sqrt{15}$

③ $\sqrt{18}\div\sqrt{2}=\sqrt{6}$

④ $\frac{\sqrt{6}}{\sqrt{3}}\times\sqrt{2}=2\sqrt{2}$

⑤ $\sqrt{\frac{6}{7}}\div\sqrt{\frac{3}{7}}=\frac{\sqrt{2}}{7}$

쌍둥이 02

3 다음 중 옳지 않은 것은?

① $\sqrt{12}=2\sqrt{3}$　② $\sqrt{48}=4\sqrt{3}$

③ $\sqrt{50}=5\sqrt{10}$　④ $\sqrt{\frac{5}{9}}=\frac{\sqrt{5}}{3}$

⑤ $\sqrt{\frac{27}{4}}=\frac{3\sqrt{3}}{2}$

4 서술형 $\sqrt{300}=a\sqrt{3}$, $\sqrt{75}=5\sqrt{b}$를 만족시키는 유리수 a, b에 대하여 $a-b$의 값을 구하시오.

풀이 과정

답

쌍둥이 03

5 $\sqrt{2}=a$, $\sqrt{5}=b$라고 할 때, $\sqrt{90}$을 a, b를 사용하여 나타내면?

① $\sqrt{ab}$　② $\sqrt{3ab}$　③ $3\sqrt{ab}$

④ $3ab$　⑤ $9ab$

6 $\sqrt{2}=a$, $\sqrt{3}=b$라고 할 때, $\sqrt{0.24}$를 a, b를 사용하여 나타내면?

① $\frac{1}{5}ab$　② $\frac{1}{2}ab$　③ ab

④ $\frac{1}{5}ab^2$　⑤ $\frac{1}{2}ab^3$

쌍둥이 04

7 $\sqrt{2}=1.414$, $\sqrt{20}=4.472$일 때, 다음 중 옳은 것은?

① $\sqrt{200}=141.4$ ② $\sqrt{2000}=44.72$
③ $\sqrt{0.2}=0.1414$ ④ $\sqrt{0.02}=0.01414$
⑤ $\sqrt{0.002}=0.4472$

8 $\sqrt{5}=2.236$일 때, 다음 중 그 값을 구할 수 없는 것은?

① $\sqrt{0.0005}$ ② $\sqrt{0.05}$ ③ $\sqrt{20}$
④ $\sqrt{5000}$ ⑤ $\sqrt{50000}$

쌍둥이 05

9 다음 표는 제곱근표의 일부이다. 이 표를 이용하여 $\sqrt{0.056}$의 값을 구하면?

수	0	1	2	3	4
5.5	2.345	2.347	2.349	2.352	2.354
5.6	2.366	2.369	2.371	2.373	2.375
5.7	2.387	2.390	2.392	2.394	2.396
⋮	⋮	⋮	⋮	⋮	⋮
55	7.416	7.423	7.430	7.436	7.443
56	7.483	7.490	7.497	7.503	7.510
57	7.550	7.556	7.563	7.570	7.576

① 0.2366 ② 0.7483 ③ 23.66
④ 74.83 ⑤ 233.6

10 다음 표는 제곱근표의 일부이다. 이 표를 이용하여 $\sqrt{243}$의 값을 구하시오.

수	0	1	2	3	4
2.1	1.449	1.453	1.456	1.459	1.463
2.2	1.483	1.487	1.490	1.493	1.497
2.3	1.517	1.520	1.523	1.526	1.530
2.4	1.549	1.552	1.556	1.559	1.562
2.5	1.581	1.584	1.587	1.591	1.594

쌍둥이 06

11 다음 중 분모를 유리화한 것으로 옳지 않은 것은?

① $\dfrac{1}{\sqrt{3}}=\dfrac{\sqrt{3}}{3}$ ② $\dfrac{2}{3\sqrt{2}}=\dfrac{\sqrt{2}}{3}$
③ $\dfrac{2\sqrt{2}}{\sqrt{5}}=\dfrac{2\sqrt{10}}{5}$ ④ $\dfrac{\sqrt{8}}{\sqrt{12}}=\dfrac{2\sqrt{6}}{3}$
⑤ $\dfrac{\sqrt{5}}{\sqrt{2}\sqrt{3}}=\dfrac{\sqrt{30}}{6}$

12 다음 중 분모를 유리화한 것으로 옳은 것은?

① $\dfrac{6}{\sqrt{6}}=\dfrac{\sqrt{6}}{6}$ ② $\dfrac{\sqrt{2}}{\sqrt{7}}=\dfrac{\sqrt{2}}{7}$
③ $\sqrt{\dfrac{9}{8}}=\dfrac{3\sqrt{2}}{4}$ ④ $-\dfrac{7}{3\sqrt{5}}=-\dfrac{7\sqrt{5}}{5}$
⑤ $\dfrac{2}{\sqrt{27}}=\dfrac{2\sqrt{6}}{9}$

쌍둥이 기출문제

쌍둥이 07

13 $\frac{5}{3\sqrt{2}}=a\sqrt{2}$, $\frac{1}{2\sqrt{3}}=b\sqrt{3}$을 만족시키는 유리수 a, b에 대하여 $a+b$의 값은?

① $\frac{2}{3}$　② 1　③ $\frac{4}{3}$　④ $\frac{7}{6}$　⑤ $\frac{13}{6}$

14 서술형 $\frac{6\sqrt{2}}{\sqrt{3}}=a\sqrt{6}$, $\frac{15\sqrt{3}}{\sqrt{5}}=b\sqrt{15}$를 만족시키는 유리수 a, b에 대하여 ab의 값을 구하시오.

풀이 과정

답

쌍둥이 08

15 다음을 간단히 하시오.

$$\sqrt{12}\times\frac{3}{\sqrt{6}}\div\frac{3}{\sqrt{18}}$$

16 $\frac{3\sqrt{7}}{\sqrt{24}}\div\sqrt{\frac{1}{7}}\times\frac{\sqrt{2}}{21}$를 간단히 하면?

① $\frac{\sqrt{6}}{2}$　② $\frac{\sqrt{3}}{2}$　③ $\frac{\sqrt{3}}{3}$　④ $\frac{\sqrt{3}}{6}$　⑤ $\frac{\sqrt{3}}{12}$

쌍둥이 09

17 다음 그림의 삼각형의 넓이와 직사각형의 넓이가 서로 같을 때, 직사각형의 가로의 길이 x의 값은?

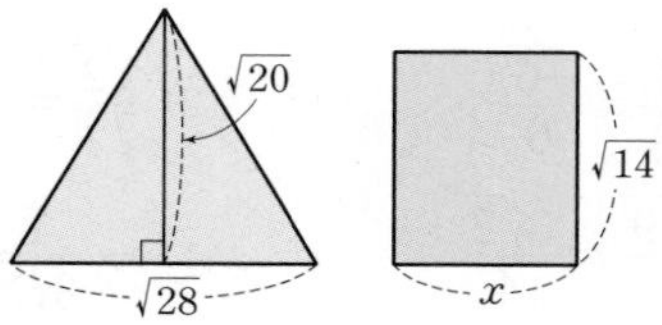

① $\sqrt{6}$　② $\sqrt{7}$　③ $\sqrt{10}$　④ $2\sqrt{3}$　⑤ $3\sqrt{2}$

18 다음 그림의 원기둥의 부피와 원뿔의 부피가 서로 같을 때, 원기둥의 높이 x의 값을 구하시오.

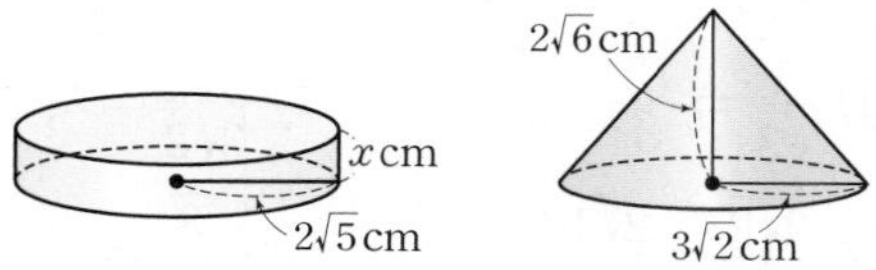

02 2. 근호를 포함한 식의 계산

근호를 포함한 식의 계산 (2)

유형 5 제곱근의 덧셈과 뺄셈

개념편 42쪽

제곱근의 덧셈과 뺄셈은 근호 안의 수가 같은 것끼리 모아서 계산한다.
l, m, n이 유리수이고 $a>0$일 때

(1) $m\sqrt{a}+n\sqrt{a}=(m+n)\sqrt{a}$ 예 $4\sqrt{3}+2\sqrt{3}=(4+2)\sqrt{3}=6\sqrt{3}$

(2) $m\sqrt{a}-n\sqrt{a}=(m-n)\sqrt{a}$ 예 $4\sqrt{3}-2\sqrt{3}=(4-2)\sqrt{3}=2\sqrt{3}$

(3) $m\sqrt{a}+n\sqrt{a}-l\sqrt{a}=(m+n-l)\sqrt{a}$ 예 $4\sqrt{3}+2\sqrt{3}-3\sqrt{3}=(4+2-3)\sqrt{3}=3\sqrt{3}$

참고 근호 안의 제곱인 인수는 모두 근호 밖으로 꺼낸 후 근호 안의 수가 같은 것끼리 더하거나 뺀다.
예 $\sqrt{8}-\sqrt{2}=2\sqrt{2}-\sqrt{2}=(2-1)\sqrt{2}=\sqrt{2}$

1 다음 식과 그 계산 결과를 바르게 연결하시오.

(1) $3\sqrt{5}+2\sqrt{5}$ • • ㉠ $4\sqrt{5}$

(2) $7\sqrt{5}-3\sqrt{5}$ • • ㉡ $5\sqrt{5}$

(3) $\sqrt{5}+5\sqrt{5}$ • • ㉢ $3\sqrt{5}$

(4) $\sqrt{5}-2\sqrt{5}$ • • ㉣ $6\sqrt{5}$

(5) $4\sqrt{5}-\sqrt{5}$ • • ㉤ $-\sqrt{5}$

[2~5] 다음을 계산하시오.

2 (1) $\sqrt{2}+3\sqrt{2}-4\sqrt{2}$

(2) $3\sqrt{6}-2\sqrt{6}+7\sqrt{6}$

(3) $\frac{3\sqrt{2}}{5}-\frac{2\sqrt{2}}{3}$

$\sqrt{a^2b}$ 꼴은 $a\sqrt{b}$ 꼴로 고친 후 계산해 봐.

3 (1) $\sqrt{3}-\sqrt{27}+\sqrt{48}$

(2) $\sqrt{7}+\sqrt{28}-\sqrt{63}$

(3) $-\sqrt{54}-\sqrt{24}+\sqrt{96}$

4 (1) $4\sqrt{3}-2\sqrt{3}+\sqrt{5}-2\sqrt{5}$

(2) $3\sqrt{2}-2\sqrt{6}-7\sqrt{2}+5\sqrt{6}$

$\sqrt{a^2b}$ 꼴은 $a\sqrt{b}$ 꼴로 고친 후 계산해 봐.

5 (1) $\sqrt{8}-\sqrt{12}-\sqrt{18}-\sqrt{48}$

(2) $\sqrt{144}+\sqrt{150}-\sqrt{289}+\sqrt{6}$

분모가 무리수인 경우, 분모를 유리화한 후 계산해 봐.

6 다음 □ 안에 알맞은 수를 쓰시오.

(1) $\frac{6}{\sqrt{2}}-\sqrt{2}=\square\sqrt{2}-\sqrt{2}=\square$

(2) $\sqrt{20}-\frac{25}{\sqrt{5}}=\square\sqrt{5}-\square\sqrt{5}=\square$

7 다음을 계산하시오.

(1) $\sqrt{63}-\frac{14}{\sqrt{7}}-\sqrt{8}+\frac{10}{\sqrt{2}}$

(2) $\sqrt{50}-\frac{6}{\sqrt{2}}+\sqrt{27}-\frac{4}{\sqrt{12}}$

유형 6 근호를 포함한 식의 분배법칙 / 근호를 포함한 복잡한 식의 계산

개념편 43~44쪽

(1) 근호를 포함한 식의 분배법칙

$a>0$, $b>0$, $c>0$일 때

① $\sqrt{a}(\sqrt{b}+\sqrt{c})=\sqrt{ab}+\sqrt{ac}$

예 $\sqrt{2}(\sqrt{3}+\sqrt{7})=\sqrt{2}\sqrt{3}+\sqrt{2}\sqrt{7}=\sqrt{6}+\sqrt{14}$

② $(\sqrt{a}+\sqrt{b})\sqrt{c}=\sqrt{ac}+\sqrt{bc}$

예 $(\sqrt{2}+\sqrt{3})\sqrt{5}=\sqrt{2}\sqrt{5}+\sqrt{3}\sqrt{5}=\sqrt{10}+\sqrt{15}$

(2) 근호를 포함한 복잡한 식의 계산

❶ 괄호가 있으면 분배법칙을 이용하여 괄호를 푼다.

❷ 분모에 무리수가 있으면 분모를 유리화한다.

❸ 곱셈, 나눗셈을 먼저 한 후 덧셈, 뺄셈을 한다.

1 다음을 계산하시오.

(1) $\sqrt{5}(\sqrt{3}+\sqrt{6})$

(2) $2\sqrt{2}(\sqrt{7}-\sqrt{12})$

(3) $(\sqrt{2}+\sqrt{3})\sqrt{7}$

(4) $(\sqrt{5}-\sqrt{11})(-\sqrt{5})$

2 다음은 주어진 수의 분모를 유리화하는 과정이다. □ 안에 알맞은 수를 쓰시오.

(1) $\dfrac{1+\sqrt{2}}{\sqrt{3}}=\dfrac{(1+\sqrt{2})\times\square}{\sqrt{3}\times\square}=\square$

(2) $\dfrac{3-\sqrt{3}}{\sqrt{6}}=\dfrac{(3-\sqrt{3})\times\square}{\sqrt{6}\times\square}=\dfrac{\square}{6}=\dfrac{\square}{2}$

3 다음 수의 분모를 유리화하시오.

(1) $\dfrac{\sqrt{5}-\sqrt{7}}{\sqrt{2}}$

(2) $\dfrac{\sqrt{2}+\sqrt{3}}{\sqrt{6}}$

(3) $\dfrac{\sqrt{3}+9\sqrt{2}}{2\sqrt{5}}$

(4) $\dfrac{\sqrt{3}-\sqrt{2}}{\sqrt{12}}$

[4~6] 다음을 계산하시오.

4 (1) $\sqrt{2}\times\sqrt{3}+\sqrt{10}\div\sqrt{5}$

(2) $\sqrt{3}\times\sqrt{15}-\sqrt{30}\times\dfrac{1}{\sqrt{6}}$

(3) $2\sqrt{3}\times5\sqrt{2}-\sqrt{3}\div\dfrac{1}{2\sqrt{2}}$

5 (1) $(2\sqrt{3}+4)\sqrt{2}-2\sqrt{6}$

(2) $\sqrt{27}-2\sqrt{3}(\sqrt{2}-\sqrt{18})$

(3) $\sqrt{3}(\sqrt{6}-\sqrt{3})+(\sqrt{48}-\sqrt{24})\div\sqrt{3}$

(4) $\sqrt{2}(3\sqrt{3}+\sqrt{6})-\sqrt{3}(5-\sqrt{2})$

6 (1) $\dfrac{2\sqrt{8}-\sqrt{3}}{3\sqrt{2}}+\sqrt{5}\div\sqrt{30}$

(2) $\sqrt{3}(\sqrt{32}-\sqrt{6})+\dfrac{4-2\sqrt{3}}{\sqrt{2}}$

(3) $\dfrac{\sqrt{3}-\sqrt{13}}{\sqrt{2}}-\dfrac{2\sqrt{78}-\sqrt{8}}{\sqrt{3}}$

쌍둥이 기출문제

• 정답과 해설 30쪽

형광펜 들고 밑줄 쫙~

쌍둥이 01

1 $7\sqrt{2}+\sqrt{80}+3\sqrt{5}-\sqrt{18}=a\sqrt{2}+b\sqrt{5}$일 때, 유리수 a, b에 대하여 $a-b$의 값은?

① -3　② -2　③ 4
④ 9　⑤ 10

2 $\sqrt{27}+2\sqrt{3}+\sqrt{20}-\sqrt{45}=a\sqrt{3}+b\sqrt{5}$일 때, 유리수 a, b에 대하여 $a+b$의 값은?

① -4　② 4　③ 6
④ 8　⑤ 14

쌍둥이 02

3 $\sqrt{8}-\dfrac{4}{\sqrt{2}}$를 계산하면?

① $-\sqrt{2}$　② -1　③ 0
④ 1　⑤ 2

4 $\dfrac{6}{\sqrt{27}}+\dfrac{4}{\sqrt{48}}$를 계산하면?

① $\dfrac{1}{3}$　② $\dfrac{\sqrt{3}}{3}$　③ $\sqrt{3}$
④ 3　⑤ $3\sqrt{3}$

쌍둥이 03

5 다음을 계산하면?

$$\sqrt{3}(\sqrt{6}-2\sqrt{3})-\sqrt{2}(3\sqrt{2}+2)$$

① $-14+\sqrt{2}$　② $-12+\sqrt{2}$
③ $-7+2\sqrt{2}$　④ $-12+2\sqrt{2}$
⑤ $-14+3\sqrt{2}$

6 $2\sqrt{3}(\sqrt{3}-\sqrt{2})+\dfrac{1}{\sqrt{2}}(\sqrt{8}-\sqrt{12})$를 계산하시오.

서술형

풀이 과정

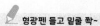

답

쌍둥이 04

7 다음은 $3+a\sqrt{2}-5\sqrt{2}+2\sqrt{2}$를 계산한 결과가 유리수가 되도록 하는 유리수 a의 값을 구하는 과정이다. (가), (나)에 알맞은 것을 쓰시오.

> $3+a\sqrt{2}-5\sqrt{2}+2\sqrt{2}=\underbrace{3}_{\text{유리수 부분}}+\underbrace{(\boxed{(가)})\sqrt{2}}_{\text{무리수 부분}}$
> 이 식이 유리수가 되려면 무리수 부분이 0이어야 하므로
> $\boxed{(가)}=0 \quad \therefore a=\boxed{(나)}$

8 $\sqrt{50}+3a-6-2a\sqrt{2}$를 계산한 결과가 유리수가 되도록 하는 유리수 a의 값은?

① $-\frac{5}{2}$　② -1　③ 0　④ 2　⑤ $\frac{5}{2}$

쌍둥이 05

9 $\frac{6}{\sqrt{3}}-(\sqrt{48}+\sqrt{4})\div\frac{2}{\sqrt{3}}$를 계산하면?

① $-6-2\sqrt{3}$　② $-6-\sqrt{3}$　③ $-6+\sqrt{3}$　④ $-6+2\sqrt{3}$　⑤ $-6+3\sqrt{3}$

10 $\sqrt{24}\left(\frac{8}{\sqrt{3}}-\sqrt{6}\right)+(\sqrt{32}-10)\div\sqrt{2}=a+b\sqrt{2}$일 때, 유리수 a, b에 대하여 $a+b$의 값을 구하시오.

쌍둥이 06

11 $\frac{\sqrt{27}+\sqrt{2}}{\sqrt{3}}+\frac{\sqrt{8}-\sqrt{12}}{\sqrt{2}}=a+b\sqrt{6}$일 때, 유리수 a, b에 대하여 $a+3b$의 값은?

① 1　② 2　③ 3　④ 4　⑤ 5

12 $\frac{\sqrt{72}+3\sqrt{5}}{\sqrt{2}}-\frac{\sqrt{8}-\sqrt{20}}{\sqrt{5}}$을 계산하시오.

쌍둥이 07

13 오른쪽 그림과 같이 윗변의 길이가 $\sqrt{18}$, 아랫변의 길이가 $4+2\sqrt{2}$, 높이가 $\sqrt{12}$인 사다리꼴의 넓이는?

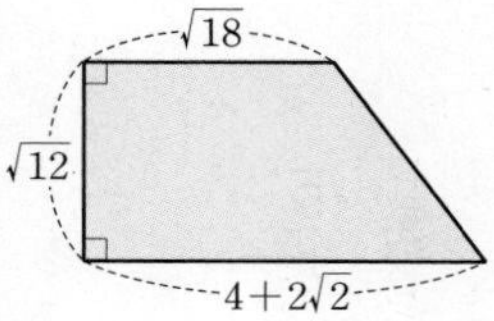

① $4+5\sqrt{6}$ ② $4\sqrt{3}+5\sqrt{6}$
③ $8\sqrt{3}+5\sqrt{6}$ ④ $4\sqrt{2}+10\sqrt{6}$
⑤ $4+4\sqrt{3}+2\sqrt{6}$

14 오른쪽 그림과 같이 밑변의 길이가 $\sqrt{40}+\sqrt{10}$, 높이가 $\sqrt{72}$인 삼각형의 넓이는?

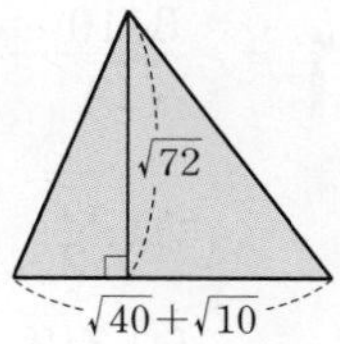

① $10\sqrt{5}$ ② $12\sqrt{5}$
③ $16\sqrt{5}$ ④ $18\sqrt{5}$
⑤ $20\sqrt{5}$

쌍둥이 08

15 다음 그림은 한 칸의 가로와 세로의 길이가 각각 1인 모눈종이 위에 수직선을 그린 것이다. $\overline{OA}=\overline{OP}$, $\overline{OB}=\overline{OQ}$이고, 두 점 P, Q에 대응하는 수를 각각 a, b라고 할 때, $b-a$의 값은?

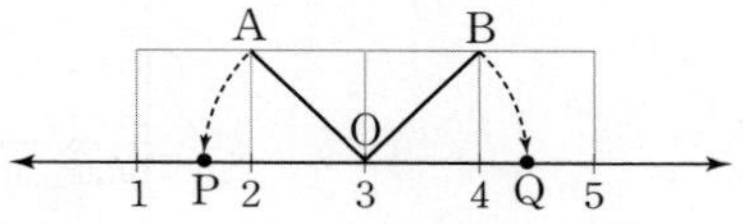

① $\sqrt{2}$ ② 2 ③ $2\sqrt{2}$
④ 4 ⑤ $4\sqrt{2}$

16 다음 그림은 한 칸의 가로와 세로의 길이가 각각 1인 모눈종이 위에 수직선을 그린 것이다. $\overline{OA}=\overline{OP}$, $\overline{OB}=\overline{OQ}$이고, 두 점 P, Q에 대응하는 수를 각각 a, b라고 할 때, $3a+b$의 값은?

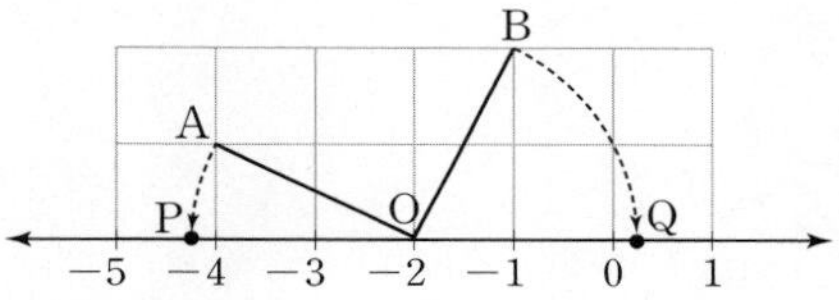

① $-8-2\sqrt{5}$ ② $-8+2\sqrt{5}$
③ $-2\sqrt{5}$ ④ 0
⑤ $2\sqrt{5}$

쌍둥이 09

17 다음 중 두 실수의 대소 관계가 옳지 <u>않은</u> 것은?

① $3+2\sqrt{2}>2\sqrt{2}+\sqrt{8}$
② $5\sqrt{2}-1<5+\sqrt{2}$
③ $3\sqrt{2}>\sqrt{5}+\sqrt{2}$
④ $3\sqrt{3}-1<\sqrt{3}+2$
⑤ $\sqrt{5}+\sqrt{3}>2+\sqrt{3}$

18 $a=4\sqrt{2}-1$, $b=4$, $c=5\sqrt{2}-1$일 때, 세 수 a, b, c의 대소 관계로 옳은 것은?

① $a<b<c$ ② $a<c<b$ ③ $b<a<c$
④ $c<a<b$ ⑤ $c<b<a$

단원 마무리

1 $\dfrac{3\sqrt{10}}{\sqrt{14}} \div \sqrt{\dfrac{1}{7}} \times \dfrac{\sqrt{2}}{\sqrt{5}}$를 간단히 하면?

▶ 제곱근의 곱셈과 나눗셈

① $\dfrac{\sqrt{7}}{2}$ ② $\dfrac{\sqrt{3}}{2}$ ③ $\dfrac{\sqrt{5}}{3}$
④ $3\sqrt{2}$ ⑤ $3\sqrt{5}$

2 $2\sqrt{3}=\sqrt{a}$, $\sqrt{32}=b\sqrt{2}$일 때, 유리수 a, b의 값을 각각 구하면?

▶ 근호가 있는 식의 변형

① $a=6$, $b=4$ ② $a=6$, $b=16$ ③ $a=12$, $b=4$
④ $a=12$, $b=8$ ⑤ $a=18$, $b=8$

3 $\sqrt{5.3}=2.302$, $\sqrt{53}=7.280$일 때, 다음 중 옳지 <u>않은</u> 것은?

▶ 제곱근표에 없는 수의 제곱근의 값

① $\sqrt{53000}=230.2$ ② $\sqrt{5300}=72.80$ ③ $\sqrt{530}=23.02$
④ $\sqrt{0.53}=0.2302$ ⑤ $\sqrt{0.053}=0.2302$

4 $6\sqrt{3}+\sqrt{45}-\sqrt{75}-\sqrt{5}=a\sqrt{3}+b\sqrt{5}$를 만족시키는 유리수 a, b에 대하여 $a+b$의 값은?

▶ 제곱근의 덧셈과 뺄셈

① 3 ② 4 ③ 5
④ 6 ⑤ 7

5 $\frac{5}{3\sqrt{8}}+\frac{6\sqrt{2}}{\sqrt{10}}-\frac{1}{\sqrt{5}}=a\sqrt{2}+b\sqrt{5}$를 만족시키는 유리수 a, b에 대하여 ab의 값을 구하시오.

▶ 분모의 유리화를 이용한 제곱근의 덧셈과 뺄셈

6 $\sqrt{3}(5+3\sqrt{3})-\frac{6-2\sqrt{3}}{\sqrt{3}}$을 계산하면?

① $3+11\sqrt{3}$ ② $7+7\sqrt{3}$ ③ $11+7\sqrt{3}$
④ $7+3\sqrt{3}$ ⑤ $11+3\sqrt{3}$

▶ 근호를 포함한 복잡한 식의 계산

7 오른쪽 그림과 같은 □ABCD에서 $\overline{AB}$, $\overline{BC}$를 각각 한 변으로 하는 두 정사각형을 그렸더니 그 넓이가 각각 $12\,\text{cm}^2$, $48\,\text{cm}^2$이었다. 이때 □ABCD의 둘레의 길이를 구하시오.

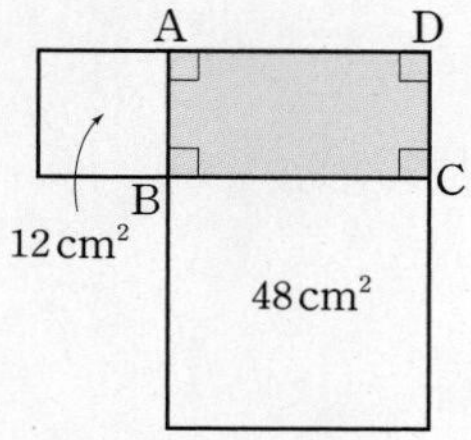

▶ 제곱근의 덧셈과 뺄셈의 도형에의 활용

서술형

8 오른쪽 그림은 수직선 위에 한 변의 길이가 1인 정사각형 ABCD를 그린 것이다. $\overline{AC}=\overline{AQ}$, $\overline{BD}=\overline{BP}$이고, 두 점 P, Q에 대응하는 수를 각각 a, b라고 할 때, $a+b$의 값을 구하시오.

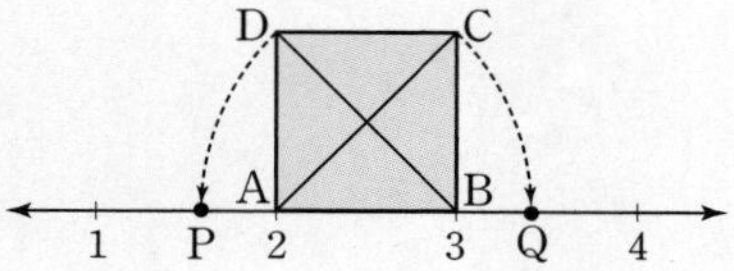

▶ 제곱근의 덧셈과 뺄셈의 수직선에의 활용

풀이 과정

답

3 다항식의 곱셈

유형 **1** 다항식과 다항식의 곱셈
유형 **2** 곱셈 공식(1)
유형 **3** 곱셈 공식(2)
유형 **4** 곱셈 공식(3), (4)
유형 **5** 곱셈 공식을 이용한 수의 계산
유형 **6** 곱셈 공식을 이용한 무리수의 계산
유형 **7** 곱셈 공식을 이용한 분모의 유리화
유형 **8** 곱셈 공식의 변형
유형 **9** $x=a\pm\sqrt{b}$ 꼴이 주어진 경우 식의 값 구하기

• 정답과 해설 33쪽

01 3. 다항식의 곱셈

곱셈 공식

유형 1 다항식과 다항식의 곱셈

개념편 56쪽

• 분배법칙을 이용하여 $(a+2)(a+3)$ 전개하기

$$(a+2)(a+3)=\underset{①}{a^2}+\underset{②}{3a}+\underset{③}{2a}+\underset{④}{6}$$
동류항끼리 모으기
$$=a^2+(3+2)a+6$$
$$=a^2+5a+6$$

$$(a+b)(c+d)=\underset{①}{ac}+\underset{②}{ad}+\underset{③}{bc}+\underset{④}{bd}$$

1 다음은 도형을 이용하여 $(a+b)(c+d)$를 전개하는 과정이다. □ 안에 알맞은 식을 쓰시오.

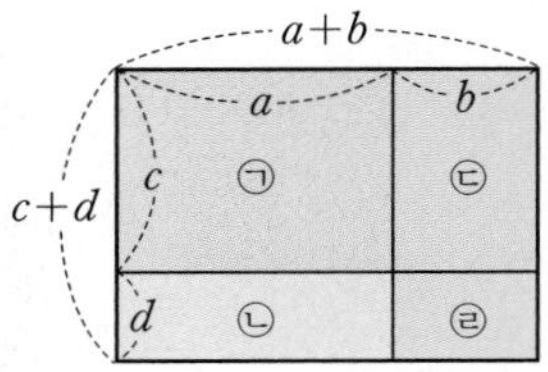

$(a+b)(c+d)=$(가장 큰 직사각형의 넓이)
$=㉠+㉡+㉢+㉣$
$=$ □

[2~4] 다음 식을 전개하시오.

2 (1) $(a+2b)(c-d)$
(2) $(3a-b)(4c+d)$
(3) $(a+b)(3x-2y)$
(4) $(3a-6b)(2x+5y)$

[3~4] 식을 전개한 후 동류항끼리 간단히 해 봐.

3 (1) $(a+3)(a+4)$
(2) $(5x-1)(3x+2)$
(3) $(a+b)(3a-2b)$
(4) $(4x-y)(3x+5y)$

4 (1) $(a+b)(2a+b-3)$
(2) $(5a-b)(a-3b+4)$
(3) $(x+2y-6)(x-3)$
(4) $(2a-3b+5)(3a+b)$

5 $(a-2b)(3a+2b-1)$의 전개식에서 b^2의 계수를 구하시오. ________

6 $(x-3y+5)(x+2y-2)$의 전개식에서 xy의 계수를 구하시오. ________

전개식에서 특정한 항의 계수 구하기
특정한 항의 계수를 구할 때, 식을 모두 전개하여 구해도 되지만 그 항이 나오는 부분만 전개하는 것이 더 간단하다.

예 $(x-2y+1)(x+y)$의 전개식에서 xy의 계수는 xy항이 나오는 부분만 전개하여 구하면 되므로
$\underset{①}{xy}+(\underset{②}{-2xy})=-xy$ $\therefore$ (xy의 계수)$=-1$

유형 2 곱셈 공식 (1)

개념편 57쪽

$(a+b)^2=a^2+2ab+b^2$ ← 합의 제곱 (곱의 2배)

예 $(x+1)^2=x^2+2\times x\times 1+1^2=x^2+2x+1$

$(a-b)^2=a^2-2ab+b^2$ ← 차의 제곱 (곱의 2배)

예 $(x-1)^2=x^2-2\times x\times 1+1^2=x^2-2x+1$

1 다음은 도형을 이용하여 $(a+b)^2$과 $(a-b)^2$을 전개하는 과정이다. □ 안에 알맞은 식을 쓰시오.

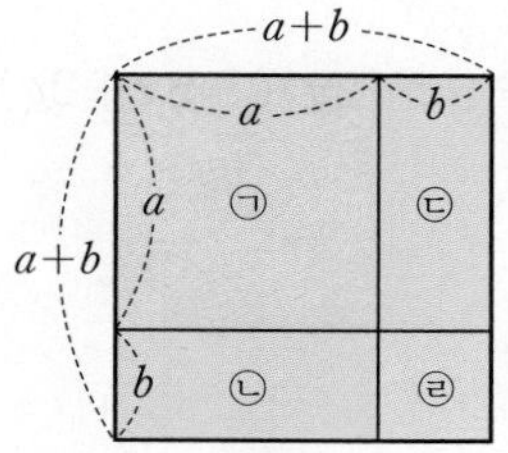

$(a+b)^2=$(가장 큰 정사각형의 넓이)

$=㉠+㉡+㉢+㉣$

$=a^2+ab+ab+b^2$

$=$ □

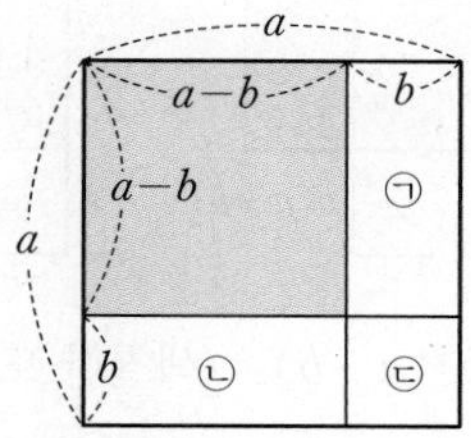

$(a-b)^2=$(색칠한 정사각형의 넓이)

$=a^2-(㉠+㉢)-(㉡+㉢)+㉢$

$=a^2-ab-ab+b^2$

$=$ □

[2~4] 다음 식을 전개하시오.

2 (1) $(x+2)^2$ (2) $\left(a+\frac{1}{3}\right)^2$

(3) $(x-5)^2$ (4) $\left(a-\frac{1}{2}\right)^2$

3 (1) $(a+2b)^2$ (2) $\left(2x+\frac{1}{4}y\right)^2$

(3) $(4a-3b)^2$ (4) $\left(\frac{1}{3}x-\frac{1}{2}y\right)^2$

4 (1) $(-x+2)^2$ (2) $(-4a+b)^2$

(3) $(-a-6)^2$ (4) $(-3x-4y)^2$

● 정답과 해설 33쪽

유형 3 곱셈 공식 (2)

개념편 58쪽

$(a+b)(a-b)=a^2-b^2$ ← 합과 차의 곱 (합: $a+b$, 차: $a-b$)

예 $(x+1)(x-1)=x^2-1^2=x^2-1$

1 다음은 도형을 이용하여 $(a+b)(a-b)$를 전개하는 과정이다. □ 안에 알맞은 식을 쓰시오.

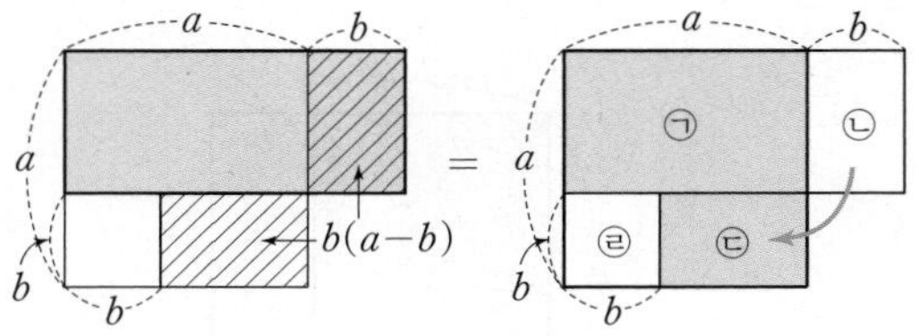

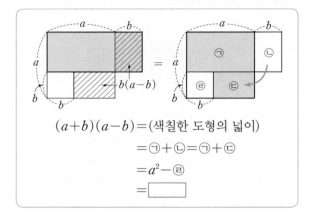

$(a+b)(a-b)=$(색칠한 도형의 넓이)
$=㉠+㉡=㉠+㉢$
$=a^2-㉣$
$=\square$

[2~5] 다음 식을 전개하시오.

2 (1) $(x+2)(x-2)$

(2) $(1-x)(1+x)$

(3) $(2-4a)(2+4a)$

(4) $(3x+1)(3x-1)$

3 (1) $\left(a+\frac{1}{3}b\right)\left(a-\frac{1}{3}b\right)$

(2) $\left(\frac{1}{2}x-\frac{1}{4}y\right)\left(\frac{1}{2}x+\frac{1}{4}y\right)$

(3) $\left(\frac{1}{5}x+\frac{2}{7}y\right)\left(\frac{1}{5}x-\frac{2}{7}y\right)$

4 (1) $(-x+3)(-x-3)=(\square)^2-3^2$
$=$________

(2) $(-4a+3b)(-4a-3b)$

(3) $(-5x-2y)(-5x+2y)$

(■+●)(■-●) 꼴이 되도록 만들어 봐.

5 (1) $(2a+1)(-2a+1)=(1+\square)(1-\square)$
$=1^2-(\square)^2$
$=$________

(2) $(-4x-y)(4x-y)$

(3) $(6a+5b)(-6a+5b)$

$(a+b)(a-b)=a^2-b^2$임을 이용해 봐.

6 다음은 $(x-1)(x+1)(x^2+1)$을 전개하는 과정이다. □ 안에 알맞은 식을 쓰시오.

$(x-1)(x+1)(x^2+1)=(x^2-1)(x^2+1)$
$=(\square)^2-1$
$=\square$

유형 4 곱셈 공식 (3), (4)

개념편 59 쪽

$$(x+a)(x+b)=x^2+(a+b)x+ab$$

(합: $a+b$, 곱: ab)

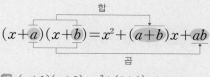

예 $(x+1)(x+2)=x^2+(1+2)x+1\times2$
$=x^2+3x+2$

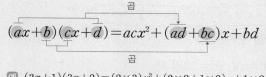

$$(ax+b)(cx+d)=acx^2+(ad+bc)x+bd$$

(곱: ac, $ad+bc$, bd)

예 $(2x+1)(3x+2)=(2\times3)x^2+(2\times2+1\times3)x+1\times2$
$=6x^2+7x+2$

1 다음은 도형을 이용하여 $(x+a)(x+b)$를 전개하는 과정이다. □ 안에 알맞은 식을 쓰시오.

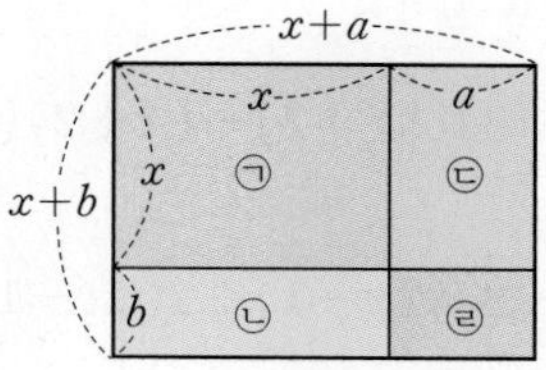

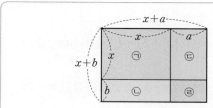

$(x+a)(x+b)=$(가장 큰 직사각형의 넓이)
$=$㉠$+$㉡$+$㉢$+$㉣
$=x^2+bx+ax+ab$
$=x^2+(\square)x+\square$

4 다음은 도형을 이용하여 $(ax+b)(cx+d)$를 전개하는 과정이다. □ 안에 알맞은 식을 쓰시오.

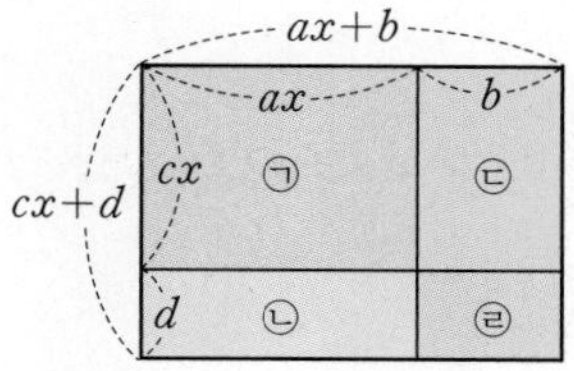

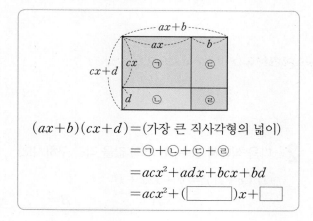

$(ax+b)(cx+d)=$(가장 큰 직사각형의 넓이)
$=$㉠$+$㉡$+$㉢$+$㉣
$=acx^2+adx+bcx+bd$
$=acx^2+(\square)x+\square$

[2~3] 다음 식을 전개하시오.

2 (1) $(x+1)(x+3)$

(2) $(x+7)(x-5)$

(3) $(x-3y)(x-9y)$

(4) $(x-4y)(x+2y)$

3 (1) $\left(x-\frac{1}{2}\right)\left(x-\frac{1}{3}\right)$

(2) $\left(a-\frac{2}{3}\right)\left(a+\frac{5}{3}\right)$

(3) $\left(x+\frac{1}{4}y\right)\left(x-\frac{1}{6}y\right)$

[5~6] 다음 식을 전개하시오.

5 (1) $(3x+1)(2x+5)$

(2) $(x+3)(3x-2)$

(3) $(2x-5)(3x-4)$

(4) $(3x-1)(5x+3)$

6 (1) $(3x-2y)(5x-y)$

(2) $(2a-5b)(4a+7b)$

(3) $\left(2x+\frac{1}{3}y\right)\left(3x+\frac{1}{2}y\right)$

한 걸음 더 연습

유형 2~4

$(a+b)(a-b)=a^2-b^2$임을 이용하여 식을 전개해 봐.

1 다음을 구하시오.

(1) $a^2=72$, $b^2=32$일 때, $\left(\frac{1}{3}a+\frac{3}{4}b\right)\left(\frac{1}{3}a-\frac{3}{4}b\right)$의 값 ________

(2) $a^2=40$, $b^2=50$일 때, $\left(\frac{\sqrt{2}}{4}a+\frac{1}{5}b\right)\left(\frac{\sqrt{2}}{4}a-\frac{1}{5}b\right)$의 값 ________

2 다음 식에서 상수 A, B의 값을 각각 구하시오.

(1) $(x+A)^2=x^2+12x+B$

$A=$________, $B=$________

(2) $(2x+Ay)(2x-5y)=Bx^2-25y^2$

$A=$________, $B=$________

(3) $(x+A)(x-4)=x^2+Bx-28$

$A=$________, $B=$________

(4) $(Ax+4)(7x-5)=21x^2+13x+B$

$A=$________, $B=$________

[3~5] 다음 식을 간단히 하시오.

3 (1) $(2a+b)(2a-b)-(2a+b)^2$

(2) $3(2x+1)^2+(5x-4)(5x+4)$

4 (1) $(x-1)^2+(2x+1)(x-3)$

(2) $2(x-3)^2-(x+2)(3x+1)$

5 (1) $(2x-3)(3x+2)-(x+2)(4x-1)$

(2) $(5x+3)(2x-1)+2(3x-1)(x-7)$

[6~7] 다음 그림에서 색칠한 직사각형의 넓이를 구하시오.

6

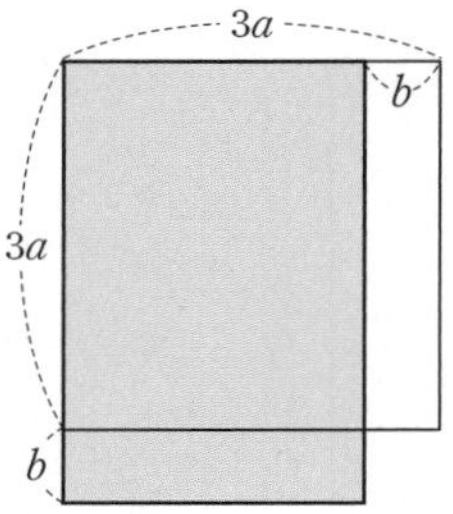

____

7

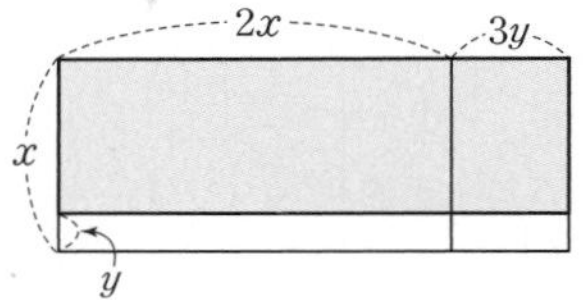

____

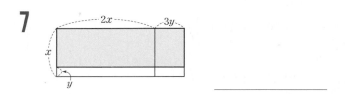

쌍둥이 기출문제

• 정답과 해설 35쪽

형광펜 들고 밑줄 쫙~

쌍둥이 01

1 $(x+y-1)(ax-y+1)$을 전개한 식에서 xy의 계수가 1일 때, 상수 a의 값은?

① -1 ② 0 ③ 1
④ 2 ⑤ 3

2 $(ax+y-3)(3x-2y+1)$의 전개식에서 xy의 계수가 -5일 때, 상수 a의 값을 구하시오.

쌍둥이 02

3 다음 중 옳은 것은?

① $(2x+5y)^2=4x^2+25y^2$
② $(x+7)(x-7)=x^2+49$
③ $(-x+y)^2=x^2-2xy+y^2$
④ $(x+7)(x-3)=x^2-4x-21$
⑤ $(4x+7)(2x-5)=8x^2+6x+35$

4 다음 중 옳지 <u>않은</u> 것은?

① $(-x-4)^2=x^2+8x+16$
② $(3x-2y)^2=9x^2-12xy+4y^2$
③ $(-x+10y)(-x-10y)=x^2-100y^2$
④ $(x+3)(x-5)=x^2-2x-15$
⑤ $(2x-3y)(6x+7y)=12x^2+4xy-21y^2$

쌍둥이 03

5 다음 $\square$ 안에 알맞은 수는?

$$(a-2)(a+2)(a^2+4)=a^{\square}-16$$

① 1 ② 2 ③ 3
④ 4 ⑤ 5

6 $(x-3)(x+3)(x^2+9)$를 전개하시오.

쌍둥이 기출문제

쌍둥이 04

7 서술형 $(x+a)^2$을 전개한 식이 x^2+bx+4일 때, 상수 a, b에 대하여 $a+b$의 값을 구하시오. (단, $a<0$)

풀이 과정

답

8 $(3x+a)(2x+3)$을 전개한 식이 $6x^2+bx-3$일 때, $2a+b$의 값은? (단, a, b는 상수)

① -5 ② -3 ③ 3
④ 4 ⑤ 5

쌍둥이 05

9 $3(x+1)^2-(2x+1)(x-6)$을 간단히 하면?

① x^2-5x-3 ② $x^2+17x+9$
③ $2x^2-11x-6$ ④ $3x^2+6x+3$
⑤ $5x^2-5x-3$

10 $(2x+3)(2x-3)-(x-5)(x-1)$을 간단히 하면 ax^2+bx+c일 때, 상수 a, b, c에 대하여 $a+b+c$의 값을 구하시오.

쌍둥이 06

11 오른쪽 그림과 같이 한 변의 길이가 $2a$인 정사각형에서 색칠한 부분의 넓이는?

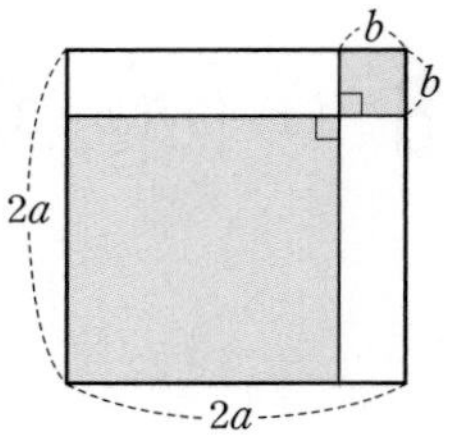

① $4a^2-2ab+b^2$
② $4a^2-2ab+2b^2$
③ $4a^2-4ab$
④ $4a^2-4ab+b^2$
⑤ $4a^2-4ab+2b^2$

12 오른쪽 그림과 같이 한 변의 길이가 a인 정사각형에서 가로의 길이를 b만큼 늘이고 세로의 길이는 b만큼 줄여서 만든 직사각형의 넓이는?

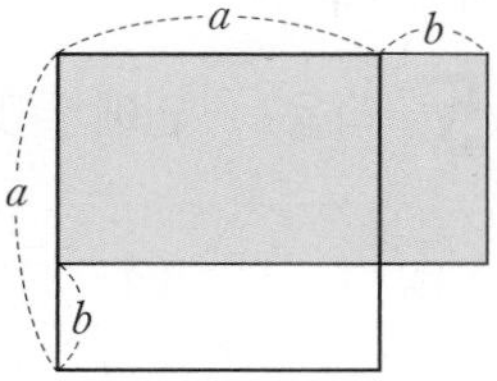

① a^2-b^2 ② $(a-b)^2$ ③ $(a+b)^2$
④ a^2-ab+b^2 ⑤ a^2+ab+b^2

• 정답과 해설 36쪽

02 곱셈 공식의 활용

3. 다항식의 곱셈

유형 5 곱셈 공식을 이용한 수의 계산

개념편 62쪽

(1) 수의 제곱의 계산

① $1001^2=(1000+1)^2$ ← $(a+b)^2=a^2+2ab+b^2$ 이용

② $999^2=(1000-1)^2$ ← $(a-b)^2=a^2-2ab+b^2$ 이용

(2) 두 수의 곱의 계산

① $103\times97=(100+3)(100-3)$ ← $(a+b)(a-b)=a^2-b^2$ 이용

② $31\times27=(30+1)(30-3)$ ← $(x+a)(x+b)=x^2+(a+b)x+ab$ 이용

1 다음 수를 계산할 때 가장 편리한 곱셈 공식을 보기에서 고르시오.

보기

ㄱ. $(a+b)^2=a^2+2ab+b^2$ (단, $a>0$, $b>0$)

ㄴ. $(a-b)^2=a^2-2ab+b^2$ (단, $a>0$, $b>0$)

ㄷ. $(a+b)(a-b)=a^2-b^2$

ㄹ. $(x+a)(x+b)=x^2+(a+b)x+ab$

(1) 98^2　　(2) 103^2

(3) 104×96　　(4) 32×35

[2~5] 곱셈 공식을 이용하여 다음을 계산하시오.
(단, ①~③의 과정을 모두 쓰시오.)

2 (1) $102^2=(100+2)^2$ … ①

$=100^2+2\times100\times2+2^2$ … ②

$=$__________ … ③

(2) $81^2=$__________

$=$__________

$=$__________

3 (1) $58^2=(60-2)^2$ … ①

$=60^2-2\times60\times2+2^2$ … ②

$=$__________ … ③

(2) $299^2=$__________

$=$__________

$=$__________

4 (1) $32\times28=(30+2)(30-2)$ … ①

$=30^2-2^2$ … ②

$=$__________ … ③

(2) $83\times77=$__________

$=$__________

$=$__________

5 (1) $61\times63=(60+1)(60+3)$ … ①

$=60^2+(1+3)\times60+1\times3$ … ②

$=$__________ … ③

(2) $201\times198=$__________

$=$__________

$=$__________

유형 6 곱셈 공식을 이용한 무리수의 계산

개념편 63쪽

제곱근을 문자로 생각하고 곱셈 공식을 이용하여 계산한다.

예 $(\sqrt{2}+\sqrt{3})^2=(\sqrt{2})^2+2\times\sqrt{2}\times\sqrt{3}+(\sqrt{3})^2$ ← $(a+b)^2=a^2+2ab+b^2$ 이용
($\sqrt{2}$ → a, $\sqrt{3}$ → b)
$=5+2\sqrt{6}$

[1~5] 다음 (1)의 □ 안에 알맞은 것을 쓰고, (2)~(4)를 계산하시오.

1 (1) $(a+b)^2=a^2+\square ab+\square$

(2) $(1+\sqrt{7})^2$

(3) $(\sqrt{5}+2)^2$

(4) $(\sqrt{3}+\sqrt{6})^2$

2 (1) $(a-b)^2=a^2-\square ab+\square$

(2) $(\sqrt{2}-1)^2$

(3) $(3-\sqrt{6})^2$

(4) $(\sqrt{10}-\sqrt{2})^2$

3 (1) $(a+b)(a-b)=\square^2-\square^2$

(2) $(\sqrt{13}-2)(\sqrt{13}+2)$

(3) $(\sqrt{7}+\sqrt{5})(\sqrt{7}-\sqrt{5})$

(4) $(2\sqrt{3}+2)(2\sqrt{3}-2)$

4 (1) $(x+a)(x+b)=x^2+(a+\square)x+\square$

(2) $(\sqrt{3}+1)(\sqrt{3}+4)$

(3) $(\sqrt{7}+5)(\sqrt{7}-2)$

(4) $(\sqrt{10}-5)(\sqrt{10}-7)$

5 (1) $(ax+b)(cx+d)=acx^2+(ad+\square)x+\square$

(2) $(2\sqrt{2}+3)(\sqrt{2}+2)$

(3) $(2\sqrt{6}-3)(\sqrt{6}+4)$

(4) $(4\sqrt{2}-\sqrt{7})(\sqrt{2}-3\sqrt{7})$

6 다음은 $(2+\sqrt{3})(a-4\sqrt{3})$을 계산한 결과가 유리수가 되도록 하는 유리수 a의 값을 구하는 과정이다. (가), (나)에 알맞은 것을 쓰시오.

> $(2+\sqrt{3})(a-4\sqrt{3})=2a+($ (가) $)\sqrt{3}-12$
> $=\underbrace{(2a-12)}_{\text{유리수 부분}}+\underbrace{(\text{ (가) })\sqrt{3}}_{\text{무리수 부분}}$
>
> 이 식이 유리수가 되려면 무리수 부분이 0이어야 하므로
>
> (가) $=0$ $\quad\therefore a=$ (나)

유형 7 곱셈 공식을 이용한 분모의 유리화

개념편 63쪽

분모가 두 수의 합 또는 차로 되어 있는 무리수이면
곱셈 공식 $(a+b)(a-b)=a^2-b^2$을 이용하여 분모를 유리화한다.

➡ $\dfrac{1}{\sqrt{2}+1}=\dfrac{\sqrt{2}-1}{(\sqrt{2}+1)(\sqrt{2}-1)}=\dfrac{\sqrt{2}-1}{(\sqrt{2})^2-1^2}=\dfrac{\sqrt{2}-1}{2-1}=\sqrt{2}-1$

부호 반대

분모	분모, 분자에 곱해야 할 수
$a+\sqrt{b}$	$a-\sqrt{b}$
$a-\sqrt{b}$	$a+\sqrt{b}$
$\sqrt{a}+\sqrt{b}$	$\sqrt{a}-\sqrt{b}$
$\sqrt{a}-\sqrt{b}$	$\sqrt{a}+\sqrt{b}$

부호 반대

1 다음은 주어진 수의 분모를 유리화하는 과정이다. □ 안에 알맞은 수를 쓰시오.

(1) $\dfrac{2}{\sqrt{3}-1}=\dfrac{2(\square)}{(\sqrt{3}-1)(\square)}=\square$

(2) $\dfrac{4}{\sqrt{7}+\sqrt{3}}=\dfrac{4(\square)}{(\sqrt{7}+\sqrt{3})(\square)}=\square$

[2~5] 다음 수의 분모를 유리화하시오.

2 (1) $\dfrac{3}{\sqrt{6}+2}$

(2) $\dfrac{2}{2-\sqrt{3}}$

(3) $\dfrac{8}{3+\sqrt{5}}$

3 (1) $\dfrac{3}{\sqrt{6}+\sqrt{3}}$

(2) $\dfrac{2}{\sqrt{11}+\sqrt{13}}$

(3) $\dfrac{10}{2\sqrt{3}-\sqrt{2}}$

4 (1) $\dfrac{\sqrt{5}}{\sqrt{5}-2}$

(2) $\dfrac{\sqrt{2}}{\sqrt{3}+\sqrt{2}}$

(3) $\dfrac{\sqrt{3}}{3-\sqrt{6}}$

5 (1) $\dfrac{\sqrt{2}-1}{\sqrt{2}+1}$

(2) $\dfrac{\sqrt{7}+2}{\sqrt{7}-2}$

(3) $\dfrac{\sqrt{6}+\sqrt{3}}{\sqrt{6}-\sqrt{3}}$

6 다음을 계산하시오.

(1) $\dfrac{1}{\sqrt{3}-\sqrt{2}}+\dfrac{1}{\sqrt{3}+\sqrt{2}}$

(2) $\dfrac{\sqrt{5}-\sqrt{3}}{\sqrt{5}+\sqrt{3}}-\dfrac{\sqrt{5}+\sqrt{3}}{\sqrt{5}-\sqrt{3}}$

(3) $\dfrac{1-\sqrt{3}}{2+\sqrt{3}}+\dfrac{1+\sqrt{3}}{2-\sqrt{3}}$

쌍둥이 기출문제

• 정답과 해설 38쪽

형광펜 들고 밑줄 쫙~

쌍둥이 01

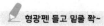

1 다음 중 6.1×5.9를 계산하는 데 이용되는 가장 편리한 곱셈 공식은?

① $(a+b)^2=a^2+2ab+b^2$ (단, $a>0$, $b>0$)
② $(a-b)^2=a^2-2ab+b^2$ (단, $a>0$, $b>0$)
③ $(a+b)(a-b)=a^2-b^2$
④ $(x+a)(x+b)=x^2+(a+b)x+ab$
⑤ $(ax+b)(cx+d)=acx^2+(ad+bc)x+bd$

2 다음 중 곱셈 공식
$(x+a)(x+b)=x^2+(a+b)x+ab$를 이용하여 계산하면 가장 편리한 것은?

① 97^2 ② 1002^2 ③ 196×204
④ 4.2×3.8 ⑤ 101×104

쌍둥이 02

3 $(5+\sqrt{7})(5-\sqrt{7})-(\sqrt{2}+1)^2$을 계산하시오.

4 $(\sqrt{6}-2)^2+(\sqrt{3}+2)(\sqrt{3}-2)=a+b\sqrt{6}$일 때, 유리수 a, b에 대하여 $a+b$의 값을 구하시오.

쌍둥이 03

5 $(3-2\sqrt{3})(2a+3\sqrt{3})$을 계산한 결과가 유리수가 되도록 하는 유리수 a의 값은?

① 0 ② $\frac{9}{4}$ ③ $\frac{9}{2}$
④ 2 ⑤ 4

6 $(a-4\sqrt{5})(3-3\sqrt{5})$를 계산한 결과가 유리수가 되도록 하는 유리수 a의 값을 구하시오.

쌍둥이 04

7 $\frac{2-\sqrt{2}}{2+\sqrt{2}}=a+b\sqrt{2}$일 때, 유리수 a, b에 대하여 $a+b$의 값을 구하시오.

8 $\frac{1}{\sqrt{3}+\sqrt{5}}-\frac{1}{\sqrt{3}-\sqrt{5}}$을 계산하시오.

● 정답과 해설 38쪽

유형 8 곱셈 공식의 변형

개념편 66쪽

(1) 곱셈 공식의 변형

① $a^2+b^2=(a+b)^2-2ab$

② $a^2+b^2=(a-b)^2+2ab$

③ $(a+b)^2=(a-b)^2+4ab$

④ $(a-b)^2=(a+b)^2-4ab$

(2) 두 수의 곱이 1인 경우 곱셈 공식의 변형 ← (1)에서 b 대신 $\frac{1}{a}$을 대입한다.

① $a^2+\frac{1}{a^2}=\left(a+\frac{1}{a}\right)^2-2$

② $a^2+\frac{1}{a^2}=\left(a-\frac{1}{a}\right)^2+2$

③ $\left(a+\frac{1}{a}\right)^2=\left(a-\frac{1}{a}\right)^2+4$

④ $\left(a-\frac{1}{a}\right)^2=\left(a+\frac{1}{a}\right)^2-4$

1 $x+y=6$, $xy=4$일 때, 다음 식의 값을 구하시오.

(1) x^2+y^2 ________

(2) $(x-y)^2$ ________

(3) $\frac{y}{x}+\frac{x}{y}$ ________

2 $a-b=2$, $ab=1$일 때, 다음 식의 값을 구하시오.

(1) a^2+b^2 ________

(2) $(a+b)^2$ ________

(3) $\frac{b}{a}+\frac{a}{b}$ ________

3 다음을 구하시오.

(1) $x+y=-2$, $x^2+y^2=7$일 때, xy의 값 ________

(2) $a-b=4$, $a^2+b^2=8$일 때, ab의 값 ________

4 $x=\frac{1}{3+2\sqrt{2}}$, $y=\frac{1}{3-2\sqrt{2}}$일 때, 다음 물음에 답하시오.

(1) x, y의 분모를 각각 유리화하시오. ________

(2) $x+y$, xy의 값을 각각 구하시오. ________

(3) x^2+y^2의 값을 구하시오. ________

5 $x+\frac{1}{x}=5$일 때, 다음 식의 값을 구하시오.

(1) $x^2+\frac{1}{x^2}$ ________

(2) $\left(x-\frac{1}{x}\right)^2$ ________

6 $a-\frac{1}{a}=4$일 때, 다음 식의 값을 구하시오.

(1) $a^2+\frac{1}{a^2}$ ________

(2) $\left(a+\frac{1}{a}\right)^2$ ________

● 정답과 해설 39쪽

유형 9 $x=a\pm\sqrt{b}$ 꼴이 주어진 경우 식의 값 구하기

개념편 67쪽

• $x=2-\sqrt{2}$일 때, x^2-4x+2의 값 구하기

방법 1 주어진 조건 변형하기

$x=2-\sqrt{2}$ ➡(이항) $x-2=-\sqrt{2}$ ➡(양변 제곱) $(x-2)^2=(-\sqrt{2})^2$ ➡(전개) $x^2-4x+4=2$ ➡(이항) $x^2-4x=-2$

$\therefore x^2-4x+2=-2+2=0$

방법 2 x의 값 직접 대입하기

$x^2-4x+2=(2-\sqrt{2})^2-4(2-\sqrt{2})+2=4-4\sqrt{2}+2-8+4\sqrt{2}+2=0$

1 다음 □ 안에 알맞은 수를 쓰시오.

(1) $x=3-\sqrt{3}$일 때, $x-3=$ □

↓ 양변 제곱

$x^2-6x+9=$ □

(2) $x=-1+\sqrt{5}$일 때, $x+1=$ □

↓ 양변 제곱

$x^2+2x+1=$ □

2 다음을 구하시오.

(1) $x=1+\sqrt{2}$일 때, x^2-2x의 값 ________

(2) $x=-3+\sqrt{5}$일 때, x^2+6x+1의 값 ________

(3) $x=4-\sqrt{6}$일 때, $x^2-8x+10$의 값 ________

(4) $x=-2+\sqrt{3}$일 때, $(x-2)(x+6)$의 값 ________

[3~4] 수의 분모를 유리화하고 조건을 변형하여 식의 값을 구해 봐.

3 $x=\dfrac{1}{2+\sqrt{3}}$일 때, 다음 물음에 답하시오.

(1) x의 분모를 유리화하시오. ________

(2) x^2-4x+1의 값을 구하시오. ________

4 다음을 구하시오.

(1) $x=\dfrac{1}{3-2\sqrt{2}}$일 때, x^2-6x+7의 값 ________

(2) $x=\dfrac{2}{\sqrt{3}+1}$일 때, x^2+2x-1의 값 ________

(3) $x=\dfrac{1}{\sqrt{5}-2}$일 때, x^2-4x+8의 값 ________

(4) $x=\dfrac{11}{4-\sqrt{5}}$일 때, $x^2-8x+11$의 값 ________

쌍둥이 기출문제

• 정답과 해설 39쪽

형광펜 들고 밑줄 쫙~

쌍둥이 01

1 $x+y=10$, $xy=20$일 때, x^2+y^2의 값은?

① 36 ② 48 ③ 60
④ 72 ⑤ 84

2 $x^2+y^2=8$, $x-y=6$일 때, xy의 값을 구하시오.

쌍둥이 02

3 서술형 $x=\frac{2}{3-\sqrt{5}}$, $y=\frac{2}{3+\sqrt{5}}$일 때, x^2+y^2의 값을 구하시오.

풀이 과정

답

4 $x=\frac{1}{2-\sqrt{3}}$, $y=\frac{1}{2+\sqrt{3}}$일 때, x^2-xy+y^2의 값을 구하시오.

쌍둥이 03

5 $x+\frac{1}{x}=3$일 때, $x^2+\frac{1}{x^2}$의 값은?

① 7 ② 9 ③ 12
④ 15 ⑤ 18

6 $x+\frac{1}{x}=4$일 때, $\left(x-\frac{1}{x}\right)^2$의 값을 구하시오.

쌍둥이 04

7 $x=\sqrt{3}-1$일 때, x^2+2x-2의 값을 구하시오.

8 $a=\sqrt{5}-2$일 때, a^2+4a+5의 값은?

① 2 ② 3 ③ 4
④ 5 ⑤ 6

단원 마무리

1 다음 중 옳지 <u>않은</u> 것을 모두 고르면? (정답 2개)

▶ 곱셈 공식 – 종합

① $-a(a-2)=-a^2+2a$
② $(3x+2y)^2=9x^2+6xy+4y^2$
③ $(-2a+b)(-2a-b)=-4a^2-b^2$
④ $(x+2)(x-3)=x^2-x-6$
⑤ $(2x-1)(x+4)=2x^2+7x-4$

2 다음 중 $(a-b)^2$과 전개식이 같은 것은?

▶ 곱셈 공식 (1), (2)

① $-(a+b)^2$
② $(-a+b)^2$
③ $(a+b)^2$
④ $-(a-b)^2$
⑤ $(-a-b)^2$

3 $(2x+a)(bx-6)=6x^2+cx+18$일 때, 상수 a, b, c에 대하여 $a+b+c$의 값은?

▶ 곱셈 공식 (4)

① -27
② -21
③ -18
④ -15
⑤ 3

4 $3(x-3)^2-2(x+4)(x-4)=ax^2+bx+c$일 때, 상수 a, b, c에 대하여 $2a-b+c$의 값을 구하시오.

▶ 곱셈 공식 – 종합

5 오른쪽 그림에서 색칠한 직사각형의 넓이를 구하시오.

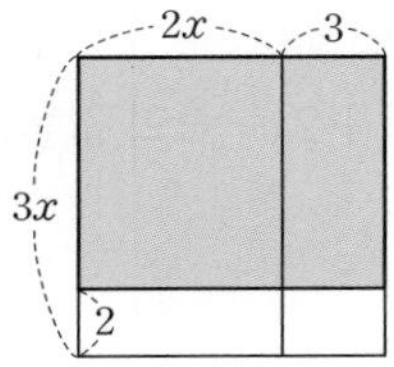

▶ 곱셈 공식과 도형의 넓이

6 다음 중 주어진 수를 계산하는 데 이용되는 가장 편리한 곱셈 공식으로 적절하지 <u>않은</u> 것은?

▶ 곱셈 공식을 이용한 수의 계산

① $104^2 \Rightarrow (a+b)^2=a^2+2ab+b^2$ (단, $a>0$, $b>0$)

② $96^2 \Rightarrow (a-b)^2=a^2-2ab+b^2$ (단, $a>0$, $b>0$)

③ $52\times48 \Rightarrow (a+b)(a-b)=a^2-b^2$

④ $102\times103 \Rightarrow (x+a)(x+b)=x^2+(a+b)x+ab$

⑤ $98\times102 \Rightarrow (ax+b)(cx+d)=acx^2+(ad+bc)x+bd$

서술형

7 다음을 계산하시오.

▶ 곱셈 공식을 이용한 분모의 유리화

$$\frac{\sqrt{7}+\sqrt{5}}{\sqrt{7}-\sqrt{5}}+\frac{\sqrt{7}-\sqrt{5}}{\sqrt{7}+\sqrt{5}}$$

풀이 과정

답

8 $x-y=3$, $xy=2$일 때, $(x+y)^2$의 값은?

▶ 곱셈 공식의 변형

① 7 ② 9 ③ 11 ④ 13 ⑤ 17

9 $x=\dfrac{1}{2\sqrt{6}-5}$일 때, $x^2+10x+5$의 값은?

▶ $x=a\pm\sqrt{b}$ 꼴이 주어진 경우 식의 값 구하기

① 2 ② 3 ③ 4 ④ 5 ⑤ 6

4 인수분해

유형 1 인수와 인수분해 / 공통인 인수를 이용한 인수분해

유형 2 인수분해 공식 (1)

유형 3 인수분해 공식 (2)

유형 4 인수분해 공식 (3)

유형 5 인수분해 공식 (4)

유형 6 복잡한 식의 인수분해

유형 7 인수분해 공식을 이용한 수의 계산

유형 8 인수분해 공식을 이용한 식의 값 구하기

4. 인수분해

01 다항식의 인수분해

유형 1 인수와 인수분해 / 공통인 인수를 이용한 인수분해

개념편 78~79쪽

(1) **인수분해**

하나의 다항식을 두 개 이상의 인수의 곱으로 나타내는 것으로 전개와 서로 반대의 과정이다.

x^2+5x+6 →(인수분해)→ $(x+2)(x+3)$, $(x+2)(x+3)$ →(전개)→ x^2+5x+6

인수: $x+2$, $x+3$

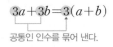

(2) **공통인 인수를 이용한 인수분해**

다항식의 각 항에 공통인 인수가 있을 때는 분배법칙을 이용하여 공통인 인수를 묶어 내어 인수분해한다.

$3a+3b=3(a+b)$

공통인 인수를 묶어 낸다.

1 다음 식은 어떤 다항식을 인수분해한 것인지 구하시오.

(1) $(x+3)^2$

(2) $(x+2)(x-2)$

(3) $(x+1)(x-5)$

(4) $(2x+1)(3x-4)$

2 다음 보기 중 $x(x+1)(x-1)$의 인수를 모두 고르시오.

보기

ㄱ. x	ㄴ. x^2
ㄷ. $x+1$	ㄹ. x^2+1
ㅁ. $x(x-1)$	ㅂ. $(x+1)(x-1)$

3 다음 다항식에서 각 항의 공통인 인수를 구하고, 인수분해하시오.

다항식	공통인 인수	인수분해한 식
(1) $ax+ay-az$		
(2) $2a^2+4ab$		
(3) $3x^2y-6x^2$		
(4) x^2y-xy^2+xy		

[4~6] 다음 식을 인수분해하시오.

4 (1) $ax-ay$

(2) $-3ax-9ay$

(3) $8xy^3-4x^2y^2$

(4) $ax-bx+3x$

(5) $4x^2+4xy-8x$

(6) $6x^2y-2xy^2+4xy$

5 (1) $ab(a+b)-ab$

(2) $a(x-y)+3b(x-y)$

(3) $(x-1)(x-2)+5(x-2)$

공통인 인수가 보이지 않을 때는 식을 변형해 봐!

6 (1) $a(b-1)-(1-b)$

(2) $(x-y)-(a+2b)(y-x)$

● 정답과 해설 41쪽

02 4. 인수분해

여러 가지 인수분해 공식

유형 2 인수분해 공식 (1)

개념편 81쪽

(1) $a^2+2ab+b^2$, $a^2-2ab+b^2$의 인수분해

① $\boldsymbol{a^2+2ab+b^2=(a+b)^2}$ (같은 부호) 예 $x^2+4x+4=x^2+2\times x\times 2+2^2=(x+2)^2$

② $\boldsymbol{a^2-2ab+b^2=(a-b)^2}$ (같은 부호) 예 $x^2-6x+9=x^2-2\times x\times 3+3^2=(x-3)^2$

완전제곱식: 다항식의 제곱으로 이루어진 식 또는 그 식에 수를 곱한 식
예 $(a+b)^2$, $3(a-b)^2$, $-2(3x-y)^2$

(2) 완전제곱식이 될 조건

① $\boldsymbol{a^2\pm2ab+b^2}$ (제곱, 제곱) 예 $x^2+6x+\square=x^2+2\times x\times 3+\square=(x+3)^2$ ➡ $\square=9$

② $\boldsymbol{a^2\pm2ab+(\pm b)^2}$ (곱의 2배) 예 $x^2+(\square)x+9=x^2+(\square)x\times 3+(\pm3)^2=(x\pm3)^2$ ➡ $\square=\pm6$

1 다음 $\square$ 안에 알맞은 수를 쓰시오.

(1) $x^2+14x+49=x^2+2\times x\times\square+\square^2$
$=(x+\square)^2$

(2) $x^2-8x+16=x^2-2\times x\times\square+\square^2$
$=(x-\square)^2$

[2~4] 다음 식을 인수분해하시오.

2 (1) $x^2+12x+36$

(2) $x^2-16x+64$

(3) $x^2+6xy+9y^2$

(4) $x^2-10xy+25y^2$

3 (1) $16x^2-8x+1$

(2) $9x^2+12x+4$

(3) $4x^2-20xy+25y^2$

(4) $25x^2+40xy+16y^2$

공통인 인수를 묶어낸 후 인수분해해 봐.

4 (1) $ax^2+2ax+a$

(2) $3x^2-6x+3$

(3) $8x^2-8x+2$

(4) $2x^2+12xy+18y^2$

[5~6] 다음 식이 완전제곱식이 되도록 $\square$ 안에 알맞은 수를 쓰시오.

5 (1) $x^2+4x+\square$ (2) $x^2-20x+\square$

(3) $x^2+x+\square$ (4) $x^2+14xy+\square y^2$

(5) $9x^2-6x+\square$ (6) $25x^2+30x+\square$

$(3x)^2-2\times 3x\times 1+\square$ (제곱, 제곱)

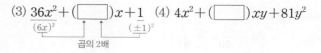

6 (1) $x^2+(\square)x+49$ (2) $x^2+(\square)x+\frac{1}{16}$

(3) $36x^2+(\square)x+1$ (4) $4x^2+(\square)xy+81y^2$

$(6x)^2$, $(\pm1)^2$ (곱의 2배)

유형 3 인수분해 공식 (2)

개념편 81~82쪽

a^2-b^2의 인수분해

$$\underset{\text{제곱의 차}}{\underline{a^2-b^2}}=(\underset{\text{합}}{\underline{a+b}})(\underset{\text{차}}{\underline{a-b}})$$

예
- $x^2-4=x^2-2^2=(x+2)(x-2)$
- $4x^2-9y^2=(2x)^2-(3y)^2=(2x+3y)(2x-3y)$

1 다음 □ 안에 알맞은 것을 쓰시오.

(1) $x^2-25=(x+\square)(x-\square)$

(2) $9x^2-16y^2=(3x+\square)(\square-4y)$

[2~4] 다음 식을 인수분해하시오.

2 (1) x^2-64

(2) $4x^2-25$

(3) $9x^2-49$

(4) $100x^2-y^2$

(5) $4x^2-\frac{1}{9}$

3 (1) $1-16x^2$

(2) $25-x^2$

(3) $-x^2+\frac{1}{4}$

(4) $-100x^2+9y^2$

(5) $-\frac{1}{49}y^2+\frac{4}{81}x^2$

공통인 인수를 묶어 낸 후 인수분해해 봐.

4 다음 식을 인수분해하시오.

(1) $2x^2-32$

(2) $5x^2-20$

(3) $3x^2-27y^2$

(4) $4x^2y-16y^3$

(5) $x^3y-49xy^3$

5 다음 중 인수분해 결과가 옳은 것은 ○표, 옳지 않은 것은 ×표를 ( ) 안에 쓰고, 옳지 않은 것은 바르게 인수분해하시오.

(1) $-x^2+y^2=(x+y)(x-y)$ ( )

⇨ ____________

(2) $\frac{a^2}{9}-b^2=\left(\frac{a}{9}+b\right)\left(\frac{a}{9}-b\right)$ ( )

⇨ ____________

(3) $\frac{9}{4}x^2-4y^2=\left(\frac{3}{2}x+2y\right)\left(\frac{3}{2}x-2y\right)$ ( )

⇨ ____________

(4) $ax^2-9ay^2=(ax+3ay)(x-3y)$ ( )

⇨ ____________

(5) $x^2y-y^3=y(x+y)(x-y)$ ( )

⇨ ____________

• 정답과 해설 42쪽

유형 4 인수분해 공식 (3)

개념편 81, 84쪽

(1) $x^2+(a+b)x+ab$의 인수분해

$$\boldsymbol{x^2+(a+b)x+ab=(x+a)(x+b)}$$

(2) $x^2+(a+b)x+ab$의 인수분해 방법

❶ 곱해서 상수항이 되는 두 정수를 모두 찾는다.

❷ ❶의 두 정수 중 합이 일차항의 계수가 되는 것을 고른다.

❸ ❷의 두 정수를 각각 상수항으로 하는 두 일차식의 곱으로 나타낸다.

두 수의 곱

$$x^2+(a+b)x+ab=(x+a)(x+b)$$

두 수의 합

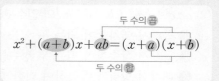

1 합과 곱이 각각 다음과 같은 두 정수를 구하시오.

(1) 합: 7, 곱: 10　　(2) 합: -5, 곱: 6

(3) 합: 3, 곱: -4　　(4) 합: -9, 곱: -22

2 주어진 이차식에 대하여 곱과 합이 각각 다음과 같은 두 정수를 구하고, 이차식을 인수분해하시오.

(1) x^2+6x+8

⇨ 곱이 8이고 합이 6인 두 정수: ______

⇨ 인수분해: $x^2+6x+8=$ ______

(2) $x^2-10x+24$

⇨ 곱이 24이고 합이 -10인 두 정수: ______

⇨ 인수분해: $x^2-10x+24=$ ______

(3) $x^2+2x-15$

⇨ 곱이 -15이고 합이 2인 두 정수: ______

⇨ 인수분해: $x^2+2x-15=$ ______

(4) $x^2-6xy+5y^2$

⇨ 곱이 5이고 합이 -6인 두 정수: ______

⇨ 인수분해: $x^2-6xy+5y^2=$ ______

(5) $x^2-xy-12y^2$

⇨ 곱이 -12이고 합이 -1인 두 정수: ______

⇨ 인수분해: $x^2-xy-12y^2=$ ______

[3~4] 다음 식을 인수분해하시오.

3 (1) x^2+7x+6

(2) $x^2-3x-10$

(3) $x^2-15x+56$

(4) $x^2+2xy-35y^2$

(5) $x^2-xy-30y^2$

(6) $x^2-14xy+40y^2$

공통인 인수를 묶어 낸 후 인수분해해 봐.

4 (1) $3x^2-3x-6$

(2) $2bx^2-6bxy+4by^2$

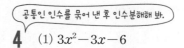

5 다음 중 인수분해 결과가 옳은 것은 ○표, 옳지 않은 것은 ×표를 ( ) 안에 쓰고, 옳지 않은 것은 바르게 인수분해하시오.

(1) $x^2+9x+18=(x-3)(x+6)$　(　　)

⇨ ______

(2) $a^2-3a-28=(a+4)(a-7)$　(　　)

⇨ ______

(3) $x^2-3xy+2y^2=(x+y)(x+2y)$　(　　)

⇨ ______

(4) $x^2+4ax-21a^2=(x+3a)(x-7a)$　(　　)

⇨ ______

유형 5 인수분해 공식 (4)

개념편 81, 85쪽

(1) $acx^2+(ad+bc)x+bd$의 인수분해

$$acx^2+(ad+bc)x+bd=(ax+b)(cx+d)$$

(2) $acx^2+(ad+bc)x+bd$의 인수분해 방법

❶ 곱해서 이차항이 되는 두 식을 세로로 나열한다.

❷ 곱해서 상수항이 되는 두 정수를 세로로 나열한다.

❸ 대각선 방향으로 곱하여 더한 값이 일차항이 되는 것을 찾는다.

❹ 두 일차식의 곱으로 나타낸다.

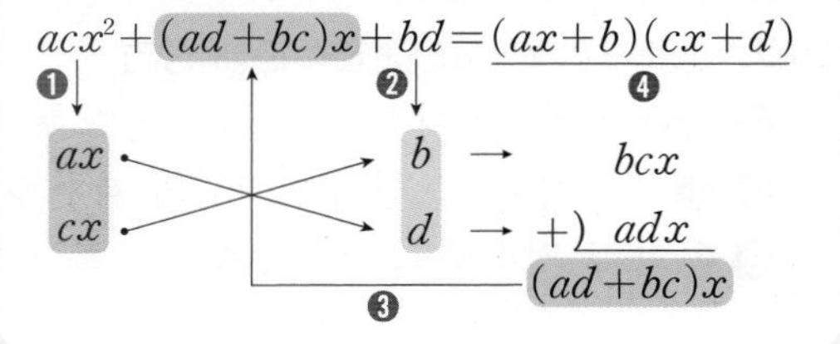

1 다음 □ 안에 알맞은 수를 쓰고, 주어진 식을 인수분해하시오.

(1) $6x^2+5x+1=(2x+\square)(\square x+\square)$

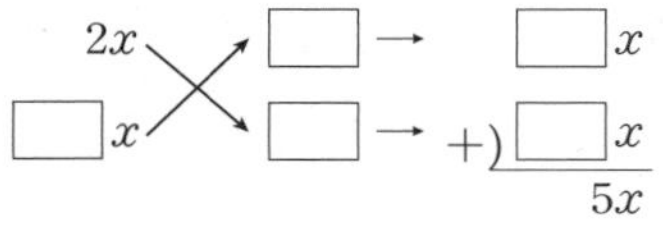

(2) $4x^2-7xy+3y^2=(x-y)(\square x-\square y)$

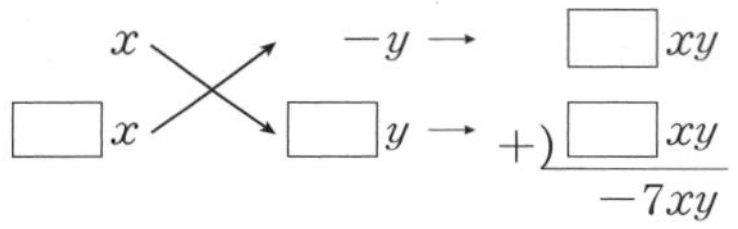

(3) $3x^2+7x-10=$ __________

(4) $2x^2-3x-9=$ __________

(5) $4x^2-13xy+9y^2=$ __________

[2~3] 다음 식을 인수분해하시오.

2 (1) $3x^2+4x+1$

(2) $6x^2-25x+14$

(3) $2x^2-xy-6y^2$

(4) $6x^2+5xy-6y^2$

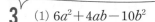

공통인 인수를 먼저 묶어 낸 후 인수분해해 봐.

3 (1) $6a^2+4ab-10b^2$

(2) $9x^2y-6xy-3y$

4 다음 중 인수분해 결과가 옳은 것은 ○표, 옳지 않은 것은 ×표를 ( ) 안에 쓰고, 옳지 않은 것은 바르게 인수분해하시오.

(1) $3x^2+16x+5=(x+1)(3x+5)$ ( )

⇨ __________

(2) $2x^2-7x-4=(x-4)(2x+1)$ ( )

⇨ __________

(3) $3x^2-2xy-8y^2=(x-2)(3x+4)$ ( )

⇨ __________

(4) $3ax^2-7ax+2a=(x-2)(3ax-a)$ ( )

⇨ __________

한 번 더 연습 유형 2~5

[1~3] 다음 식을 인수분해하시오.

1
(1) $x^2+18x+81$

(2) $x^2-\frac{2}{3}x+\frac{1}{9}$

(3) $16x^2-40x+25$

(4) $-x^2+36$

(5) $169-\frac{1}{9}x^2$

(6) $x^2-11x+28$

(7) $x^2-10x-24$

(8) $2x^2+5x-12$

(9) $6x^2-11x-10$

(10) $8x^2-14x+3$

2
(1) $x^2-4xy+4y^2$

(2) $\frac{9}{4}x^2+3xy+y^2$

(3) $64x^2-y^2$

(4) $-49x^2+\frac{1}{16}y^2$

(5) $x^2-xy-20y^2$

(6) $4x^2+4xy-15y^2$

3
(1) $-3x^2-18x-27$

(2) $7x^2-\frac{7}{36}$

(3) $121x-4x^3$

(4) $3x^2+6x-45$

(5) $x^2y-xy^2-12y^3$

(6) $4x^2+6x+2$

한 걸음 더 연습 유형 2~5

[1~2] 다음 □ 안에 알맞은 수를 쓰시오.

1
(1) $x^2-8x+\square=(x-2)(x-\square)$

(2) $a^2+10a+\square=(a+\square)(a+7)$

(3) $x^2+\square xy-24y^2=(x-4y)(x+\square y)$

(4) $a^2-\square ab-9b^2=(a+b)(a-\square b)$

2
(1) $\square x^2+\square x+6=(x+2)(2x+\square)$

(2) $\square a^2-23a-\square=(3a+\square)(a-8)$

(3) $\square x^2-\square xy+15y^2=(x-\square y)(4x-5y)$

(4) $\square a^2+\square ab-10b^2=(3a-2b)(4a+\square b)$

$\sqrt{a^2}=\begin{cases} a\ge0\text{일 때,} & a \\ a<0\text{일 때,} & -a \end{cases}$ 임을 이용해 봐.

3 다음은 인수분해를 이용하여 $-3<x<1$일 때, $\sqrt{x^2+6x+9}+\sqrt{x^2-2x+1}$을 간단히 하는 과정이다. □ 안에 알맞은 것을 쓰시오.

> $-3<x<1$에서 $x+3>0$, $x-1<0$이므로
> $\sqrt{x^2+6x+9}+\sqrt{x^2-2x+1}$
> $=\sqrt{(\square)^2}+\sqrt{(\square)^2}$
> $=\square+(\square)$
> $=\square$

4 $-1<x<2$일 때, $\sqrt{x^2-4x+4}-\sqrt{x^2+2x+1}$을 간단히 하시오.

5 x에 대한 이차식 x^2+ax+b를 민이는 x의 계수를 잘못 보고 $(x+3)(x-4)$로 인수분해하였고, 솔이는 상수항을 잘못 보고 $(x-1)(x-3)$으로 인수분해하였다. 다음 물음에 답하시오.

(1) 민이가 본 a, b의 값은? $a=$____, $b=$____

(2) 솔이가 본 a, b의 값은? $a=$____, $b=$____

(3) 처음 이차식 x^2+ax+b를 구하고, 바르게 인수분해하면? ________

6 x^2의 계수가 1인 어떤 이차식을 윤아는 x의 계수를 잘못 보고 $(x+2)(x-3)$으로 인수분해하였고, 승주는 상수항을 잘못 보고 $(x-4)(x+5)$로 인수분해하였다. 처음 이차식을 구하고, 그 식을 바르게 인수분해하시오.

⇨ 이차식: ______ $\xrightarrow{\text{인수분해}}$ ______

[7~8] 다음 그림의 모든 직사각형의 넓이의 합을 x에 대한 이차식으로 나타내고, 그 식을 인수분해하시오.

7
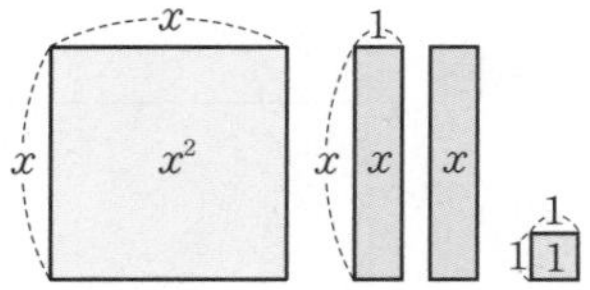

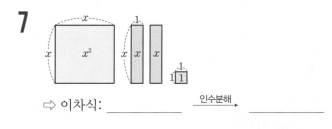

⇨ 이차식: ______ $\xrightarrow{\text{인수분해}}$ ______

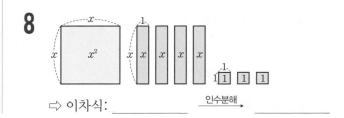

8
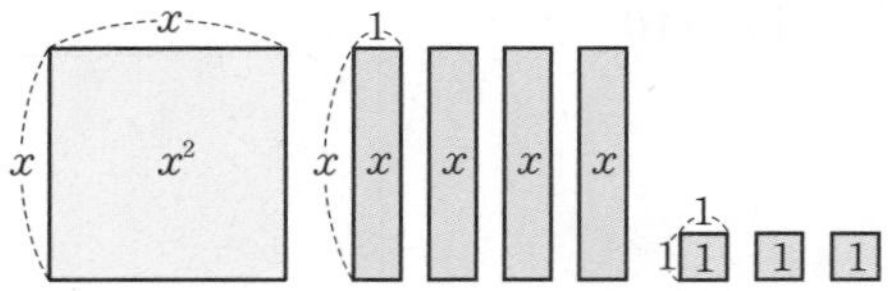

⇨ 이차식: ______ $\xrightarrow{\text{인수분해}}$ ______

쌍둥이 기출문제

● 정답과 해설 46쪽

형광펜 들고 밑줄 쫙~

쌍둥이 01

1 다음 중 $a(a+b)^2$의 인수가 아닌 것은?

① a　② a^2　③ $a+b$
④ $a(a+b)$　⑤ $(a+b)^2$

2 다음 중 $x(x-2)(x+3)$의 인수를 모두 고르면? (정답 2개)

① x^2+2　② $x-3$　③ $x(x-2)$
④ $x(x-3)$　⑤ $(x-2)(x+3)$

쌍둥이 02

3 $a(x-y)-b(y-x)$를 인수분해하면?

① $(a-b)(x-y)$　② $(a-b)(y-x)$
③ $(a+b)(x-y)$　④ $(a+b)(y-x)$
⑤ $(a+b)(x+y)$

4 $2x(x-5y)-3y(5y-x)=(x+ay)(bx+cy)$로 인수분해될 때, $a+b+c$의 값을 구하시오. (단, a, b, c는 정수)

쌍둥이 03

5 다음 두 식이 모두 완전제곱식으로 인수분해될 때, 상수 a, b의 값을 각각 구하시오. (단, $a>0$)

$$x^2+ax+1,\quad 4x^2+28x+b$$

6 다음 식이 모두 완전제곱식으로 인수분해될 때, □ 안에 알맞은 양수 중 가장 작은 것은?

① $x^2-8x+\square$　② $9x^2-12x+\square$
③ $x^2+\square x+36$　④ $4x^2+\square x+25$
⑤ $\square x^2+6x+1$

쌍둥이 04

7 $2<x<4$일 때, $\sqrt{x^2-8x+16}+\sqrt{x^2-4x+4}$를 간단히 하면?

① -2　② 2　③ $x+1$
④ $2x-2$　⑤ $2x+6$

8 서술형 $-5<x<3$일 때, $\sqrt{x^2-6x+9}-\sqrt{x^2+10x+25}$를 간단히 하시오.

풀이 과정

답

쌍둥이 05

9 $x^2-5x-14$가 x의 계수가 1인 두 일차식의 곱으로 인수분해될 때, 이 두 일차식의 합을 구하시오.

10 $(x+3)(x-1)-4x$가 x의 계수가 1인 두 일차식의 곱으로 인수분해될 때, 이 두 일차식의 합을 구하시오.

쌍둥이 06

11 $6x^2+Ax-30$이 $(2x+3)(3x+B)$로 인수분해될 때, 상수 A, B의 값을 각각 구하시오.

12 $2x^2+ax-3$이 $(x+b)(cx+3)$으로 인수분해될 때, 상수 a, b, c에 대하여 $a+b+c$의 값을 구하시오.

쌍둥이 07

13 다음 중 인수분해한 것이 옳은 것은?

① $3a-12ab=3a(1+4b)$
② $4x^2+12x+9=(4x-3)^2$
③ $4x^2-9=(4x+3)(4x-3)$
④ $x^2-4xy-5y^2=(x+1)(x-5)$
⑤ $6x^2+11x+4=(2x+1)(3x+4)$

14 다음 중 인수분해한 것이 옳지 않은 것은?

① $-6x^2y-12xy=-6xy(x+2)$
② $x^2-\frac{2}{3}x+\frac{1}{9}=\left(x-\frac{1}{3}\right)^2$
③ $\frac{4}{9}x^2-\frac{1}{25}y^2=\left(\frac{2}{3}x+\frac{1}{5}y\right)\left(\frac{2}{3}x-\frac{1}{5}y\right)$
④ $(x+3)(x-4)-8=(x-2)(x+5)$
⑤ $3x^2-11x+6=(x-3)(3x-2)$

쌍둥이 08

15 다음 두 다항식의 공통인 인수는?

$$x^2-8x+15, \qquad 3x^2-7x-6$$

① $x-5$ ② $x-3$ ③ $2x+3$
④ $3x+2$ ⑤ $3x-2$

16 두 다항식 $x^2-6x-27$, $5x^2+13x-6$의 공통인 인수는?

① $x-9$ ② $x+3$ ③ $5x-3$
④ $5x-2$ ⑤ $5x+2$

쌍둥이 09

17 $3x^2+4x+a$가 $x+4$를 인수로 가질 때, 상수 a의 값을 구하시오.

18 $2x^2+ax-5$가 $x-5$를 인수로 가질 때, 상수 a의 값을 구하시오.

쌍둥이 10

19 x^2의 계수가 1인 어떤 이차식을 상우는 x의 계수를 잘못 보고 $(x+2)(x-5)$로 인수분해하였고, 연두는 상수항을 잘못 보고 $(x+4)(x+5)$로 인수분해하였다. 다음 물음에 답하시오.

(1) 처음 이차식을 구하시오.

(2) 처음 이차식을 바르게 인수분해하시오.

20 x^2의 계수가 1인 어떤 이차식을 하영이는 x의 계수를 잘못 보고 $(x-2)(x+4)$로 인수분해하였고, 지우는 상수항을 잘못 보고 $(x+1)(x-3)$으로 인수분해하였다. 처음 이차식을 바르게 인수분해하시오.

쌍둥이 11

21 다음 그림의 모든 직사각형을 빈틈없이 겹치지 않게 붙여 하나의 큰 직사각형을 만들 때, 새로 만든 직사각형의 가로의 길이와 세로의 길이의 합을 구하시오.

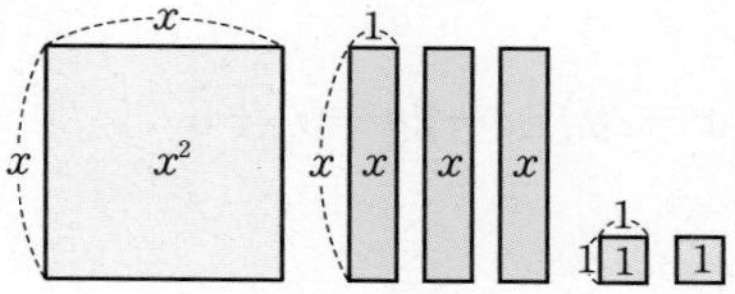

22 다음 그림의 모든 직사각형을 빈틈없이 겹치지 않게 붙여 하나의 큰 직사각형을 만들 때, 새로 만든 직사각형의 둘레의 길이를 구하시오.

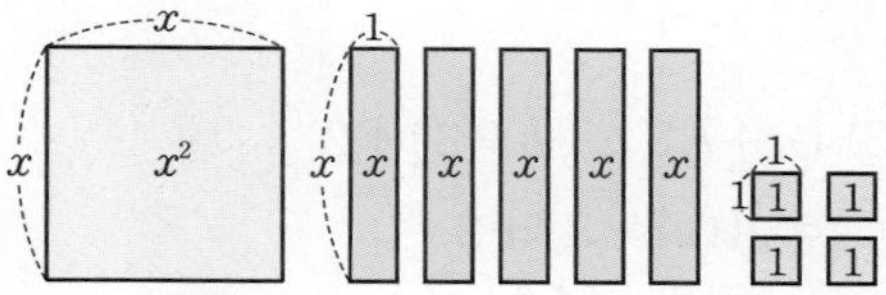

쌍둥이 12

23 넓이가 $6x^2+7x+2$이고, 가로의 길이가 $3x+2$인 직사각형의 둘레의 길이는?

① $4x+2$ ② $5x+3$ ③ $6x+4$
④ $8x+7$ ⑤ $10x+6$

24 오른쪽 그림과 같이 윗변의 길이가 $x+4$, 아랫변의 길이가 $x+6$인 사다리꼴의 넓이가 $3x^2+17x+10$일 때, 이 사다리꼴의 높이를 구하시오.

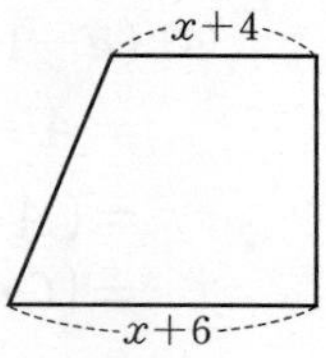

유형 6 복잡한 식의 인수분해

개념편 89~90쪽

- 공통부분이 있는 경우의 인수분해 → 공통부분을 한 문자로 놓기 → 인수분해 공식 이용
- 항이 4개인 경우의 인수분해
  - (2항)+(2항) → 공통인 인수가 생기도록 두 항씩 묶기 → 인수분해 공식 이용
  - (3항)+(1항) → $(\quad)^2-(\quad)^2$ 꼴로 변형하기 → 인수분해 공식 이용

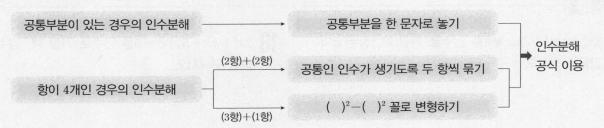

[1~4] 공통부분을 한 문자로 놓고 인수분해해 봐.

1 다음 □ 안에 알맞은 것을 쓰시오.

(1) $(x+1)^2-6(x+1)+9$
$=A^2-6A+9$ ← $x+1=A$로 놓기
$=(A-\square)^2$ ← 인수분해하기
$=(x+1-\square)^2$ ← $A=x+1$을 대입하기
$=(x-\square)^2$ ← 정리하기

(2) $(x-2)^2+3(x-2)-10$
$=A^2+3A-10$
$=(A-2)(A+\square)$
$=(\square-2)(x-2+\square)$
$=(x-\square)(x+\square)$

(3) $(a+b)(a+b-3)+2$
$=A(A-3)+2$
$=A^2-\square A+\square$
$=(A-1)(A-\square)$
$=(\square-1)(a+b-\square)$

(4) $(a-1)^2-(b-2)^2$
$=A^2-B^2$
$=(A+B)(A-B)$
$=\{(a-1)+(\square)\}\{(\square)-(b-2)\}$
$=(a+b-\square)(a-b+\square)$

[2~4] 다음 식을 인수분해하시오.

2 (1) $(a+b)^2+4(a+b)+4$

(2) $(x+3)^2-6(x+3)+8$

(3) $4(x+2)^2-7(x+2)-2$

3 (1) $(a+b)(a+b+1)-12$

(2) $(x-z)(x-z+3)+2$

(3) $(x-2y)(x-2y-5)+6$

4 (1) $(2x-y)^2-(x-2y)^2$

(2) $(x+5)^2-2(x+5)(y-4)-3(y-4)^2$

(3) $(x+y)^2+7(x+y)(2x-y)+12(2x-y)^2$

[5~6] 공통인 인수가 생기도록 두 항씩 묶어서 인수분해해 봐.

[5~6] 다음 식을 인수분해하시오.

5 (1) $\underbrace{ax-ay}_{2항}\underbrace{-bx+by}_{2항}$

$=a(\square)-\square(x-y)$

$=\square$

(2) $\underbrace{xy+x}_{2항}\underbrace{-y-1}_{2항}$

$=x(\square)-(\square)$

$=\square$

(3) $xy-2x-2y+4$

(4) $xy+2z-xz-2y$

(5) $ac-bd+ad-bc$

(6) $x-xy-y+y^2$

6 (1) $\underbrace{x^2-4y^2}_{2항}\underbrace{-x+2y}_{2항}$

$=(x+2y)(\square)-(\square)$

$=\square$

(2) $\underbrace{x^2-y^2}_{2항}\underbrace{+2x+2y}_{2항}$

$=(\square)(x-y)+\square(x+y)$

$=\square$

(3) a^2-ac-b^2-bc

(4) $xy^2+4y^2-9x-36$

(5) x^3+x^2-4x-4

(6) $a^2x+1-x-a^2$

[7~8] $(\quad)^2-(\quad)^2$ 꼴로 변형한 후 인수분해해 봐.

[7~8] 다음 식을 인수분해하시오.

7 (1) $\underbrace{x^2+2x+1}_{3항}\underbrace{-y^2}_{1항}$

$=(\square)^2-y^2$

$=\square$

(2) $\underbrace{a^2}_{1항}\underbrace{-b^2-2b-1}_{3항}$

$=a^2-(\square)^2$

$=\square$

(3) $x^2-6x+9-y^2$

(4) x^2-4y^2+4y-1

(5) $c^2-a^2-b^2+2ab$

(6) $a^2-8ab+16b^2-25c^2$

8 (1) $\underbrace{4x^2-12x+9}_{3항}\underbrace{-16y^2}_{1항}$

$=(\square)^2-(4y)^2$

$=\square$

(2) $\underbrace{9}_{1항}\underbrace{-4a^2+4ab-b^2}_{3항}$

$=3^2-(\square)^2$

$=\square$

(3) $9x^2-6x+1-y^2$

(4) $25-x^2+6xy-9y^2$

(5) $4a^2-9b^2+12bc-4c^2$

(6) $-16x^2-y^2+8xy+1$

유형 7 인수분해 공식을 이용한 수의 계산

개념편 92쪽

- $13\times55-13\times52=13(55-52)=13\times3=39$ ← $ma+mb=m(a+b)$ 이용하기
- $98^2+2\times98\times2+2^2=(98+2)^2=100^2=10000$ ← $a^2+2ab+b^2=(a+b)^2$, $a^2-2ab+b^2=(a-b)^2$ 이용하기
- $65^2-35^2=(65+35)(65-35)=100\times30=3000$ ← $a^2-b^2=(a+b)(a-b)$ 이용하기

1 다음은 인수분해 공식을 이용하여 수의 계산을 하는 과정이다. □ 안에 알맞은 수를 쓰시오.

(1) $17\times54+17\times46=17(\square+\square)$
$=17\times\square$
$=\square$

(2) $102^2-2\times102\times2+2^2=(102-\square)^2$
$=\square^2$
$=\square$

(3) $57^2-53^2=(57+\square)(57-\square)$
$=110\times\square$
$=\square$

(4) $2\times21^2-2\times20^2=\square(21^2-20^2)$
$=\square(21+\square)(21-\square)$
$=\square\times41\times\square$
$=\square$

[2~5] 인수분해 공식을 이용하여 다음을 계산하시오.

2
(1) $9\times57+9\times43$ ________
(2) $11\times75+11\times25$ ________
(3) $15\times88-15\times86$ ________
(4) $97\times33-94\times33$ ________

3
(1) $11^2-2\times11+1$ ________
(2) $18^2+2\times18\times12+12^2$ ________
(3) $25^2-2\times25\times5+5^2$ ________
(4) $89^2+2\times89+1$ ________

4
(1) 57^2-56^2 ________
(2) 99^2-1 ________
(3) $32^2\times3-28^2\times3$ ________
(4) $5\times55^2-5\times45^2$ ________

5
(1) $50\times3.5+50\times1.5$ ________
(2) $5.5^2\times9.9-4.5^2\times9.9$ ________
(3) $7.5^2+5\times7.5+2.5^2$ ________
(4) $\sqrt{25^2-24^2}$ ________

• 정답과 해설 49쪽

유형 8 인수분해 공식을 이용한 식의 값 구하기

개념편 92쪽

$x=\sqrt{3}+1$, $y=\sqrt{3}-1$일 때, x^2-y^2의 값

➡ $x^2-y^2=(x+y)(x-y)=\{(\sqrt{3}+1)+(\sqrt{3}-1)\}\{(\sqrt{3}+1)-(\sqrt{3}-1)\}=2\sqrt{3}\times2=4\sqrt{3}$

구하는 식을 인수분해하기 / 문자에 수를 대입하기

1 다음은 인수분해 공식을 이용하여 식의 값을 구하는 과정이다. □ 안에 알맞은 수를 쓰시오.

(1) $x=33$일 때, x^2-6x+9의 값

$x^2-6x+9=(x-\square)^2$
$=(33-\square)^2$
$=\square^2$
$=\square$

(2) $x=2+\sqrt{3}$, $y=2-\sqrt{3}$일 때, $x^2-2xy+y^2$의 값

$x^2-2xy+y^2=(x-\square)^2$
$=\{(2+\sqrt{3})-(\square)\}^2$
$=(\square)^2$
$=\square$

[2~5] 인수분해 공식을 이용하여 다음 식의 값을 구하시오.

2 (1) $x=2-2\sqrt{2}$일 때, x^2-4x+4

(2) $x=\sqrt{2}-1$일 때, x^2+3x+2

(3) $x=4+\sqrt{3}$일 때, x^2-3x-4

(4) $x=\dfrac{1}{\sqrt{5}-2}$일 때, x^2+x-6

3 (1) $x=\sqrt{2}+1$, $y=\sqrt{2}-1$일 때, $x^2+2xy+y^2$

(2) $x=3+\sqrt{5}$, $y=3-\sqrt{5}$일 때, x^2-y^2

(3) $x=1+2\sqrt{3}$, $y=1-2\sqrt{3}$일 때, x^2y+xy^2

먼저 주어진 수의 분모를 유리화해 봐.

4 (1) $a=\dfrac{1}{\sqrt{2}+1}$, $b=\dfrac{1}{\sqrt{2}-1}$일 때, $a^2-2ab+b^2$

(2) $a=\dfrac{2}{\sqrt{5}+\sqrt{3}}$, $b=\dfrac{2}{\sqrt{5}-\sqrt{3}}$일 때, a^2b-ab^2

(3) $x=\dfrac{1}{\sqrt{3}-2}$, $y=\dfrac{1}{\sqrt{3}+2}$일 때, x^2-y^2

5 (1) $a+b=6$, $ab=5$일 때, a^2b+ab^2

(2) $x-y=5$, $xy=-6$일 때, $3xy^2-3x^2y$

(3) $x+y=4$, $x-y=11$일 때, $x^2-y^2+4x+4y$

한 번 더 연습 유형 6~8

[1~2] 다음 식을 인수분해하시오.

1 (1) $(x-y)^2+12(x-y)+36$

(2) $(2x-y)^2-8(2x-y)+16$

(3) $(a-b)(a-b+3)+2$

(4) $(x+y)(x+y+1)-12$

(5) $(3x-1)^2-(x+3)^2$

(6) $(x+2)^2-2(x+2)(y-1)-3(y-1)^2$

2 (1) $a^2+a+ab+b$

(2) $x^2-y^2-3x+3y$

(3) $a^2+10ab+25b^2-1$

(4) $x^2+16y^2-9-8xy$

3 인수분해 공식을 이용하여 다음을 계산하시오.

(1) $18\times57+18\times43$

(2) $94^2+2\times94\times6+6^2$

(3) $53^2-2\times53\times3+3^2$

(4) $\sqrt{52^2-48^2}$

(5) $70^2\times2.5-30^2\times2.5$

4 인수분해 공식을 이용하여 다음 식의 값을 구하시오.

(1) $x=16$일 때, $x^2-4x-12$

(2) $x=5+\sqrt{10}$일 때, $x^2-10x+25$

(3) $x=\sqrt{3}+\sqrt{2}$, $y=\sqrt{3}-\sqrt{2}$일 때, $x^2+2xy+y^2$

(4) $x=\dfrac{1}{3-2\sqrt{2}}$, $y=\dfrac{1}{3+2\sqrt{2}}$일 때, x^2-y^2

쌍둥이 기출문제

• 정답과 해설 51쪽

형광펜 들고 밑줄 쫙~

쌍둥이 01

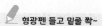

1 $(x-4)^2-4(x-4)-21$이 $(x-1)(ax+b)$로 인수분해될 때, 상수 a, b에 대하여 $a+b$의 값은?

① -12 ② -10 ③ -8
④ -6 ⑤ -4

2 서술형 $(2x-1)^2-(x+5)^2$이 $(3x+a)(bx+c)$로 인수분해될 때, 상수 a, b, c에 대하여 $a+b+c$의 값을 구하시오.

풀이 과정

답

쌍둥이 02

3 다음 중 $a^3-b-a+a^2b$의 인수가 아닌 것은?

① $a+1$ ② $a-1$ ③ $a+b$
④ $a-b$ ⑤ a^2-1

4 다음 보기 중 $x^2-9+xy-3y$의 인수를 모두 고른 것은?

보기

ㄱ. $x-3$ ㄴ. $x+3$
ㄷ. $x+y$ ㄹ. $x-y+3$
ㅁ. $x+y-3$ ㅂ. $x+y+3$

① ㄱ, ㄹ ② ㄱ, ㅂ ③ ㄴ, ㅁ
④ ㄴ, ㅂ ⑤ ㄷ, ㄹ

쌍둥이 03

5 다음 식을 인수분해하시오.

$$x^2-y^2+12x+36$$

6 x^2-y^2+4y-4가 x의 계수가 1인 두 일차식의 곱으로 인수분해될 때, 이 두 일차식의 합을 구하시오.

쌍둥이 기출문제

쌍둥이 04

7 다음 중 150^2-149^2을 계산하는 데 이용되는 가장 편리한 인수분해 공식은?

① $a^2+2ab+b^2=(a+b)^2$
② $a^2-2ab+b^2=(a-b)^2$
③ $a^2-b^2=(a+b)(a-b)$
④ $x^2+(a+b)x+ab=(x+a)(x+b)$
⑤ $acx^2+(ad+bc)x+bd=(ax+b)(cx+d)$

8 인수분해 공식을 이용하여 다음을 계산하시오.

$$\frac{1001\times2004-2004}{1001^2-1}$$

쌍둥이 05

9 $x=-1+\sqrt{3}$, $y=1+\sqrt{3}$일 때, x^2-y^2의 값은?

① $-4\sqrt{3}$　② -2　③ 0
④ $2\sqrt{3}$　⑤ $2+2\sqrt{3}$

10 (서술형) $a=\frac{1}{\sqrt{5}+2}$, $b=\frac{1}{\sqrt{5}-2}$일 때, $a^2-2ab+b^2$의 값을 구하시오.

풀이 과정

답

쌍둥이 06

11 $x+y=3$, $x-y=5$일 때, $x^2-y^2+6x-6y$의 값은?

① 25　② 30　③ 35
④ 40　⑤ 45

12 $x+y=\sqrt{5}$, $x-y=3$일 때, 다음 식의 값은?

$$x^2-y^2+2x+1$$

① $2\sqrt{5}-2$　② $4\sqrt{5}-4$　③ $2\sqrt{5}+2$
④ $4\sqrt{5}$　⑤ $4\sqrt{5}+4$

단원 마무리

• 정답과 해설 52쪽

1 다음 보기 중 $2xy(x+3y)$의 인수를 모두 고르시오.

▶ 인수 찾기

보기

ㄱ. x ㄴ. $x+y$ ㄷ. xy
ㄹ. x^2y ㅁ. $2x(x+3)$ ㅂ. $2y(x+3y)$

서술형

2 $(x-2)(x+6)+k$가 완전제곱식이 되도록 하는 상수 k의 값을 구하시오.

▶ 완전제곱식이 될 조건

풀이 과정

답

3 $0<a<\frac{1}{3}$일 때, $\sqrt{a^2-\frac{2}{3}a+\frac{1}{9}}-\sqrt{a^2+\frac{2}{3}a+\frac{1}{9}}$을 간단히 하면?

▶ 근호 안의 식이 완전제곱식으로 인수분해되는 경우

① $-2a$ ② $-\frac{2}{3}$ ③ 0 ④ $\frac{2}{3}$ ⑤ $2a$

4 $5x^2+ax+2$가 $(5x+b)(cx+2)$로 인수분해될 때, 상수 a, b, c에 대하여 $a-b-c$의 값은?

▶ 인수분해 공식 (4)

① 6 ② 7 ③ 8 ④ 9 ⑤ 10

5 다음 중 □ 안에 알맞은 수가 가장 작은 것은?

▶ 인수분해 공식 – 종합

① $2xy+10x=2x(y+\square)$
② $9x^2-6x+1=(\square x-1)^2$
③ $25x^2-16y^2=(5x+4y)(5x-\square y)$
④ $x^2+3x-18=(x-3)(x+\square)$
⑤ $6x^2+xy-2y^2=(2x-y)(3x+\square y)$

6 두 다항식 x^2+4x-5, $2x^2-3x+1$의 공통인 인수는?

▶ 공통인 인수 구하기

① $x-3$ ② $x-1$ ③ $x+2$ ④ $x+5$ ⑤ $2x-1$

서술형

7 x^2의 계수가 1인 어떤 이차식을 소희는 x의 계수를 잘못 보고 $(x+3)(x-8)$로 인수분해하였고, 시우는 상수항을 잘못 보고 $(x-2)(x+4)$로 인수분해하였다. 처음 이차식을 바르게 인수분해하시오.

▶ 계수 또는 상수항을 잘못 보고 인수분해한 경우

풀이 과정

답

8 오른쪽 그림과 같이 가로의 길이가 $a+2b$인 직사각형 모양의 꽃밭이 있다. 이 꽃밭의 넓이가 $2a^2-ab-10b^2$일 때, 꽃밭의 세로의 길이는?

▶ 인수분해의 도형에서의 활용

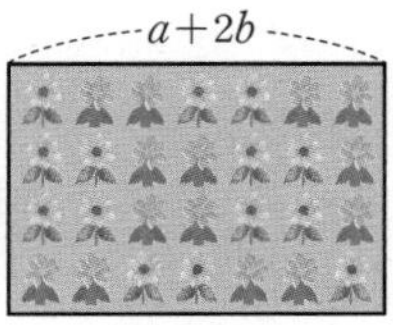

① $-2a+5b$
② $2a-5b$
③ $2a+5b$
④ $5a-2b$
⑤ $5a+2b$

9 $(x-2y)(x-2y+1)-12$가 $(x+ay+b)(x+cy+d)$로 인수분해될 때, 상수 a, b, c, d에 대하여 $a+b+c+d$의 값은?

① -3 ② -1 ③ 1 ④ 3 ⑤ 5

▸ 공통부분을 한 문자로 놓고 인수분해하기

10 $x^2-y^2+z^2-2xz$를 인수분해하면?

① $(x+y-z)(x-y+z)$
② $(x+y-z)(x-y-z)$
③ $(x+y+z)(x-y+z)$
④ $(x+y+z)(x-y-z)$
⑤ $(x-y-z)(x-y+z)$

▸ 적당한 항끼리 묶어 인수분해하기

11 인수분해 공식을 이용하여 다음 두 수 A, B를 계산할 때, $A+B$의 값을 구하시오.

$$A=6\times1.5^2-6\times0.5^2,\qquad B=\sqrt{74^2+4\times74+2^2}$$

▸ 인수분해 공식을 이용한 수의 계산

12 $x=\dfrac{4}{\sqrt{5}-1}$, $y=\dfrac{4}{\sqrt{5}+1}$일 때, x^2y-xy^2의 값은?

① 4 ② $2\sqrt{5}$ ③ $5+\sqrt{5}$ ④ 8 ⑤ 16

▸ 인수분해 공식을 이용한 식의 값 구하기

5 이차방정식

유형 1 이차방정식과 그 해
유형 2 인수분해를 이용한 이차방정식의 풀이
유형 3 이차방정식의 중근
유형 4 제곱근을 이용한 이차방정식의 풀이
유형 5 완전제곱식을 이용한 이차방정식의 풀이
유형 6 이차방정식의 근의 공식
유형 7 여러 가지 이차방정식의 풀이
유형 8 이차방정식의 근의 개수
유형 9 이차방정식 구하기
유형 10 이차방정식의 활용

• 정답과 해설 53쪽

5. 이차방정식

01 이차방정식과 그 해

유형 1 이차방정식과 그 해

개념편 104쪽

(1) **이차방정식**: 등식의 모든 항을 좌변으로 이항하여 정리한 식이 (x에 대한 이차식)$=0$ 꼴로 나타나는 방정식을 x에 대한 **이차방정식**이라고 한다.

(2) **이차방정식의 해(근)**: 이차방정식 $ax^2+bx+c=0$을 참이 되게 하는 미지수 x의 값

$ax^2+bx+c=0$
(a, b, c는 상수, $a\neq0$)

예 $x=1$은 $2x^2-3x+1=0$의 해이다.
➡ $x=1$을 주어진 식에 대입하면 등식이 성립한다.
➡ $2\times1^2-3\times1+1=0$

1 다음 중 x에 대한 이차방정식인 것은 ○표, 이차방정식이 아닌 것은 ×표를 ( ) 안에 쓰시오.

(1) $2x^2=0$ ( )

(2) $x(x-1)+4$ ( )

(3) $x^2+3x=2x^2+1$ — 모든 항을 좌변으로 이항하여 정리
⇨ ________ ( )

(4) $x(1-3x)=5-3x^2$ ( )

(5) $(x+2)^2=4$ ( )

(6) $2x^2-5=(x-1)(3x+1)$ ( )

(7) $x^2(x-1)=x^3+4$ ( )

(8) $x(x+1)=x^3-2$ ( )

(9) $\dfrac{1}{x^2}+5=0$ ( )

이차방정식이 되려면 (이차항의 계수)$\neq0$이어야 해.

2 다음 등식이 x에 대한 이차방정식이 되도록 하는 상수 a의 조건을 구하시오.

(1) $(a-2)x^2-3x+7=0$

(2) $(2a+3)x^2-x-6=0$

(3) $ax^2+4x-12=5x^2$

3 다음 중 [ ] 안의 수가 주어진 이차방정식의 해이면 ○표, 해가 아니면 ×표를 ( ) 안에 쓰시오.

(1) $x^2+4x+3=0$ $[-1]$
⇨ $(-1)^2+4\times(-1)+3$ □ 0 ( )

(2) $3x^2-5x-2=0$ $[\ 3\ ]$ ( )

(3) $(x+1)(x-6)=x$ $[\ 4\ ]$ ( )

4 x의 값이 -1, 0, 1, 2, 3일 때, 다음 이차방정식의 해를 구하시오.

(1) $x^2-6x=0$ ________

(2) $x^2-2x-3=0$ ________

(3) $x^2-5x+4=0$ ________

(4) $2x^2+5x+3=0$ ________

● 정답과 해설 53쪽

02 이차방정식의 풀이

5. 이차방정식

유형 2 인수분해를 이용한 이차방정식의 풀이

개념편 106쪽

$x^2+3=4x$
❶ $ax^2+bx+c=0$ 꼴로 정리한다.
$x^2-4x+3=0$
❷ 좌변을 인수분해한다.
$(x-1)(x-3)=0$
❸ $AB=0$의 성질을 이용한다.
$x-1=0$ 또는 $x-3=0$
❹ 해를 구한다.
$\therefore x=1$ 또는 $x=3$

$AB=0$의 성질
두 수 또는 두 식 A, B에 대하여
$AB=0$이면 $A=0$ 또는 $B=0$

1 다음은 이차방정식의 해를 구하는 과정이다. □ 안에 알맞은 것을 쓰시오.

(1) $x(x-4)=0$
□$=0$ 또는 □$=0$
$\therefore x=$□ 또는 $x=$□

(2) $(x+3)(x-5)=0$
□$=0$ 또는 □$=0$
$\therefore x=$□ 또는 $x=$□

(3) $x^2+3x-4=0$의 좌변을 인수분해하면
(□)$(x-1)=0$이므로
□$=0$ 또는 □$=0$
$\therefore x=$□ 또는 $x=$□

(4) $2x^2+x-6=0$의 좌변을 인수분해하면
$(x+2)$(□)$=0$이므로
□$=0$ 또는 □$=0$
$\therefore x=$□ 또는 $x=$□

[2~4] 다음 이차방정식을 인수분해를 이용하여 푸시오.

2 (1) $x^2-2x=0$ ________

(2) $x^2+3x=0$ ________

(3) $2x^2+8x=0$ ________

3 (1) $x^2+5x+4=0$ ________

(2) $x^2-7x+10=0$ ________

(3) $x^2=2x+8$ ________

4 (1) $2x^2-7x+3=0$ ________

(2) $-4x^2+4x+3=0$ ________

(3) $10x^2-6x=4x^2+5x-3$ ________

괄호가 있는 이차방정식은 먼저 괄호를 풀어야 해.

5 다음 이차방정식을 $ax^2+bx+c=0\,(a>0)$ 꼴로 나타낸 후 해를 구하시오. (단, a, b, c는 상수)

(1) $x(x+8)=2(x-4)$
⇨ □$=0$ $\therefore$ ________

(2) $2(x^2-1)=3(x+1)$
⇨ □$=0$ $\therefore$ ________

먼저 $x=1$을 대입해서 a의 값을 구해 봐.

6 이차방정식 $x^2+ax+5=0$의 한 근이 $x=1$일 때, 상수 a의 값과 다른 한 근을 각각 구하시오.

$a=$________, $x=$________

유형 3 이차방정식의 중근

개념편 107쪽

(1) 중근: 이차방정식의 두 해가 중복될 때, 이 해를 중근이라고 한다.

예 $x^2+4x+4=0$에서 $(x+2)^2=0$ $\quad\therefore x=-2$ ← 중근

(2) 중근을 가질 조건: 이차방정식이 (완전제곱식)=0 꼴로 나타내어지면 이 차방정식은 중근을 가진다.

└→ $m(x+n)^2=0$

➡ $x^2+ax+b=0$에서 $b=\left(\frac{a}{2}\right)^2$이면 $\left(x+\frac{a}{2}\right)^2=0$이므로 중근을 가진다.

1 다음은 이차방정식의 중근을 구하는 과정이다. □ 안에 알맞은 것을 쓰시오.

(1) $x^2+8x+16=0$

⇨ $(\square)^2=0$ $\quad\therefore x=\square$

(2) $16x^2-8x+1=0$

⇨ $(\square)^2=0$ $\quad\therefore x=\square$

(3) $x^2+x+\frac{1}{4}=0$

⇨ $\left(\square\right)^2=0$ $\quad\therefore x=\square$

2 다음 이차방정식을 푸시오.

(1) $(x+5)^2=0$ ________

(2) $(3x-1)^2=0$ ________

(3) $(2x+7)^2=0$ ________

(4) $9x^2-24x+16=0$ ________

(5) $x^2+1=-2x$ ________

(6) $6-x^2=3(2x+5)$ ________

(7) $(x+2)(4x+5)=x+1$ ________

[3~5] 다음 이차방정식이 중근을 가질 때, 상수 k의 값을 구하시오.

3 (1) $x^2+4x-k=0$ ⇨ $-k=\left(\frac{\square}{2}\right)^2$

$\therefore k=\square$

(2) $x^2-6x+k=0$ ________

(3) $x^2+3x+k=0$ ________

(4) $x^2-x-k=0$ ________

4 (1) $x^2+kx+4=0$ ⇨ $4=\left(\frac{\square}{2}\right)^2$ $\quad\therefore k=\square$

(2) $x^2+kx+25=0$ ________

(3) $x^2+kx+\frac{1}{9}=0$ ________

(4) $x^2+kx+\frac{9}{16}=0$ ________

5 (1) $x^2-8x+9-k=0$ ________

(2) $x^2+5kx+4=0$ ________

쌍둥이 기출문제

• 정답과 해설 54쪽

형광펜 들고 밑줄 쫙~

쌍둥이 01

1 다음 중 x에 대한 이차방정식인 것은?

① $3x-1=0$　② x^2-3x+4
③ $x^2-1=-x^2+3x$　④ $\frac{2}{x}+3=0$
⑤ $2x(x-1)=2x^2+3$

2 다음 중 x에 대한 이차방정식이 아닌 것은?

① $\frac{1}{2}x^2=0$　② $(x-5)^2=3x$
③ $4x^2=(3-2x)^2$　④ $(x+1)(x-2)=x$
⑤ $x^3-2x=-2+x^2+x^3$

쌍둥이 02

3 $2x^2+3x-1=ax^2+4$가 x에 대한 이차방정식이 되도록 하는 상수 a의 조건은?

① $a\neq-2$　② $a\neq-1$　③ $a\neq0$
④ $a\neq1$　⑤ $a\neq2$

4 $kx^2-5x+1=7x^2+3$이 x에 대한 이차방정식일 때, 다음 중 상수 k의 값이 될 수 없는 것은?

① 5　② 6　③ 7
④ 8　⑤ 9

쌍둥이 03

5 다음 중 [　] 안의 수가 주어진 이차방정식의 해인 것은?

① $x^2-5=0$　[5]
② $x^2-x-2=0$　[−3]
③ $x^2+6x-7=0$　[−2]
④ $2x^2-3x-5=0$　[−1]
⑤ $3x^2-x-10=0$　[3]

6 다음 중 $x=-2$를 해로 갖는 이차방정식이 아닌 것은?

① $(x+1)(x+2)=0$
② $-x^2+4=0$
③ $3x^2+5x-2=0$
④ $x^2+4x+4=0$
⑤ $x^2+6=2x^2-x-18$

쌍둥이 04

7 이차방정식 $x^2+5x-1=0$의 한 근이 $x=a$일 때, a^2+5a-6의 값은?

① -5　② -4　③ -3
④ -2　⑤ -1

8 이차방정식 $x^2-4x+1=0$의 한 근이 $x=p$일 때, p^2-4p+3의 값을 구하시오.

• 정답과 해설 55쪽

쌍둥이 기출문제

쌍둥이 05

9 다음 중 이차방정식 $x^2-x-20=0$의 해를 모두 고르면? (정답 2개)

① $x=-5$ ② $x=-4$ ③ $x=4$
④ $x=5$ ⑤ $x=10$

10 이차방정식 $2x^2-x-6=0$을 풀면?

① $x=2$ 또는 $x=3$ ② $x=1$ 또는 $x=3$
③ $x=-1$ 또는 $x=2$ ④ $x=-\frac{3}{2}$ 또는 $x=2$
⑤ $x=-2$ 또는 $x=\frac{3}{2}$

쌍둥이 06

11 서술형 이차방정식 $x^2-6x+a=0$의 한 근이 $x=-1$일 때, 다른 한 근을 구하시오. (단, a는 상수)

풀이 과정

답

12 이차방정식 $3x^2+(a+1)x-a=0$의 한 근이 $x=-3$일 때, 상수 a의 값과 다른 한 근은?

① $a=4,\ x=\frac{1}{3}$ ② $a=4,\ x=\frac{3}{2}$
③ $a=6,\ x=\frac{2}{3}$ ④ $a=6,\ x=\frac{3}{4}$
⑤ $a=10,\ x=3$

쌍둥이 07

13 다음 이차방정식 중 중근을 갖는 것은?

① $x^2+x-6=0$ ② $x^2-6x=0$
③ $x^2-x+\frac{1}{4}=0$ ④ $x^2-1=0$
⑤ $x^2-3x+2=0$

14 다음 보기의 이차방정식 중 중근을 갖는 것을 모두 고르시오.

보기

ㄱ. $x^2+4x=0$ ㄴ. $x^2+9=6x$
ㄷ. $x^2=16$ ㄹ. $(x+4)^2=1$
ㅁ. $4x^2-12x+9=0$ ㅂ. $x^2-3x=-5x+8$

쌍둥이 08

15 이차방정식 $x^2-4x+m-5=0$이 중근을 가질 때, 상수 m의 값은?

① -9 ② -8 ③ 4
④ 6 ⑤ 9

16 이차방정식 $x^2-12x+25-k=0$이 중근을 가질 때, 상수 k의 값과 그 중근을 각각 구하시오.

• 정답과 해설 56쪽

유형 4 제곱근을 이용한 이차방정식의 풀이

개념편 109쪽

(1) 이차방정식 $x^2=q\,(q\geq 0)$의 해

➡ $x=\pm\sqrt{q}$

$x^2=4$

$\therefore x=\pm\sqrt{4}=\pm 2$ ← 제곱근을 이용하기

(2) 이차방정식 $(x-p)^2=q\,(q\geq 0)$의 해

➡ $x-p=\pm\sqrt{q}$ ➡ $x=p\pm\sqrt{q}$

$(x-1)^2=2$

$x-1=\pm\sqrt{2}$ ← 제곱근을 이용하기

$\therefore x=1\pm\sqrt{2}$ ← 좌변에 x만 남기기

1 다음은 제곱근을 이용하여 이차방정식의 해를 구하는 과정이다. □ 안에 알맞은 수를 쓰시오.

(1) $x^2=9$

$\therefore x=\pm$□

(2) $x^2=12$

$\therefore x=\pm$□

(3) $2x^2=48$

$x^2=$□ $\therefore x=\pm$□

(4) $3x^2=54$

$x^2=$□ $\therefore x=\pm$□

2 다음 이차방정식을 제곱근을 이용하여 푸시오.

(1) $x^2-5=0$ ______

(2) $x^2-81=0$ ______

(3) $3x^2-81=0$ ______

(4) $4x^2-100=0$ ______

(5) $9x^2-5=8$ ______

(6) $6x^2-1=6$ ______

3 다음은 제곱근을 이용하여 이차방정식의 해를 구하는 과정이다. □ 안에 알맞은 수를 쓰시오.

(1) $(x+4)^2=5$

$x+4=\pm$□ $\therefore x=$□$\pm$□

(2) $4(x-3)^2=8$

$(x-3)^2=$□

$x-3=\pm$□ $\therefore x=$□$\pm$□

4 다음 이차방정식을 제곱근을 이용하여 푸시오.

(1) $(x-3)^2=25$ ______

(2) $(x+2)^2=8$ ______

(3) $3(x-5)^2=18$ ______

(4) $2(x+3)^2=54$ ______

(5) $2(x-1)^2-8=0$ ______

(6) $5(x+4)^2-30=0$ ______

먼저 이차방정식의 해를 구한 후 주어진 해와 비교해 봐.

5 이차방정식 $(x+a)^2=5$의 해가 $x=-3\pm\sqrt{5}$일 때, 유리수 a의 값을 구하시오. ______

● 정답과 해설 56쪽

유형 5 완전제곱식을 이용한 이차방정식의 풀이

개념편 110쪽

$2x^2-24x+8=0$
❶ x^2의 계수를 1로 만든다.
$x^2-12x+4=0$
❷ 상수항을 우변으로 이항한다.
$x^2-12x=-4$
❸ 양변에 $\left(\frac{x\text{의 계수}}{2}\right)^2$을 더한다.
$x^2-12x+\left(\frac{-12}{2}\right)^2=-4+\left(\frac{-12}{2}\right)^2$
❹ 좌변을 완전제곱식으로 고친다.
$(x-6)^2=32$
❺ 제곱근을 이용한다.
$x-6=\pm\sqrt{32}=\pm4\sqrt{2}$
❻ 해를 구한다.
$\therefore\ x=6\pm4\sqrt{2}$

이차방정식의 좌변을 인수분해할 수 없을 때는 (완전제곱식)=(상수) 꼴로 고친 후 제곱근을 이용하여 해를 구한다.

1 다음은 이차방정식을 $(x-p)^2=q$ 꼴로 나타내는 과정이다. □ 안에 알맞은 수를 쓰시오. (단, p, q는 상수)

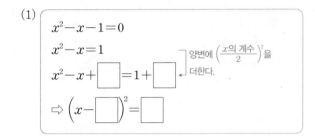

(1)
$x^2-x-1=0$
$x^2-x=1$
$x^2-x+\square=1+\square$ ← 양변에 $\left(\frac{x\text{의 계수}}{2}\right)^2$을 더한다.
⇨ $\left(x-\square\right)^2=\square$

(2)
$9x^2-6x-1=0$
$x^2-\square x-\square=0$ ← 양변을 x^2의 계수 9로 나눈다.
$x^2-\square x=\square$
$x^2-\square x+\square=\square$ ← 양변에 $\left(\frac{x\text{의 계수}}{2}\right)^2$을 더한다.
⇨ $\left(x-\square\right)^2=\square$

2 다음은 완전제곱식을 이용하여 이차방정식의 해를 구하는 과정이다. □ 안에 알맞은 수를 쓰시오.

$4x^2-16x-8=0$ ⇨
❶ $x^2-\square x-\square=0$
❷ $x^2-\square x=\square$
❸ $x^2-\square x+\square=2+\square$
❹ $(x-\square)^2=\square$
❺ $x-\square=\pm\sqrt{\square}$
❻ $\therefore\ x=\square$

3 2번과 같이 완전제곱식을 이용하여 다음 이차방정식을 푸시오.

$2x^2+2x-1=0$ ⇨
❶ ______
❷ ______
❸ ______
❹ ______
❺ ______
❻ ∴ ______

먼저 주어진 식을 $(x-p)^2=q$ 꼴로 나타내 봐.

4 다음 이차방정식을 완전제곱식을 이용하여 푸시오.

(1) $x^2+4x+1=0$ ______

(2) $x^2-2x-9=0$ ______

(3) $x^2-6x+4=0$ ______

(4) $3x^2-6x-15=0$ ______

(5) $5x^2-20x-30=0$ ______

(6) $2x^2=-4x+1$ ______

유형 6 이차방정식의 근의 공식

개념편 112쪽

(1) 이차방정식 $ax^2+bx+c=0\,(a\neq0)$의 해는

➡ $x=\dfrac{-b\pm\sqrt{b^2-4ac}}{2a}$ (단, $b^2-4ac\geq0$)

예 이차방정식 $x^2+7x-3=0$에서

$a=1$, $b=7$, $c=-3$이므로

$x=\dfrac{-7\pm\sqrt{7^2-4\times1\times(-3)}}{2\times1}=\dfrac{-7\pm\sqrt{61}}{2}$

(2) 이차방정식 $ax^2+2b'x+c=0\,(a\neq0)$의 해는 (← 일차항의 계수가 짝수)

➡ $x=\dfrac{-b'\pm\sqrt{b'^2-ac}}{a}$ (단, $b'^2-ac\geq0$)

예 이차방정식 $x^2-4x+2=0$에서

$a=1$, $b'=-2$, $c=2$이므로

$x=\dfrac{-(-2)\pm\sqrt{(-2)^2-1\times2}}{1}=2\pm\sqrt{2}$

1 다음은 근의 공식을 이용하여 이차방정식의 해를 구하는 과정이다. □ 안에 알맞은 수를 쓰시오.

(1) $x^2-3x-2=0$

근의 공식에 $a=$□, $b=$□, $c=$□을(를) 대입하면

$x=\dfrac{-(\square)\pm\sqrt{(\square)^2-4\times\square\times(\square)}}{2\times\square}$

$=\dfrac{\square\pm\sqrt{\square}}{\square}$

(2) $2x^2+3x-3=0$

근의 공식에 $a=$□, $b=$□, $c=$□을(를) 대입하면

$x=\dfrac{-\square\pm\sqrt{\square^2-4\times\square\times(\square)}}{2\times\square}$

$=\square$

(3) $3x^2-7x+1=0$

근의 공식에 $a=$□, $b=$□, $c=$□을(를) 대입하면

$x=\dfrac{-(\square)\pm\sqrt{(\square)^2-4\times\square\times\square}}{2\times\square}$

$=\square$

2 다음은 일차항의 계수가 짝수인 이차방정식의 해를 구하는 과정이다. □ 안에 알맞은 수를 쓰시오.

(1) $x^2+6x-1=0$

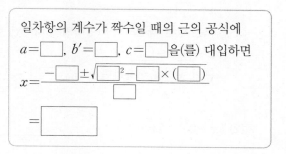

일차항의 계수가 짝수일 때의 근의 공식에 $a=$□, $b'=$□, $c=$□을(를) 대입하면

$x=\dfrac{-\square\pm\sqrt{\square^2-\square\times(\square)}}{\square}$

$=\square$

(2) $5x^2-8x+2=0$

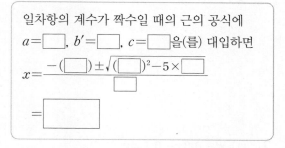

일차항의 계수가 짝수일 때의 근의 공식에 $a=$□, $b'=$□, $c=$□을(를) 대입하면

$x=\dfrac{-(\square)\pm\sqrt{(\square)^2-5\times\square}}{\square}$

$=\square$

3 다음 이차방정식을 근의 공식을 이용하여 푸시오.

(1) $x^2-9x-9=0$ ________

(2) $x^2-6x+7=0$ ________

(3) $3x^2+4x-2=0$ ________

(4) $4x^2-7x+2=0$ ________

● 정답과 해설 57쪽

유형 7 여러 가지 이차방정식의 풀이

개념편 113쪽

(1) 괄호가 있는 경우: 식을 전개하여 $ax^2+bx+c=0$ 꼴로 고친다.
(2) 계수가 소수 또는 분수인 경우
① 계수에 소수가 있으면 양변에 10의 거듭제곱을 곱하여 계수를 정수로 고쳐서 푼다.
② 계수에 분수가 있으면 양변에 분모의 최소공배수를 곱하여 계수를 정수로 고쳐서 푼다.
(3) 공통부분이 있는 경우: (공통부분)$=A$로 놓고 $aA^2+bA+c=0$ 꼴로 고친다.

[1~4] 다음 이차방정식을 푸시오.

1 (1) $(x-5)(x+3)=2$

> 좌변을 전개하면
> $x^2-\square x-\square=2$
> 모든 항을 좌변으로 이항하여 정리하면
> $x^2-\square x-\square=0$
> 근의 공식을 이용하면 $x=\square$

(2) $(x-2)^2=2x^2-8$ ________

(3) $(3x+1)(2x-1)=2x^2+x$ ________

2 (1) $x^2-0.3x-0.1=0$

> 양변에 $\square$을(를) 곱하면
> $\square x^2-\square x-\square=0$
> 좌변을 인수분해하면
> $(\square x+\square)(\square x-\square)=0$
> $\therefore x=\square$ 또는 $x=\square$

(2) $0.1x^2-1.2x+0.8=0$ ________

(3) $0.3x^2-x+0.8=0$ ________

3 (1) $\frac{1}{2}x^2+\frac{5}{6}x-\frac{1}{3}=0$

> 양변에 $\square$을(를) 곱하면
> $\square x^2+\square x-\square=0$
> 좌변을 인수분해하면
> $(x+\square)(\square x-\square)=0$
> $\therefore x=\square$ 또는 $x=\square$

(2) $\frac{1}{4}x^2-\frac{1}{3}x-\frac{1}{6}=0$ ________

(3) $0.5x^2+\frac{1}{6}x-\frac{1}{3}=0$ ________

(공통부분)$=A$로 놓고 생각해 봐.

4 (1) $(x-2)^2-4(x-2)-5=0$

> $x-2=A$로 놓으면 $A^2-\square A-\square=0$
> 좌변을 인수분해하면
> $(A+1)(A-\square)=0$
> $\therefore A=-1$ 또는 $A=\square$
> 즉, $x-2=-1$ 또는 $x-2=\square$ ← A에 원래의 식 대입
> $\therefore x=\square$ 또는 $x=\square$

(2) $(x-3)^2-7(x-3)+10=0$ ________

(3) $6(x+1)^2+5(x+1)-1=0$ ________

한 번 더 연습 (유형 4~7)

1 다음 이차방정식을 제곱근을 이용하여 푸시오.

(1) $x^2-15=0$

(2) $4x^2=32$

(3) $3x^2-84=0$

(4) $49x^2-81=0$

(5) $(x+1)^2=12$

(6) $2(x-5)^2=20$

2 다음 이차방정식을 완전제곱식을 이용하여 푸시오.

(1) $x^2-8x+5=0$

(2) $x^2+6x-1=0$

(3) $2x^2-16x-3=0$

(4) $5x^2-10x+1=0$

(5) $3x^2-8x+1=0$

(6) $-2x^2-8x+7=0$

3 다음 이차방정식을 근의 공식을 이용하여 푸시오.

(1) $x^2+3x-6=0$

(2) $x^2-x-4=0$

(3) $x^2-8x+3=0$

(4) $2x^2+5x-2=0$

(5) $3x^2-2x-3=0$

(6) $5x^2-12x+6=0$

4 다음 이차방정식을 푸시오.

(1) $(x-3)^2=x-1$

(2) $0.2x^2+0.3x-0.5=0$

(3) $\frac{1}{2}x^2-\frac{3}{4}x+\frac{1}{6}=0$

(4) $\frac{x(x-3)}{4}=\frac{1}{2}$

(5) $\frac{2}{5}x^2+x+0.3=0$

(6) $(x-3)^2-5(x-3)+4=0$

쌍둥이 기출문제

형광펜 들고 밑줄 좍~

쌍둥이 01

1 이차방정식 $3(x-5)^2=9$의 해는?

① $x=-3\pm\sqrt{3}$ ② $x=3\pm\sqrt{3}$
③ $x=5\pm\sqrt{3}$ ④ $x=\frac{1}{5}\pm\sqrt{5}$
⑤ $x=5\pm\sqrt{5}$

2 이차방정식 $2(x-2)^2=20$의 해가 $x=a\pm\sqrt{b}$일 때, 유리수 a, b에 대하여 $a+b$의 값을 구하시오.

쌍둥이 02

3 이차방정식 $(x+a)^2=7$의 해가 $x=4\pm\sqrt{b}$일 때, 유리수 a, b에 대하여 $a+b$의 값을 구하시오.

4 이차방정식 $4(x-a)^2=b$의 해가 $x=3\pm\sqrt{5}$일 때, 유리수 a, b에 대하여 $b-a$의 값을 구하시오.

쌍둥이 03

5 이차방정식 $x^2-8x+6=0$을 $(x+p)^2=q$ 꼴로 나타낼 때, 상수 p, q에 대하여 $p+q$의 값을 구하시오.

6 이차방정식 $2x^2-8x+5=0$을 $(x+A)^2=B$ 꼴로 나타낼 때, 상수 A, B에 대하여 AB의 값은?

① -3 ② -2 ③ -1
④ 2 ⑤ 3

쌍둥이 04

7 다음은 완전제곱식을 이용하여 이차방정식의 해를 구하는 과정이다. □ 안에 들어갈 수로 옳지 않은 것은?

$$x^2+6x+7=0$$
$$x^2+6x=-7$$
$$x^2+6x+\boxed{①}=-7+\boxed{②}$$
$$(x+3)^2=\boxed{③}$$
$$x+3=\boxed{④}$$
$$\therefore x=\boxed{⑤}$$

① 9 ② -9 ③ 2
④ $\pm\sqrt{2}$ ⑤ $-3\pm\sqrt{2}$

8 다음은 완전제곱식을 이용하여 이차방정식 $x^2-4x+1=0$의 해를 구하는 과정이다. 상수 a, b, c의 값을 각각 구하시오.

$$x^2-4x+1=0$$
$$x^2-4x=-1$$
$$x^2-4x+a=-1+a$$
$$(x-b)^2=c$$
$$x-b=\pm\sqrt{c}$$
$$\therefore x=b\pm\sqrt{c}$$

쌍둥이 05

9 이차방정식 $x^2+5x+3=0$을 근의 공식을 이용하여 풀면 $x=\frac{A\pm\sqrt{B}}{2}$이다. 이때 유리수 A, B의 값은?

① $A=-5$, $B=13$　② $A=-5$, $B=37$
③ $A=5$, $B=13$　④ $A=5$, $B=24$
⑤ $A=5$, $B=37$

10 이차방정식 $2x^2+3x-4=0$의 근이 $x=\frac{A\pm\sqrt{B}}{4}$일 때, 유리수 A, B에 대하여 $A+B$의 값을 구하시오.

쌍둥이 06

11 이차방정식 $x^2+7x+a=0$의 해가 $x=\frac{b\pm\sqrt{5}}{2}$일 때, 유리수 a, b에 대하여 $a+b$의 값을 구하시오.

12 서술형 이차방정식 $2x^2-ax-1=0$의 해가 $x=\frac{3\pm\sqrt{b}}{4}$일 때, 유리수 a, b에 대하여 $b-a$의 값을 구하시오.

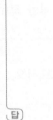

풀이 과정

답

쌍둥이 07

13 이차방정식 $\frac{1}{2}x^2+\frac{2}{3}x-\frac{3}{4}=0$을 풀면?

① $x=-3\pm2\sqrt{2}$　② $x=-2\pm3\sqrt{2}$
③ $x=\frac{-4\pm\sqrt{70}}{6}$　④ $x=\frac{4\pm\sqrt{70}}{6}$
⑤ $x=\frac{-2\pm3\sqrt{2}}{3}$

14 다음 이차방정식을 푸시오.

$$\frac{1}{5}x^2+0.3x-\frac{1}{2}=0$$

● 정답과 해설 60쪽

3

5. 이차방정식

이차방정식의 활용

유형 8 이차방정식의 근의 개수

개념편 116쪽

$ax^2+bx+c=0$	b^2-4ac의 부호	근의 개수
$x^2-x-4=0$	$(-1)^2-4\times1\times(-4)=17>0$	서로 다른 두 근 ➡ 2개
$x^2+2x+1=0$	$2^2-4\times1\times1=0$	한 근(중근) ➡ 1개
$x^2+3x+4=0$	$3^2-4\times1\times4=-7<0$	근이 없다. ➡ 0개

$ax^2+bx+c=0$의 근의 개수
⬇
b^2-4ac의 부호로 결정

참고 x의 계수가 짝수인 이차방정식 $ax^2+2b'x+c=0$에서는 b^2-4ac 대신 b'^2-ac를 이용할 수 있다.

1 다음 표를 완성하고, 물음에 답하시오.

$ax^2+bx+c=0$	b^2-4ac의 값
ㄱ. $x^2-5x-6=0$	$(-5)^2-4\times1\times(-6)=49$
ㄴ. $x^2+5x+10=0$	
ㄷ. $2x^2-x+7=0$	
ㄹ. $3x^2-4x=0$	
ㅁ. $4x^2+9x+2=0$	
ㅂ. $9x^2+12x+4=0$	

(1) 서로 다른 두 근을 갖는 이차방정식을 모두 고르시오. ________

(2) 중근을 갖는 이차방정식을 모두 고르시오. ________

(3) 근을 갖지 않는 이차방정식을 모두 고르시오. ________

2 이차방정식 $x^2-3x-k=0$의 근이 다음과 같을 때, 상수 k의 값 또는 범위를 구하시오.

(1) 서로 다른 두 근 ________

(2) 중근 ________

(3) 근이 없다. ________

3 이차방정식 $2x^2-4x+3k=0$의 근이 다음과 같을 때, 상수 k의 값 또는 범위를 구하시오.

(1) 서로 다른 두 근 ________

(2) 중근 ________

(3) 근이 없다. ________

4 다음 이차방정식이 해를 가질 때, 상수 k의 값의 범위를 구하시오.

(1) $x^2-x+k=0$ ________

(2) $5x^2+8x-k=0$ ________

이차방정식이 근을 가질 조건

이차방정식 $ax^2+bx+c=0$이 근을 갖는다는 것은 서로 다른 두 근 또는 중근을 갖는다는 뜻이므로 $b^2-4ac\geq0$이어야 한다.

• 정답과 해설 61쪽

유형 9 이차방정식 구하기

개념편 117쪽

(1) 두 근이 α, β이고 x^2의 계수가 a인 이차방정식은

➡ $a(x-\alpha)(x-\beta)=0$

예 두 근이 1, 3이고 x^2의 계수가 2인 이차방정식은 $2(x-1)(x-3)=0$

(2) 중근이 α이고 x^2의 계수가 a인 이차방정식은

➡ $a(x-\alpha)^2=0$

예 중근이 1이고 x^2의 계수가 3인 이차방정식은 $3(x-1)^2=0$

1 다음 조건을 만족시키는 x에 대한 이차방정식을 $ax^2+bx+c=0$ 꼴로 나타내시오. (단, a, b, c는 상수)

(1) 두 근이 2, 3이고 x^2의 계수가 1인 이차방정식

⇨ $(x-\square)(x-\square)=0$

⇨ $\square=0$

(2) 두 근이 -4, 3이고 x^2의 계수가 1인 이차방정식

(3) 두 근이 2, 7이고 x^2의 계수가 2인 이차방정식

(4) 두 근이 3, -6이고 x^2의 계수가 -1인 이차방정식

(5) 두 근이 -1, -5이고 x^2의 계수가 3인 이차방정식

(6) 두 근이 $-\frac{1}{2}$, $\frac{5}{2}$이고 x^2의 계수가 4인 이차방정식

2 다음 조건을 만족시키는 x에 대한 이차방정식을 $ax^2+bx+c=0$ 꼴로 나타내시오. (단, a, b, c는 상수)

(1) 중근이 2이고 x^2의 계수가 1인 이차방정식

⇨ $(x-\square)^2=0$

⇨ $\square=0$

(2) 중근이 3이고 x^2의 계수가 1인 이차방정식

(3) 중근이 -8이고 x^2의 계수가 1인 이차방정식

(4) 중근이 1이고 x^2의 계수가 -2인 이차방정식

(5) 중근이 -5이고 x^2의 계수가 -1인 이차방정식

(6) 중근이 $\frac{7}{2}$이고 x^2의 계수가 4인 이차방정식

● 정답과 해설 61쪽

유형 10 이차방정식의 활용

개념편 119쪽

• 어떤 자연수에서 3을 뺀 다음 제곱한 수는/ 어떤 자연수보다 27만큼 크다고 할 때,/ 어떤 자연수 구하기

❶ 미지수 정하기	어떤 자연수를 x라고 하자.
❷ 이차방정식 세우기	어떤 자연수에서 3을 뺀 다음 제곱한 수는 $(x-3)^2$ 어떤 자연수보다 27만큼 큰 수는 $x+27$ 방정식을 세우면 $(x-3)^2=x+27$
❸ 이차방정식 풀기	$(x-3)^2=x+27$에서 $x^2-6x+9=x+27$ $x^2-7x-18=0$, $(x+2)(x-9)=0$ $\therefore x=-2$ 또는 $x=9$ 이때 x는 자연수이므로 $x=9$
❹ 확인하기	어떤 자연수가 9이면 $(9-3)^2=9+27$이므로 문제의 뜻에 맞는다.

▸ 식이 주어진 문제
주어진 식을 이용하여 이차방정식을 세운다.

1 n각형의 대각선의 개수는 $\frac{n(n-3)}{2}$개일 때, 대각선의 개수가 54개인 다각형을 구하려고 한다. 다음 물음에 답하시오.

(1) 이차방정식을 세우시오. ________

(2) (1)의 이차방정식을 푸시오. ________

(3) 대각선의 개수가 54개인 다각형을 구하시오. ________

▸ 수에 대한 문제

2 어떤 자연수를 제곱해야 할 것을 잘못하여 2배를 하였더니 제곱한 것보다 48만큼 작아졌다고 할 때, 어떤 자연수를 구하려고 한다. 다음 물음에 답하시오.

(1) 어떤 자연수를 x라고 할 때, x에 대한 이차방정식을 세우시오.

____

(2) (1)의 이차방정식을 푸시오. ________

(3) 어떤 자연수를 구하시오. ________

▸ 연속하는 수에 대한 문제
• 연속하는 두 자연수
⇨ x, $x+1$
• 연속하는 두 짝수(홀수)
⇨ x, $x+2$
• 연속하는 세 자연수
⇨ $x-1$, x, $x+1$ 또는 x, $x+1$, $x+2$

3 연속하는 두 자연수의 제곱의 합이 113일 때, 이 두 자연수를 구하려고 한다. 다음 물음에 답하시오.

(1) 연속하는 두 자연수 중 작은 수를 x라고 할 때, x에 대한 이차방정식을 세우시오.

____

(2) (1)의 이차방정식을 푸시오. ________

(3) 연속하는 두 자연수를 구하시오. ________

● 정답과 해설 61쪽

▸실생활에 대한 문제
나이, 사람 수, 개수, 날짜 등에 대한 문제는 구하는 것을 x로 놓고 이차방정식을 세운다.

4 오빠와 동생의 나이의 차는 2살이고 두 사람의 나이의 곱이 224일 때, 동생의 나이를 구하려고 한다. 다음 물음에 답하시오.

(1) 이차방정식을 세우시오.

⇨ 동생의 나이를 x살이라고 하면 오빠의 나이는 (　　　)살

⇨ 이차방정식: ______________

(2) (1)의 이차방정식을 푸시오. ______________

(3) 동생의 나이를 구하시오. ______________

5 볼펜 180자루를 남김없이 학생들에게 똑같이 나누어 주었더니 한 학생이 받은 볼펜의 개수가 전체 학생 수보다 3만큼 적었을 때, 학생 수를 구하려고 한다. 다음 물음에 답하시오.

(1) 이차방정식을 세우시오.

⇨ 학생 수를 x명이라고 하면
한 학생이 받은 볼펜의 개수는 (　　　)개

⇨ 이차방정식: ______________

(2) (1)의 이차방정식을 푸시오. ______________

(3) 학생 수를 구하시오. ______________

▸쏘아 올린 물체에 대한 문제
(1) 쏘아 올린 물체의 높이가 h m인 경우는 올라갈 때와 내려올 때 두 번 생긴다. (단, 가장 높이 올라간 경우는 제외한다.)
(2) 물체가 지면에 떨어졌을 때의 높이는 0 m이다.

6 지면에서 지면에 수직인 방향으로 초속 40 m로 쏘아 올린 공의 x초 후의 지면으로부터의 높이는 $(-5x^2+40x)$ m라고 한다. 이 공의 높이가 처음으로 60 m가 되는 것은 공을 쏘아 올린 지 몇 초 후인지 구하려고 할 때, 다음 물음에 답하시오.

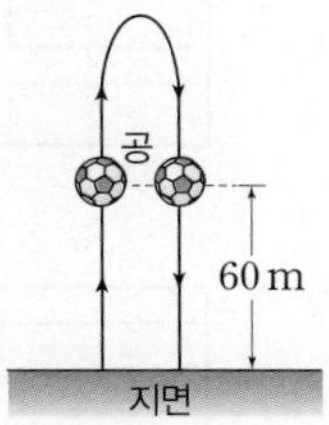

(1) x에 대한 이차방정식을 세우시오. ______________

(2) (1)의 이차방정식을 푸시오. ______________

(3) 이 공의 높이가 처음으로 60 m가 되는 것은 공을 쏘아 올린 지 몇 초 후인지 구하시오. ______________

▸ 도형에 대한 문제
• (삼각형의 넓이)
$=\frac{1}{2}\times$(밑변의 길이)$\times$(높이)
• (직사각형의 넓이)
=(가로의 길이)$\times$(세로의 길이)
• (원의 넓이)
$=\pi\times$(반지름의 길이)^2

7 높이가 밑변의 길이보다 5 cm 긴 삼각형의 넓이가 33 cm^2일 때, 삼각형의 밑변의 길이를 구하려고 한다. 다음 물음에 답하시오.

(1) 이차방정식을 세우시오.
⇨ 밑변의 길이를 x cm라고 하면 높이는 (☐) cm
⇨ 이차방정식: ________

(2) (1)의 이차방정식을 푸시오. ________

(3) 삼각형의 밑변의 길이를 구하시오. ________

▸ 변의 길이를 줄이거나 늘인 도형에 대한 문제
한 변의 길이가 x cm인 정사각형의 가로의 길이를 a cm만큼 늘이고, 세로의 길이를 b cm만큼 줄인 직사각형의 넓이
⇨ $(x+a)(x-b)$ cm^2

8 오른쪽 그림과 같이 한 변의 길이가 x cm인 정사각형을 가로의 길이는 2 cm 늘이고, 세로의 길이는 1 cm 줄여서 넓이가 40 cm^2인 직사각형을 만들었다고 한다. 다음 물음에 답하시오.

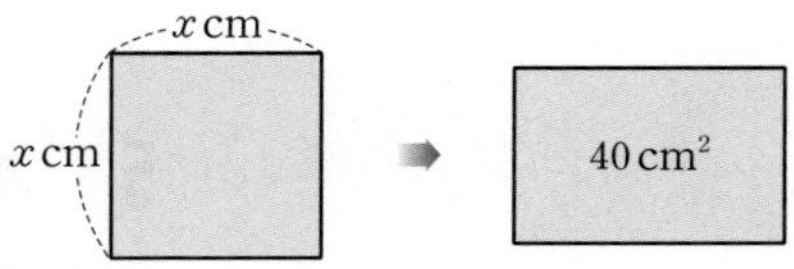

(1) x에 대한 이차방정식을 세우시오.
⇨ 새로 만든 직사각형의 가로의 길이는 (☐) cm,
세로의 길이는 (☐) cm
⇨ 이차방정식: ________

(2) (1)의 이차방정식을 푸시오. ________

(3) x의 값을 구하시오. ________

▸ 길의 폭에 대한 문제

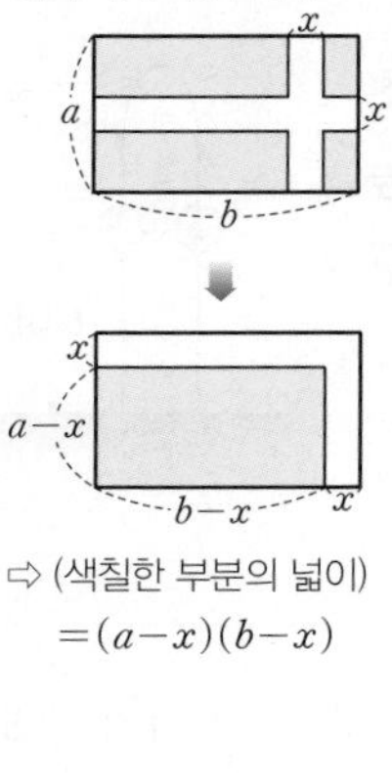

⇨ (색칠한 부분의 넓이)
$=(a-x)(b-x)$

9 오른쪽 그림과 같이 가로와 세로의 길이가 각각 40 m, 20 m인 직사각형 모양의 땅에 폭이 x m로 일정한 십자형의 길을 만들었다. 길을 제외한 땅의 넓이가 576 m^2일 때, 다음 물음에 답하시오.

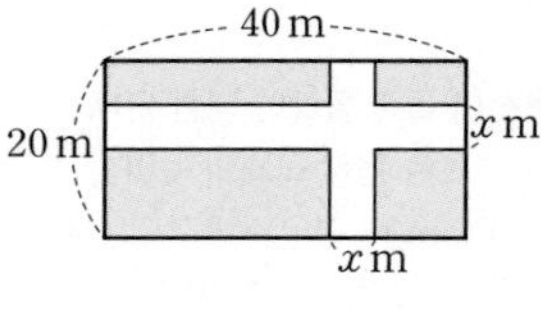

(1) x에 대한 이차방정식을 세우시오.
⇨ 길을 제외한 땅의 가로의 길이는 (☐) m, 세로의 길이는 (☐) m
⇨ 이차방정식: ________

(2) (1)의 이차방정식을 푸시오. ________

(3) x의 값을 구하시오. ________

한 번 더 연습 유형 10

1 자연수 1부터 n까지의 합은 $\frac{n(n+1)}{2}$일 때, 합이 153이 되려면 1부터 얼마까지의 자연수를 더해야 하는지 구하려고 한다. 다음 물음에 답하시오.

(1) 이차방정식을 세우시오. ____________

(2) 1부터 얼마까지의 자연수를 더해야 하는지 구하시오. ____________

2 연속하는 두 짝수의 곱이 288일 때, 다음 물음에 답하시오.

(1) 연속하는 두 짝수 중 작은 수를 x라고 할 때, x에 대한 이차방정식을 세우시오.

____

(2) 연속하는 두 짝수를 구하시오.

____

3 어느 달의 달력에서 둘째 주 수요일의 날짜와 셋째 주 수요일의 날짜의 곱이 198일 때, 다음 물음에 답하시오.

(1) 둘째 주 수요일의 날짜를 x일이라고 할 때, 이차방정식을 세우시오. ____________

(2) 셋째 주 수요일의 날짜를 구하시오.

____

4 지면으로부터 60 m 높이의 건물 옥상에서 초속 20 m로 똑바로 위로 던져 올린 공의 x초 후의 지면으로부터의 높이는 $(-5x^2+20x+60)$ m라고 한다. 이 공이 지면에 떨어지는 것은 공을 던져 올린 지 몇 초 후인지 구하려고 할 때, 다음 물음에 답하시오.

(1) x에 대한 이차방정식을 세우시오.

____

(2) 이 공이 지면에 떨어지는 것은 공을 던져 올린 지 몇 초 후인지 구하시오.

____

5 다음 그림과 같이 길이가 14 cm인 $\overline{AB}$ 위에 점 P를 잡아 $\overline{AP}$, $\overline{BP}$를 각각 한 변으로 하는 크기가 서로 다른 두 개의 정사각형을 만들었다. 두 정사각형의 넓이의 합이 106 cm^2일 때, 물음에 답하시오.

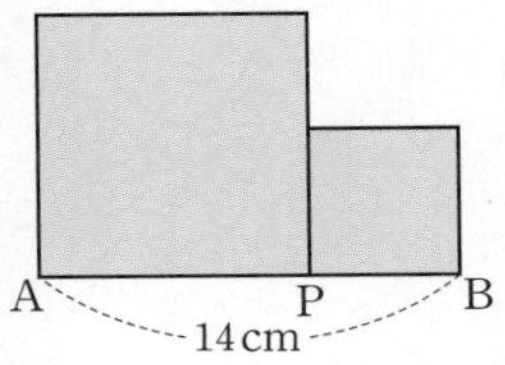

(1) 큰 정사각형의 한 변의 길이를 x cm라고 할 때, 작은 정사각형의 한 변의 길이를 x에 대한 식으로 나타내시오. ____________

(2) x에 대한 이차방정식을 세우시오.

____

(3) 큰 정사각형의 한 변의 길이를 구하시오.

____

쌍둥이 기출문제

형광펜 들고 밑줄 짝~

쌍둥이 01

1 다음 이차방정식 중 서로 다른 두 근을 갖는 것을 모두 고르면? (정답 2개)

① $x^2+6x+9=0$
② $x^2-3x+2=0$
③ $x^2-4x=-4$
④ $2x^2-5x+1=0$
⑤ $3x^2-4x+2=0$

2 다음 이차방정식 중 근의 개수가 나머지 넷과 다른 하나는?

① $x^2-1=0$
② $x^2-4x+2=0$
③ $2x^2-7x+3=0$
④ $3x^2-2x-1=0$
⑤ $4x^2+3x+1=0$

쌍둥이 02

3 이차방정식 $9x^2-6x+k=0$이 서로 다른 두 근을 가질 때, 상수 k의 값의 범위는?

① $k>-4$
② $k>-2$
③ $k\leq1$
④ $k<1$
⑤ $k>1$

4 이차방정식 $4x^2+28x+3k+1=0$이 해를 갖도록 하는 가장 큰 정수 k의 값을 구하시오.

쌍둥이 03

5 이차방정식 $4x^2-6x+k+2=0$이 중근을 가질 때, 상수 k의 값을 구하시오.

6 이차방정식 $2x^2+5x=17x-a$가 중근을 가질 때, 상수 a의 값을 구하시오.

쌍둥이 04

7 이차방정식 $x^2+mx+n=0$의 두 근이 -3, 2일 때, 상수 m, n에 대하여 $m+n$의 값을 구하시오.

8 이차방정식 $2x^2+px+q=0$의 두 근이 -1, 5일 때, 상수 p, q의 값을 각각 구하시오.

쌍둥이 05

9 이차방정식 $x^2+ax+b=0$에서 일차항의 계수와 상수항을 서로 바꾸어 풀었더니 해가 $x=-2$ 또는 $x=4$이었다. 이때 처음 이차방정식의 해는? (단, a, b는 상수)

① $x=-4\pm2\sqrt{3}$ ② $x=-4\pm3\sqrt{2}$
③ $x=4\pm2\sqrt{3}$ ④ $x=4\pm3\sqrt{2}$
⑤ $x=8-3\sqrt{2}$

10 서술형 이차방정식 $x^2+kx+k+1=0$의 일차항의 계수와 상수항을 서로 바꾸어 풀었더니 한 근이 $x=2$이었다. 이때 처음 이차방정식의 해를 구하시오. (단, k는 상수)

풀이 과정

답

쌍둥이 06

11 연속하는 두 자연수의 제곱의 합이 41일 때, 이 두 자연수의 곱은?

① 12 ② 16 ③ 20
④ 30 ⑤ 42

12 연속하는 세 자연수 중 가장 큰 수의 제곱이 다른 두 수의 제곱의 합과 같을 때, 이 세 자연수 중 가장 작은 수를 구하시오.

쌍둥이 07

13 형과 동생의 나이 차는 4살이고, 형의 나이의 제곱은 동생의 나이의 제곱의 3배보다 8만큼 적을 때, 동생의 나이를 구하시오.

14 공책 140권을 남김없이 학생들에게 똑같이 나누어 주려고 한다. 한 학생이 받은 공책의 수가 학생 수보다 4만큼 적을 때, 학생 수를 구하시오.

쌍둥이 기출문제

쌍둥이 08

15 지면에서 지면에 수직인 방향으로 초속 70 m로 쏘아 올린 물 로켓의 t초 후의 지면으로부터의 높이는 $(-5t^2+70t)$ m라고 한다. 이 물 로켓의 높이가 240 m가 되는 것은 물 로켓을 쏘아 올린 지 몇 초 후인지 구하시오.

16 지면으로부터 40 m 높이의 건물 꼭대기에서 초속 20 m로 똑바로 위로 쏘아 올린 폭죽의 x초 후의 지면으로부터의 높이는 $(40+20x-5x^2)$ m라고 한다. 이 폭죽은 지면으로부터의 높이가 60 m인 지점에 도달하면 터진다고 할 때, 폭죽이 터지는 것은 폭죽을 쏘아 올린 지 몇 초 후인가?

① 2초 후 ② 3초 후 ③ 4초 후
④ 5초 후 ⑤ 6초 후

쌍둥이 09

17 오른쪽 그림과 같이 한 변의 길이가 x m인 정사각형 모양의 밭을 가로의 길이는 4 m만큼 늘이고, 세로의 길이는 3 m 만큼 줄여서 직사각형 모양으로 만들었더니 그 넓이가 60 m^{2}가 되었다. 이때 x의 값은?

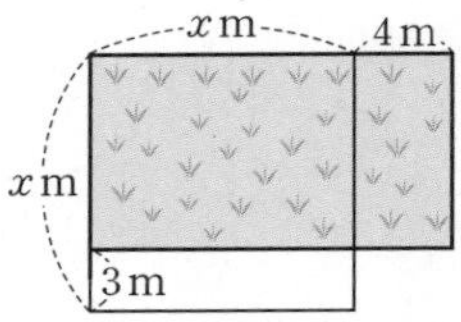

① 6 ② 7 ③ 8
④ 9 ⑤ 10

18 서술형 어떤 정사각형의 가로와 세로의 길이를 각각 3 cm, 2 cm만큼 늘여서 만든 직사각형의 넓이가 처음 정사각형의 넓이의 2배일 때, 처음 정사각형의 한 변의 길이를 구하시오.

풀이 과정

답

쌍둥이 10

19 다음 그림과 같이 가로와 세로의 길이가 각각 50 m, 30 m인 직사각형 모양의 땅에 폭이 일정한 십자형의 도로를 만들려고 한다. 도로를 제외한 땅의 넓이가 1196 m^{2}가 되도록 할 때, 도로의 폭을 구하시오.

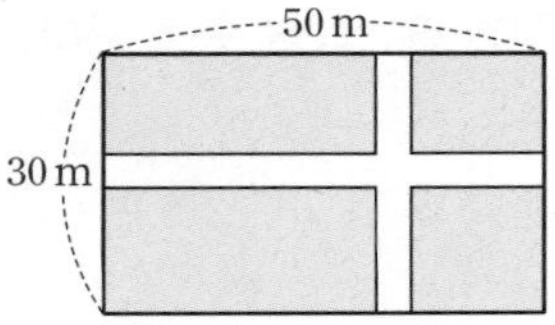

20 다음 그림과 같이 가로의 길이가 15 m, 세로의 길이가 10 m인 직사각형 모양의 꽃밭에 폭이 일정한 길을 만들었다. 길을 제외한 꽃밭의 넓이가 84 m^{2}일 때, x의 값을 구하시오.

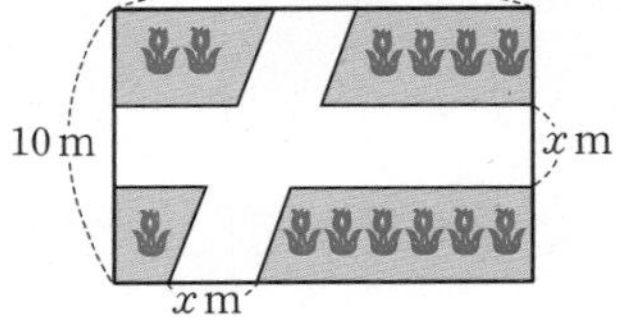

단원 마무리

• 정답과 해설 64쪽

1 다음 보기 중 x에 대한 이차방정식인 것을 모두 고른 것은?

▶ 이차방정식 찾기

보기
ㄱ. x^2-4x+3　　ㄴ. $(x+1)(x+2)=3$　　ㄷ. $x^2+5=x(x-3)$
ㄹ. $(2-x)^2-x^2=0$　　ㅁ. $\frac{1}{x^2}+\frac{1}{x}+1=0$　　ㅂ. $x^2(x+1)=x^3-x+5$

① ㄱ, ㄷ　② ㄱ, ㅁ　③ ㄴ, ㄹ　④ ㄴ, ㅂ　⑤ ㄹ, ㅂ

2 다음 중 [　] 안의 수가 주어진 이차방정식의 해인 것은?

▶ 이차방정식의 해

① $x^2-2x-2=0$　$[-2]$
② $x^2-x-6=0$　$[-3]$
③ $2x^2-x-1=0$　$[-1]$
④ $2x^2+x-3=0$　$\left[-\frac{3}{2}\right]$
⑤ $3x^2-7x-6=0$　$[-2]$

3 이차방정식 $x^2+10x=56$의 두 근을 a, b라고 할 때, $a-b$의 값을 구하시오. (단, $a>b$)

▶ 인수분해를 이용한 이차방정식의 풀이

서술형

4 이차방정식 $ax^2-(2a+1)x+3a-5=0$의 한 근이 $x=1$일 때, 상수 a의 값과 다른 한 근을 각각 구하시오.

▶ 한 근이 주어질 때, 다른 한 근 구하기

풀이 과정

답

5 이차방정식 $3x^2-8x=x^2-7$을 $(x-p)^2=q$ 꼴로 나타낼 때, 상수 p, q에 대하여 pq의 값을 구하시오.

▶ 완전제곱식을 이용한 이차방정식의 풀이

6 이차방정식 $2x^2+6x+a=0$의 근이 $x=\frac{b\pm\sqrt{11}}{2}$일 때, 유리수 a, b의 값은?

① $a=-5$, $b=-6$　② $a=-1$, $b=-3$　③ $a=1$, $b=-3$
④ $a=3$, $b=6$　⑤ $a=5$, $b=3$

▶ 근의 공식을 이용한 이차방정식의 풀이

7 이차방정식 $\frac{3}{10}x^2+0.2x-\frac{1}{5}=0$의 근이 $x=\frac{a\pm\sqrt{b}}{3}$일 때, 유리수 a, b에 대하여 $a+b$의 값은?

① 5　② 6　③ 7　④ 8　⑤ 9

▶ 여러 가지 이차방정식의 풀이

8 다음 이차방정식 중 근의 개수가 나머지 넷과 다른 하나는?

① $x^2-8x+5=0$　② $2x^2-9x-3=0$　③ $3x^2+4x-1=0$
④ $4x^2+2x-1=0$　⑤ $5x^2+7x+8=0$

▶ 이차방정식의 근의 개수

9 이차방정식 $x^2+8x+18-k=0$이 중근을 가질 때, 상수 k의 값과 그 중근의 합은?

① -8　② -2　③ 2　④ 6　⑤ 14

▶ 이차방정식이 중근을 가질 조건

10 이차방정식 $2x^2+ax+b=0$의 두 근이 $-\frac{1}{2}$, -1일 때, 상수 a, b에 대하여 $a+b$의 값을 구하시오.

▶ 이차방정식 구하기

서술형

11 연속하는 세 자연수의 제곱의 합이 245일 때, 이 세 자연수의 합을 구하시오.

▶ 이차방정식의 활용 – 수

풀이 과정

답

12 지면에서 지면에 수직인 방향으로 초속 45 m로 쏘아 올린 물체의 t초 후의 높이가 $(45t-5t^2)$ m일 때, 이 물체가 다시 지면에 떨어지는 것은 쏘아 올린 지 몇 초 후인지 구하시오.

▶ 이차방정식의 활용 – 쏘아 올린 물체

13 오른쪽 그림과 같이 반지름의 길이가 5 cm인 원에서 반지름의 길이를 늘였더니 색칠한 부분의 넓이가 39π cm^{2}가 되었다. 이때 반지름의 길이는 처음보다 몇 cm만큼 늘어났는지 구하시오.

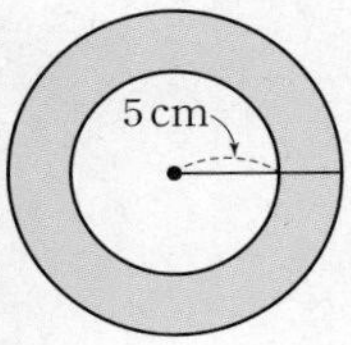

▶ 이차방정식의 활용 – 도형

6 이차함수와 그 그래프

유형 1 이차함수의 뜻

유형 2 이차함수 $y=x^2$의 그래프 / 포물선

유형 3 이차함수 $y=ax^2$의 그래프

유형 4 이차함수 $y=ax^2+q$의 그래프

유형 5 이차함수 $y=a(x-p)^2$의 그래프

유형 6 이차함수 $y=a(x-p)^2+q$의 그래프

유형 7 이차함수 $y=a(x-p)^2+q$의 그래프의 평행이동

유형 8 이차함수 $y=a(x-p)^2+q$의 그래프에서 a, p, q의 부호

유형 9 이차함수 $y=ax^2+bx+c$의 그래프

유형 10 이차함수 $y=ax^2+bx+c$의 그래프에서 a, b, c의 부호

유형 11 이차함수의 식 구하기 – 꼭짓점과 다른 한 점이 주어질 때

유형 12 이차함수의 식 구하기 – 축의 방정식과 두 점이 주어질 때

유형 13 이차함수의 식 구하기 – 서로 다른 세 점이 주어질 때

유형 14 이차함수의 식 구하기 – x축과 만나는 두 점과 다른 한 점이 주어질 때

정답과 해설 66쪽

01 이차함수의 뜻

유형 1 이차함수의 뜻

개념편 132쪽

함수 $y=f(x)$에서 y가 x에 대한 이차식
$y=ax^2+bx+c$ (a, b, c는 상수, $a\neq0$)
로 나타날 때, 이 함수를 x에 대한 **이차함수**라고 한다.

예
- $y=-x^2$, $y=\frac{1}{3}x^2$, $y=2x^2-4x+5$ ➡ 이차함수이다.
- $y=2x-5$, $y=x^3+1$, $y=-\frac{2}{x^2}+3$ ➡ 이차함수가 아니다.

1 다음 중 y가 x에 대한 이차함수인 것은 ○표, 이차함수가 아닌 것은 ×표를 ( ) 안에 쓰시오.

(1) $y=2x-4$ ( )

(2) $y=\frac{x^2}{5}-1$ ( )

(3) $y=x^3-3x^2$ ( )

(4) $y=\frac{2}{x}$ ( )

(5) $y=x^2-(x+1)^2$ ( )

(6) $y=3(x+1)(x-3)$ ( )

2 다음에서 y를 x에 대한 식으로 나타내고, y가 x에 대한 이차함수인 것은 ○표, 이차함수가 아닌 것은 ×표를 ( ) 안에 쓰시오.

(1) 한 변의 길이가 x인 정삼각형의 둘레의 길이 y
________ ( )

(2) 윗변의 길이가 x, 아랫변의 길이가 $3x$, 높이가 x인 사다리꼴의 넓이 y
________ ( )

(3) 둘레의 길이가 x인 정사각형의 한 변의 길이 y
________ ( )

(4) 밑면의 반지름의 길이가 x, 높이가 10인 원기둥의 부피 y
________ ( )

$f(a)$의 값은 $f(x)$에 x 대신 a를 대입하면 구할 수 있어.

3 이차함수 $f(x)=x^2-2x+1$에 대하여 다음 함숫값을 구하시오.

(1) $f(1)$ ________

(2) $f\left(\frac{1}{2}\right)$ ________

(3) $f(-2)-f(3)$ ________

(4) $f(-1)+f(2)$ ________

4 이차함수 $f(x)=-4x^2+3x+1$에 대하여 다음 함숫값을 구하시오.

(1) $f(2)$ ________

(2) $f\left(-\frac{1}{2}\right)$ ________

(3) $f(-1)+f(1)$ ________

(4) $f(-2)-f(-3)$ ________

● 정답과 해설 66쪽

02 이차함수 $y=ax^2$의 그래프

6. 이차함수와 그 그래프

유형 2 이차함수 $y=x^2$의 그래프 / 포물선

개념편 134쪽

(1) 이차함수 $y=x^2$의 그래프
① 원점 O(0, 0)을 지나고, 아래로 볼록한 곡선이다.
② y축에 대칭이다.
③ $x<0$일 때, x의 값이 증가하면 y의 값은 감소한다.
$x>0$일 때, x의 값이 증가하면 y의 값도 증가한다.
④ 이차함수 $y=-x^2$의 그래프와 x축에 서로 대칭이다.

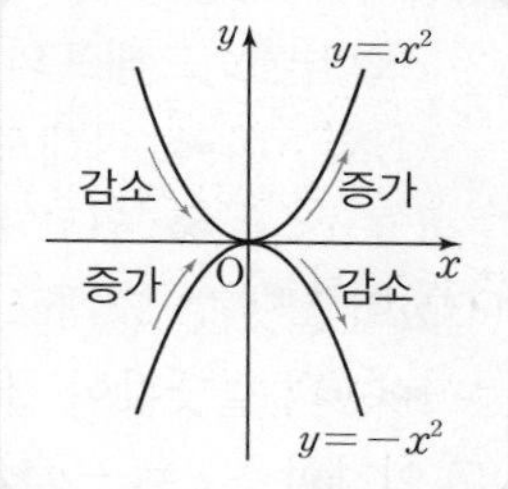

(2) 포물선
이차함수 $y=x^2$, $y=-x^2$의 그래프와 같은 모양의 곡선을 **포물선**이라고 한다.
① 축: 포물선은 선대칭도형이고, 그 대칭축을 포물선의 **축**이라고 한다.
② 꼭짓점: 포물선과 축의 교점을 포물선의 **꼭짓점**이라고 한다.

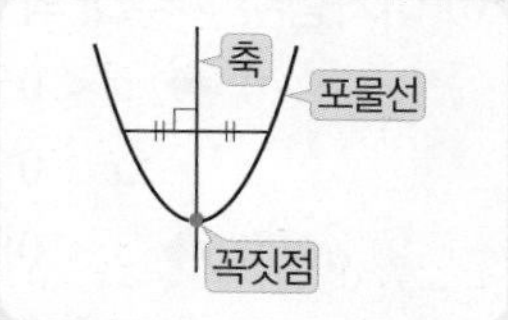

[1~2] 두 이차함수 $y=x^2$, $y=-x^2$에 대하여 다음 물음에 답하시오.

1 다음 표를 완성하고, x의 값의 범위가 실수 전체일 때 두 이차함수 $y=x^2$, $y=-x^2$의 그래프를 오른쪽 좌표평면 위에 그리시오.

x	⋯	-3	-2	-1	0	1	2	3	⋯
x^2	⋯								⋯
$-x^2$	⋯								⋯

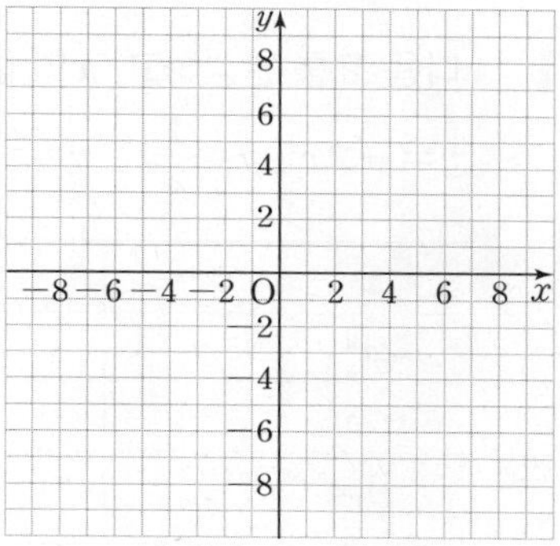

2 다음 □ 안에 알맞은 것을 쓰시오.

	$y=x^2$	$y=-x^2$
(1) 꼭짓점의 좌표	(□, □)	(□, □)
(2) 그래프의 모양	□로 볼록	□로 볼록
(3) 지나는 사분면	제□, □사분면	제□, □사분면
(4) $x>0$일 때, x의 값이 증가하면 y의 값은 □한다.	□	□

3 다음 중 이차함수 $y=x^2$의 그래프 위의 점인 것은 ○표, 아닌 것은 ×표를 ( ) 안에 쓰시오.

(1) $(4,\ 16)$ ( )

(2) $\left(\frac{1}{3},\ -3\right)$ ( )

(3) $(-2,\ -4)$ ( )

(4) $\left(-\frac{5}{2},\ \frac{25}{4}\right)$ ( )

● 정답과 해설 67쪽

유형 3 이차함수 $y=ax^2$의 그래프

개념편 135~136쪽

(1) 원점 O(0, 0)을 꼭짓점으로 하는 포물선이다.
(2) y축에 대칭이다. ➡ 축의 방정식: $x=0$(y축)
(3) a의 부호: 그래프의 모양을 결정
① $a>0$ ➡ 아래로 볼록
② $a<0$ ➡ 위로 볼록
(4) a의 절댓값: 그래프의 폭을 결정
➡ a의 절댓값이 클수록 그래프의 폭이 좁아진다.
(5) 이차함수 $y=-ax^2$의 그래프와 x축에 서로 대칭이다.
(6) 이차함수 $y=ax^2$의 그래프에서의 증가·감소
① $a>0$ ➡ $x<0$일 때, x의 값이 증가하면 y의 값은 감소한다.
$x>0$일 때, x의 값이 증가하면 y의 값도 증가한다.
② $a<0$ ➡ $x<0$일 때, x의 값이 증가하면 y의 값도 증가한다.
$x>0$일 때, x의 값이 증가하면 y의 값은 감소한다.

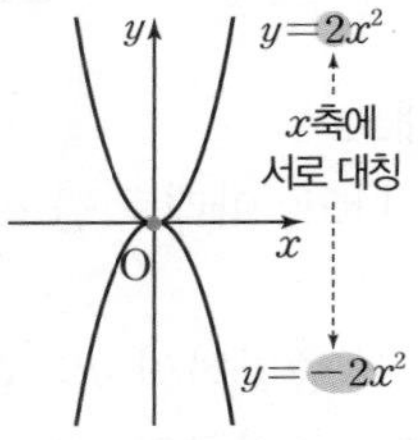

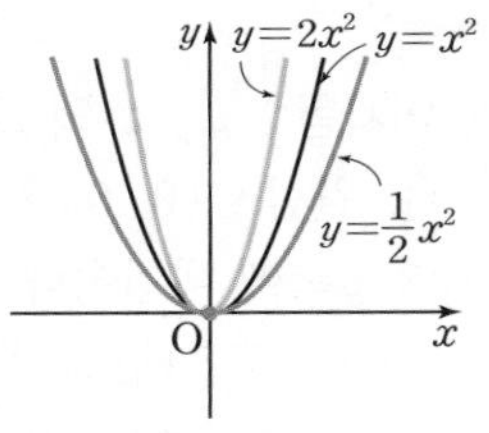

[1~2] 네 이차함수 $y=2x^2$, $y=-2x^2$, $y=\frac{1}{2}x^2$, $y=-\frac{1}{2}x^2$에 대하여 다음 물음에 답하시오.

1 다음 표를 완성하고, x의 값의 범위가 실수 전체일 때 네 이차함수 $y=2x^2$, $y=-2x^2$, $y=\frac{1}{2}x^2$, $y=-\frac{1}{2}x^2$의 그래프를 오른쪽 좌표평면 위에 그리시오.

x	⋯	-2	-1	0	1	2	⋯
$2x^2$	⋯						⋯
$-2x^2$	⋯						⋯
$\frac{1}{2}x^2$	⋯						⋯
$-\frac{1}{2}x^2$	⋯						⋯

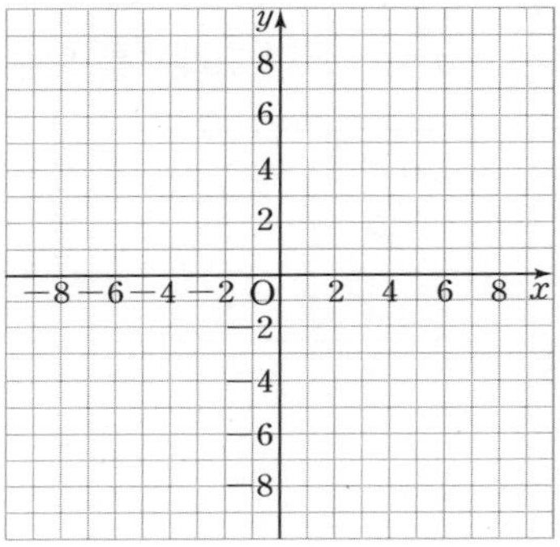

2 다음 □ 안에 알맞은 것을 쓰시오.

	$y=2x^2$	$y=-2x^2$	$y=\frac{1}{2}x^2$	$y=-\frac{1}{2}x^2$
(1) 꼭짓점의 좌표	(□, □)	(□, □)	(□, □)	(□, □)
(2) 축의 방정식	□	□	□	□
(3) 그래프의 모양	□로 볼록	□로 볼록	□로 볼록	□로 볼록
(4) $x>0$일 때, x의 값이 증가하면 y의 값은 □한다.	□	□	□	□
(5) $x<0$일 때, x의 값이 증가하면 y의 값은 □한다.	□	□	□	□

● 정답과 해설 67쪽

3 오른쪽 그림에서 다음 이차함수의 그래프로 알맞은 것을 고르시오.

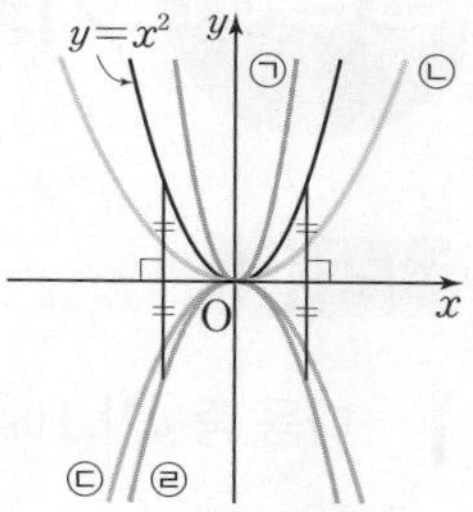

(1) $y=2x^2$

(2) $y=\frac{1}{3}x^2$

(3) $y=-x^2$

(4) $y=-\frac{2}{3}x^2$

x축을 접는 선으로 하여 접는다고 생각해 봐.

4 다음 이차함수의 그래프와 x축에 서로 대칭인 그래프를 그리고, 그 식을 구하시오.

(1) $y=4x^2$ $\xrightarrow[\text{서로 대칭}]{x\text{축에}}$ ______

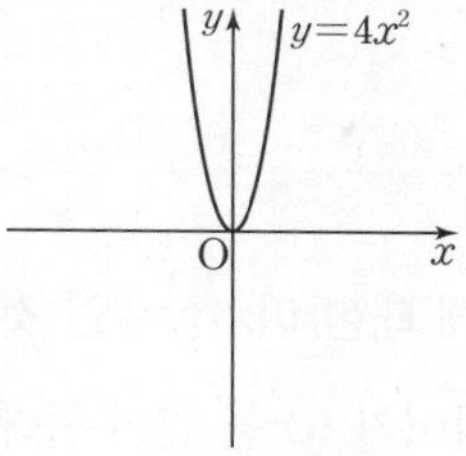

(2) $y=-\frac{1}{3}x^2$ $\xrightarrow[\text{서로 대칭}]{x\text{축에}}$ ______

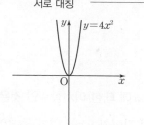

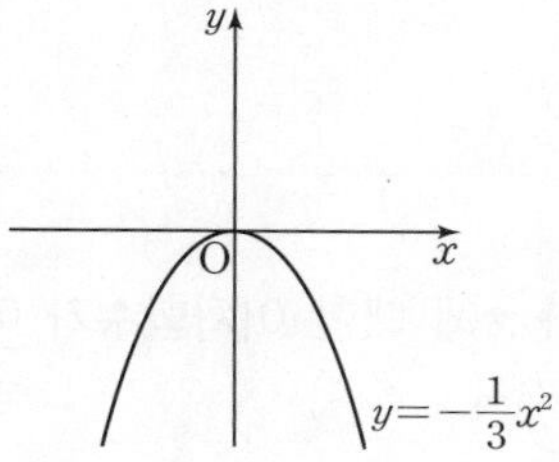

5 다음 보기의 이차함수의 그래프에 대하여 물음에 답하시오.

보기

ㄱ. $y=3x^2$　　ㄴ. $y=-\frac{1}{4}x^2$　　ㄷ. $y=7x^2$　　ㄹ. $y=\frac{1}{3}x^2$　　ㅁ. $y=-3x^2$

(1) 그래프가 아래로 볼록한 것을 모두 고르시오.

(2) 그래프의 폭이 가장 좁은 것을 고르시오.

(3) 그래프가 x축에 서로 대칭인 것끼리 짝 지으시오.

(4) $x<0$일 때, x의 값이 증가하면 y의 값도 증가하는 것을 모두 고르시오.

6 다음 이차함수의 그래프가 주어진 점을 지날 때, 상수 a의 값을 구하시오.

(1) $y=2x^2$, $(2,\ a)$

(2) $y=-\frac{1}{5}x^2$, $(10,\ a)$

(3) $y=ax^2$, $(1,\ 4)$

(4) $y=-ax^2$, $(-2,\ -8)$

쌍둥이 기출문제

형광펜 들고 밑줄 쫙~

쌍둥이 01

1 다음 중 y가 x에 대한 이차함수인 것은?

① $y=2x+1$
② $y=\frac{1}{2}$
③ $y=x+3x^2$
④ $y=(x-2)^2-x^2$
⑤ $y=x^2-2x^3+1$

2 다음 보기 중 y가 x에 대한 이차함수인 것의 개수를 구하시오.

보기

ㄱ. $y=2x^2$
ㄴ. $y=x(x+1)$
ㄷ. $y=x^2-(x-3)^2$
ㄹ. $y=(x-1)^2+2x-1$
ㅁ. $y=-\frac{5}{x^2}$
ㅂ. $y=4x(x+2)-4x^2$

쌍둥이 02

3 다음 보기 중 y가 x에 대한 이차함수가 아닌 것을 모두 고르시오.

보기

ㄱ. 한 변의 길이가 x cm인 정오각형의 둘레의 길이 y cm
ㄴ. 반지름의 길이가 $(x+1)$ cm인 원의 넓이 $y\text{ cm}^2$
ㄷ. 한 변의 길이가 x cm인 정사각형의 넓이 $y\text{ cm}^2$
ㄹ. 2점짜리 문제를 x개 맞혔을 때의 점수 y점

4 다음 중 y가 x에 대한 이차함수인 것은?

① 반지름의 길이가 $5x$인 원의 둘레의 길이 y
② 밑변의 길이가 x, 높이가 9인 삼각형의 넓이 y
③ 자동차가 시속 80 km로 x시간 동안 달린 거리 y km
④ 세 모서리의 길이가 2, x, 3인 직육면체의 부피 y
⑤ 밑면의 반지름의 길이가 x, 높이가 5인 원기둥의 부피 y

쌍둥이 03

5 이차함수 $f(x)=-x^2+3x+1$에 대하여 $f(2)+f(1)$의 값은?

① 0
② 2
③ 4
④ 5
⑤ 6

6 서술형 이차함수 $f(x)=2x^2-5x$에 대하여 $f(-1)-f(1)$의 값을 구하시오.

풀이 과정

답

쌍둥이 04

7 다음 이차함수 중 그 그래프의 폭이 가장 넓은 것은?

① $y=4x^2$ ② $y=2x^2$ ③ $y=-3x^2$
④ $y=\frac{1}{4}x^2$ ⑤ $y=-\frac{1}{2}x^2$

8 다음 이차함수 중 그 그래프가 위로 볼록하면서 폭이 가장 좁은 것은?

① $y=2x^2$ ② $y=-x^2$ ③ $y=-3x^2$
④ $y=\frac{1}{4}x^2$ ⑤ $y=-\frac{2}{3}x^2$

쌍둥이 05

9 이차함수 $y=ax^2$의 그래프가 오른쪽 그림과 같을 때, 상수 a의 값의 범위를 구하시오.

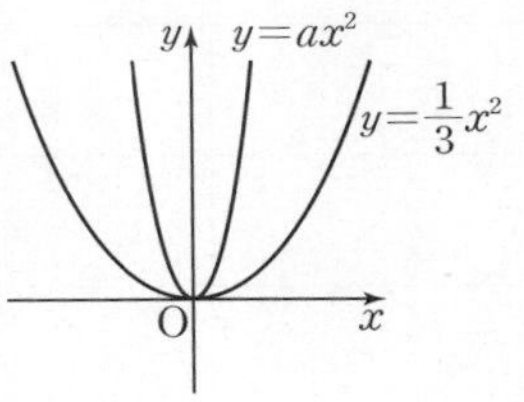

10 이차함수 $y=ax^2$의 그래프가 오른쪽 그림과 같을 때, 상수 a의 값이 큰 것부터 차례로 나열하시오.

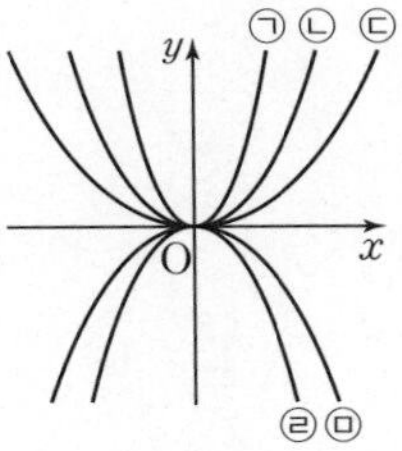

쌍둥이 06

11 다음 중 이차함수 $y=-\frac{1}{3}x^2$의 그래프에 대한 설명으로 옳은 것은?

① 꼭짓점의 좌표는 $(3,\ -3)$이다.
② 아래로 볼록한 포물선이다.
③ 점 $(-3,\ 3)$을 지난다.
④ y축에 대칭이다.
⑤ $x<0$일 때, x의 값이 증가하면 y의 값은 감소한다.

12 다음 중 이차함수 $y=ax^2$(a는 상수)의 그래프에 대한 설명으로 옳지 <u>않은</u> 것을 모두 고르면? (정답 2개)

① 꼭짓점의 좌표는 $(0,\ 0)$이다.
② 축의 방정식은 $x=0$이다.
③ $a>0$일 때, 위로 볼록한 포물선이다.
④ a의 절댓값이 클수록 그래프의 폭이 좁아진다.
⑤ $y=-ax^2$의 그래프와 y축에 서로 대칭이다.

쌍둥이 07

13 이차함수 $y=ax^2$의 그래프가 두 점 $(2,\ 2)$, $(-6,\ b)$를 지날 때, b의 값을 구하시오. (단, a는 상수)

14 이차함수 $y=ax^2$의 그래프가 두 점 $(3,\ -3)$, $(6,\ b)$를 지날 때, b의 값을 구하시오. (단, a는 상수)

● 정답과 해설 68쪽

3 이차함수 $y=a(x-p)^2+q$의 그래프

유형 4 이차함수 $y=ax^2+q$의 그래프

개념편 138쪽

$y=ax^2$ $\xrightarrow[q\text{만큼 평행이동}]{y\text{축의 방향으로}}$ $y=ax^2+q$

(1) 축의 방정식: $x=0$(y축)

(2) 꼭짓점의 좌표: $(0, q)$

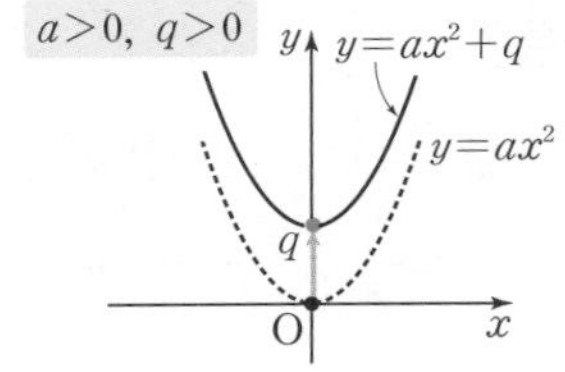

예 이차함수 $y=2x^2+3$의 그래프

➡ $y=2x^2$의 그래프를 y축의 방향으로 3만큼 평행이동한 그래프

(1) 축의 방정식: $x=0$(y축) (2) 꼭짓점의 좌표: $(0, 3)$

1 다음 이차함수 $y=ax^2$의 그래프를 y축의 방향으로 q만큼 평행이동한 그래프를 나타내는 이차함수의 식을 구하시오.

$y=ax^2$	q	이차함수의 식
(1) $y=3x^2$	5	
(2) $y=5x^2$	-7	
(3) $y=-\frac{1}{2}x^2$	4	
(4) $y=-4x^2$	-3	

2 다음 이차함수의 그래프는 $y=ax^2$의 그래프를 y축의 방향으로 q만큼 평행이동한 것이다. 표의 빈칸을 알맞게 채우시오.

이차함수의 식	$y=ax^2$	q
(1) $y=\frac{1}{3}x^2-5$		
(2) $y=2x^2+1$		
(3) $y=-3x^2-\frac{1}{3}$		
(4) $y=-\frac{5}{2}x^2+3$		

3 이차함수 $y=\frac{1}{4}x^2$의 그래프를 이용하여 다음 이차함수의 그래프를 좌표평면 위에 그리시오.

(1) $y=\frac{1}{4}x^2+2$

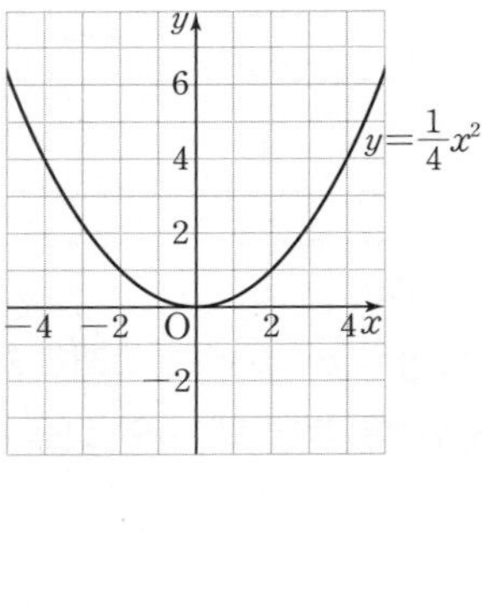

(2) $y=\frac{1}{4}x^2-3$

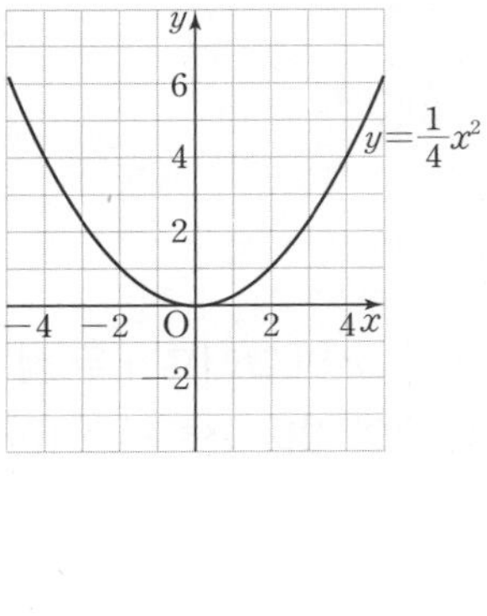

4 이차함수 $y=-\frac{1}{2}x^2$의 그래프를 이용하여 다음 이차함수의 그래프를 좌표평면 위에 그리시오.

(1) $y=-\frac{1}{2}x^2+2$

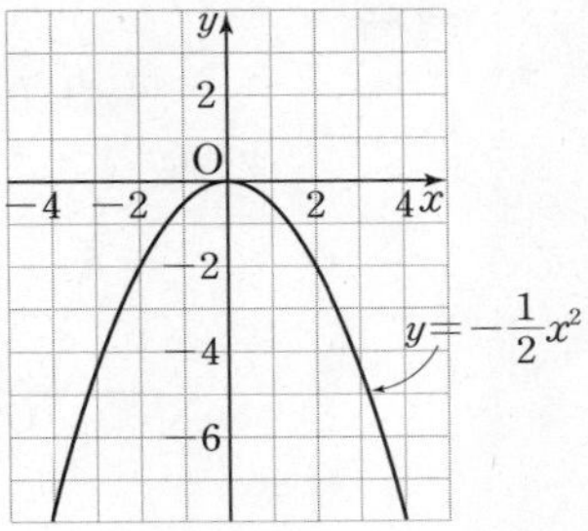

(2) $y=-\frac{1}{2}x^2-3$

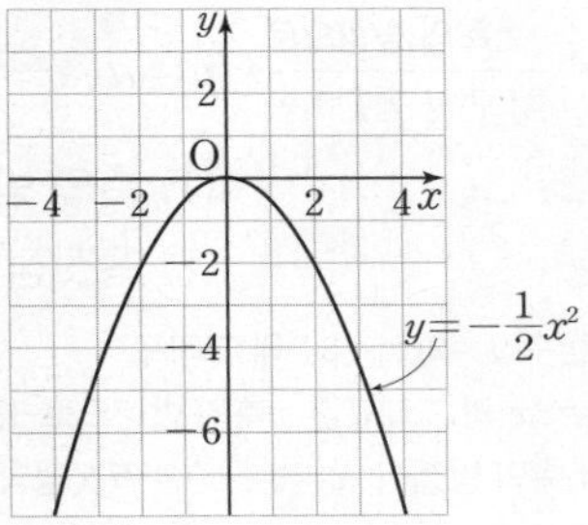

5 다음 이차함수의 그래프의 모양, 축의 방정식, 꼭짓점의 좌표를 각각 구하고, 그 그래프를 그리시오.

(1) $y=2x^2-3$

그래프의 모양: ______

축의 방정식 : ______

꼭짓점의 좌표: ______

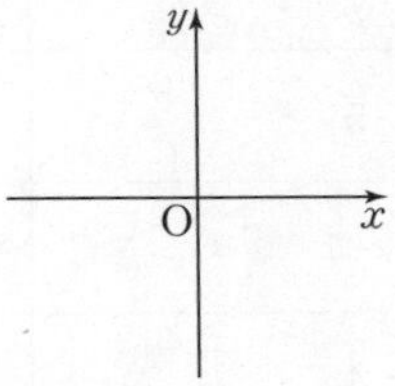

(2) $y=\frac{1}{5}x^2+3$

그래프의 모양: ______

축의 방정식 : ______

꼭짓점의 좌표: ______

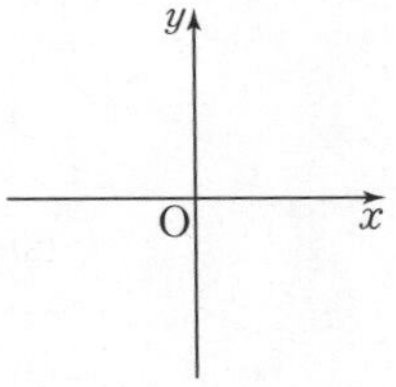

(3) $y=-x^2-1$

그래프의 모양: ______

축의 방정식 : ______

꼭짓점의 좌표: ______

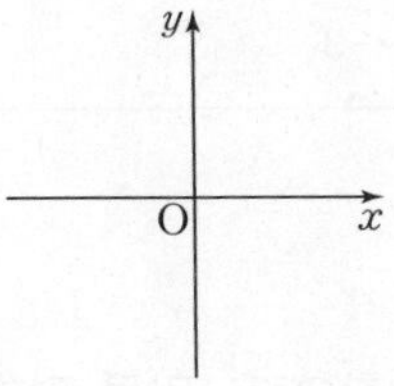

(4) $y=-\frac{1}{3}x^2+5$

그래프의 모양: ______

축의 방정식 : ______

꼭짓점의 좌표: ______

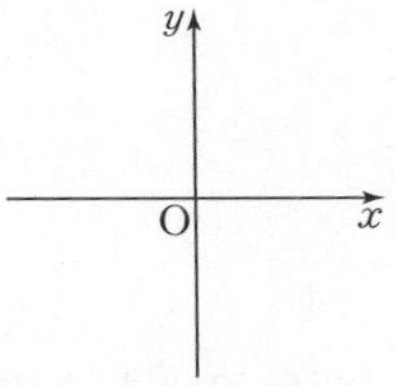

6 다음 보기의 이차함수의 그래프에 대하여 물음에 답하시오.

보기

ㄱ. $y=3x^2+6$　　ㄴ. $y=-7x^2-1$　　ㄷ. $y=-\frac{1}{2}x^2+5$　　ㄹ. $y=\frac{2}{5}x^2+3$

(1) $x>0$일 때, x의 값이 증가하면 y의 값도 증가하는 것을 모두 고르시오.

(2) $x>0$일 때, x의 값이 증가하면 y의 값은 감소하는 것을 모두 고르시오.

(3) $x<0$일 때, x의 값이 증가하면 y의 값도 증가하는 것을 모두 고르시오.

(4) $x<0$일 때, x의 값이 증가하면 y의 값은 감소하는 것을 모두 고르시오.

7 다음 이차함수의 그래프가 주어진 점을 지날 때, 상수 a의 값을 구하시오.

(1) $y=-2x^2-3$, $(3,\ a)$

(2) $y=4x^2+a$, $(2,\ 6)$

(3) $y=ax^2-1$, $(1,\ 4)$

(4) $y=-ax^2+\frac{1}{2}$, $\left(4,\ -\frac{1}{2}\right)$

● 정답과 해설 69쪽

유형 5 이차함수 $y=a(x-p)^2$의 그래프

개념편 139쪽

$y=ax^2$ $\xrightarrow[p\text{만큼 평행이동}]{x\text{축의 방향으로}}$ $y=a(x-p)^2$

(1) 축의 방정식: $x=p$

(2) 꼭짓점의 좌표: $(p,\ 0)$

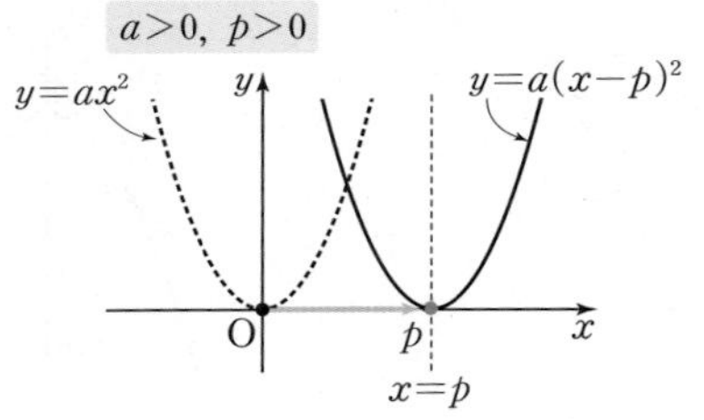

예 이차함수 $y=2(x-3)^2$의 그래프

➡ $y=2x^2$의 그래프를 x축의 방향으로 3만큼 평행이동한 그래프

(1) 축의 방정식: $x=3$　(2) 꼭짓점의 좌표: $(3,\ 0)$

1 다음 이차함수 $y=ax^2$의 그래프를 x축의 방향으로 p만큼 평행이동한 그래프를 나타내는 이차함수의 식을 구하시오.

$y=ax^2$	p	이차함수의 식
(1) $y=3x^2$	5	
(2) $y=5x^2$	-7	
(3) $y=-\frac{1}{2}x^2$	4	
(4) $y=-4x^2$	-3	

2 다음 이차함수의 그래프는 $y=ax^2$의 그래프를 x축의 방향으로 p만큼 평행이동한 것이다. 표의 빈칸을 알맞게 채우시오.

이차함수의 식	$y=ax^2$	p
(1) $y=2(x+3)^2$		
(2) $y=-(x-5)^2$		
(3) $y=-2(x+4)^2$		
(4) $y=\frac{1}{4}\left(x-\frac{1}{2}\right)^2$		

3 이차함수 $y=x^2$의 그래프를 이용하여 다음 이차함수의 그래프를 좌표평면 위에 그리시오.

(1) $y=(x-2)^2$

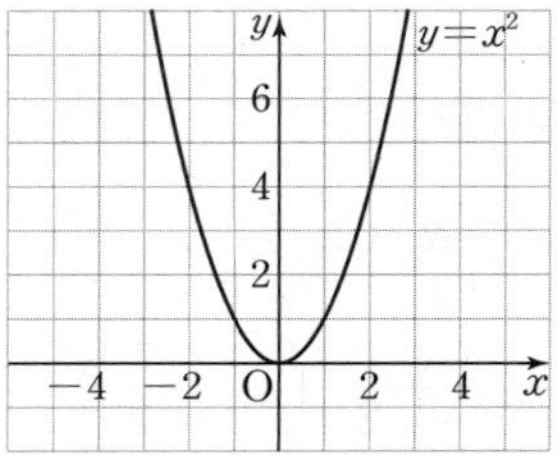

(2) $y=(x+3)^2$

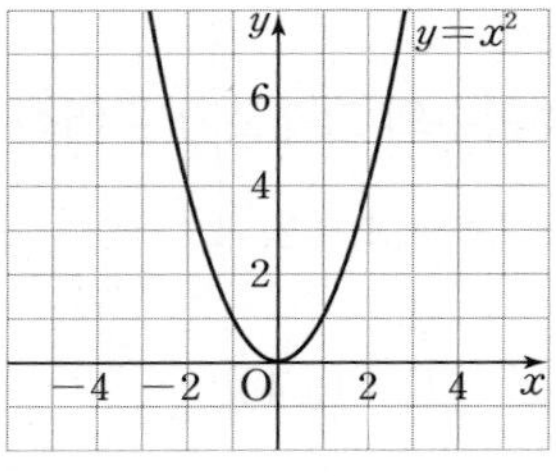

4 이차함수 $y=-x^2$의 그래프를 이용하여 다음 이차함수의 그래프를 좌표평면 위에 그리시오.

(1) $y=-(x-2)^2$

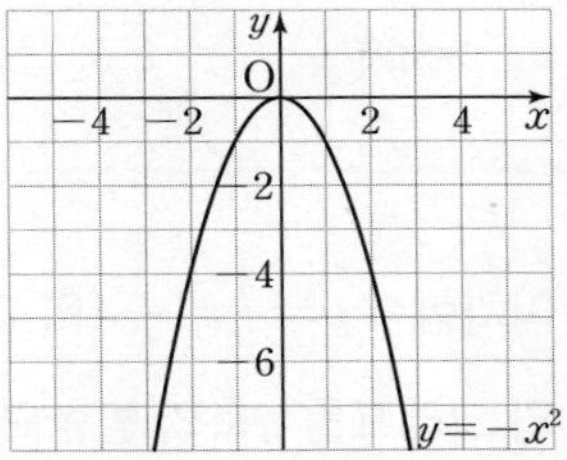

(2) $y=-(x+3)^2$

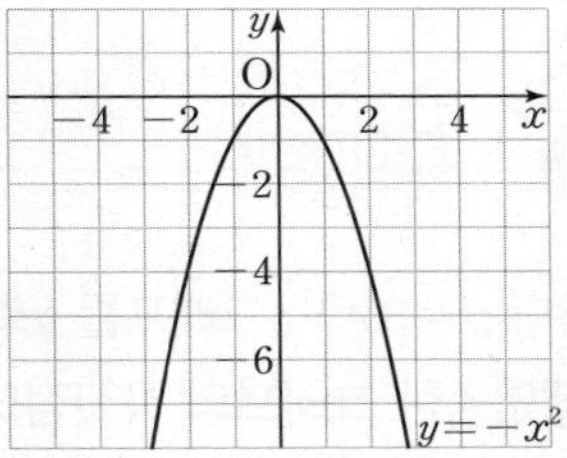

5 다음 이차함수의 그래프의 모양, 축의 방정식, 꼭짓점의 좌표를 각각 구하고, 그 그래프를 그리시오.

(1) $y=\frac{1}{2}(x-2)^2$

그래프의 모양: ____________

축의 방정식　: ____________

꼭짓점의 좌표: ____________

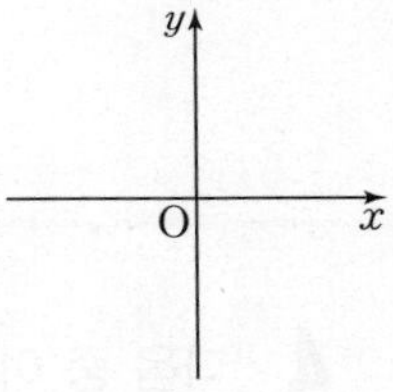

(2) $y=2(x+5)^2$

그래프의 모양: ____________

축의 방정식　: ____________

꼭짓점의 좌표: ____________

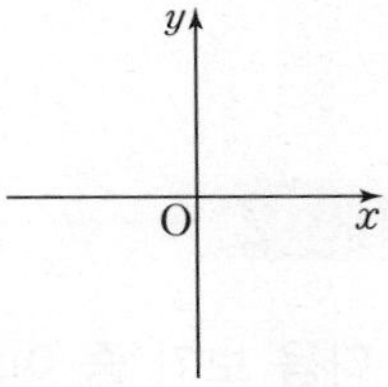

(3) $y=-\frac{2}{3}\left(x-\frac{4}{5}\right)^2$

그래프의 모양: ____________

축의 방정식　: ____________

꼭짓점의 좌표: ____________

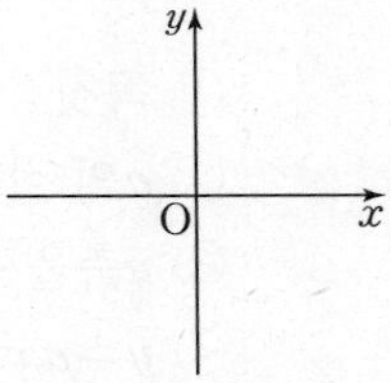

(4) $y=-3(x+4)^2$

그래프의 모양: ____________

축의 방정식　: ____________

꼭짓점의 좌표: ____________

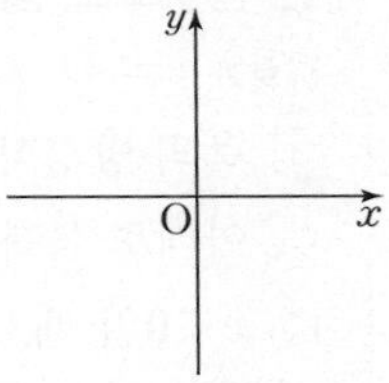

6 다음 중 옳은 것은 ○표, 옳지 않은 것은 ×표를 (　) 안에 쓰시오.

(1) 이차함수 $y=-\frac{1}{3}(x+1)^2$의 그래프는 $x<1$일 때, x의 값이 증가하면 y의 값도 증가한다. (　　)

(2) 이차함수 $y=2(x+3)^2$의 그래프의 $x<-3$일 때, x의 값이 증가하면 y의 값은 감소한다. (　　)

(3) 이차함수 $y=-\frac{1}{5}(x-2)^2$의 그래프는 $x>2$일 때, x의 값이 증가하면 y의 값도 증가한다. (　　)

(4) 이차함수 $y=-7(x+6)^2$의 그래프는 $x<-6$일 때, x의 값이 증가하면 y의 값도 증가한다. (　　)

7 다음 이차함수의 그래프가 주어진 점을 지날 때, 상수 a의 값을 구하시오.

(1) $y=-4(x-3)^2$, $(1, a)$

(2) $y=\frac{2}{3}(x+4)^2$, $(-2, a)$

(3) $y=a(x-1)^2$, $(2, 4)$

(4) $y=-2a(x+2)^2$, $(-3, 6)$

쌍둥이 기출문제

형광펜 들고 밑줄 쫙~

쌍둥이 01

1 이차함수 $y=3x^2$의 그래프를 y축의 방향으로 -3만큼 평행이동한 그래프의 꼭짓점의 좌표는?

① $(0,\ 0)$　② $(0,\ 3)$　③ $(3,\ 0)$
④ $(-3,\ 0)$　⑤ $(0,\ -3)$

2 이차함수 $y=\frac{1}{2}x^2-4$의 그래프는 이차함수 $y=\frac{1}{2}x^2$의 그래프를 y축의 방향으로 a만큼 평행이동한 것이고, 꼭짓점의 좌표는 $(b,\ c)$이다. 이때 $a+b-c$의 값은?

① -4　② -3　③ 0
④ 2　⑤ 4

쌍둥이 02

3 다음 보기 중 이차함수 $y=-\frac{1}{2}x^2+1$의 그래프에 대한 설명으로 옳은 것을 모두 고르시오.

보기

ㄱ. 축의 방정식은 $x=1$이다.
ㄴ. 아래로 볼록한 포물선이다.
ㄷ. $x<0$일 때, x의 값이 증가하면 y의 값도 증가한다.
ㄹ. $y=\frac{1}{2}x^2+1$의 그래프와 폭이 서로 같다.
ㅁ. $y=-\frac{1}{2}x^2$의 그래프를 x축의 방향으로 1만큼 평행이동한 그래프이다.

4 다음 중 이차함수 $y=ax^2+q\,(a\neq0,\ q\neq0)$의 그래프에 대한 설명으로 옳지 않은 것은?

① 꼭짓점의 좌표는 $(0,\ q)$이다.
② a의 절댓값이 클수록 폭이 좁아진다.
③ y축을 축으로 하는 포물선이다.
④ $y=ax^2$의 그래프를 y축의 방향으로 q만큼 평행이동한 그래프이다.
⑤ 원점을 지난다.

쌍둥이 03

5 이차함수 $y=\frac{1}{3}x^2$의 그래프를 y축의 방향으로 m만큼 평행이동한 그래프가 점 $(3,\ 5)$를 지날 때, m의 값은?

① 2　② 4　③ 6
④ 8　⑤ 10

6 이차함수 $y=ax^2$의 그래프를 y축의 방향으로 1만큼 평행이동한 그래프가 점 $(-1,\ 6)$을 지날 때, 상수 a의 값은?

① 1　② 2　③ 3
④ 4　⑤ 5

쌍둥이 04

7 이차함수 $y=-5x^2$의 그래프를 x축의 방향으로 3만큼 평행이동한 그래프를 나타내는 이차함수의 식은?

① $y=-5x^2+3$ ② $y=-5x^2-3$
③ $y=-5(x+3)^2$ ④ $y=-5(x-3)^2$
⑤ $y=-3(x+5)^2$

8 이차함수 $y=-\frac{1}{7}(x+1)^2$의 그래프는 이차함수 $y=-\frac{1}{7}x^2$의 그래프를 x축의 방향으로 m만큼 평행이동한 것이고, 꼭짓점의 좌표는 (a, b)이다. 이때 $m+a+b$의 값은?

① -4 ② -2 ③ 0
④ 2 ⑤ 4

쌍둥이 05

9 다음 중 이차함수 $y=3(x-2)^2$의 그래프에 대한 설명으로 옳지 <u>않은</u> 것은?

① 꼭짓점의 좌표는 $(2, 0)$이다.
② 아래로 볼록한 포물선이다.
③ $y=3x^2$의 그래프를 x축의 방향으로 2만큼 평행이동한 그래프이다.
④ 제3, 4사분면을 지난다.
⑤ x축과 한 점에서 만난다.

10 다음 보기 중 이차함수 $y=-\frac{3}{5}(x+7)^2$의 그래프에 대한 설명으로 옳은 것을 모두 고른 것은?

보기
ㄱ. 축의 방정식은 $x=7$이다.
ㄴ. $x>-7$일 때, x의 값이 증가하면 y의 값은 감소한다.
ㄷ. $y=\frac{3}{5}x^2+1$의 그래프와 폭이 같다.
ㄹ. 점 $\left(-6, \frac{3}{5}\right)$을 지난다.

① ㄱ, ㄴ ② ㄱ, ㄷ ③ ㄴ, ㄷ
④ ㄴ, ㄹ ⑤ ㄷ, ㄹ

쌍둥이 06

11 이차함수 $y=\frac{1}{3}x^2$의 그래프를 x축의 방향으로 2만큼 평행이동한 그래프가 점 $(4, a)$를 지날 때, a의 값은?

① $\frac{2}{3}$ ② $\frac{4}{3}$ ③ $\frac{10}{3}$
④ $\frac{22}{3}$ ⑤ 12

12 이차함수 $y=-2x^2$의 그래프를 x축의 방향으로 m만큼 평행이동한 그래프가 점 $(0, -18)$을 지날 때, 양수 m의 값은?

① 1 ② 2 ③ 3
④ 4 ⑤ 5

● 정답과 해설 71쪽

유형 6 이차함수 $y=a(x-p)^2+q$의 그래프

개념편 141 쪽

$$y=ax^2 \xrightarrow[y\text{축의 방향으로 } q\text{만큼 평행이동}]{x\text{축의 방향으로 } p\text{만큼,}} y=a(x-p)^2+q$$

(1) 축의 방정식: $x=p$

(2) 꼭짓점의 좌표: (p, q)

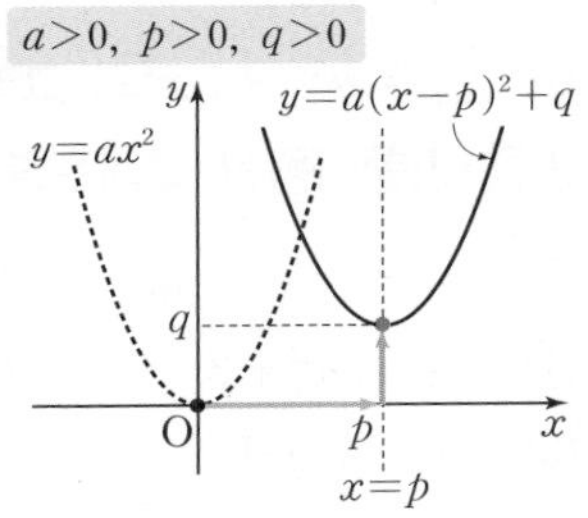

예 이차함수 $y=2(x-3)^2-4$의 그래프

➡ $y=2x^2$의 그래프를 x축의 방향으로 3만큼, y축의 방향으로 -4만큼 평행이동한 그래프

(1) 축의 방정식: $x=3$ (2) 꼭짓점의 좌표: $(3, -4)$

1 다음 이차함수 $y=ax^2$의 그래프를 x축의 방향으로 p만큼, y축의 방향으로 q만큼 평행이동한 그래프를 나타내는 이차함수의 식을 구하시오.

$y=ax^2$	p	q	이차함수의 식
(1) $y=3x^2$	1	2	
(2) $y=5x^2$	-2	-3	
(3) $y=-\frac{1}{2}x^2$	3	-2	
(4) $y=-4x^2$	-4	1	

2 다음 이차함수의 그래프는 $y=ax^2$의 그래프를 x축의 방향으로 p만큼, y축의 방향으로 q만큼 평행이동한 것이다. 표의 빈칸을 알맞게 채우시오.

이차함수의 식	$y=ax^2$	p	q
(1) $y=\frac{1}{2}(x-2)^2-1$			
(2) $y=2(x+2)^2+3$			
(3) $y=-(x-5)^2-3$			
(4) $y=-\frac{1}{3}\left(x+\frac{3}{2}\right)^2-\frac{3}{4}$			

3 이차함수 $y=x^2$의 그래프를 이용하여 다음 이차함수의 그래프를 좌표평면 위에 그리시오.

(1) $y=(x-2)^2+3$

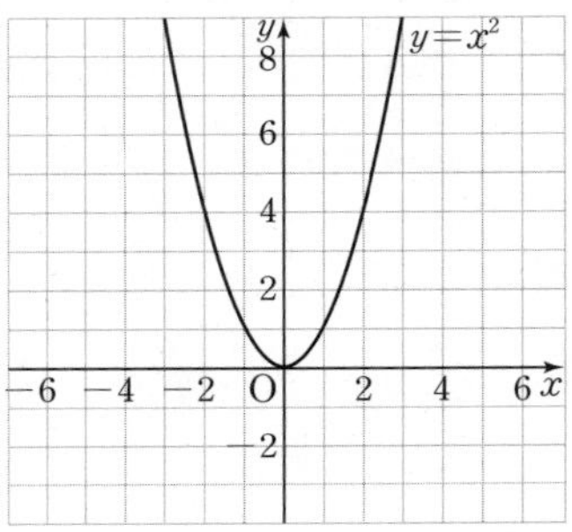

(2) $y=(x+4)^2-2$

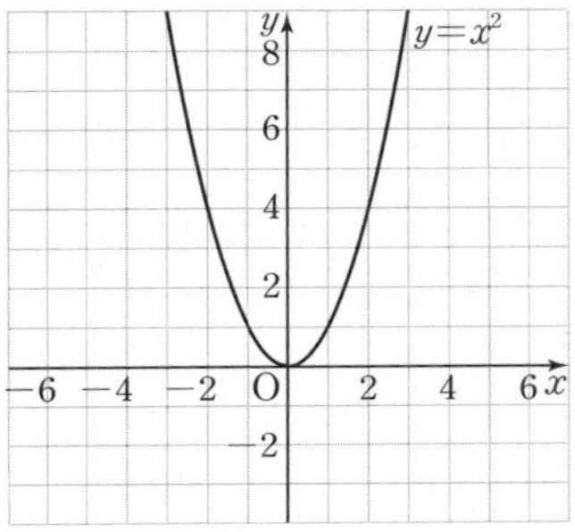

4 이차함수 $y=-\frac{1}{2}x^2$의 그래프를 이용하여 다음 이차함수의 그래프를 좌표평면 위에 그리시오.

(1) $y=-\frac{1}{2}(x+3)^2+4$

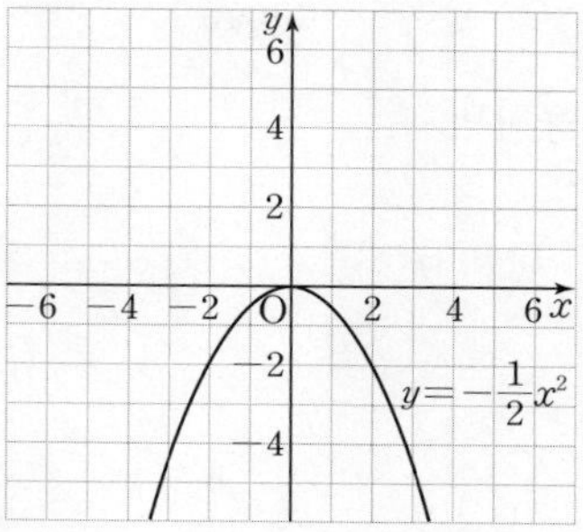

(2) $y=-\frac{1}{2}(x-1)^2-3$

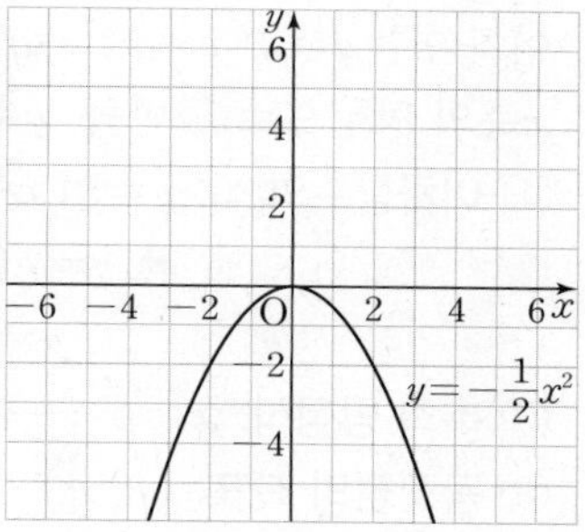

5 다음 이차함수의 그래프의 모양, 축의 방정식, 꼭짓점의 좌표를 각각 구하고, 그 그래프를 그리시오.

(1) $y=2(x-2)^2+1$

그래프의 모양: ____________

축의 방정식 : ____________

꼭짓점의 좌표: ____________

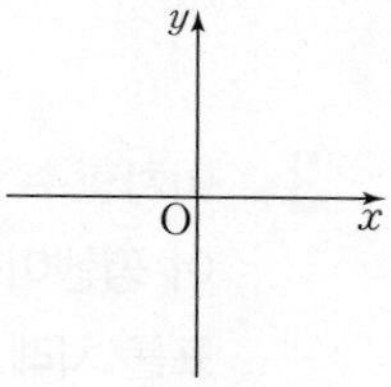

(2) $y=-3(x+3)^2-5$

그래프의 모양: ____________

축의 방정식 : ____________

꼭짓점의 좌표: ____________

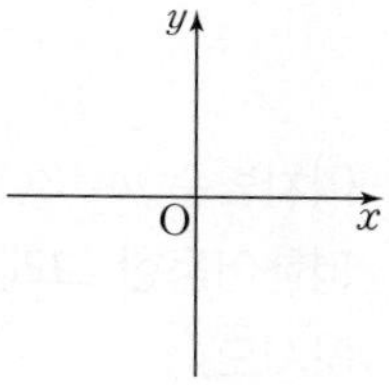

(3) $y=\frac{2}{3}(x-2)^2+4$

그래프의 모양: ____________

축의 방정식 : ____________

꼭짓점의 좌표: ____________

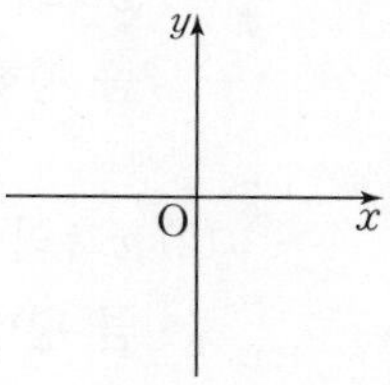

(4) $y=-\frac{1}{2}\left(x+\frac{3}{2}\right)^2-1$

그래프의 모양: ____________

축의 방정식 : ____________

꼭짓점의 좌표: ____________

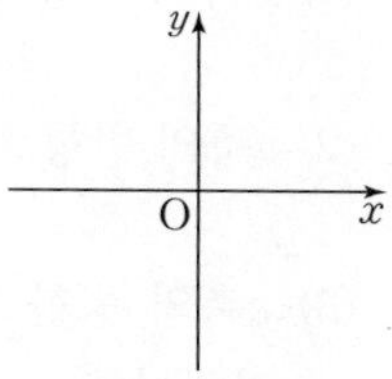

6 다음 중 옳은 것은 ○표, 옳지 않은 것은 ×표를 (   ) 안에 쓰시오.

(1) 이차함수 $y=4(x-3)^2+7$의 그래프는 이차함수 $y=4x^2$의 그래프를 x축의 방향으로 -3만큼, y축의 방향으로 7만큼 평행이동한 그래프이다. (   )

(2) 이차함수 $y=-2(x-5)^2-2$의 그래프의 모양은 위로 볼록한 포물선이다. (   )

(3) 이차함수 $y=\frac{2}{7}(x-4)^2+1$의 그래프는 제1, 2사분면을 지난다. (   )

(4) 이차함수 $y=6(x+1)^2-4$의 그래프는 $x>-1$일 때, x의 값이 증가하면 y의 값은 감소한다. (   )

7 다음 이차함수의 그래프가 주어진 점을 지날 때, 상수 a의 값을 구하시오.

(1) $y=-(x+2)^2-3$, $(-1,\ a)$

(2) $y=2(x-6)^2+1$, $(4,\ a)$

(3) $y=a(x+1)^2-5$, $(-2,\ -4)$

(4) $y=3(x-5)^2+a$, $(6,\ 5)$

유형 7 이차함수 $y=a(x-p)^2+q$의 그래프의 평행이동

개념편 142쪽

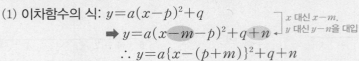

이차함수 $y=a(x-p)^2+q$의 그래프를
x축의 방향으로 m만큼, y축의 방향으로 n만큼 평행이동하면

(1) 이차함수의 식: $y=a(x-p)^2+q$

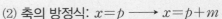

➡ $y=a(x-m-p)^2+q+n$ ← x 대신 $x-m$, y 대신 $y-n$을 대입

$\therefore y=a\{x-(p+m)\}^2+q+n$

(2) 축의 방정식: $x=p \longrightarrow x=p+m$

(3) 꼭짓점의 좌표: $(p,\ q) \longrightarrow (p+m,\ q+n)$

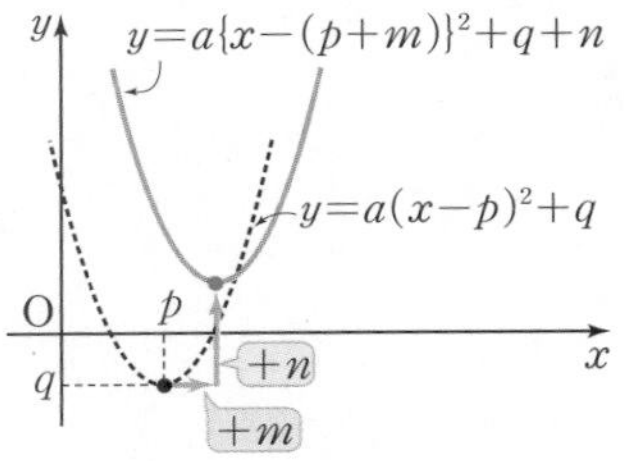

예 이차함수 $y=2(x-3)^2-4$의 그래프를 x축의 방향으로 1만큼, y축의 방향으로 2만큼 평행이동한 그래프
(1) 이차함수의 식: $y=2(x-1-3)^2-4+2=2(x-4)^2-2$
(2) 축의 방정식: $x=4$
(3) 꼭짓점의 좌표: $(4,\ -2)$

1 이차함수 $y=3(x-1)^2+4$의 그래프를 다음과 같이 평행이동한 그래프를 나타내는 이차함수의 식을 구하시오.

(1) x축의 방향으로 3만큼 평행이동

(2) y축의 방향으로 -5만큼 평행이동

(3) x축의 방향으로 1만큼, y축의 방향으로 2만큼 평행이동

2 이차함수 $y=-\frac{1}{2}(x+2)^2-5$의 그래프를 다음과 같이 평행이동한 그래프를 나타내는 이차함수의 식을 구하시오.

(1) x축의 방향으로 -1만큼 평행이동

(2) y축의 방향으로 4만큼 평행이동

(3) x축의 방향으로 6만큼, y축의 방향으로 -3만큼 평행이동

3 이차함수 $y=-(x+2)^2-5$의 그래프를 다음과 같이 평행이동한 그래프의 축의 방정식과 꼭짓점의 좌표를 차례로 구하시오.

(1) x축의 방향으로 2만큼, y축의 방향으로 -2만큼 평행이동

(2) x축의 방향으로 -3만큼, y축의 방향으로 5만큼 평행이동

(3) x축의 방향으로 -7만큼, y축의 방향으로 -9만큼 평행이동

4 이차함수 $y=-4(x-5)^2-1$의 그래프에 대하여 다음을 구하시오.

(1) x축의 방향으로 1만큼, y축의 방향으로 -3만큼 평행이동한 그래프가 점 $(5,\ a)$를 지날 때, a의 값

(2) x축의 방향으로 -2만큼, y축의 방향으로 4만큼 평행이동한 그래프가 점 $(4,\ a)$를 지날 때, a의 값

• 정답과 해설 72쪽

유형 8 이차함수 $y=a(x-p)^2+q$의 그래프에서 a, p, q의 부호

개념편 143쪽

(1) a의 부호

그래프의 모양에 따라 결정

①

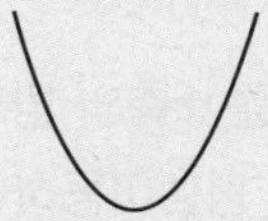

아래로 볼록: $a>0$

②

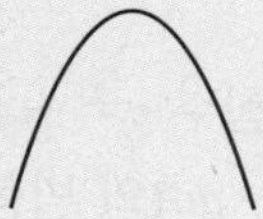

위로 볼록: $a<0$

(2) p, q의 부호

꼭짓점의 위치에 따라 결정

① 제1사분면: $p>0$, $q>0$

② 제2사분면: $p<0$, $q>0$

③ 제3사분면: $p<0$, $q<0$

④ 제4사분면: $p>0$, $q<0$

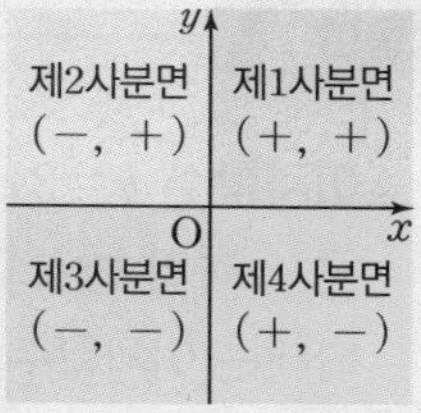

1 이차함수 $y=a(x-p)^2+q$의 그래프가 다음 그림과 같을 때, 상수 a, p, q의 부호를 각각 구하시오.

(1)

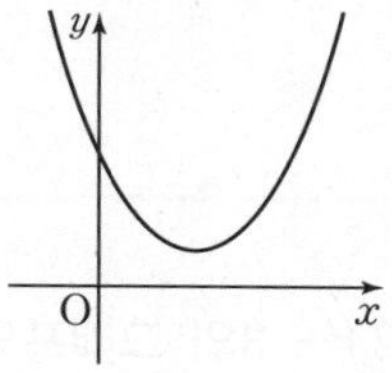

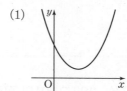

그래프의 모양	아래로 볼록 ⇨ a □ 0
꼭짓점의 위치	꼭짓점 (p, q)의 위치: 제1사분면 ⇨ p □ 0, q □ 0

(2)

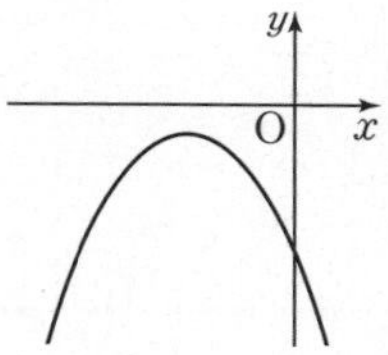

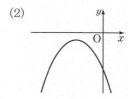

그래프의 모양	□로 볼록 ⇨ a □ 0
꼭짓점의 위치	꼭짓점 (p, q)의 위치: 제□사분면 ⇨ p □ 0, q □ 0

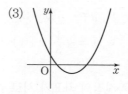

(3)

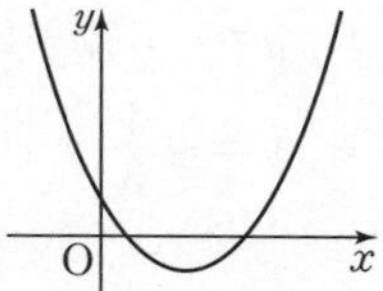

⇨ a □ 0, p □ 0, q □ 0

(4)

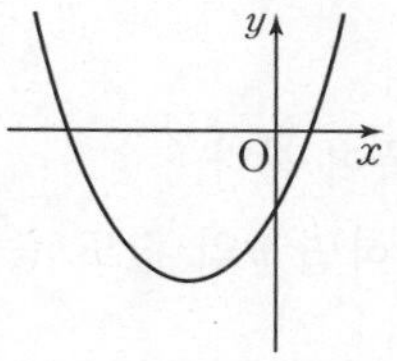

⇨ a □ 0, p □ 0, q □ 0

(5)

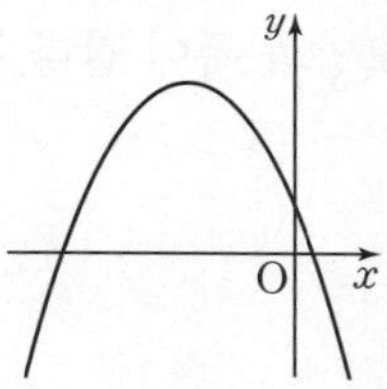

⇨ a □ 0, p □ 0, q □ 0

(6)

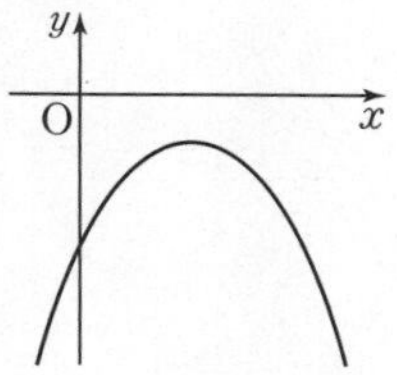

⇨ a □ 0, p □ 0, q □ 0

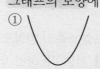

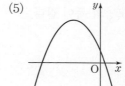

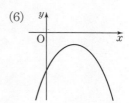

쌍둥이 기출문제

형광펜 들고 밑줄 쫙~

쌍둥이 01

1 이차함수 $y=2x^2$의 그래프를 x축의 방향으로 p만큼, y축의 방향으로 q만큼 평행이동한 그래프를 나타내는 이차함수의 식이 $y=2(x+6)^2+1$일 때, $q-p$의 값을 구하시오.

2 이차함수 $y=-4x^2$의 그래프를 x축의 방향으로 m만큼, y축의 방향으로 n만큼 평행이동하면 이차함수 $y=a(x-3)^2+2$의 그래프와 일치할 때, $a+m+n$의 값을 구하시오. (단, a는 상수)

쌍둥이 02

3 이차함수 $y=5(x-3)^2+4$의 그래프의 축의 방정식과 꼭짓점의 좌표를 차례로 구하시오.

4 이차함수 $y=-\frac{2}{3}(x+2)^2-3$의 그래프의 꼭짓점의 좌표를 (a, b), 축의 방정식을 $x=p$라고 할 때, $a+b+p$의 값을 구하시오.

쌍둥이 03

5 다음 중 이차함수 $y=2(x-1)^2+3$의 그래프에 대한 설명으로 옳지 않은 것은?

① 축의 방정식은 $x=1$이다.
② 꼭짓점의 좌표는 $(1, 3)$이다.
③ $y=-2x^2+5$의 그래프와 폭이 같다.
④ $x>1$일 때, x의 값이 증가하면 y의 값도 증가한다.
⑤ $y=2x^2$의 그래프를 x축의 방향으로 -1만큼, y축의 방향으로 3만큼 평행이동한 그래프이다.

6 다음 보기의 이차함수의 그래프에 대한 설명으로 옳은 것은?

보기
ㄱ. $y=5(x-2)^2-4$　　ㄴ. $y=-5(x-2)^2-4$
ㄷ. $y=\frac{1}{3}(x+2)^2-4$　　ㄹ. $y=-\frac{1}{3}(x+1)^2+5$

① ㄱ과 ㄴ의 그래프는 꼭짓점의 좌표가 서로 같다.
② ㄱ과 ㄴ의 그래프는 $x>2$일 때, x의 값이 증가하면 y의 값도 증가한다.
③ ㄱ과 ㄷ의 그래프는 축의 방정식이 서로 같다.
④ ㄴ과 ㄹ의 그래프는 아래로 볼록하다.
⑤ ㄷ과 ㄹ의 그래프는 모양과 폭이 같다.

쌍둥이 04

7 다음 이차함수 중 그 그래프를 평행이동하여 이차함수 $y=2x^2$의 그래프와 완전히 포갤 수 없는 것은?

① $y=2x^2+5$ ② $y=2x^2-1$
③ $y=2(x-1)^2$ ④ $y=(x+2)^2+3$
⑤ $y=2(x-3)^2-1$

8 다음 이차함수 중 그 그래프를 평행이동하여 이차함수 $y=-\frac{1}{2}x^2$의 그래프와 완전히 포갤 수 있는 것은?

① $y=\frac{1}{2}x^2$ ② $y=\frac{1}{2}x^2+1$
③ $y=-\frac{1}{2}x^2-3$ ④ $y=2\left(x-\frac{1}{2}\right)^2$
⑤ $y=3(x+2)^2-2$

쌍둥이 05

9 이차함수 $y=-x^2$의 그래프를 x축의 방향으로 3만큼, y축의 방향으로 -1만큼 평행이동한 그래프가 점 $(4, m)$을 지날 때, m의 값은?

① -4 ② -2 ③ -1
④ 2 ⑤ 4

10 서술형 이차함수 $y=ax^2$의 그래프를 x축의 방향으로 1만큼, y축의 방향으로 -4만큼 평행이동한 그래프가 점 $(-1, 6)$을 지날 때, 상수 a의 값을 구하시오.

풀이 과정

답

쌍둥이 06

11 이차함수 $y=\frac{1}{3}(x+4)^2+2$의 그래프를 x축의 방향으로 m만큼, y축의 방향으로 n만큼 평행이동하면 이차함수 $y=\frac{1}{3}(x-3)^2$의 그래프와 일치할 때, $m+n$의 값을 구하시오.

12 이차함수 $y=3(x-2)^2+1$의 그래프를 x축의 방향으로 2만큼, y축의 방향으로 -3만큼 평행이동한 그래프의 꼭짓점의 좌표를 (p, q), 축의 방정식을 $x=m$이라고 할 때, $p+q+m$의 값을 구하시오.

쌍둥이 07

13 이차함수 $y=a(x-p)^2+q$의 그래프가 오른쪽 그림과 같을 때, 상수 a, p, q의 부호를 각각 구하시오.

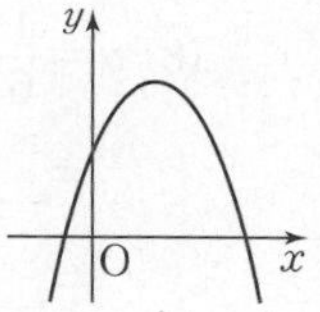

14 이차함수 $y=a(x-p)^2+q$의 그래프가 오른쪽 그림과 같을 때, 다음 중 옳은 것은? (단, a, p, q는 상수)

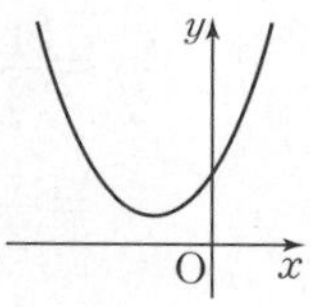

① $p>0$ ② $ap>0$
③ $a-p>0$ ④ $a+q<0$
⑤ $apq>0$

04 6. 이차함수와 그 그래프

이차함수 $y=ax^2+bx+c$의 그래프

유형 9 이차함수 $y=ax^2+bx+c$의 그래프

개념편 146쪽

(1) 이차함수 $y=ax^2+bx+c$의 그래프

이차함수 $y=ax^2+bx+c$의 그래프를 $y=a\left(x+\frac{b}{2a}\right)^2-\frac{b^2-4ac}{4a}$로 고친다.

① 축의 방정식: $x=-\frac{b}{2a}$

② 꼭짓점의 좌표: $\left(-\frac{b}{2a}, -\frac{b^2-4ac}{4a}\right)$

③ y축과 만나는 점의 좌표: $(0, c)$

(2) 이차함수 $y=ax^2+bx+c$의 그래프 그리기 ➡ $y=a(x-p)^2+q$ 꼴로 고쳐서 그린다.

❶ 꼭짓점 (p, q) 찍기

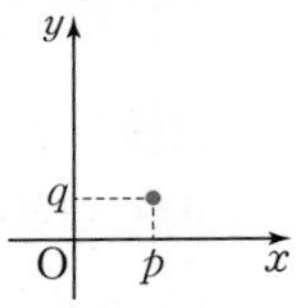

❷ y축과 만나는 점 $(0, c)$ 찍기

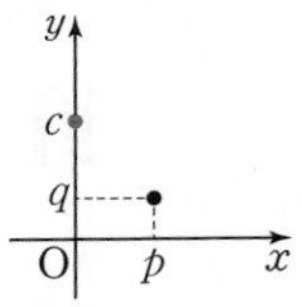

❸ 그래프의 모양 결정하여 그리기

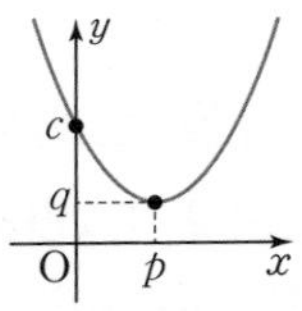

1 다음은 이차함수 $y=ax^2+bx+c$를 $y=a(x-p)^2+q$ 꼴로 고치는 과정이다. $\square$ 안에 알맞은 수를 쓰시오. (단, a, p, q는 상수)

(1) $y=x^2+8x+9$

$=(x^2+8x+\square-\square)+9$

$=(x+\square)^2-\square$

(2) $y=-2x^2-12x+1$

$=-2(x^2+6x)+1$

$=-2(x^2+6x+\square-\square)+1$

$=-2(x^2+6x+\square)+\square+1$

$=-2(x+\square)^2+\square$

(3) $y=\frac{1}{2}x^2-4x-2$

$=\frac{1}{2}(x^2-\square x)-2$

$=\frac{1}{2}(x^2-\square x+\square-\square)-2$

$=\frac{1}{2}(x^2-\square x+\square)-\square-2$

$=\frac{1}{2}(x-\square)^2-\square$

2 다음 이차함수를 $y=a(x-p)^2+q$ 꼴로 고치시오. (단, a, p, q는 상수)

(1) $y=x^2-6x$

$=$ ____________________

$=$ ____________________

(2) $y=-3x^2+3x-5$

$=$ ____________________

$=$ ____________________

$=$ ____________________

$=$ ____________________

(3) $y=\frac{1}{6}x^2+\frac{1}{3}x-1$

$=$ ____________________

$=$ ____________________

$=$ ____________________

$=$ ____________________

주어진 이차함수의 식을 $y=a(x-p)^2+q$ 꼴로 고쳐 봐.

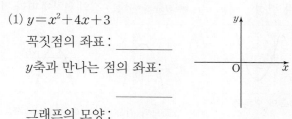

3 다음 이차함수의 그래프의 꼭짓점의 좌표, y축과 만나는 점의 좌표, 그래프의 모양을 각각 구하고, 그 그래프를 그리시오.

(1) $y=x^2+4x+3$

꼭짓점의 좌표 : ________

y축과 만나는 점의 좌표: ________

그래프의 모양 : ________

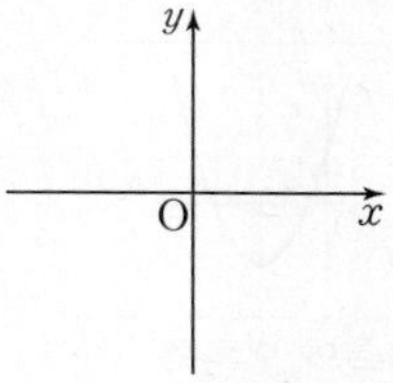

(2) $y=-x^2-2x+1$

꼭짓점의 좌표 : ________

y축과 만나는 점의 좌표: ________

그래프의 모양 : ________

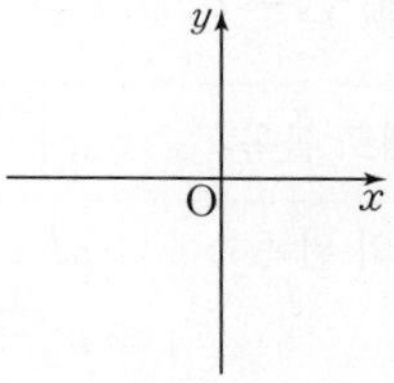

(3) $y=2x^2+4x+5$

꼭짓점의 좌표 : ________

y축과 만나는 점의 좌표: ________

그래프의 모양 : ________

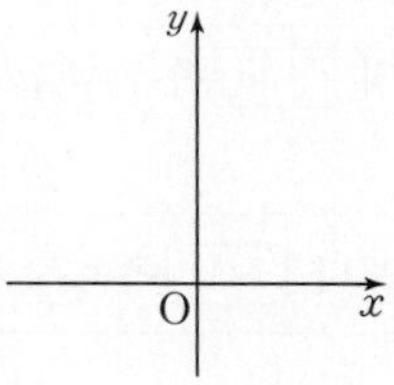

(4) $y=-\frac{1}{2}x^2+x+\frac{5}{2}$

꼭짓점의 좌표 : ________

y축과 만나는 점의 좌표: ________

그래프의 모양 : ________

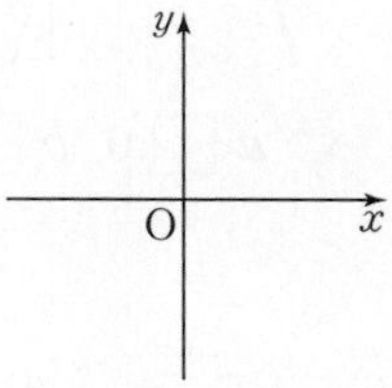

4 이차함수 $y=-3x^2+6x+9$의 그래프에 대한 다음 설명 중 옳은 것은 ○표, 옳지 않은 것은 ×표를 (　) 안에 쓰시오.

(1) 그래프의 모양은 위로 볼록한 포물선이다. (　　)

(2) 꼭짓점의 좌표는 $(-1, 12)$이다. (　　)

(3) $x>1$일 때, x의 값이 증가하면 y의 값은 감소한다. (　　)

(4) $y=-3x^2$의 그래프를 x축의 방향으로 1만큼, y축의 방향으로 12만큼 평행이동한 그래프이다. (　　)

5 다음 이차함수의 그래프가 x축과 만나는 점의 좌표를 구하시오.

(1) $y=x^2+7x+12$

> $y=$ ☐ 을(를) 대입하면
> ☐ $=x^2+7x+12$
> $(x+3)(x+$ ☐ $)=0$
> $\therefore$ $x=$ ☐ 또는 $x=$ ☐
> 따라서 x축과 만나는 점의 좌표는
> (☐ , 0), (☐ , 0)

(2) $y=(x+2)(x-4)$ ________

(3) $y=-x^2-3x+10$ ________

(4) $y=4x^2+4x-3$ ________

• 정답과 해설 74쪽

유형10 이차함수 $y=ax^2+bx+c$의 그래프에서 a, b, c의 부호

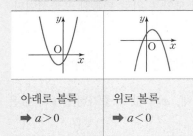

개념편 148쪽

(1) a의 부호

➡ 그래프의 모양에 따라 결정

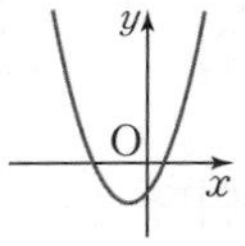	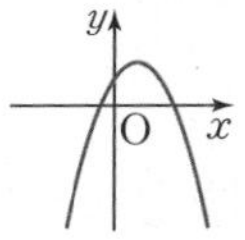
아래로 볼록 ➡ $a>0$	위로 볼록 ➡ $a<0$

(2) b의 부호

➡ 축의 위치에 따라 결정

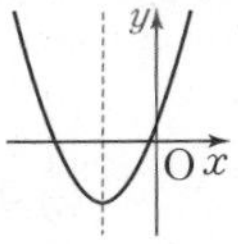	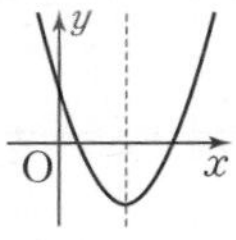
y축의 왼쪽 ➡ $ab>0$ ➡ a와 같은 부호	y축의 오른쪽 ➡ $ab<0$ ➡ a와 반대 부호

(3) c의 부호

➡ y축과 만나는 점의 위치에 따라 결정

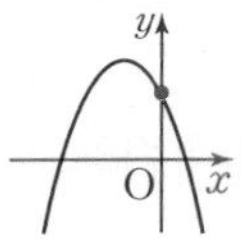	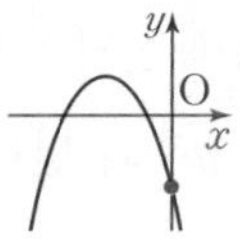
x축보다 위쪽 ➡ $c>0$	x축보다 아래쪽 ➡ $c<0$

1 이차함수 $y=ax^2+bx+c$의 그래프가 다음 그림과 같을 때, 상수 a, b, c의 부호를 각각 구하시오.

(1)

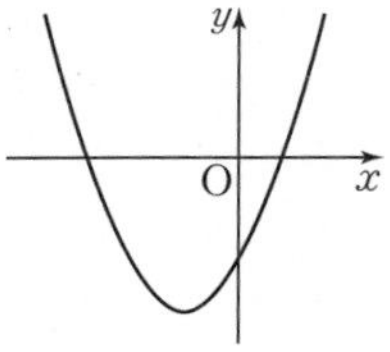

그래프의 모양	아래로 볼록 ⇨ a □ 0
축의 위치	y축의 왼쪽 ⇨ ab □ 0 ⇨ b □ 0
y축과 만나는 점의 위치	x축보다 아래쪽 ⇨ c □ 0

(2)

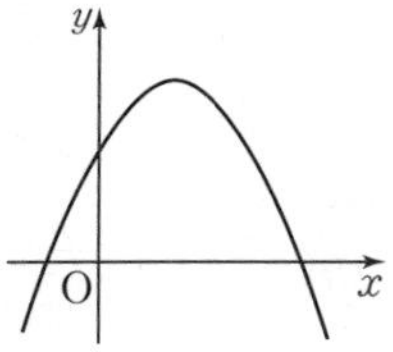

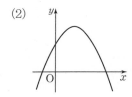

그래프의 모양	□로 볼록 ⇨ a □ 0
축의 위치	y축의 □쪽 ⇨ ab □ 0 ⇨ b □ 0
y축과 만나는 점의 위치	x축보다 □쪽 ⇨ c □ 0

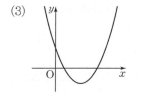

(3)

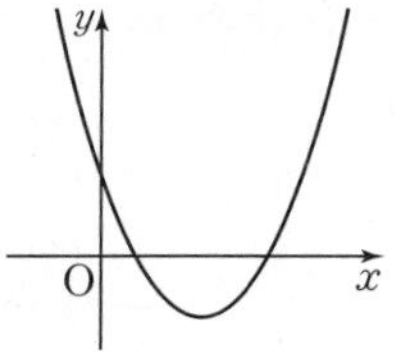

⇨ a □ 0, b □ 0, c □ 0

(4)

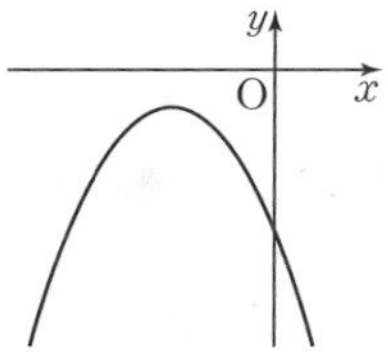

⇨ a □ 0, b □ 0, c □ 0

(5)

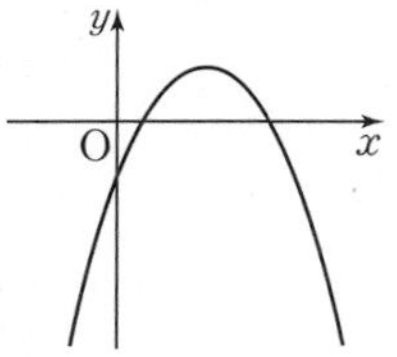

⇨ a □ 0, b □ 0, c □ 0

(6)

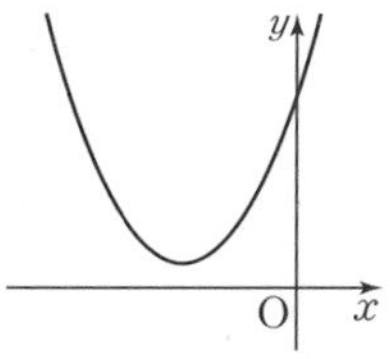

⇨ a □ 0, b □ 0, c □ 0

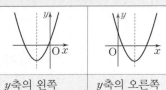

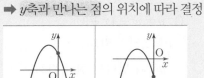

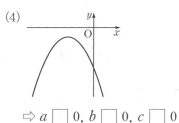

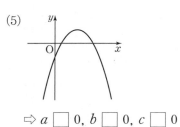

쌍둥이 기출문제

• 정답과 해설 75쪽

형광펜 들고 밑줄 쫙~

쌍둥이 01

1 이차함수 $y=-2x^2+8x+1$의 그래프의 꼭짓점의 좌표를 구하시오.

2 이차함수 $y=\frac{1}{3}x^2-2x-1$의 그래프의 축의 방정식과 꼭짓점의 좌표를 차례로 구하시오.

쌍둥이 02

3 다음 중 이차함수 $y=2x^2-4x+3$의 그래프는?

①
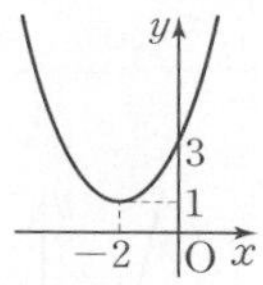

②
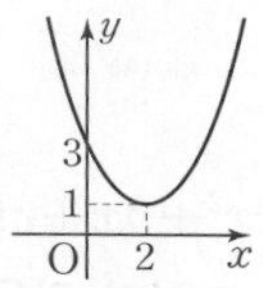

③
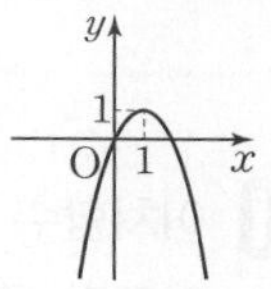

④
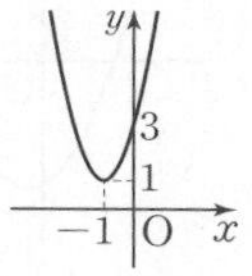

⑤
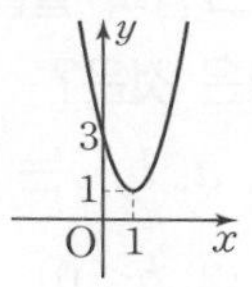

4 이차함수 $y=-\frac{1}{2}x^2+3x-4$의 그래프가 지나지 않는 사분면은?

① 제1사분면
② 제1, 2사분면
③ 제2사분면
④ 제3사분면
⑤ 제4사분면

쌍둥이 03

5 이차함수 $y=\frac{1}{4}x^2+x$의 그래프를 x축의 방향으로 m만큼, y축의 방향으로 n만큼 평행이동하였더니 이차함수 $y=\frac{1}{4}x^2+2x+2$의 그래프와 일치하였다. 이때 $m+n$의 값을 구하시오.

6 이차함수 $y=-3x^2+18x-6$의 그래프를 x축의 방향으로 m만큼, y축의 방향으로 n만큼 평행이동하였더니 이차함수 $y=-3x^2+36x-67$의 그래프와 일치하였다. 이때 $m+n$의 값을 구하시오.

쌍둥이 기출문제

쌍둥이 04

7 다음 중 이차함수 $y=2x^2-12x+17$의 그래프에 대한 설명으로 옳은 것은?

① 위로 볼록한 포물선이다.
② 직선 $x=-3$을 축으로 한다.
③ 꼭짓점의 좌표는 $(-3,\ -1)$이다.
④ y축과 만나는 점의 좌표는 $(0,\ -1)$이다.
⑤ $y=2x^2$의 그래프를 x축의 방향으로 3만큼, y축의 방향으로 -1만큼 평행이동한 그래프이다.

8 다음 중 이차함수 $y=-x^2+8x-5$의 그래프에 대한 설명으로 옳지 않은 것은?

① 축의 방정식은 $x=4$이다.
② 꼭짓점의 좌표는 $(4,\ 11)$이다.
③ y축과 만나는 점의 좌표는 $(0,\ -5)$이다.
④ $x<4$일 때, x의 값이 증가하면 y의 값은 감소한다.
⑤ $y=-x^2$의 그래프를 평행이동하면 완전히 포개어진다.

쌍둥이 05

9 이차함수 $y=ax^2+bx+c$의 그래프가 오른쪽 그림과 같을 때, 다음 중 옳지 않은 것은? (단, a, b, c는 상수)

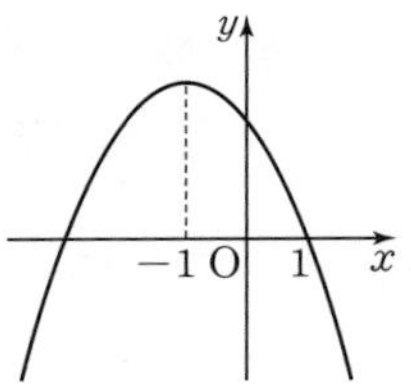

① $a<0$　② $b<0$
③ $c>0$　④ $a+b+c>0$
⑤ $a-b+c>0$

10 이차함수 $y=ax^2+bx+c$의 그래프가 오른쪽 그림과 같을 때, 다음 중 옳지 않은 것은? (단, a, b, c는 상수)

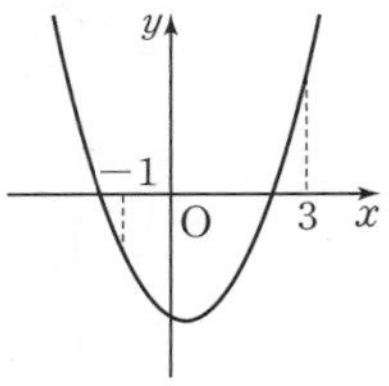

① $a>0$　② $b<0$
③ $c<0$　④ $a-b+c<0$
⑤ $9a+3b+c<0$

쌍둥이 06

11 오른쪽 그림과 같이 이차함수 $y=-x^2+6x+7$의 그래프가 x축과 만나는 두 점을 각각 A, B, 꼭짓점을 C라고 할 때, 다음 물음에 답하시오.

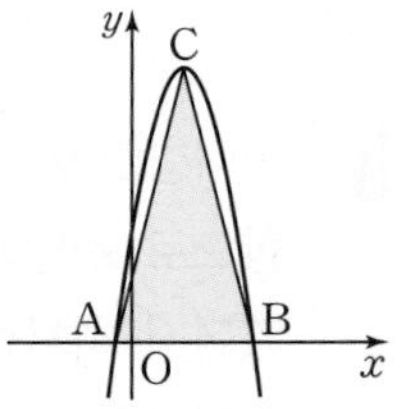

(1) 세 점 A, B, C의 좌표를 각각 구하시오.
(2) △ABC의 넓이를 구하시오.

12 서술형 오른쪽 그림과 같이 이차함수 $y=x^2-2x-8$의 그래프가 x축과 만나는 두 점을 각각 A, B, y축과 만나는 점을 C라고 할 때, △ACB의 넓이를 구하시오.

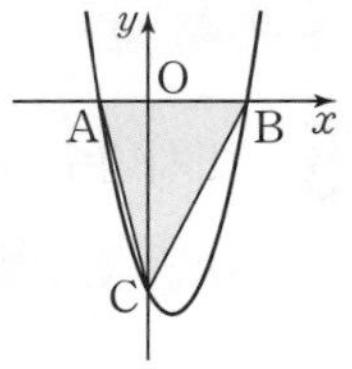

풀이 과정

답

05

6. 이차함수와 그 그래프

이차함수의 식 구하기

유형11 이차함수의 식 구하기 – 꼭짓점과 다른 한 점이 주어질 때

개념편 151쪽

꼭짓점의 좌표 (p, q)와 그래프가 지나는 다른 한 점이 주어질 때

❶ 이차함수의 식을 $y=a(x-p)^2+q$로 놓는다.

❷ 주어진 다른 한 점의 좌표를 ❶의 식에 대입하여 a의 값을 구한다.

1 다음 포물선을 그래프로 하는 이차함수의 식을 $y=a(x-p)^2+q$ 꼴로 나타내시오.

(단, a, p, q는 상수)

(1) 꼭짓점의 좌표가 $(2, -3)$이고, 점 $(0, -1)$을 지나는 포물선

> ❶ 이차함수의 식을 $y=a(x-\square)^2-\square$(으)로 놓자.
>
> ❷ 점 $(0, -1)$을 지나므로
>
> $-1=a\times(0-\square)^2-\square$
>
> $\therefore a=\square$
>
> 따라서 이차함수의 식은 ________

(2) 꼭짓점의 좌표가 $(1, 2)$이고, 점 $(2, 5)$를 지나는 포물선 ________

(3) 꼭짓점의 좌표가 $(-1, 5)$이고, 원점을 지나는 포물선 ________

(4) 꼭짓점의 좌표가 $(-2, -4)$이고, 점 $(1, 5)$를 지나는 포물선 ________

2 다음 그림과 같은 포물선을 그래프로 하는 이차함수의 식을 구하려고 한다. □ 안에 알맞은 수를 쓰고, 이차함수의 식을 $y=a(x-p)^2+q$ 꼴로 나타내시오. (단, a, p, q는 상수)

(1)

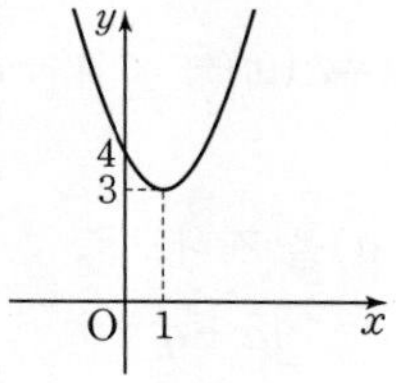

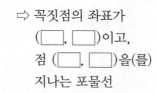

⇨ 꼭짓점의 좌표가 (□, □)이고, 점 (□, □)을(를) 지나는 포물선

____

(2)

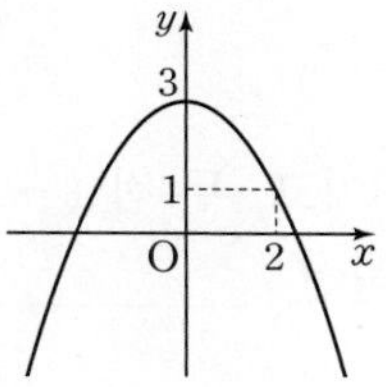

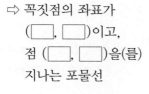

⇨ 꼭짓점의 좌표가 (□, □)이고, 점 (□, □)을(를) 지나는 포물선

____

(3)

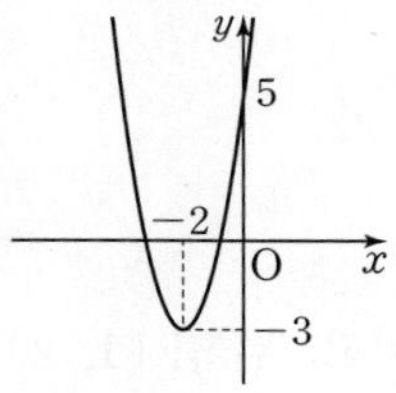

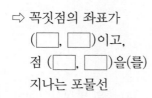

⇨ 꼭짓점의 좌표가 (□, □)이고, 점 (□, □)을(를) 지나는 포물선

____

유형 12 이차함수의 식 구하기 – 축의 방정식과 두 점이 주어질 때

개념편 152쪽

축의 방정식 $x=p$와 그래프가 지나는 서로 다른 두 점이 주어질 때

❶ 이차함수의 식을 $y=a(x-p)^2+q$로 놓는다.

❷ 주어진 두 점의 좌표를 ❶의 식에 각각 대입하여 a와 q의 값을 구한다.

1 다음 포물선을 그래프로 하는 이차함수의 식을 $y=a(x-p)^2+q$ 꼴로 나타내시오. (단, a, p, q는 상수)

(1) 축의 방정식이 $x=1$이고, 두 점 $(3, 3)$, $(5, 0)$을 지나는 포물선

❶ 이차함수의 식을 $y=a(x-\square)^2+q$로 놓자.

❷ 두 점 $(3, 3)$, $(5, 0)$을 지나므로

$3=\square a+q$, $0=\square a+q$

$\therefore a=\square$, $q=\square$

따라서 이차함수의 식은 ______

(2) 축의 방정식이 $x=-3$이고, 두 점 $(-1, 11)$, $(-2, 2)$를 지나는 포물선 ______

(3) 축의 방정식이 $x=-1$이고, 두 점 $(2, -8)$, $(-2, 8)$을 지나는 포물선 ______

(4) 축의 방정식이 $x=\frac{1}{2}$이고, 두 점 $(1, 2)$, $(2, 10)$을 지나는 포물선 ______

2 다음 그림과 같은 포물선을 그래프로 하는 이차함수의 식을 구하려고 한다. □ 안에 알맞은 수를 쓰고, 이차함수의 식을 $y=a(x-p)^2+q$ 꼴로 나타내시오. (단, a, p, q는 상수)

(1)

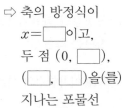

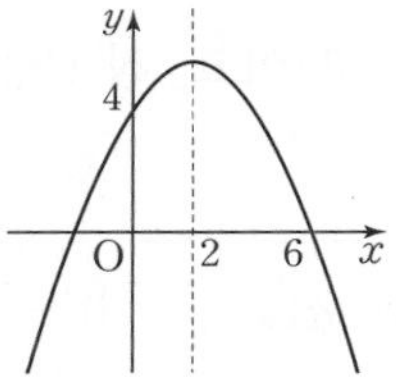

⇨ 축의 방정식이 $x=\square$이고, 두 점 $(0, \square)$, $(\square, \square)$을(를) 지나는 포물선

______

(2)

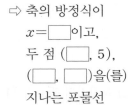

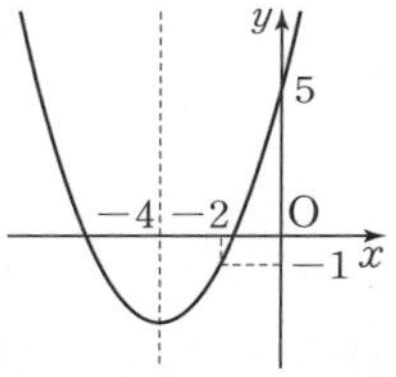

⇨ 축의 방정식이 $x=\square$이고, 두 점 $(\square, 5)$, $(\square, \square)$을(를) 지나는 포물선

______

(3)

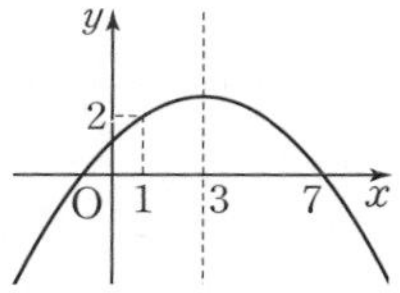

⇨ 축의 방정식이 $x=\square$이고, 두 점 $(\square, \square)$, $(\square, 0)$을 지나는 포물선

______

유형 13 이차함수의 식 구하기 – 서로 다른 세 점이 주어질 때

개념편 153쪽

그래프가 지나는 서로 다른 세 점이 주어질 때

❶ 이차함수의 식을 $y=ax^2+bx+c$로 놓는다.

❷ 주어진 세 점의 좌표를 식에 각각 대입하여 a, b, c의 값을 구한다.

세 점 중 x좌표가 0인 점이 있으면 먼저 대입해 봐.

1 다음 포물선을 그래프로 하는 이차함수의 식을 $y=ax^2+bx+c$ 꼴로 나타내시오. (단, a, b, c는 상수)

(1) 세 점 $(0, 3)$, $(2, -1)$, $(5, 8)$을 지나는 포물선

> ❶ 이차함수의 식을 $y=ax^2+bx+c$로 놓자.
> ❷ 점 $(0, 3)$을 지나므로 $c=$☐
> 즉, $y=ax^2+bx+$☐의 그래프가 두 점 $(2, -1)$, $(5, 8)$을 지나므로
> $-1=4a+2b+$☐, $8=25a+5b+$☐
> $\therefore a=$☐, $b=$☐
> 따라서 이차함수의 식은 ________

(2) 세 점 $(0, -3)$, $(2, 0)$, $(4, 5)$를 지나는 포물선

____

(3) 세 점 $(0, -4)$, $(1, -3)$, $(2, 4)$를 지나는 포물선

____

2 다음 그림과 같은 포물선을 그래프로 하는 이차함수의 식을 구하려고 한다. ☐ 안에 알맞은 수를 쓰고, 이차함수의 식을 $y=ax^2+bx+c$ 꼴로 나타내시오. (단, a, b, c는 상수)

(1)

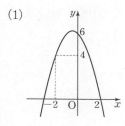

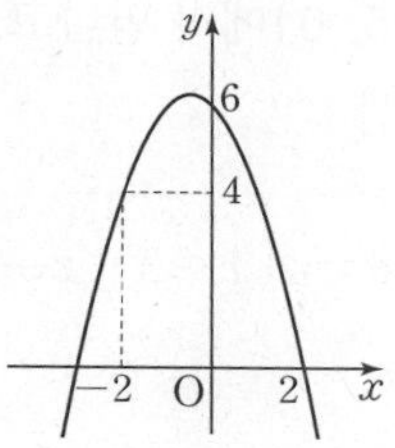

⇨ 세 점 $(-2,$ ☐$)$, $($☐$, 0)$, $(0,$ ☐$)$을(를) 지나는 포물선

____

(2)

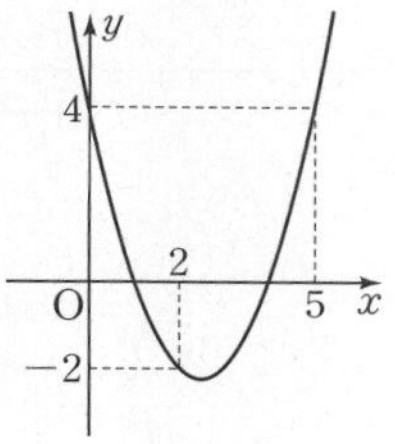

⇨ 세 점 $(2,$ ☐$)$, $(5,$ ☐$)$, $(0,$ ☐$)$을(를) 지나는 포물선

____

(3)

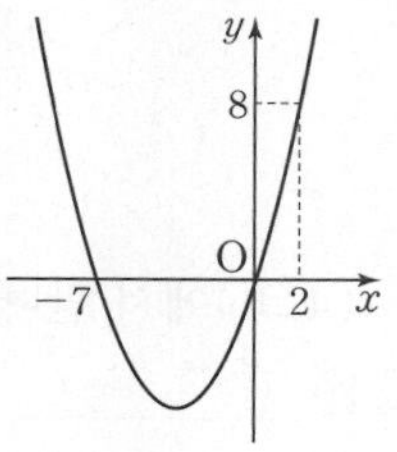

⇨ 세 점 $(-7,$ ☐$)$, $($☐$, 0)$, $(2,$ ☐$)$을(를) 지나는 포물선

____

유형 14 이차함수의 식 구하기 – x축과 만나는 두 점과 다른 한 점이 주어질 때

개념편 154쪽

x축과 만나는 두 점 $(\alpha, 0)$, $(\beta, 0)$과 그래프가 지나는 다른 한 점이 주어질 때

❶ 이차함수의 식을 $y=a(x-\alpha)(x-\beta)$로 놓는다.

❷ 주어진 다른 한 점의 좌표를 식에 대입하여 a의 값을 구한다.

참고 x축과 만나는 두 점과 다른 한 점이 주어질 때는 서로 다른 세 점이 주어질 때와 같은 방법으로도 이차함수의 식을 구할 수 있다.

1 다음 포물선을 그래프로 하는 이차함수의 식을 $y=ax^2+bx+c$ 꼴로 나타내시오. (단, a, b, c는 상수)

(1) x축과 두 점 $(2, 0)$, $(5, 0)$에서 만나고, 점 $(4, 1)$을 지나는 포물선

❶ 이차함수의 식을 $y=a(x-2)(x-\square)$ (으)로 놓자.

❷ 점 $(4, 1)$을 지나므로

$1=a\times\square\times(\square)$ $\quad\therefore a=\square$

따라서 이차함수의 식은

$y=\square(x-2)(x-\square)$

전개하여 정리하면 ______

(2) x축과 두 점 $(-3, 0)$, $(1, 0)$에서 만나고, 점 $(2, 10)$을 지나는 포물선 ______

(3) x축과 두 점 $(-1, 0)$, $(4, 0)$에서 만나고, 점 $(2, 12)$를 지나는 포물선 ______

2 다음 그림과 같은 포물선을 그래프로 하는 이차함수의 식을 구하려고 한다. $\square$ 안에 알맞은 수를 쓰고, 이차함수의 식을 $y=ax^2+bx+c$ 꼴로 나타내시오. (단, a, b, c는 상수)

(1) 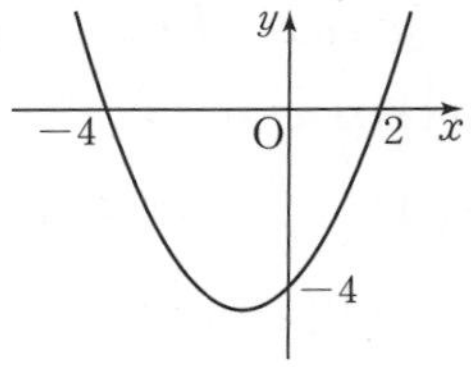

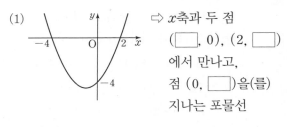

⇨ x축과 두 점 $(\square, 0)$, $(2, \square)$에서 만나고, 점 $(0, \square)$을(를) 지나는 포물선

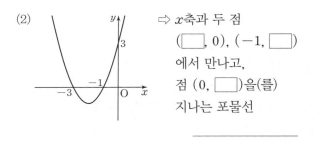

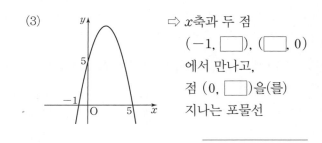

______

(2) 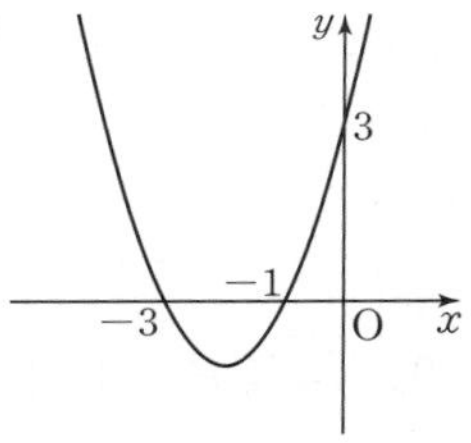

⇨ x축과 두 점 $(\square, 0)$, $(-1, \square)$에서 만나고, 점 $(0, \square)$을(를) 지나는 포물선

______

(3) 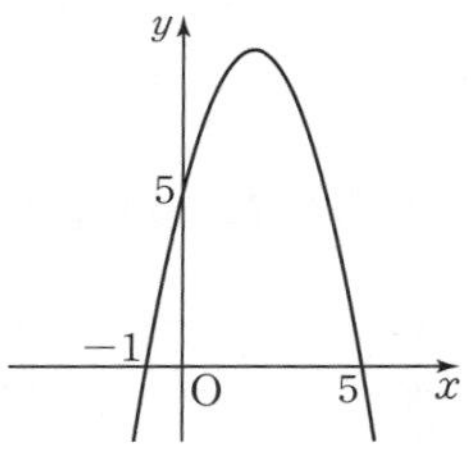

⇨ x축과 두 점 $(-1, \square)$, $(\square, 0)$에서 만나고, 점 $(0, \square)$을(를) 지나는 포물선

______

쌍둥이 기출문제

• 정답과 해설 78쪽

형광펜 들고 밑줄 쫙~

쌍둥이 01

1 이차함수 $y=ax^2+bx+c$의 그래프의 꼭짓점의 좌표가 $(1, 3)$이고, 점 $(2, 0)$을 지날 때, 상수 a, b, c에 대하여 $a-b+c$의 값은?

① -9 ② -6 ③ -3
④ 3 ⑤ 6

2 꼭짓점의 좌표가 $(3, -2)$이고, 점 $(4, 2)$를 지나는 이차함수의 그래프가 y축과 만나는 점의 좌표는?

① $(0, 8)$ ② $(0, 12)$ ③ $(0, 24)$
④ $(0, 30)$ ⑤ $(0, 34)$

쌍둥이 02

3 이차함수 $y=a(x-p)^2+q$의 그래프가 오른쪽 그림과 같을 때, 상수 a, p, q에 대하여 apq의 값을 구하시오.

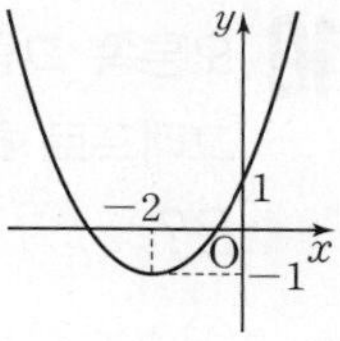

4 오른쪽 그림과 같은 포물선을 그래프로 하는 이차함수의 식은?

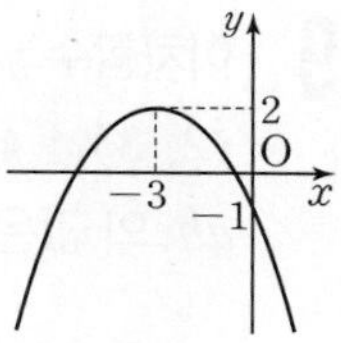

① $y=-3x^2-2x-1$
② $y=-\frac{1}{3}x^2-2x-1$
③ $y=-\frac{1}{3}x^2+2x-1$
④ $y=\frac{1}{3}x^2+2x-1$
⑤ $y=3x^2+2x+1$

쌍둥이 03

5 축의 방정식이 $x=-2$이고, 두 점 $(-1, 3)$, $(0, 9)$를 지나는 포물선을 그래프로 하는 이차함수의 식은?

① $y=-2(x-2)^2+1$
② $y=-2(x+2)^2+1$
③ $y=2(x-2)^2+1$
④ $y=2(x+2)^2-1$
⑤ $y=2(x+2)^2+1$

6 서술형 축의 방정식이 $x=4$이고, 두 점 $(0, 5)$, $(1, -2)$를 지나는 이차함수의 그래프의 꼭짓점의 좌표를 구하시오.

풀이 과정

답

쌍둥이 기출문제

쌍둥이 04

7 축의 방정식이 $x=1$이고 y축과 만나는 점의 y좌표가 2인 이차함수의 그래프가 두 점 $(3,\ 5)$, $(4,\ k)$를 지날 때, k의 값은?

① $\frac{3}{4}$ ② 1 ③ 3
④ $\frac{35}{4}$ ⑤ 10

8 축의 방정식이 $x=-2$이고 y축과 만나는 점의 y좌표가 4인 이차함수의 그래프가 두 점 $(-3,\ 7)$, $(2,\ k)$를 지날 때, k의 값은?

① -8 ② -7 ③ -6
④ -5 ⑤ -4

쌍둥이 05

9 이차함수 $y=ax^2+bx+c$의 그래프가 세 점 $(0,\ 5)$, $(2,\ 3)$, $(4,\ 5)$를 지날 때, 상수 a, b, c에 대하여 abc의 값은?

① -5 ② -1 ③ $\frac{5}{2}$
④ 4 ⑤ 10

10 오른쪽 그림과 같은 포물선을 그래프로 하는 이차함수의 식은?

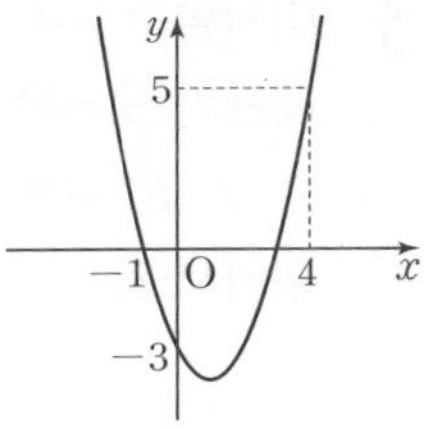

① $y=x^2-2x+3$
② $y=x^2-2x-3$
③ $y=x^2-3x-3$
④ $y=x^2+3x-3$
⑤ $y=-x^2-3x+2$

쌍둥이 06

11 세 점 $(-2,\ 0)$, $(0,\ 8)$, $(4,\ 0)$을 지나는 포물선을 그래프로 하는 이차함수의 식은?

① $y=-x^2-2x+8$
② $y=-x^2+2x+8$
③ $y=x^2-2x+4$
④ $y=x^2+4x+8$
⑤ $y=2x^2-x+4$

12 오른쪽 그림과 같은 포물선을 그래프로 하는 이차함수의 식은?

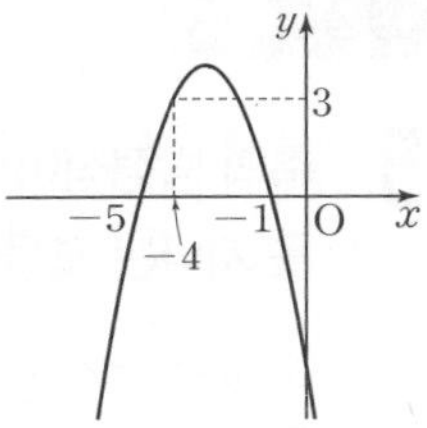

① $y=-x^2-6x-5$
② $y=-x^2+6x-5$
③ $y=-x^2-5x-6$
④ $y=-x^2+5x-6$
⑤ $y=x^2+6x-5$

▶ 쌍둥이 기출문제 중에서 연습이 더 필요한 문제들로 구성하였습니다.

단원 마무리

● 정답과 해설 79쪽

1 다음 중 y가 x에 대한 이차함수인 것은?

▸ 이차함수의 뜻

① $y=2+2x$ ② $y=\frac{5}{x}$ ③ $y=x(x+1)-x(x-2)$

④ $y=1-\frac{x^2}{3}$ ⑤ $y=-x(x^2-1)$

서술형

2 이차함수 $y=ax^2$의 그래프가 두 점 $(-2,\ 2)$, $(4,\ b)$를 지날 때, ab의 값을 구하시오. (단, a는 상수)

▸ $y=ax^2$의 그래프가 지나는 점

풀이 과정

답

3 이차함수 $y=ax^2$의 그래프는 이차함수 $y=-\frac{1}{4}x^2$의 그래프보다 폭이 좁고, 이차함수 $y=4x^2$의 그래프보다 폭이 넓다고 한다. 이때 양수 a의 값의 범위는?

▸ $y=ax^2$의 그래프의 성질

① $0<a<\frac{1}{4}$ ② $a>1$ ③ $0<a<4$

④ $a>\frac{1}{4}$ ⑤ $\frac{1}{4}<a<4$

4 이차함수 $y=-\frac{1}{2}x^2$의 그래프를 x축의 방향으로 m만큼, y축의 방향으로 n만큼 평행이동하면 이차함수 $y=-\frac{1}{2}(x+5)^2+4$의 그래프와 완전히 포개어진다. 이때 $m+n$의 값을 구하시오.

▸ $y=a(x-p)^2+q$의 그래프

5 다음 보기 중 이차함수 $y=-2(x-2)^2+4$의 그래프에 대한 설명으로 옳지 않은 것을 모두 고르시오.

> $y=a(x-p)^2+q$의 그래프의 성질

보기

ㄱ. 축의 방정식은 $x=2$이다.
ㄴ. 꼭짓점의 좌표는 $(-2,\ 4)$이다.
ㄷ. 점 $(1,\ 6)$을 지난다.
ㄹ. $x<2$일 때, x의 값이 증가하면 y의 값도 증가한다.
ㅁ. $y=x^2$의 그래프보다 폭이 넓다.
ㅂ. $y=-2x^2$의 그래프를 x축의 방향으로 2만큼, y축의 방향으로 4만큼 평행이동한 그래프이다.

6 이차함수 $y=a(x-p)^2+q$의 그래프가 오른쪽 그림과 같을 때, 상수 a, p, q의 부호는?

> $y=a(x-p)^2+q$의 그래프에서 a, p, q의 부호

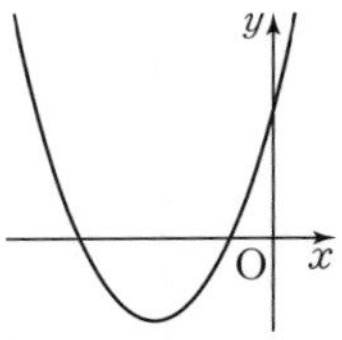

① $a>0,\ p>0,\ q>0$
② $a>0,\ p>0,\ q<0$
③ $a>0,\ p<0,\ q<0$
④ $a<0,\ p>0,\ q<0$
⑤ $a<0,\ p<0,\ q<0$

7 이차함수 $y=x^2+8x-4$의 그래프의 축의 방정식이 $x=a$이고 꼭짓점의 좌표가 $(p,\ q)$일 때, $a+p+q$의 값을 구하시오.

> $y=ax^2+bx+c$의 그래프의 꼭짓점의 좌표와 축의 방정식

8 이차함수 $y=3x^2+3x$의 그래프가 지나는 사분면은?

> $y=ax^2+bx+c$의 그래프

① 제1, 2사분면
② 제2, 3사분면
③ 제1, 2, 3사분면
④ 제2, 3, 4사분면
⑤ 모든 사분면을 지난다.

9 **다음 중 이차함수 $y=\frac{1}{3}x^2-4x-2$의 그래프에 대한 설명으로 옳지 않은 것은?**

① 아래로 볼록한 포물선이다.
② 축의 방정식은 $x=6$이다.
③ $x<6$일 때, x의 값이 증가하면 y의 값은 감소한다.
④ y축과 만나는 점의 좌표는 $(0, -2)$이다.
⑤ $y=-\frac{1}{3}x^2$의 그래프를 x축의 방향으로 6만큼, y축의 방향으로 -14만큼 평행이동하면 완전히 포개어진다.

▸ $y=ax^2+bx+c$의 그래프의 성질

10 **오른쪽 그림과 같이 이차함수 $y=x^2+8x-9$의 그래프가 x축과 만나는 두 점을 각각 A, B, 꼭짓점을 C라고 할 때, △ACB의 넓이를 구하시오.**

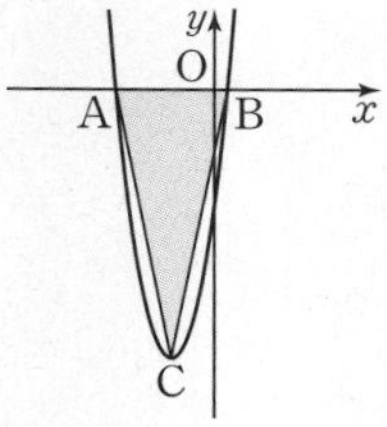

▸ $y=ax^2+bx+c$의 그래프와 삼각형의 넓이

11 **이차함수 $y=a(x-p)^2+q$의 그래프가 오른쪽 그림과 같을 때, 상수 a, p, q에 대하여 $a+p+q$의 값을 구하시오.**

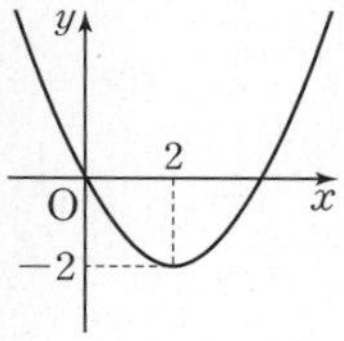

▸ 이차함수의 식 구하기 – 꼭짓점과 다른 한 점이 주어질 때

서술형

12 **세 점 $(0, -5)$, $(2, 3)$, $(5, 0)$을 지나는 이차함수의 그래프의 꼭짓점의 좌표를 구하시오.**

풀이 과정

답

▸ 이차함수의 식 구하기 – 서로 다른 세 점이 주어질 때

memo

책 속의 가접 별책 (특허 제 0557442호)

'정답과 해설'은 본책에서 쉽게 분리할 수 있도록 제작되었으므로
유통 과정에서 분리될 수 있으나 파본이 아닌 정상 제품입니다.

기초탄탄 LITE

유형편

정답과 해설

개념과 유형이 하나로

중학 수학

3·1

개념+유형

visang

pioNada
visang
피어나다를 하면서 아이가 공부의
필요를 인식하고 플랜도 바꿔가며
실천하는 모습을 보게 되어 만족합니다.
제가 직장 맘이라 정보가 부족했는데,
코치님을 통해 아이에 맞춘 피드백과
정보를 듣고 있어서 큰 도움이 됩니다.
- 조○관 회원 학부모님
공부 습관에도
진단과 처방이
필수입니다
초4부터 중등까지는 공부 습관이 피어날 최적의 시기입니다.
공부 마음을 망치는 공부를 하고 있나요?
성공 습관을 무시한 공부를 하고 있나요?
더 이상 이제 그만!
지금은 피어나다와 함께 사춘기 공부 그릇을 키워야 할 때입니다.
강점코칭 무료체험
바로 지금,
마음 성장 기반 학습 코칭 서비스, 피어나다®로
공부 생명력을 피어나게 해보세요.
상담문의 1833-3124
www.pionada.com
공부 생명력이
pioNada
일주일 단 1시간으로 심리 상담부터 학습 코칭까지 한번에!
상위권 공부 전략 체화 시스템
공부 마인드 정착 및
자기주도적 공부 습관 완성
공부력 향상 심리 솔루션
마음 · 공부 · 성공 습관 형성을 통한
마음 근력 강화 프로그램
온택트 모둠 코칭
주 1회 모둠 코칭 수업 및
상담과 특강 제공
공인된 진단 검사
서울대 교수진 감수 학습 콘텐츠와
한국심리학회 인증 진단 검사

정답만 모아 스피드 체크

1 제곱근과 실수

1 제곱근의 뜻과 성질

유형 1 P. 6

1 (1) $2, -2$ (2) $7, -7$ (3) $9, -9$ (4) $0.5, -0.5$ (5) $\frac{1}{4}, -\frac{1}{4}$

2 (1) $4, -4$ (2) $8, -8$ (3) $12, -12$ (4) $0.9, -0.9$ (5) $\frac{10}{3}, -\frac{10}{3}$

3 $36, 36, 6$

4 (1) 0 (2) $1, -1$ (3) $3, -3$ (4) $10, -10$ (5) 없다. (6) 없다. (7) $0.3, -0.3$ (8) $0.4, -0.4$ (9) $\frac{1}{2}, -\frac{1}{2}$ (10) $\frac{5}{8}, -\frac{5}{8}$

5 (1) $9, 3, -3$ (2) $16, 4, -4$ (3) $\frac{1}{25}, \frac{1}{5}, -\frac{1}{5}$ (4) $0.04, 0.2, -0.2$

유형 2 P. 7

1 (1) $\pm\sqrt{5}$ (2) $\pm\sqrt{10}$ (3) $\pm\sqrt{21}$ (4) $\pm\sqrt{123}$ (5) $\pm\sqrt{0.1}$ (6) $\pm\sqrt{3.6}$ (7) $\pm\sqrt{\frac{2}{3}}$ (8) $\pm\sqrt{\frac{35}{6}}$

2 (1) 5 (2) -10 (3) $\sqrt{7}$ (4) $-\sqrt{1.3}$ (5) $-\sqrt{\frac{4}{5}}$

3 (1) $\pm\sqrt{2}, \sqrt{2}$ (2) $\pm\sqrt{23}, \sqrt{23}$ (3) $\pm 8, 8$ (4) $\pm 12, 12$

4 (1) 1 (2) 2 (3) -7 (4) ± 6 (5) 1.1 (6) $\frac{2}{3}$ (7) -0.5 (8) $\pm\frac{7}{8}$

5 (1) $3, -\sqrt{3}$ (2) $49, 7$ (3) $\frac{1}{9}, -\frac{1}{3}$ (4) 4 (5) -5

유형 3 P. 8

1 (1) 2 (2) 5 (3) 0.1 (4) $\frac{3}{4}$

2 (1) 5 (2) -5 (3) 0.7 (4) -0.7 (5) $\frac{6}{5}$ (6) $-\frac{6}{5}$

3 (1) 11 (2) $\frac{1}{3}$ (3) -0.9 (4) $-\frac{2}{5}$

4 (1) 2 (2) -2 (3) 0.3 (4) -0.3 (5) $\frac{1}{5}$ (6) $-\frac{1}{5}$

5 $(\sqrt{7})^2$과 $(-\sqrt{7})^2$, $-\sqrt{(-7)^2}$과 $-\sqrt{7^2}$

6 (1) $7-3, 4$
(2) $18\div 6, 3$
(3) $2+6+3, 11$
(4) $-7+5-12, -14$
(5) $5\times 6\div 3, 10$
(6) $6\times(-0.5)-4\div\frac{2}{5}, -13$

유형 4 P. 9

1 (1) $<, -a$ (2) $>, -a$ (3) $<, a$ (4) $>, a$

2 (1) $2a$ (2) $2a$ (3) $-2a$ (4) $-2a$

3 (1) $-3a$ (2) $-5a$ (3) $2a$

4 (1) $<, -x+1$ (2) $>, 1-x$ (3) $<, x-1$ (4) $>, -1+x$

5 (1) $x-2$ (2) $-2+x$ (3) $-x+2$

6 $>, x+2, <, -x+3, x+2, -x+3, 5$

한 걸음 더 연습 P. 10

1 (1) 10 (2) 15 (3) 2 (4) $\frac{1}{5}$ (5) 2.6 (6) $\frac{1}{3}$

2 (1) 8 (2) -18 (3) 1 (4) 5 (5) -6 (6) $\frac{25}{3}$

3 (1) 3 (2) $2x-3$

4 (1) $-2x$ (2) 2

5 (1) $a-b$ (2) $2a-2b$ (3) $2b$

6 (1) b (2) a (3) $-ab-b-a$

유형 5 P. 11~12

1 (1) $2, 3, 2, 2, 2$ (2) 5 (3) 6 (4) 30

2 (1) $15, 60$ (2) $21, 84$

3 (1) $2, 5, 2, 2, 2$ (2) 10 (3) 2 (4) 6

4 (1) $13, 16, 25, 36, 3, 12, 23, 3$ (2) 4 (3) 12 (4) 6

5 (1) $10, 1, 4, 9, 9, 6, 1, 1$ (2) 12 (3) 17 (4) 10

유형 6 P. 12~13

1 (1) $<$ (2) $>$ (3) $<$ (4) $>$
(5) $<$ (6) $<$ (7) $<$ (8) $<$

2 (1) $<$ (2) $>$ (3) $<$ (4) $<$
(5) $<$ (6) $<$ (7) $<$ (8) $>$

3 (1) $-2,\ -\sqrt{3},\ \frac{1}{4},\ \sqrt{\frac{1}{8}}$ (2) $-\sqrt{\frac{1}{3}},\ -\frac{1}{2},\ \sqrt{15},\ 4$

한 걸음 더 연습 P. 13

1 (1) 9, 9, 5, 6, 7, 8 (2) 10, 11, 12, 13, 14, 15

2 (1) 1, 2, 3, 4 (2) 3, 4, 5, 6, 7, 8, 9
(3) 10, 11, 12, 13, 14, 15, 16

3 (1) 34 (2) 45 (3) 10

쌍둥이 기출문제 P. 14~15

1 ③ **2** ③ **3** 5 **4** 6 **5** ㄴ, ㄹ
6 ④ **7** ③ **8** 50 **9** ④ **10** 2
11 7 **12** 10 **13** 9, 18, 25, 30, 33 **14** 10개
15 ④ **16** ④ **17** 9 **18** 6개

2 무리수와 실수

유형 7 P. 16

1 (1) 유 (2) 유 (3) 유 (4) 유
(5) 무 (6) 무 (7) 유 (8) 무
(9) 유 (10) 무

2

$\sqrt{\frac{4}{9}}$	$\sqrt{1.2^2}$	$0.1234\cdots$	$\sqrt{\frac{49}{3}}$	$\sqrt{0.1}$
$(-\sqrt{6})^2$	$-\frac{\sqrt{64}}{4}$	$-\sqrt{17}$	1.414	$\frac{1}{\sqrt{4}}$
$\sqrt{2}+3$	$0.1\dot{5}$	$\frac{\pi}{2}$	$-\sqrt{0.04}$	$\sqrt{169}$
$\sqrt{25}$	$\frac{\sqrt{7}}{7}$	$\sqrt{(-3)^2}$	$\sqrt{100}$	$-\sqrt{16}$

3 (1) ○ (2) × (3) ○ (4) × (5) ○
(6) × (7) × (8) ○ (9) ○ (10) ○

유형 8 P. 17

1 (1) $\sqrt{36}$ (2) $\sqrt{9}-5,\ \sqrt{36}$ (3) $0.\dot{1}\dot{2},\ \sqrt{9}-5,\ \frac{2}{3},\ \sqrt{36}$
(4) $\pi+1,\ \sqrt{0.4},\ -\sqrt{10}$
(5) $\pi+1,\ \sqrt{0.4},\ 0.\dot{1}\dot{2},\ \sqrt{9}-5,\ \frac{2}{3},\ \sqrt{36},\ -\sqrt{10}$

2

	자연수	정수	유리수	무리수	실수
(1) $\sqrt{25}$	○	○	○	×	○
(2) $0.\dot{5}\dot{6}$	×	×	○	×	○
(3) $\sqrt{0.9}$	×	×	×	○	○
(4) $5-\sqrt{4}$	○	○	○	×	○
(5) $2.365489\cdots$	×	×	×	○	○

3 $\sqrt{1.25},\ \sqrt{8}$

유형 9 P. 18

1 (1)

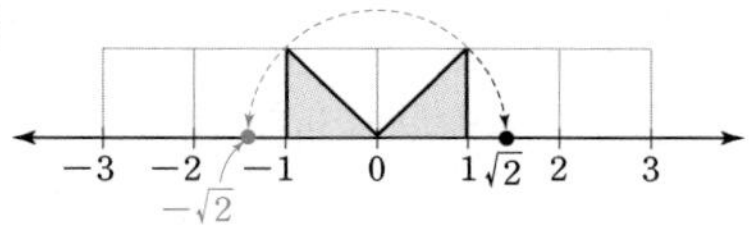

(2)

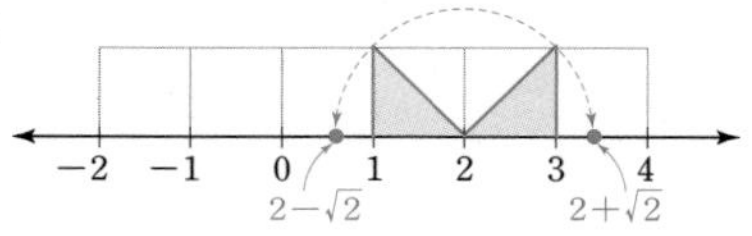

(3)

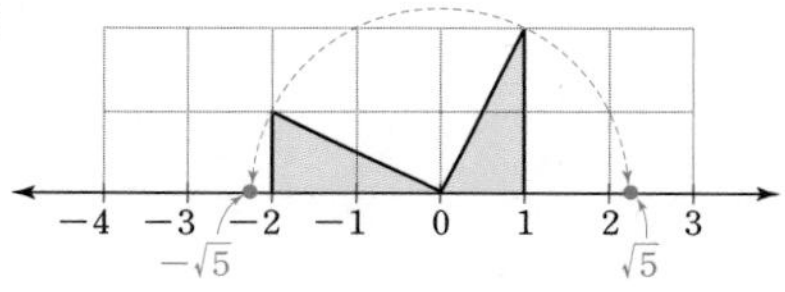

(4)

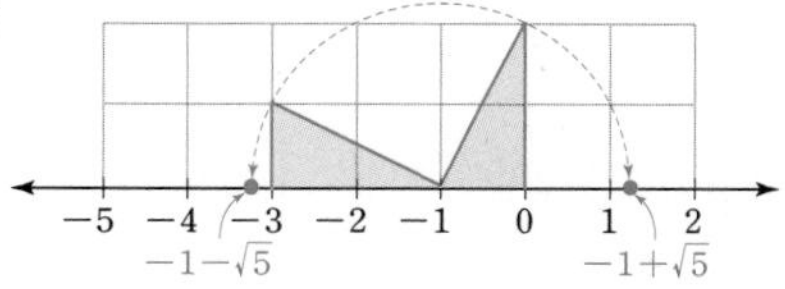

2 (1) P: $3-\sqrt{2}$, Q: $3+\sqrt{2}$ (2) P: $-2-\sqrt{5}$, Q: $-2+\sqrt{5}$

3 P: $-2-\sqrt{2}$, Q: $\sqrt{2}$

4 P: $2-\sqrt{10}$, Q: $2+\sqrt{10}$

유형 10 P. 19

1 (1) × (2) × (3) × (4) ○ (5) × (6) ○
(7) × (8) ○

2 (1) 유리수 (2) 실수 (3) 정수

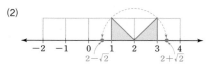

유형 11 P. 20

1 (1) 2.435 (2) 2.449 (3) 2.478
(4) 8.075 (5) 8.142 (6) 8.185
2 (1) 9.56 (2) 9.69 (3) 9.75
(4) 96.7 (5) 97.6 (6) 99.8

유형 12 P. 21

1 $1-\sqrt{5}$, <, <, <
2 (1) < (2) > (3) < (4) < (5) <
3 (1) < (2) < (3) < (4) > (5) <
4 ❶ $\sqrt{2}-1$, >, >, > ❷ $3-\sqrt{7}$, >, >, >
❸ >, >

유형 13 P. 22

1 2, 2, 2

2

무리수	$n<$(무리수)$<n+1$	정수 부분	소수 부분
(1) $\sqrt{3}$	$1<\sqrt{3}<2$	1	$\sqrt{3}-1$
(2) $\sqrt{8}$	$2<\sqrt{8}<3$	2	$\sqrt{8}-2$
(3) $\sqrt{11}$	$3<\sqrt{11}<4$	3	$\sqrt{11}-3$
(4) $\sqrt{35}$	$5<\sqrt{35}<6$	5	$\sqrt{35}-5$
(5) $\sqrt{88.8}$	$9<\sqrt{88.8}<10$	9	$\sqrt{88.8}-9$

3

무리수	$n<$(무리수)$<n+1$	정수 부분	소수 부분
(1) $2+\sqrt{2}$	$1<\sqrt{2}<2$ ⇨ $3<2+\sqrt{2}<4$	3	$\sqrt{2}-1$
(2) $3-\sqrt{2}$	$-2<-\sqrt{2}<-1$ ⇨ $1<3-\sqrt{2}<2$	1	$2-\sqrt{2}$
(3) $1+\sqrt{5}$	$2<\sqrt{5}<3$ ⇨ $3<1+\sqrt{5}<4$	3	$\sqrt{5}-2$
(4) $5+\sqrt{7}$	$2<\sqrt{7}<3$ ⇨ $7<5+\sqrt{7}<8$	7	$\sqrt{7}-2$
(5) $5-\sqrt{7}$	$-3<-\sqrt{7}<-2$ ⇨ $2<5-\sqrt{7}<3$	2	$3-\sqrt{7}$

쌍둥이 기출문제 P. 23~25

1 ①, ④ 2 3개 3 ⑤ 4 ㄱ, ㄴ, ㄹ
5 ②, ④ 6 ㄷ, ㅂ 7 P: $1-\sqrt{5}$, Q: $1+\sqrt{5}$
8 P: $3-\sqrt{10}$, Q: $3+\sqrt{10}$ 9 ㄱ, ㄹ 10 ②, ③
11 (1) 2.726 (2) 6.797 12 ④ 13 ⑤
14 ⑤ 15 $c<a<b$ 16 $M=4+\sqrt{2}$, $m=\sqrt{8}+1$
17 $\sqrt{5}-1$ 18 $\sqrt{2}-6$

단원 마무리 P. 26~27

1 -15 2 ①, ④ 3 137 4 $a-2b$
5 6 6 ④ 7 ② 8 ③
9 $1+\sqrt{3}$

2 근호를 포함한 식의 계산

1 근호를 포함한 식의 계산 (1)

유형 1 P. 30

1 (1) 7, 42 (2) 2, 5, 7, 70
2 (1) 5, 15 (2) 4, 3, 2, 8, 6 (3) 3, 2, 3, -9, 6
3 (1) $\sqrt{21}$ (2) 8 (3) 6 (4) $-\sqrt{7}$
4 (1) $6\sqrt{5}$ (2) $6\sqrt{14}$
5 (1) 45, 9, 3 (2) 30, 5, 5, 6
6 (1) 4, 2, -2, 3 (2) 9, 5, $\frac{9}{5}$, 6
7 (1) $\sqrt{6}$ (2) 4 (3) $2\sqrt{2}$ (4) $3\sqrt{5}$
(5) $3\sqrt{6}$ (6) $\sqrt{10}$
8 (1) $\sqrt{\frac{3}{2}}$ (2) $-\sqrt{7}$

유형 2 P. 31

1 (1) 2, 2 (2) 3, 3
2 (1) $2\sqrt{7}$ (2) $-3\sqrt{6}$ (3) $12\sqrt{2}$ (4) $10\sqrt{10}$
3 (1) 4, 4 (2) 100, 10, 10
4 (1) $\frac{\sqrt{6}}{5}$ (2) $\frac{\sqrt{17}}{9}$ (3) $\frac{\sqrt{3}}{10}$ (4) $\frac{\sqrt{7}}{5}$
5 (1) 3, 90 (2) 5, 50 (3) 10, $\frac{3}{20}$ (4) 2, $\frac{27}{4}$
6 (1) $\sqrt{45}$ (2) $-\sqrt{14}$ (3) $\sqrt{5}$ (4) $-\sqrt{\frac{7}{16}}$
7 (1) ㉡ (2) ㉢ (3) ㉠

유형 3 P. 32

1 (1) 100, 10, 10, 26.46
(2) 10000, 100, 100, 264.6
(3) 100, 10, 10, 0.2646
(4) 10000, 100, 100, 0.02646

2

제곱근	$\sqrt{6}$ 또는 $\sqrt{60}$을 사용하여 나타내기	제곱근의 값
$\sqrt{0.6}$	$\sqrt{\frac{60}{100}}=\frac{\sqrt{60}}{10}$	$\frac{7.746}{10}=0.7746$
(1) $\sqrt{0.006}$	$\sqrt{\frac{60}{10000}}=\frac{\sqrt{60}}{100}$	$\frac{7.746}{100}=0.07746$
(2) $\sqrt{0.06}$	$\sqrt{\frac{6}{100}}=\frac{\sqrt{6}}{10}$	$\frac{2.449}{10}=0.2449$
(3) $\sqrt{6000}$	$\sqrt{60\times100}=10\sqrt{60}$	$10\times7.746=77.46$
(4) $\sqrt{60000}$	$\sqrt{6\times10000}=100\sqrt{6}$	$100\times2.449=244.9$

3 (1) 34.64 (2) 10.95 (3) 0.3464 (4) 0.1095
4 (1) 20.57 (2) 65.04 (3) 0.6656 (4) 0.2105

유형 4 P. 33

1 (1) $\sqrt{5}$, $\sqrt{5}$, $\frac{2\sqrt{5}}{5}$ (2) $\sqrt{7}$, $\sqrt{7}$, $\frac{3\sqrt{7}}{7}$
(3) $\sqrt{5}$, $\sqrt{5}$, $\frac{\sqrt{15}}{5}$ (4) $\sqrt{2}$, $\sqrt{2}$, $\frac{5\sqrt{2}}{4}$
2 (1) $\frac{\sqrt{11}}{11}$ (2) $\sqrt{2}$ (3) $-\frac{5\sqrt{3}}{3}$ (4) $2\sqrt{5}$
3 (1) $\frac{\sqrt{6}}{2}$ (2) $-\frac{\sqrt{35}}{7}$ (3) $\frac{\sqrt{42}}{6}$ (4) $\frac{\sqrt{26}}{13}$
4 (1) $\frac{\sqrt{6}}{4}$ (2) $\frac{\sqrt{15}}{6}$ (3) $\frac{\sqrt{6}}{3}$ (4) $\frac{\sqrt{15}}{5}$
5 (1) $\frac{2\sqrt{3}}{3}$ (2) $\frac{\sqrt{15}}{10}$ (3) $-\frac{5\sqrt{3}}{12}$ (4) $\frac{\sqrt{2}}{4}$
6 (1) $2\sqrt{3}$ (2) $2\sqrt{10}$ (3) $\frac{2\sqrt{15}}{3}$ (4) $\frac{\sqrt{6}}{2}$

쌍둥이 기출문제 P. 34~36

1 ⑤ **2** ② **3** ③ **4** 7 **5** ④
6 ① **7** ② **8** ④ **9** ① **10** 15.59
11 ④ **12** ③ **13** ② **14** 6 **15** 6
16 ④ **17** ③ **18** $\frac{3\sqrt{6}}{5}$

2 근호를 포함한 식의 계산 (2)

유형 5 P. 37

1 (1) ㉡ (2) ㉠ (3) ㉣ (4) ㉤ (5) ㉢
2 (1) 0 (2) $8\sqrt{6}$ (3) $-\frac{\sqrt{2}}{15}$
3 (1) $2\sqrt{3}$ (2) 0 (3) $-\sqrt{6}$
4 (1) $2\sqrt{3}-\sqrt{5}$ (2) $-4\sqrt{2}+3\sqrt{6}$
5 (1) $-\sqrt{2}-6\sqrt{3}$ (2) $-5+6\sqrt{6}$
6 (1) 3, $2\sqrt{2}$ (2) 2, 5, $-3\sqrt{5}$
7 (1) $3\sqrt{2}+\sqrt{7}$ (2) $2\sqrt{2}+\frac{7\sqrt{3}}{3}$

유형 6 P. 38

1 (1) $\sqrt{15}+\sqrt{30}$ (2) $2\sqrt{14}-4\sqrt{6}$
(3) $\sqrt{14}+\sqrt{21}$ (4) $-5+\sqrt{55}$
2 (1) $\sqrt{3}$, $\sqrt{3}$, $\frac{\sqrt{3}+\sqrt{6}}{3}$ (2) $\sqrt{6}$, $\sqrt{6}$, $3\sqrt{6}-3\sqrt{2}$, $\sqrt{6}-\sqrt{2}$
3 (1) $\frac{\sqrt{10}-\sqrt{14}}{2}$ (2) $\frac{2\sqrt{3}+3\sqrt{2}}{6}$
(3) $\frac{\sqrt{15}+9\sqrt{10}}{10}$ (4) $\frac{3-\sqrt{6}}{6}$
4 (1) $\sqrt{6}+\sqrt{2}$ (2) $2\sqrt{5}$ (3) $8\sqrt{6}$
5 (1) $4\sqrt{2}$ (2) $3\sqrt{3}+4\sqrt{6}$ (3) $1+\sqrt{2}$
(4) $-3\sqrt{3}+4\sqrt{6}$
6 (1) $\frac{4}{3}$ (2) $-\sqrt{2}+3\sqrt{6}$ (3) $\frac{7\sqrt{6}}{6}-\frac{5\sqrt{26}}{2}$

쌍둥이 기출문제 P. 39~41

1 ① **2** ② **3** ③ **4** ③ **5** ②
6 $8-3\sqrt{6}$ **7** ㈎ $a-3$ ㈏ 3 **8** ⑤
9 ③ **10** 3 **11** ③ **12** $8+\frac{11\sqrt{10}}{10}$
13 ② **14** ④ **15** ③ **16** ① **17** ④
18 ③

단원 마무리 P. 42~43

1 ④ **2** ③ **3** ④ **4** ① **5** $\frac{5}{12}$
6 ⑤ **7** $12\sqrt{3}$ cm **8** 5

3 다항식의 곱셈

1 곱셈 공식

유형 1 P. 46

1 $ac+ad+bc+bd$
2 (1) $ac-ad+2bc-2bd$
(2) $12ac+3ad-4bc-bd$
(3) $3ax-2ay+3bx-2by$
(4) $6ax+15ay-12bx-30by$
3 (1) $a^2+7a+12$ (2) $15x^2+7x-2$
(3) $3a^2+ab-2b^2$ (4) $12x^2+17xy-5y^2$
4 (1) $2a^2+3ab-3a+b^2-3b$
(2) $5a^2-16ab+20a+3b^2-4b$
(3) $x^2+2xy-9x-6y+18$
(4) $6a^2-7ab+15a-3b^2+5b$
5 -4 6 -1

유형 2 P. 47

1 $a^2+2ab+b^2$, $a^2-2ab+b^2$
2 (1) x^2+4x+4 (2) $a^2+\frac{2}{3}a+\frac{1}{9}$
(3) $x^2-10x+25$ (4) $a^2-a+\frac{1}{4}$
3 (1) $a^2+4ab+4b^2$ (2) $4x^2+xy+\frac{1}{16}y^2$
(3) $16a^2-24ab+9b^2$ (4) $\frac{1}{9}x^2-\frac{1}{3}xy+\frac{1}{4}y^2$
4 (1) x^2-4x+4 (2) $16a^2-8ab+b^2$
(3) $a^2+12a+36$ (4) $9x^2+24xy+16y^2$

유형 3 P. 48

1 a^2-b^2
2 (1) x^2-4 (2) $1-x^2$ (3) $4-16a^2$ (4) $9x^2-1$
3 (1) $a^2-\frac{1}{9}b^2$ (2) $\frac{1}{4}x^2-\frac{1}{16}y^2$ (3) $\frac{1}{25}x^2-\frac{4}{49}y^2$
4 (1) $-x$, x^2-9 (2) $16a^2-9b^2$ (3) $25x^2-4y^2$
5 (1) $2a$, $2a$, $2a$, $1-4a^2$
(2) y^2-16x^2 (3) $25b^2-36a^2$
6 x^2, x^4-1

유형 4 P. 49

1 $a+b$, ab
2 (1) x^2+4x+3 (2) $x^2+2x-35$
(3) $x^2-12xy+27y^2$ (4) $x^2-2xy-8y^2$
3 (1) $x^2-\frac{5}{6}x+\frac{1}{6}$ (2) $a^2+a-\frac{10}{9}$
(3) $x^2+\frac{1}{12}xy-\frac{1}{24}y^2$
4 $ad+bc$, bd
5 (1) $6x^2+17x+5$ (2) $3x^2+7x-6$
(3) $6x^2-23x+20$ (4) $15x^2+4x-3$
6 (1) $15x^2-13xy+2y^2$ (2) $8a^2-6ab-35b^2$
(3) $6x^2+2xy+\frac{1}{6}y^2$

한 걸음 더 연습 P. 50

1 (1) -10 (2) 3
2 (1) $A=6$, $B=36$ (2) $A=5$, $B=4$
(3) $A=7$, $B=3$ (4) $A=3$, $B=-20$
3 (1) $-4ab-2b^2$ (2) $37x^2+12x-13$
4 (1) $3x^2-7x-2$ (2) $-x^2-19x+16$
5 (1) $2x^2-12x-4$ (2) $16x^2-43x+11$
6 $9a^2-b^2$ 7 $2x^2+xy-3y^2$

쌍둥이 기출문제 P. 51~52

1 ④	2 4	3 ③	4 ⑤
5 ④	6 x^4-81	7 -6	8 ⑤
9 ②	10 -5	11 ⑤	12 ①

2 곱셈 공식의 활용

유형 5 P. 53

1 (1) ㄴ (2) ㄱ (3) ㄷ (4) ㄹ
2 (1) 10404
(2) $(80+1)^2$, $80^2+2\times80\times1+1^2$, 6561
3 (1) 3364
(2) $(300-1)^2$, $300^2-2\times300\times1+1^2$, 89401
4 (1) 896
(2) $(80+3)(80-3)$, 80^2-3^2, 6391
5 (1) 3843
(2) $(200+1)(200-2)$,
$200^2+(1-2)\times200+1\times(-2)$, 39798

유형 6 P. 54

1 (1) 2, b^2 (2) $8+2\sqrt{7}$ (3) $9+4\sqrt{5}$ (4) $9+6\sqrt{2}$
2 (1) 2, b^2 (2) $3-2\sqrt{2}$ (3) $15-6\sqrt{6}$ (4) $12-4\sqrt{5}$
3 (1) a, b (2) 9 (3) 2 (4) 8
4 (1) b, ab (2) $7+5\sqrt{3}$ (3) $-3+3\sqrt{7}$ (4) $45-12\sqrt{10}$
5 (1) bc, bd (2) $10+7\sqrt{2}$ (3) $5\sqrt{6}$ (4) $29-13\sqrt{14}$
6 (가) $a-8$ (나) 8

유형 7 P. 55

1 (1) $\sqrt{3}+1$, $\sqrt{3}+1$, $\sqrt{3}+1$
(2) $\sqrt{7}-\sqrt{3}$, $\sqrt{7}-\sqrt{3}$, $\sqrt{7}-\sqrt{3}$
2 (1) $\frac{3\sqrt{6}-6}{2}$ (2) $4+2\sqrt{3}$ (3) $6-2\sqrt{5}$
3 (1) $\sqrt{6}-\sqrt{3}$ (2) $-\sqrt{11}+\sqrt{13}$ (3) $2\sqrt{3}+\sqrt{2}$
4 (1) $5+2\sqrt{5}$ (2) $\sqrt{6}-2$ (3) $\sqrt{3}+\sqrt{2}$
5 (1) $3-2\sqrt{2}$ (2) $\frac{11+4\sqrt{7}}{3}$ (3) $3+2\sqrt{2}$
6 (1) $2\sqrt{3}$ (2) $-2\sqrt{15}$ (3) 10

쌍둥이 기출문제 P. 56

1 ③ 2 ⑤ 3 $15-2\sqrt{2}$ 4 5
5 ② 6 -4 7 1 8 $\sqrt{5}$

유형 8 P. 57

1 (1) 28 (2) 20 (3) 7
2 (1) 6 (2) 8 (3) 6
3 (1) $-\frac{3}{2}$ (2) -4
4 (1) $x=3-2\sqrt{2}$, $y=3+2\sqrt{2}$ (2) $x+y=6$, $xy=1$
(3) 34
5 (1) 23 (2) 21
6 (1) 18 (2) 20

유형 9 P. 58

1 (1) $-\sqrt{3}$, 3 (2) $\sqrt{5}$, 5
2 (1) 1 (2) -3 (3) 0 (4) -13
3 (1) $2-\sqrt{3}$ (2) 0
4 (1) 6 (2) 1 (3) 9 (4) 0

쌍둥이 기출문제 P. 59

1 ③ 2 -14 3 7 4 13
5 ① 6 12 7 0 8 ⑤

단원 마무리 P. 60~61

1 ②, ③ 2 ② 3 ② 4 79
5 $6x^2+5x-6$ 6 ⑤ 7 12
8 ⑤ 9 ③

4 인수분해

1 다항식의 인수분해

유형 1 P. 64

1 (1) x^2+6x+9 (2) x^2-4
(3) x^2-4x-5 (4) $6x^2-5x-4$
2 ㄱ, ㄷ, ㅁ, ㅂ
3 (1) a, $a(x+y-z)$ (2) $2a$, $2a(a+2b)$
(3) $3x^2$, $3x^2(y-2)$ (4) xy, $xy(x-y+1)$
4 (1) $a(x-y)$ (2) $-3a(x+3y)$
(3) $4xy^2(2y-x)$ (4) $x(a-b+3)$
(5) $4x(x+y-2)$ (6) $2xy(3x-y+2)$
5 (1) $ab(a+b-1)$ (2) $(x-y)(a+3b)$
(3) $(x-2)(x+4)$
6 (1) $(a+1)(b-1)$ (2) $(x-y)(a+2b+1)$

2 여러 가지 인수분해 공식

유형 2 P. 65

1 (1) 7, 7, 7 (2) 4, 4, 4
2 (1) $(x+6)^2$ (2) $(x-8)^2$
(3) $(x+3y)^2$ (4) $(x-5y)^2$
3 (1) $(4x-1)^2$ (2) $(3x+2)^2$
(3) $(2x-5y)^2$ (4) $(5x+4y)^2$
4 (1) $a(x+1)^2$ (2) $3(x-1)^2$
(3) $2(2x-1)^2$ (4) $2(x+3y)^2$
5 (1) 4 (2) 100
(3) $\frac{1}{4}$ (4) 49
(5) 1 (6) 9
6 (1) ±14 (2) $\pm\frac{1}{2}$
(3) ±12 (4) ±36

유형 3 P. 66

1 (1) $5,\ 5$ (2) $4y,\ 3x$

2 (1) $(x+8)(x-8)$ (2) $(2x+5)(2x-5)$
(3) $(3x+7)(3x-7)$ (4) $(10x+y)(10x-y)$
(5) $\left(2x+\frac{1}{3}\right)\left(2x-\frac{1}{3}\right)$

3 (1) $(1+4x)(1-4x)$ (2) $(5+x)(5-x)$
(3) $\left(\frac{1}{2}+x\right)\left(\frac{1}{2}-x\right)$ (4) $(3y+10x)(3y-10x)$
(5) $\left(\frac{2}{9}x+\frac{1}{7}y\right)\left(\frac{2}{9}x-\frac{1}{7}y\right)$

4 (1) $2(x+4)(x-4)$ (2) $5(x+2)(x-2)$
(3) $3(x+3y)(x-3y)$ (4) $4y(x+2y)(x-2y)$
(5) $xy(x+7y)(x-7y)$

5 (1) ×, $(y+x)(y-x)$ (2) ×, $\left(\frac{a}{3}+b\right)\left(\frac{a}{3}-b\right)$
(3) ○ (4) ×, $a(x+3y)(x-3y)$
(5) ○

유형 4 P. 67

1 (1) $2,\ 5$ (2) $-2,\ -3$
(3) $-1,\ 4$ (4) $2,\ -11$

2 (1) $2,\ 4,\ (x+2)(x+4)$
(2) $-4,\ -6,\ (x-4)(x-6)$
(3) $-3,\ 5,\ (x-3)(x+5)$
(4) $-1,\ -5,\ (x-y)(x-5y)$
(5) $3,\ -4,\ (x+3y)(x-4y)$

3 (1) $(x+1)(x+6)$
(2) $(x+2)(x-5)$
(3) $(x-7)(x-8)$
(4) $(x-5y)(x+7y)$
(5) $(x+5y)(x-6y)$
(6) $(x-4y)(x-10y)$

4 (1) $3(x+1)(x-2)$
(2) $2b(x-y)(x-2y)$

5 (1) ×, $(x+3)(x+6)$
(2) ○
(3) ×, $(x-y)(x-2y)$
(4) ×, $(x-3a)(x+7a)$

유형 5 P. 68

1 (1) (차례로) $1,\ 3,\ 1,\ 1,\ 3,\ 3,\ 1,\ 2$
(2) (차례로) $4,\ 3,\ -4,\ 4,\ -3,\ -3$
(3) (차례로) $(x-1)(3x+10)$
$x,\ -1,\ -3x,\ 3x,\ 10,\ 10x,\ 7x$
(4) (차례로) $(x-3)(2x+3)$
$x,\ -3,\ -6x,\ 2x,\ 3,\ 3x,\ -3x$
(5) (차례로) $(x-y)(4x-9y)$
$x,\ -y,\ -4xy,\ 4x,\ -9y,\ -9xy,\ -13xy$

2 (1) $(x+1)(3x+1)$ (2) $(2x-7)(3x-2)$
(3) $(x-2y)(2x+3y)$ (4) $(2x+3y)(3x-2y)$

3 (1) $2(a-b)(3a+5b)$ (2) $3y(x-1)(3x+1)$

4 (1) ×, $(x+5)(3x+1)$ (2) ○
(3) ×, $(x-2y)(3x+4y)$ (4) ×, $a(x-2)(3x-1)$

한 번 더 연습 P. 69

1 (1) $(x+9)^2$ (2) $\left(x-\frac{1}{3}\right)^2$
(3) $(4x-5)^2$ (4) $(6+x)(6-x)$
(5) $\left(13+\frac{1}{3}x\right)\left(13-\frac{1}{3}x\right)$ (6) $(x-4)(x-7)$
(7) $(x+2)(x-12)$ (8) $(x+4)(2x-3)$
(9) $(2x-5)(3x+2)$ (10) $(2x-3)(4x-1)$

2 (1) $(x-2y)^2$ (2) $\left(\frac{3}{2}x+y\right)^2$
(3) $(8x+y)(8x-y)$ (4) $\left(\frac{1}{4}y+7x\right)\left(\frac{1}{4}y-7x\right)$
(5) $(x+4y)(x-5y)$ (6) $(2x-3y)(2x+5y)$

3 (1) $-3(x+3)^2$ (2) $7\left(x+\frac{1}{6}\right)\left(x-\frac{1}{6}\right)$
(3) $x(11+2x)(11-2x)$ (4) $3(x-3)(x+5)$
(5) $y(x+3y)(x-4y)$ (6) $2(x+1)(2x+1)$

한 걸음 더 연습 P. 70

1 (1) $12,\ 6$ (2) $21,\ 3$ (3) $2,\ 6$ (4) $8,\ 9$

2 (1) $2,\ 7,\ 3$ (2) $3,\ 8,\ 1$ (3) $4,\ 17,\ 3$ (4) $12,\ 7,\ 5$

3 $x+3,\ x-1,\ x+3,\ -x+1,\ 4$

4 $-2x+1$

5 (1) $-1,\ -12$ (2) $-4,\ 3$
(3) $x^2-4x-12,\ (x+2)(x-6)$

6 $x^2+x-6,\ (x-2)(x+3)$

7 $x^2+2x+1,\ (x+1)^2$

8 $x^2+4x+3,\ (x+1)(x+3)$

쌍둥이 기출문제 P. 71~73

1 ② 2 ③, ⑤ 3 ③ 4 0
5 $a=2,\ b=49$ 6 ② 7 ②
8 $-2x-2$ 9 $2x-5$ 10 $2x-2$
11 $A=-11,\ B=-10$ 12 2 13 ⑤
14 ④ 15 ② 16 ② 17 -32
18 -9 19 (1) $x^2+9x-10$ (2) $(x-1)(x+10)$
20 $(x+2)(x-4)$ 21 $2x+3$ 22 $4x+10$
23 ⑤ 24 $3x+2$

유형 6 P. 74~75

1 (1) 3, 3, 2 (2) 5, $x-2$, 5, 4, 3
(3) 3, 2, 2, $a+b$, 2 (4) $b-2$, $a-1$, 3, 1
2 (1) $(a+b+2)^2$ (2) $(x+1)(x-1)$
(3) $x(4x+9)$
3 (1) $(a+b-3)(a+b+4)$
(2) $(x-z+1)(x-z+2)$
(3) $(x-2y-2)(x-2y-3)$
4 (1) $3(x-y)(x+y)$
(2) $(x-3y+17)(x+y+1)$
(3) $3(3x-y)(7x-2y)$
5 (1) $x-y$, b, $(x-y)(a-b)$
(2) $y+1$, $y+1$, $(x-1)(y+1)$
(3) $(x-2)(y-2)$ (4) $(x-2)(y-z)$
(5) $(a-b)(c+d)$ (6) $(x-y)(1-y)$
6 (1) $x-2y$, $x-2y$, $(x-2y)(x+2y-1)$
(2) $x+y$, 2, $(x+y)(x-y+2)$
(3) $(a+b)(a-b-c)$
(4) $(x+4)(y+3)(y-3)$
(5) $(x+1)(x+2)(x-2)$
(6) $(a+1)(a-1)(x-1)$
7 (1) $x+1$, $(x+y+1)(x-y+1)$
(2) $b+1$, $(a+b+1)(a-b-1)$
(3) $(x+y-3)(x-y-3)$
(4) $(x+2y-1)(x-2y+1)$
(5) $(c+a-b)(c-a+b)$
(6) $(a-4b+5c)(a-4b-5c)$
8 (1) $2x-3$, $(2x+4y-3)(2x-4y-3)$
(2) $2a-b$, $(3+2a-b)(3-2a+b)$
(3) $(3x+y-1)(3x-y-1)$
(4) $(5+x-3y)(5-x+3y)$
(5) $(2a+3b-2c)(2a-3b+2c)$
(6) $(1+4x-y)(1-4x+y)$

유형 7 P. 76

1 (1) 54, 46, 100, 1700 (2) 2, 100, 10000
(3) 53, 53, 4, 440 (4) 2, 2, 20, 20, 2, 1, 82
2 (1) 900 (2) 1100 (3) 30 (4) 99
3 (1) 100 (2) 900 (3) 400 (4) 8100
4 (1) 113 (2) 9800 (3) 720 (4) 5000
5 (1) 250 (2) 99 (3) 100 (4) 7

유형 8 P. 77

1 (1) 3, 3, 30, 900
(2) y, $2-\sqrt{3}$, $2\sqrt{3}$, 12
2 (1) 8 (2) $2+\sqrt{2}$ (3) $5\sqrt{3}+3$ (4) $5+5\sqrt{5}$
3 (1) 8 (2) $12\sqrt{5}$ (3) -22
4 (1) 4 (2) $-4\sqrt{3}$ (3) $8\sqrt{3}$
5 (1) 30 (2) 90 (3) 60

한 번 더 연습 P. 78

1 (1) $(x-y+6)^2$ (2) $(2x-y-4)^2$
(3) $(a-b+1)(a-b+2)$ (4) $(x+y-3)(x+y+4)$
(5) $4(2x+1)(x-2)$ (6) $(x+y+1)(x-3y+5)$
2 (1) $(a+1)(a+b)$ (2) $(x-y)(x+y-3)$
(3) $(a+5b+1)(a+5b-1)$
(4) $(x-4y+3)(x-4y-3)$
3 (1) 1800 (2) 10000 (3) 2500 (4) 20 (5) 10000
4 (1) 180 (2) 10 (3) 12 (4) $24\sqrt{2}$

쌍둥이 기출문제 P. 79~80

1 ② 2 -1 3 ④ 4 ②
5 $(x+y+6)(x-y+6)$ 6 $2x$ 7 ③
8 2 9 ① 10 16 11 ⑤
12 ⑤

단원 마무리 P. 81~83

1 ㄱ, ㄷ, ㅂ 2 16 3 ① 4 ④
5 ⑤ 6 ② 7 $(x-4)(x+6)$
8 ② 9 ① 10 ② 11 88
12 ④

5 이차방정식

1 이차방정식과 그 해

유형 1 P. 86

1 (1) ○ (2) × (3) $-x^2+3x-1=0$, ○ (4) ×
(5) ○ (6) ○ (7) ○ (8) × (9) ×

2 (1) $a\neq2$ (2) $a\neq-\frac{3}{2}$ (3) $a\neq5$

3 (1) =, ○ (2) × (3) ×

4 (1) $x=0$ (2) $x=-1$ 또는 $x=3$
(3) $x=1$ (4) $x=-1$

2 이차방정식의 풀이

유형 2 P. 87

1 (1) x, $x-4$, 0, 4
(2) $x+3$, $x-5$, -3, 5
(3) $x+4$, $x+4$, $x-1$, -4, 1
(4) $2x-3$, $x+2$, $2x-3$, -2, $\frac{3}{2}$

2 (1) $x=0$ 또는 $x=2$ (2) $x=0$ 또는 $x=-3$
(3) $x=0$ 또는 $x=-4$

3 (1) $x=-4$ 또는 $x=-1$ (2) $x=2$ 또는 $x=5$
(3) $x=-2$ 또는 $x=4$

4 (1) $x=\frac{1}{2}$ 또는 $x=3$ (2) $x=-\frac{1}{2}$ 또는 $x=\frac{3}{2}$
(3) $x=\frac{1}{3}$ 또는 $x=\frac{3}{2}$

5 (1) x^2+6x+8, $x=-4$ 또는 $x=-2$
(2) $2x^2-3x-5$, $x=-1$ 또는 $x=\frac{5}{2}$

6 -6, 5

유형 3 P. 88

1 (1) $x+4$, -4 (2) $4x-1$, $\frac{1}{4}$ (3) $x+\frac{1}{2}$, $-\frac{1}{2}$

2 (1) $x=-5$ (2) $x=\frac{1}{3}$ (3) $x=-\frac{7}{2}$
(4) $x=\frac{4}{3}$ (5) $x=-1$ (6) $x=-3$
(7) $x=-\frac{3}{2}$

3 (1) 4, -4 (2) 9 (3) $\frac{9}{4}$ (4) $-\frac{1}{4}$

4 (1) k, ±4 (2) ±10 (3) $\pm\frac{2}{3}$ (4) $\pm\frac{3}{2}$

5 (1) -7 (2) $\pm\frac{4}{5}$

쌍둥이 기출문제 P. 89~90

1 ③ 2 ③ 3 ⑤ 4 ③
5 ④ 6 ⑤ 7 ① 8 2
9 ②, ④ 10 ④ 11 $x=7$ 12 ③
13 ③ 14 ㄴ, ㅁ 15 ⑤
16 $k=-11$, $x=6$

유형 4 P. 91

1 (1) 3 (2) $2\sqrt{3}$ (3) 24, $2\sqrt{6}$ (4) 18, $3\sqrt{2}$

2 (1) $x=\pm\sqrt{5}$ (2) $x=\pm9$ (3) $x=\pm3\sqrt{3}$
(4) $x=\pm5$ (5) $x=\pm\frac{\sqrt{13}}{3}$ (6) $x=\pm\frac{\sqrt{42}}{6}$

3 (1) $\sqrt{5}$, -4, $\sqrt{5}$ (2) 2, $\sqrt{2}$, 3, $\sqrt{2}$

4 (1) $x=-2$ 또는 $x=8$ (2) $x=-2\pm2\sqrt{2}$
(3) $x=5\pm\sqrt{6}$ (4) $x=-3\pm3\sqrt{3}$
(5) $x=-1$ 또는 $x=3$ (6) $x=-4\pm\sqrt{6}$

5 3

유형 5 P. 92

1 (1) $\frac{1}{4}$, $\frac{1}{4}$, $\frac{1}{2}$, $\frac{5}{4}$
(2) $\frac{2}{3}$, $\frac{1}{9}$, $\frac{2}{3}$, $\frac{1}{9}$, $\frac{2}{3}$, $\frac{1}{9}$, $\frac{2}{9}$, $\frac{1}{3}$, $\frac{2}{9}$

2 ❶ 4, 2 ❷ 4, 2 ❸ 4, 4, 4
❹ 2, 6 ❺ 2, 6 ❻ $2\pm\sqrt{6}$

3 ❶ $x^2+x-\frac{1}{2}=0$ ❷ $x^2+x=\frac{1}{2}$
❸ $x^2+x+\frac{1}{4}=\frac{1}{2}+\frac{1}{4}$ ❹ $\left(x+\frac{1}{2}\right)^2=\frac{3}{4}$
❺ $x+\frac{1}{2}=\pm\frac{\sqrt{3}}{2}$ ❻ $x=\frac{-1\pm\sqrt{3}}{2}$

4 (1) $x=-2\pm\sqrt{3}$ (2) $x=1\pm\sqrt{10}$
(3) $x=3\pm\sqrt{5}$ (4) $x=1\pm\sqrt{6}$
(5) $x=2\pm\sqrt{10}$ (6) $x=-1\pm\frac{\sqrt{6}}{2}$

유형 6 P. 93

1 (1) 1, -3, -2, -3, -3, 1, -2, 1, 3, 17, 2
(2) 2, 3, -3, 3, 3, 2, -3, 2, $\frac{-3\pm\sqrt{33}}{4}$
(3) 3, -7, 1, -7, -7, 3, 1, 3, $\frac{7\pm\sqrt{37}}{6}$

2 (1) 1, 3, -1, 3, 3, 1, -1, 1, $-3\pm\sqrt{10}$
(2) 5, -4, 2, -4, -4, 2, 5, $\frac{4\pm\sqrt{6}}{5}$

3 (1) $x=\frac{9\pm3\sqrt{13}}{2}$ (2) $x=3\pm\sqrt{2}$
(3) $x=\frac{-2\pm\sqrt{10}}{3}$ (4) $x=\frac{7\pm\sqrt{17}}{8}$

유형 7 P. 94

1 (1) 2, 15, 2, 17, $1\pm3\sqrt{2}$
(2) $x=-6$ 또는 $x=2$ (3) $x=\frac{1\pm\sqrt{5}}{4}$

2 (1) 10, 10, 3, 1, 5, 1, 2, 1, $-\frac{1}{5}$, $\frac{1}{2}$
(2) $x=6\pm2\sqrt{7}$ (3) $x=\frac{4}{3}$ 또는 $x=2$

3 (1) 6, 3, 5, 2, 2, 3, 1, -2, $\frac{1}{3}$
(2) $x=\frac{2\pm\sqrt{10}}{3}$ (3) $x=-1$ 또는 $x=\frac{2}{3}$

4 (1) 4, 5, 5, 5, 5, 1, 7
(2) $x=5$ 또는 $x=8$ (3) $x=-2$ 또는 $x=-\frac{5}{6}$

한 번 더 연습 P. 95

1 (1) $x=\pm\sqrt{15}$ (2) $x=\pm2\sqrt{2}$ (3) $x=\pm2\sqrt{7}$
(4) $x=\pm\frac{9}{7}$ (5) $x=-1\pm2\sqrt{3}$ (6) $x=5\pm\sqrt{10}$

2 (1) $x=4\pm\sqrt{11}$ (2) $x=-3\pm\sqrt{10}$
(3) $x=4\pm\frac{\sqrt{70}}{2}$ (4) $x=1\pm\frac{2\sqrt{5}}{5}$
(5) $x=\frac{4\pm\sqrt{13}}{3}$ (6) $x=-2\pm\frac{\sqrt{30}}{2}$

3 (1) $x=\frac{-3\pm\sqrt{33}}{2}$ (2) $x=\frac{1\pm\sqrt{17}}{2}$
(3) $x=4\pm\sqrt{13}$ (4) $x=\frac{-5\pm\sqrt{41}}{4}$
(5) $x=\frac{1\pm\sqrt{10}}{3}$ (6) $x=\frac{6\pm\sqrt{6}}{5}$

4 (1) $x=2$ 또는 $x=5$ (2) $x=-\frac{5}{2}$ 또는 $x=1$
(3) $x=\frac{9\pm\sqrt{33}}{12}$ (4) $x=\frac{3\pm\sqrt{17}}{2}$
(5) $x=\frac{-5\pm\sqrt{13}}{4}$ (6) $x=4$ 또는 $x=7$

쌍둥이 기출문제 P. 96~97

1 ③ **2** 12 **3** 3 **4** 17
5 6 **6** ① **7** ②
8 $a=4$, $b=2$, $c=3$ **9** ① **10** 38
11 4 **12** 14 **13** ③
14 $x=-\frac{5}{2}$ 또는 $x=1$

3 이차방정식의 활용

유형 8 P. 98

1 ㄴ. $5^2-4\times1\times10=-15$
ㄷ. $(-1)^2-4\times2\times7=-55$
ㄹ. $(-4)^2-4\times3\times0=16$
ㅁ. $9^2-4\times4\times2=49$
ㅂ. $12^2-4\times9\times4=0$
(1) ㄱ, ㄹ, ㅁ (2) ㅂ (3) ㄴ, ㄷ

2 (1) $k>-\frac{9}{4}$ (2) $k=-\frac{9}{4}$ (3) $k<-\frac{9}{4}$

3 (1) $k<\frac{2}{3}$ (2) $k=\frac{2}{3}$ (3) $k>\frac{2}{3}$

4 (1) $k\le\frac{1}{4}$ (2) $k\ge-\frac{16}{5}$

유형 9 P. 99

1 (1) 2, 3, x^2-5x+6 (2) $x^2+x-12=0$
(3) $2x^2-18x+28=0$ (4) $-x^2-3x+18=0$
(5) $3x^2+18x+15=0$ (6) $4x^2-8x-5=0$

2 (1) 2, x^2-4x+4 (2) $x^2-6x+9=0$
(3) $x^2+16x+64=0$ (4) $-2x^2+4x-2=0$
(5) $-x^2-10x-25=0$ (6) $4x^2-28x+49=0$

유형 10 P. 100~102

1 (1) $\frac{n(n-3)}{2}=54$ (2) $n=-9$ 또는 $n=12$
(3) 십이각형

2 (1) $2x=x^2-48$ (2) $x=-6$ 또는 $x=8$
(3) 8

3 (1) $x^2+(x+1)^2=113$
(2) $x=-8$ 또는 $x=7$
(3) 7, 8

4 (1) $x+2$, $x(x+2)=224$
(2) $x=-16$ 또는 $x=14$
(3) 14살

5 (1) $x-3$, $x(x-3)=180$
(2) $x=-12$ 또는 $x=15$
(3) 15명

6 (1) $-5x^2+40x=60$
(2) $x=2$ 또는 $x=6$
(3) 2초 후

7 (1) $x+5$, $\frac{1}{2}x(x+5)=33$
(2) $x=-11$ 또는 $x=6$
(3) 6 cm

8 (1) $x+2$, $x-1$, $(x+2)(x-1)=40$
(2) $x=-7$ 또는 $x=6$
(3) 6

9 (1) $40-x$, $20-x$, $(40-x)(20-x)=576$
(2) $x=4$ 또는 $x=56$
(3) 4

한 번 더 연습 P. 103

1 (1) $\frac{n(n+1)}{2}=153$ (2) 17
2 (1) $x(x+2)=288$ (2) 16, 18
3 (1) $x(x+7)=198$ (2) 18일
4 (1) $-5x^2+20x+60=0$ (2) 6초 후
5 (1) $(14-x)$ cm (2) $x^2+(14-x)^2=106$
(3) 9 cm

쌍둥이 기출문제 P. 104~106

1 ②, ④ 2 ⑤ 3 ④ 4 16
5 $\frac{1}{4}$ 6 18 7 -5
8 $p=-8$, $q=-10$ 9 ④ 10 $x=1\pm\sqrt{2}$
11 ③ 12 3 13 6살 14 14명
15 6초 후 또는 8초 후 16 ① 17 ③
18 6 cm 19 4 m 20 3

단원 마무리 P. 107~109

1 ④ 2 ④ 3 18
4 $a=3$, $x=\frac{4}{3}$ 5 1 6 ②
7 ② 8 ⑤ 9 ② 10 4
11 27 12 9초 후 13 3 cm

6 이차함수와 그 그래프

1 이차함수의 뜻

유형 1 P. 112

1 (1) × (2) ○ (3) × (4) ×
(5) × (6) ○

2 (1) $y=3x$, × (2) $y=2x^2$, ○
(3) $y=\frac{1}{4}x$, × (4) $y=10\pi x^2$, ○

3 (1) 0 (2) $\frac{1}{4}$ (3) 5 (4) 5

4 (1) -9 (2) $-\frac{3}{2}$ (3) -6 (4) 23

2 이차함수 $y=ax^2$의 그래프

유형 2 P. 113

1

x	…	-3	-2	-1	0	1	2	3	…
x^2	…	9	4	1	0	1	4	9	…
$-x^2$	…	-9	-4	-1	0	-1	-4	-9	…

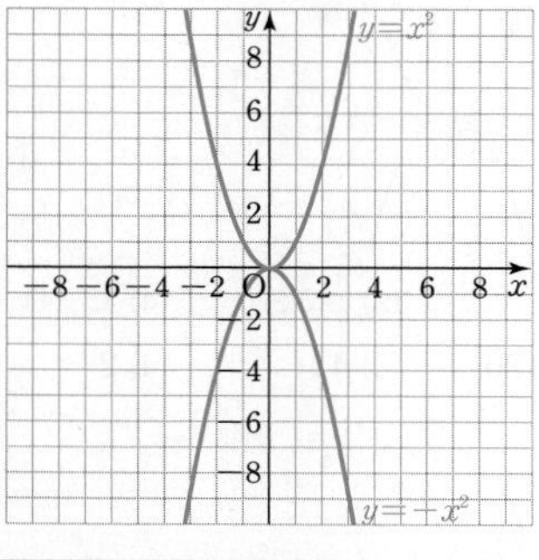

2

	$y=x^2$	$y=-x^2$
(1)	(0, 0)	(0, 0)
(2)	아래로 볼록	위로 볼록
(3)	제1, 2사분면	제3, 4사분면
(4)	증가	감소

3 (1) ○ (2) × (3) × (4) ○

유형 3 P. 114~115

1

x	$\cdots$	-2	-1	0	1	2	$\cdots$
$2x^2$	$\cdots$	8	2	0	2	8	$\cdots$
$-2x^2$	$\cdots$	-8	-2	0	-2	-8	$\cdots$
$\frac{1}{2}x^2$	$\cdots$	2	$\frac{1}{2}$	0	$\frac{1}{2}$	2	$\cdots$
$-\frac{1}{2}x^2$	$\cdots$	-2	$-\frac{1}{2}$	0	$-\frac{1}{2}$	-2	$\cdots$

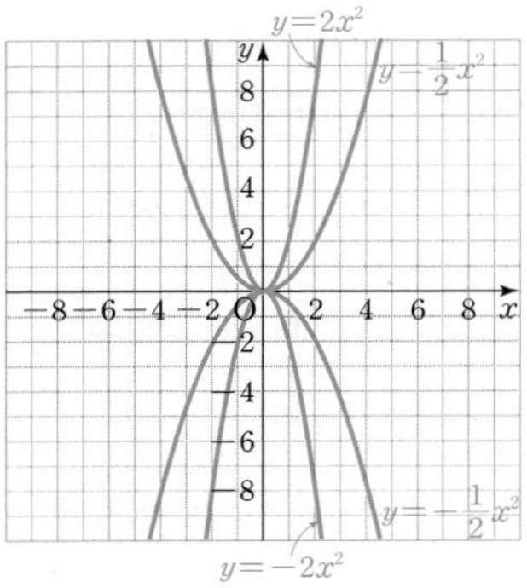

2

	$y=2x^2$	$y=-2x^2$	$y=\frac{1}{2}x^2$	$y=-\frac{1}{2}x^2$
(1)	(0, 0)	(0, 0)	(0, 0)	(0, 0)
(2)	$x=0$	$x=0$	$x=0$	$x=0$
(3)	아래로 볼록	위로 볼록	아래로 볼록	위로 볼록
(4)	증가	감소	증가	감소
(5)	감소	증가	감소	증가

3 (1) ㉠ (2) ㉡ (3) ㉣ (4) ㉢

4 (1) $y=-4x^2$

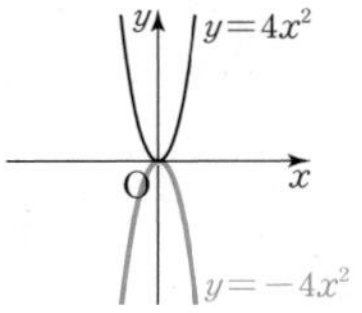

(2) $y=\frac{1}{3}x^2$

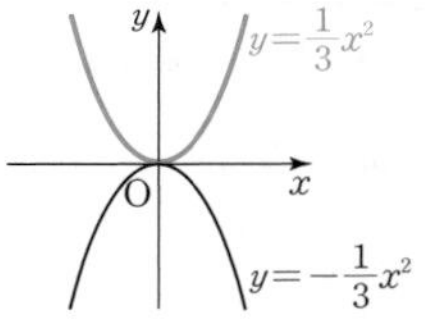

5 (1) ㄱ, ㄷ, ㄹ (2) ㄷ (3) ㄱ과 ㅁ (4) ㄴ, ㅁ

6 (1) 8 (2) -20 (3) 4 (4) 2

쌍둥이 기출문제 P. 116~117

1 ③ **2** 3개 **3** ㄱ, ㄹ **4** ⑤
5 ⑤ **6** 10 **7** ④ **8** ③
9 $a>\frac{1}{3}$ **10** ㉠, ㉡, ㉢, ㉤, ㉣ **11** ④
12 ③, ⑤ **13** 18 **14** -12

3 이차함수 $y=a(x-p)^2+q$의 그래프

유형 4 P. 118~119

1 (1) $y=3x^2+5$ (2) $y=5x^2-7$
(3) $y=-\frac{1}{2}x^2+4$ (4) $y=-4x^2-3$

2 (1) $y=\frac{1}{3}x^2$, -5 (2) $y=2x^2$, 1
(3) $y=-3x^2$, $-\frac{1}{3}$ (4) $y=-\frac{5}{2}x^2$, 3

3 (1)

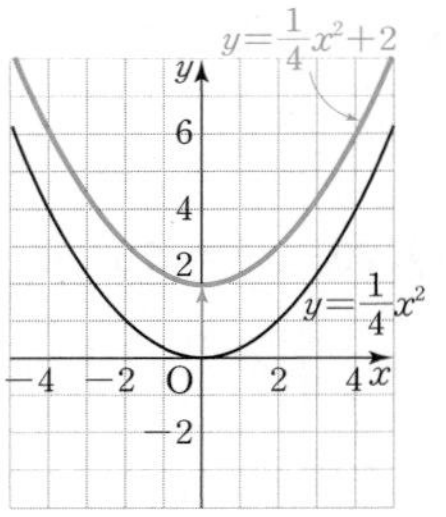

(2)

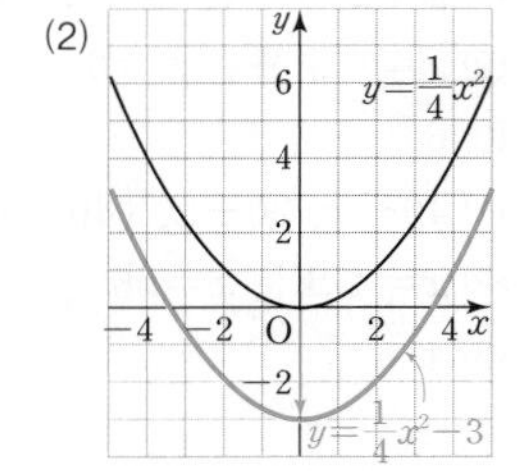

4 (1)

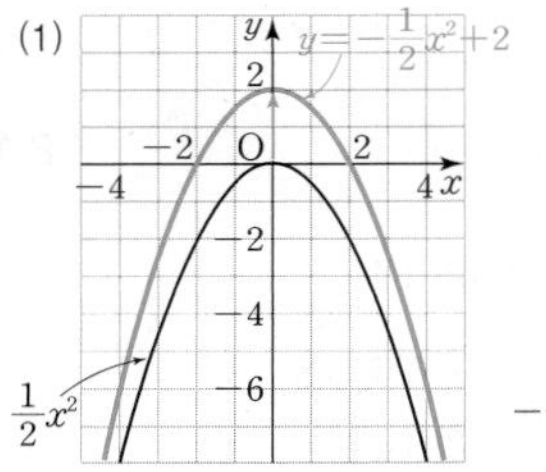

(2)

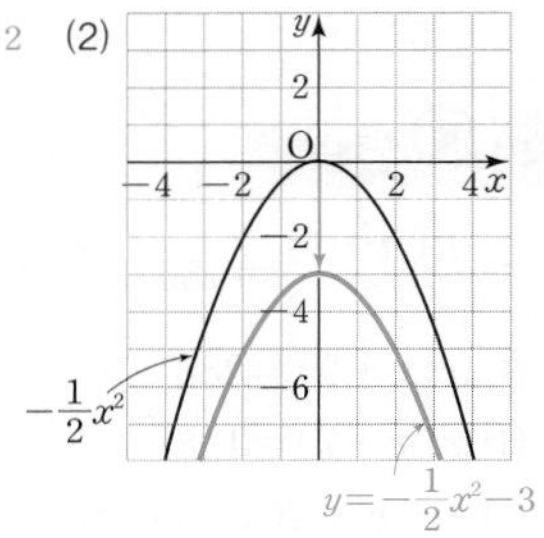

5 (1) 아래로 볼록,
$x=0$,
$(0, -3)$

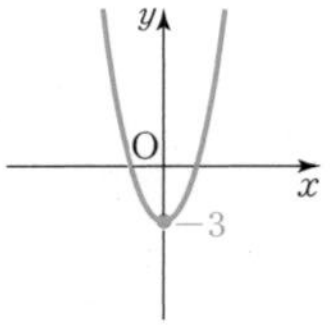

(2) 아래로 볼록,
$x=0$,
$(0, 3)$

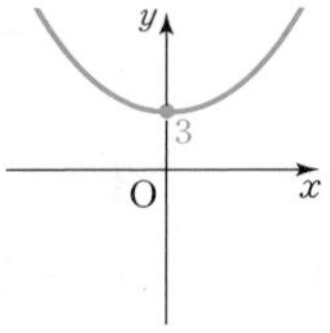

(3) 위로 볼록,
$x=0$,
$(0, -1)$

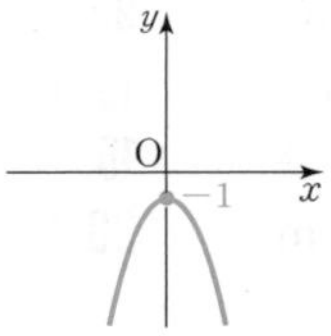

(4) 위로 볼록,
$x=0$,
$(0, 5)$

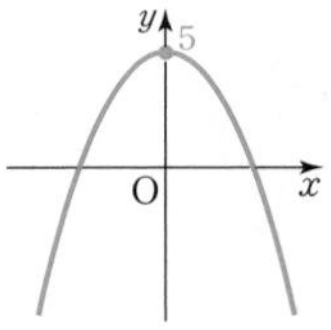

6 (1) ㄱ, ㄹ (2) ㄴ, ㄷ (3) ㄴ, ㄷ (4) ㄱ, ㄹ

7 (1) -21 (2) -10 (3) 5 (4) $\frac{1}{16}$

유형 5 P. 120~121

1 (1) $y=3(x-5)^2$ (2) $y=5(x+7)^2$
(3) $y=-\frac{1}{2}(x-4)^2$ (4) $y=-4(x+3)^2$

2 (1) $y=2x^2$, -3 (2) $y=-x^2$, 5
(3) $y=-2x^2$, -4 (4) $y=\frac{1}{4}x^2$, $\frac{1}{2}$

3 (1)
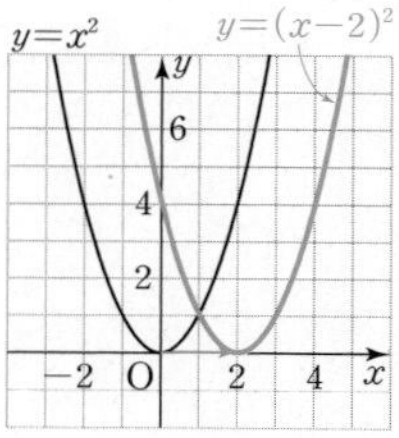

(2)
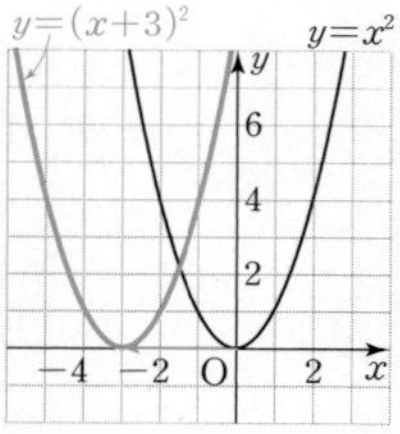

4 (1)
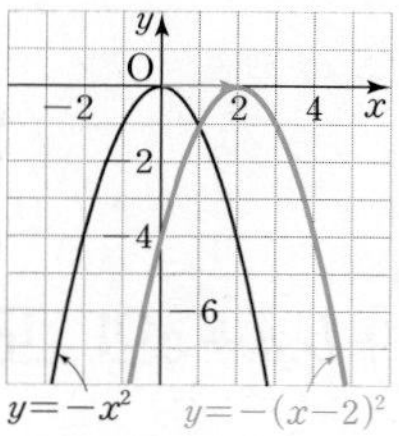

(2)
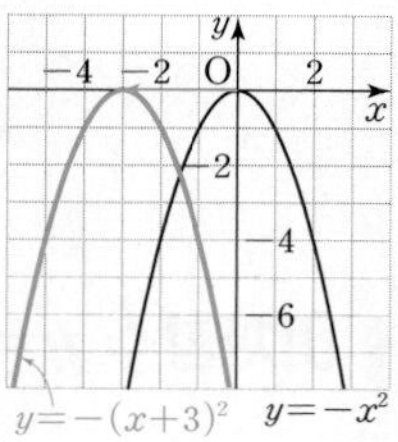

5 (1) 아래로 볼록, $x=2$, $(2,\ 0)$
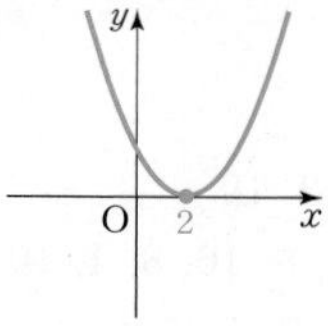

(2) 아래로 볼록, $x=-5$, $(-5,\ 0)$
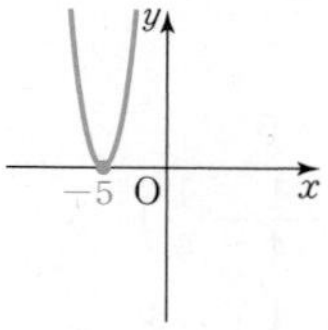

(3) 위로 볼록, $x=\frac{4}{5}$, $\left(\frac{4}{5},\ 0\right)$
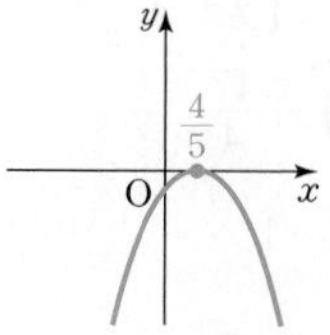

(4) 위로 볼록, $x=-4$, $(-4,\ 0)$
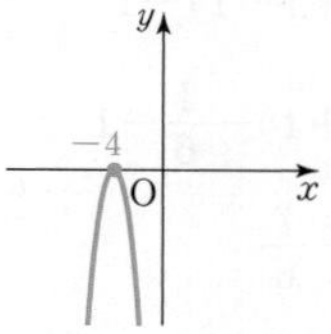

6 (1) × (2) ○ (3) × (4) ○

7 (1) -16 (2) $\frac{8}{3}$ (3) 4 (4) -3

쌍둥이 기출문제 P. 122~123

1 ⑤ **2** ③ **3** ㄷ, ㄹ **4** ⑤ **5** ①
6 ⑤ **7** ④ **8** ② **9** ④ **10** ③
11 ② **12** ③

유형 6 P. 124~125

1 (1) $y=3(x-1)^2+2$ (2) $y=5(x+2)^2-3$
(3) $y=-\frac{1}{2}(x-3)^2-2$ (4) $y=-4(x+4)^2+1$

2 (1) $y=\frac{1}{2}x^2$, 2, -1 (2) $y=2x^2$, -2, 3
(3) $y=-x^2$, 5, -3 (4) $y=-\frac{1}{3}x^2$, $-\frac{3}{2}$, $-\frac{3}{4}$

3 (1)
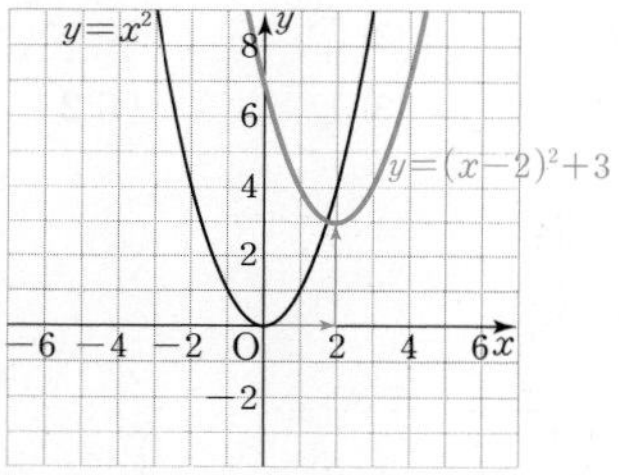

(2)
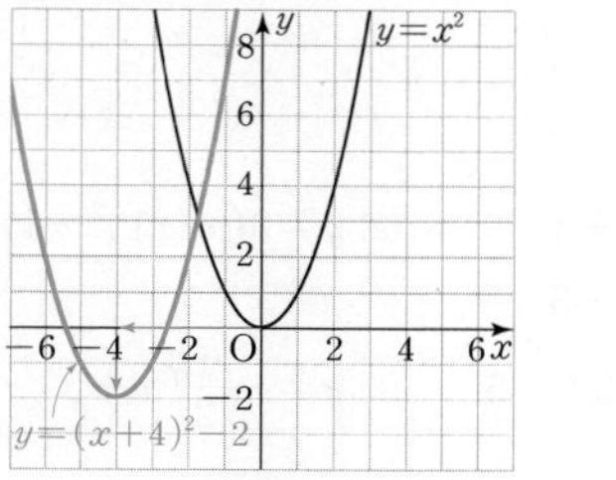

4 (1)
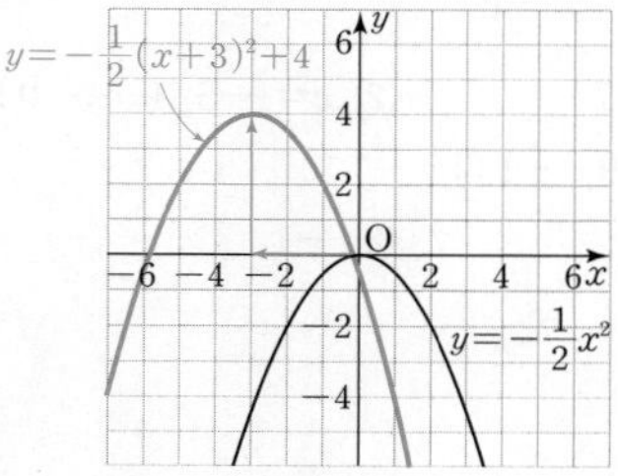

(2)
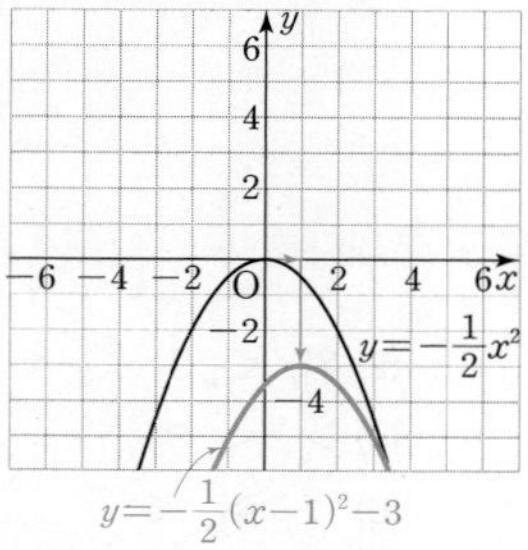

5 (1) 아래로 볼록,
$x=2$,
$(2,\ 1)$

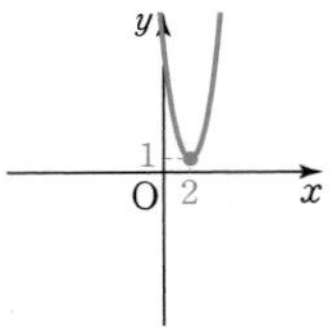

(2) 위로 볼록,
$x=-3$,
$(-3,\ -5)$

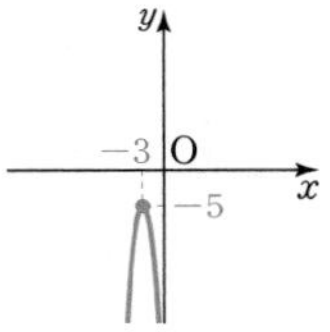

(3) 아래로 볼록,
$x=2$,
$(2,\ 4)$

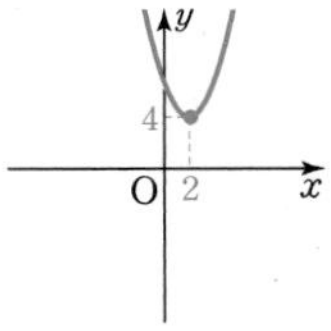

(4) 위로 볼록,
$x=-\frac{3}{2}$,
$\left(-\frac{3}{2},\ -1\right)$

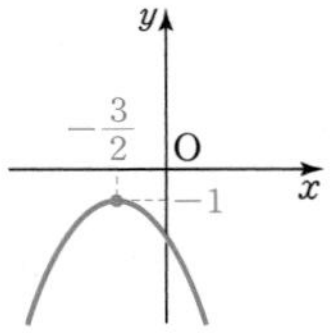

6 (1) × (2) ○ (3) ○ (4) ×

7 (1) -4 (2) 9 (3) 1 (4) 2

유형 7 P. 126

1 (1) $y=3(x-4)^2+4$ (2) $y=3(x-1)^2-1$
(3) $y=3(x-2)^2+6$

2 (1) $y=-\frac{1}{2}(x+3)^2-5$ (2) $y=-\frac{1}{2}(x+2)^2-1$
(3) $y=-\frac{1}{2}(x-4)^2-8$

3 (1) $x=0,\ (0,\ -7)$ (2) $x=-5,\ (-5,\ 0)$
(3) $x=-9,\ (-9,\ -14)$

4 (1) -8 (2) -1

유형 8 P. 127

1 (1) $>,\ >,\ >$ (2) 위, $<,\ 3,\ <,\ <$
(3) $>,\ >,\ <$ (4) $>,\ <,\ <$
(5) $<,\ <,\ >$ (6) $<,\ >,\ <$

쌍둥이 기출문제 P. 128~129

1 7 **2** 1 **3** $x=3,\ (3,\ 4)$ **4** -7
5 ⑤ **6** ① **7** ④ **8** ③
9 ② **10** $\frac{5}{2}$ **11** 5 **12** 6
13 $a<0,\ p>0,\ q>0$ **14** ③

4 이차함수 $y=ax^2+bx+c$의 그래프

유형 9 P. 130~131

1 (1) 16, 16, 4, 7
(2) 9, 9, 9, 18, 3, 19
(3) 8, 8, 16, 16, 8, 16, 8, 4, 10

2 (1) $x^2-6x+9-9$
$(x-3)^2-9$
(2) $-3(x^2-x)-5$
$-3\left(x^2-x+\frac{1}{4}-\frac{1}{4}\right)-5$
$-3\left(x^2-x+\frac{1}{4}\right)+\frac{3}{4}-5$
$-3\left(x-\frac{1}{2}\right)^2-\frac{17}{4}$
(3) $\frac{1}{6}(x^2+2x)-1$
$\frac{1}{6}(x^2+2x+1-1)-1$
$\frac{1}{6}(x^2+2x+1)-\frac{1}{6}-1$
$\frac{1}{6}(x+1)^2-\frac{7}{6}$

3 (1) $(-2,\ -1)$,
$(0,\ 3)$,
아래로 볼록

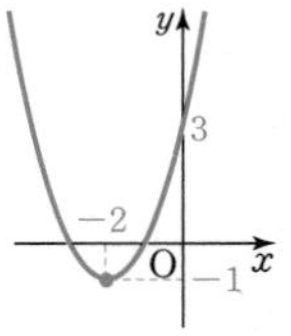

(2) $(-1,\ 2)$,
$(0,\ 1)$,
위로 볼록

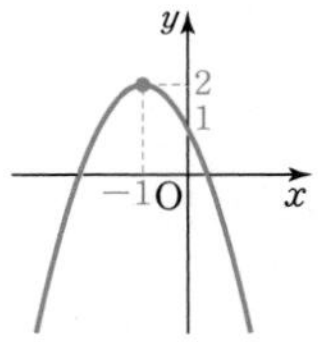

(3) $(-1,\ 3)$,
$(0,\ 5)$,
아래로 볼록

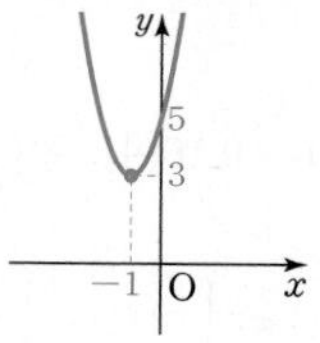

(4) $(1,\ 3)$,
$\left(0,\ \dfrac{5}{2}\right)$,
위로 볼록

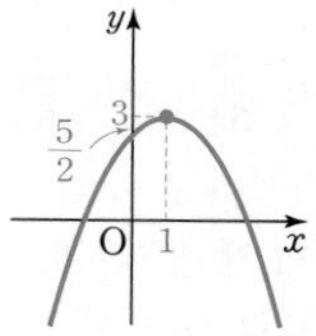

4 (1) ○ (2) × (3) ○ (4) ○

5 (1) $0,\ 0,\ 4,\ -3,\ -4,\ -3,\ -4$
(2) $(-2,\ 0),\ (4,\ 0)$ (3) $(-5,\ 0),\ (2,\ 0)$
(4) $\left(-\dfrac{3}{2},\ 0\right),\ \left(\dfrac{1}{2},\ 0\right)$

유형 10 P. 132

1 (1) $>,\ >,\ >,\ <$ (2) 위, $<$, 오른, $<$, $>$, 위, $>$
(3) $>,\ <,\ >$ (4) $<,\ <,\ <$
(5) $<,\ >,\ <$ (6) $>,\ >,\ >$

쌍둥이 기출문제 P. 133~134

1 $(2,\ 9)$ **2** $x=3,\ (3,\ -4)$ **3** ⑤
4 ③ **5** -3 **6** 23 **7** ⑤ **8** ④
9 ④ **10** ⑤
11 (1) $\mathrm{A}(-1,\ 0),\ \mathrm{B}(7,\ 0),\ \mathrm{C}(3,\ 16)$ (2) 64
12 24

5 이차함수의 식 구하기

유형 11 P. 135

1 (1) $2,\ 3,\ 2,\ 3,\ \dfrac{1}{2},\ y=\dfrac{1}{2}(x-2)^2-3$
(2) $y=3(x-1)^2+2$
(3) $y=-5(x+1)^2+5$
(4) $y=(x+2)^2-4$

2 (1) $1,\ 3,\ 0,\ 4,\ y=(x-1)^2+3$
(2) $0,\ 3,\ 2,\ 1,\ y=-\dfrac{1}{2}x^2+3$
(3) $-2,\ -3,\ 0,\ 5,\ y=2(x+2)^2-3$

유형 12 P. 136

1 (1) $1,\ 4,\ 16,\ -\dfrac{1}{4},\ 4,\ y=-\dfrac{1}{4}(x-1)^2+4$
(2) $y=3(x+3)^2-1$
(3) $y=-2(x+1)^2+10$
(4) $y=4\left(x-\dfrac{1}{2}\right)^2+1$

2 (1) $2,\ 4,\ 6,\ 0,\ y=-\dfrac{1}{3}(x-2)^2+\dfrac{16}{3}$
(2) $-4,\ 0,\ -2,\ -1,\ y=\dfrac{1}{2}(x+4)^2-3$
(3) $3,\ 1,\ 2,\ 7,\ y=-\dfrac{1}{6}(x-3)^2+\dfrac{8}{3}$

유형 13 P. 137

1 (1) $3,\ 3,\ 3,\ 3,\ 1,\ -4,\ y=x^2-4x+3$
(2) $y=\dfrac{1}{4}x^2+x-3$ (3) $y=3x^2-2x-4$

2 (1) $4,\ 2,\ 6,\ y=-x^2-x+6$
(2) $-2,\ 4,\ 4,\ y=x^2-5x+4$
(3) $0,\ 0,\ 8,\ y=\dfrac{4}{9}x^2+\dfrac{28}{9}x$

유형 14 P. 138

1 (1) $5,\ 2,\ -1,\ -\dfrac{1}{2},\ -\dfrac{1}{2},\ 5,\ y=-\dfrac{1}{2}x^2+\dfrac{7}{2}x-5$
(2) $y=2x^2+4x-6$ (3) $y=-2x^2+6x+8$

2 (1) $-4,\ 0,\ -4,\ y=\dfrac{1}{2}x^2+x-4$
(2) $-3,\ 0,\ 3,\ y=x^2+4x+3$
(3) $0,\ 5,\ 5,\ y=-x^2+4x+5$

쌍둥이 기출문제 P. 139~140

1 ① **2** ⑤ **3** 1 **4** ②
5 ⑤ **6** $(4,\ -11)$ **7** ⑤ **8** ①
9 ① **10** ② **11** ② **12** ①

단원 마무리 P. 141~143

1 ④ **2** 4 **3** ⑤ **4** -1
5 ㄴ, ㄷ, ㅁ **6** ③ **7** -28 **8** ③
9 ⑤ **10** 125 **11** $\dfrac{1}{2}$ **12** $(3,\ 4)$

1 제곱근의 뜻과 성질

유형 1 P. 6

1 (1) 2, -2 (2) 7, -7 (3) 9, -9 (4) 0.5, -0.5 (5) $\frac{1}{4}$, $-\frac{1}{4}$

2 (1) 4, -4 (2) 8, -8 (3) 12, -12 (4) 0.9, -0.9 (5) $\frac{10}{3}$, $-\frac{10}{3}$

3 36, 36, 6

4 (1) 0 (2) 1, -1 (3) 3, -3 (4) 10, -10 (5) 없다. (6) 없다. (7) 0.3, -0.3 (8) 0.4, -0.4 (9) $\frac{1}{2}$, $-\frac{1}{2}$ (10) $\frac{5}{8}$, $-\frac{5}{8}$

5 (1) 9, 3, -3 (2) 16, 4, -4 (3) $\frac{1}{25}$, $\frac{1}{5}$, $-\frac{1}{5}$ (4) 0.04, 0.2, -0.2

1 (1) $2^2=4$, $(-2)^2=4$
(2) $7^2=49$, $(-7)^2=49$
(3) $9^2=81$, $(-9)^2=81$
(4) $(0.5)^2=0.25$, $(-0.5)^2=0.25$
(5) $\left(\frac{1}{4}\right)^2=\frac{1}{16}$, $\left(-\frac{1}{4}\right)^2=\frac{1}{16}$

2 (1) $4^2=16$, $(-4)^2=16$이므로 $x^2=16$을 만족시키는 x의 값은 4, -4이다.
(2) $8^2=64$, $(-8)^2=64$이므로 $x^2=64$를 만족시키는 x의 값은 8, -8이다.
(3) $12^2=144$, $(-12)^2=144$이므로 $x^2=144$를 만족시키는 x의 값은 12, -12이다.
(4) $0.9^2=0.81$, $(-0.9)^2=0.81$이므로 $x^2=0.81$을 만족시키는 x의 값은 0.9, -0.9이다.
(5) $\left(\frac{10}{3}\right)^2=\frac{100}{9}$, $\left(-\frac{10}{3}\right)^2=\frac{100}{9}$이므로 $x^2=\frac{100}{9}$을 만족시키는 x의 값은 $\frac{10}{3}$, $-\frac{10}{3}$이다.

4 (1) $0^2=0$이므로 0의 제곱근은 0뿐이다.
(2) $1^2=(-1)^2=1$이므로 1의 제곱근은 1, -1이다.
(3) $3^2=(-3)^2=9$이므로 9의 제곱근은 3, -3이다.
(4) $10^2=(-10)^2=100$이므로 100의 제곱근은 10, -10이다.
(5), (6) -1, -9는 음수이므로 제곱근이 없다.
(7) $0.3^2=(-0.3)^2=0.09$이므로 0.09의 제곱근은 0.3, -0.3이다.
(8) $0.4^2=(-0.4)^2=0.16$이므로 0.16의 제곱근은 0.4, -0.4이다.
(9) $\left(\frac{1}{2}\right)^2=\left(-\frac{1}{2}\right)^2=\frac{1}{4}$이므로 $\frac{1}{4}$의 제곱근은 $\frac{1}{2}$, $-\frac{1}{2}$이다.
(10) $\left(\frac{5}{8}\right)^2=\left(-\frac{5}{8}\right)^2=\frac{25}{64}$이므로 $\frac{25}{64}$의 제곱근은 $\frac{5}{8}$, $-\frac{5}{8}$이다.

5 (1) $3^2=9$이므로 9의 제곱근은 3, -3이다.
(2) $(-4)^2=16$이므로 16의 제곱근은 4, -4이다.
(3) $\left(\frac{1}{5}\right)^2=\frac{1}{25}$이므로 $\frac{1}{25}$의 제곱근은 $\frac{1}{5}$, $-\frac{1}{5}$이다.
(4) $(-0.2)^2=0.04$이므로 0.04의 제곱근은 0.2, -0.2이다.

유형 2 P. 7

1 (1) $\pm\sqrt{5}$ (2) $\pm\sqrt{10}$ (3) $\pm\sqrt{21}$ (4) $\pm\sqrt{123}$ (5) $\pm\sqrt{0.1}$ (6) $\pm\sqrt{3.6}$ (7) $\pm\sqrt{\frac{2}{3}}$ (8) $\pm\sqrt{\frac{35}{6}}$

2 (1) 5 (2) -10 (3) $\sqrt{7}$ (4) $-\sqrt{1.3}$ (5) $-\sqrt{\frac{4}{5}}$

3 (1) $\pm\sqrt{2}$, $\sqrt{2}$ (2) $\pm\sqrt{23}$, $\sqrt{23}$ (3) ±8, 8 (4) ±12, 12

4 (1) 1 (2) 2 (3) -7 (4) ±6 (5) 1.1 (6) $\frac{2}{3}$ (7) -0.5 (8) $\pm\frac{7}{8}$

5 (1) 3, $-\sqrt{3}$ (2) 49, 7 (3) $\frac{1}{9}$, $-\frac{1}{3}$ (4) 4 (5) -5

3

a	a의 제곱근	제곱근 a
(1) 2	$\pm\sqrt{2}$	$\sqrt{2}$
(2) 23	$\pm\sqrt{23}$	$\sqrt{23}$
(3) 64	$\pm\sqrt{64}=\pm8$	$\sqrt{64}=8$
(4) 144	$\pm\sqrt{144}=\pm12$	$\sqrt{144}=12$

4 (1) $\sqrt{1}$은 1의 양의 제곱근이므로 1이다.
(2) $\sqrt{4}$는 4의 양의 제곱근이므로 2이다.
(3) $-\sqrt{49}$는 49의 음의 제곱근이므로 -7이다.
(4) $\pm\sqrt{36}$은 36의 제곱근이므로 ±6이다.
(5) $\sqrt{1.21}$은 1.21의 양의 제곱근이므로 1.1이다.
(6) $\sqrt{\frac{4}{9}}$는 $\frac{4}{9}$의 양의 제곱근이므로 $\frac{2}{3}$이다.
(7) $-\sqrt{0.25}$는 0.25의 음의 제곱근이므로 -0.5이다.
(8) $\pm\sqrt{\frac{49}{64}}$는 $\frac{49}{64}$의 제곱근이므로 $\pm\frac{7}{8}$이다.

5 (4) $\sqrt{256}=16$이므로 16의 양의 제곱근은 4이다.
(5) $(-5)^2=25$이므로 25의 음의 제곱근은 -5이다.

유형 3 P. 8

1 (1) 2 (2) 5 (3) 0.1 (4) $\frac{3}{4}$

2 (1) 5 (2) -5 (3) 0.7 (4) -0.7 (5) $\frac{6}{5}$ (6) $-\frac{6}{5}$

3 (1) 11 (2) $\frac{1}{3}$ (3) -0.9 (4) $-\frac{2}{5}$

4 (1) 2 (2) -2 (3) 0.3 (4) -0.3 (5) $\frac{1}{5}$ (6) $-\frac{1}{5}$

5 $(\sqrt{7})^2$과 $(-\sqrt{7})^2$, $-\sqrt{(-7)^2}$과 $-\sqrt{7^2}$

6 (1) $7-3$, 4
(2) $18\div6$, 3
(3) $2+6+3$, 11
(4) $-7+5-12$, -14
(5) $5\times6\div3$, 10
(6) $6\times(-0.5)-4\div\frac{2}{5}$, -13

4 (1) $\sqrt{(-2)^2}=\sqrt{2^2}=2$
(2) $\sqrt{(-2)^2}=2$이므로 $-\sqrt{(-2)^2}=-2$
(3) $\sqrt{(-0.3)^2}=\sqrt{0.3^2}=0.3$
(4) $\sqrt{(-0.3)^2}=0.3$이므로 $-\sqrt{(-0.3)^2}=-0.3$
(5) $\sqrt{\left(-\frac{1}{5}\right)^2}=\sqrt{\left(\frac{1}{5}\right)^2}=\frac{1}{5}$
(6) $\sqrt{\left(-\frac{1}{5}\right)^2}=\frac{1}{5}$이므로 $-\sqrt{\left(-\frac{1}{5}\right)^2}=-\frac{1}{5}$

5 $(\sqrt{7})^2=7$, $-\sqrt{(-7)^2}=-7$, $-\sqrt{7^2}=-7$, $(-\sqrt{7})^2=7$

6 (1) $(-\sqrt{7})^2-\sqrt{3^2}=7-3=4$
(2) $\sqrt{18^2}\div(-\sqrt{6})^2=18\div6=3$
(3) $\sqrt{(-2)^2}+(-\sqrt{6})^2+\sqrt{3^2}=2+6+3=11$
(4) $-(-\sqrt{7})^2+\sqrt{(-5)^2}-\sqrt{144}=-7+5-12=-14$
(5) $\sqrt{25}\times\sqrt{(-6)^2}\div(-\sqrt{3})^2=5\times6\div3=10$
(6) $\sqrt{(-6)^2}\times(-\sqrt{0.25})-\sqrt{4^2}\div\sqrt{\frac{4}{25}}$
$=6\times(-0.5)-4\div\frac{2}{5}=-13$

유형 4 P. 9

1 (1) $<$, $-a$ (2) $>$, $-a$ (3) $<$, a (4) $>$, a
2 (1) $2a$ (2) $2a$ (3) $-2a$ (4) $-2a$
3 (1) $-3a$ (2) $-5a$ (3) $2a$
4 (1) $<$, $-x+1$ (2) $>$, $1-x$
(3) $<$, $x-1$ (4) $>$, $-1+x$
5 (1) $x-2$ (2) $-2+x$ (3) $-x+2$
6 $>$, $x+2$, $<$, $-x+3$, $x+2$, $-x+3$, 5

1 $a<0$일 때, $-a>0$이므로
(1) $\sqrt{a^2}=-a$
(2) $\sqrt{(-a)^2}=-a$
(3) $-\sqrt{a^2}=-(-a)=a$
(4) $-\sqrt{(-a)^2}=-(-a)=a$

2 (1) $a>0$일 때, $2a>0$이므로
$\sqrt{(2a)^2}=2a$
(2) $a>0$일 때, $-2a<0$이므로
$\sqrt{(-2a)^2}=-(-2a)=2a$
(3) $a>0$일 때, $2a>0$이므로
$-\sqrt{(2a)^2}=-2a$
(4) $a>0$일 때, $-2a<0$이므로
$-\sqrt{(-2a)^2}=-\{-(-2a)\}=-2a$

3 (1) $a<0$일 때, $3a<0$이므로 $\sqrt{(3a)^2}=-3a$
(2) $a<0$일 때, $-5a>0$이므로 $\sqrt{(-5a)^2}=-5a$
(3) $\sqrt{(3a)^2}-\sqrt{(-5a)^2}=-3a-(-5a)=2a$

4 (1) $x<1$일 때, $x-1<0$이므로
$\sqrt{(x-1)^2}=-(x-1)=-x+1$
(2) $x<1$일 때, $1-x>0$이므로
$\sqrt{(1-x)^2}=1-x$
(3) $x<1$일 때, $x-1<0$이므로
$-\sqrt{(x-1)^2}=-\{-(x-1)\}=x-1$
(4) $x<1$일 때, $1-x>0$이므로
$-\sqrt{(1-x)^2}=-(1-x)=-1+x$

5 (1) $x>2$일 때, $x-2>0$이므로
$\sqrt{(x-2)^2}=x-2$
(2) $x>2$일 때, $2-x<0$이므로
$\sqrt{(2-x)^2}=-(2-x)=-2+x$
(3) $x>2$일 때, $x-2>0$이므로
$-\sqrt{(x-2)^2}=-(x-2)=-x+2$

6 $-2<x<3$일 때,
$x+2>0$이므로 $\sqrt{(x+2)^2}=x+2$
$x-3<0$이므로 $\sqrt{(x-3)^2}=-(x-3)=-x+3$
$\therefore \sqrt{(x+2)^2}+\sqrt{(x-3)^2}=(x+2)+(-x+3)=5$

한 걸음 더 연습 P. 10

1 (1) 10 (2) 15 (3) 2 (4) $\frac{1}{5}$ (5) 2.6 (6) $\frac{1}{3}$

2 (1) 8 (2) -18 (3) 1 (4) 5 (5) -6 (6) $\frac{25}{3}$

3 (1) 3 (2) $2x-3$

4 (1) $-2x$ (2) 2

5 (1) $a-b$ (2) $2a-2b$ (3) $2b$

6 (1) b (2) a (3) $-ab-b-a$

1 (1) $\sqrt{4^2}+\sqrt{(-6)^2}=4+6=10$

(2) $\sqrt{(-7)^2}+(-\sqrt{8})^2=7+8=15$

(3) $\sqrt{121}-\sqrt{(-9)^2}=11-9=2$

(4) $\sqrt{\left(\frac{3}{10}\right)^2}-\sqrt{\frac{1}{100}}=\frac{3}{10}-\frac{1}{10}=\frac{2}{10}=\frac{1}{5}$

(5) $(-\sqrt{1.3})^2\times(\sqrt{2})^2=1.3\times2=2.6$

(6) $\sqrt{\frac{1}{4}}\div\sqrt{\frac{9}{4}}=\frac{1}{2}\div\frac{3}{2}=\frac{1}{2}\times\frac{2}{3}=\frac{1}{3}$

2 (1) $\sqrt{16}-\sqrt{(-3)^2}+(-\sqrt{7})^2=4-3+7=8$

(2) $\sqrt{144}-\sqrt{(-6)^2}\times(-\sqrt{5})^2=12-6\times5=-18$

(3) $\sqrt{1.69}\times\sqrt{100}\div\sqrt{(-13)^2}=1.3\times10\div13=1$

(4) $\sqrt{(-3)^2}+(-\sqrt{5})^2-\sqrt{\left(-\frac{1}{2}\right)^2}\times\sqrt{36}$

$=3+5-\frac{1}{2}\times6=5$

(5) $\sqrt{121}-\sqrt{(-4)^2}\div\sqrt{\frac{4}{49}}-(-\sqrt{3})^2$

$=11-4\div\frac{2}{7}-3=11-4\times\frac{7}{2}-3=-6$

(6) $-\sqrt{0.64}\times\{-(-\sqrt{10})^2\}+\sqrt{\frac{4}{9}}\div\sqrt{(-2)^2}$

$=-0.8\times(-10)+\frac{2}{3}\div2$

$=8+\frac{2}{3}\times\frac{1}{2}=8+\frac{1}{3}=\frac{25}{3}$

3 $0<x<3$일 때, $x>0$, $-x<0$, $x-3<0$, $3-x>0$이므로

(1) $\sqrt{(3-x)^2}+\sqrt{x^2}=(3-x)+x=3$

(2) $\sqrt{(-x)^2}-\sqrt{(x-3)^2}=-(-x)-\{-(x-3)\}$

$=x+x-3=2x-3$

4 $x<-1$일 때, $x+1<0$, $1-x>0$이므로

(1) $\sqrt{(x+1)^2}+\sqrt{(1-x)^2}=-(x+1)+(1-x)$

$=-x-1+1-x=-2x$

(2) $\sqrt{(1-x)^2}-\sqrt{(x+1)^2}=(1-x)-\{-(x+1)\}$

$=1-x+x+1=2$

참고 (양수)$-$(음수)$=$(양수)이므로

$x<-1$일 때, $1-x>0$

예 $x=-2$일 때, $1-x=\underbrace{1-(-2)}_{(양수)-(음수)}=1+2=\underbrace{3}_{(양수)}>0$

5 $a>0$, $b<0$일 때, $a-b>0$이므로

(2) $\sqrt{a^2}+\sqrt{b^2}+\sqrt{(a-b)^2}=a+(-b)+(a-b)$

$=2a-2b$

(3) $\sqrt{a^2}-\sqrt{b^2}-\sqrt{(a-b)^2}=a-(-b)-(a-b)$

$=a+b-a+b=2b$

6 $ab<0$이므로 a, b의 부호는 다르고

$a<b$이므로 $a<0$, $b>0$이다.

(1) $a-b<0$이므로

$\sqrt{(a-b)^2}-\sqrt{a^2}=-(a-b)-(-a)$

$=-a+b+a=b$

(2) $-b<0$, $a-b<0$이므로

$\sqrt{(-b)^2}-\sqrt{(a-b)^2}=-(-b)-\{-(a-b)\}$

$=b+a-b=a$

(3) $ab<0$, $2b>0$, $b-a>0$이므로

$\sqrt{(ab)^2}-\sqrt{(2b)^2}+\sqrt{(b-a)^2}=-ab-2b+b-a$

$=-ab-b-a$

유형 5 P. 11~12

1 (1) 2, 3, 2, 2, 2 (2) 5 (3) 6 (4) 30

2 (1) 15, 60 (2) 21, 84

3 (1) 2, 5, 2, 2, 2 (2) 10 (3) 2 (4) 6

4 (1) 13, 16, 25, 36, 3, 12, 23, 3 (2) 4 (3) 12 (4) 6

5 (1) 10, 1, 4, 9, 9, 6, 1, 1 (2) 12 (3) 17 (4) 10

1 (2) $\sqrt{20x}=\sqrt{2^2\times5\times x}$가 자연수가 되려면 $x=5\times$(자연수)^2 꼴이어야 하므로 구하는 가장 작은 자연수 x의 값은 5이다.

(3) $\sqrt{54x}=\sqrt{2\times3^3\times x}$가 자연수가 되려면 $x=2\times3\times$(자연수)^2 꼴이어야 하므로 구하는 가장 작은 자연수 x의 값은 $2\times3=6$이다.

(4) $\sqrt{120x}=\sqrt{2^3\times3\times5\times x}$가 자연수가 되려면 $x=2\times3\times5\times$(자연수)^2 꼴이어야 하므로 구하는 가장 작은 자연수 x의 값은 $2\times3\times5=30$이다.

2 (1) $\sqrt{60x}=\sqrt{2^2\times3\times5\times x}$가 자연수가 되려면 $x=3\times5\times$(자연수)^2 꼴이어야 한다.

따라서 구하는 두 자리의 자연수 x의 값은

$15\times1^2=15$, $15\times2^2=60$

(2) $\sqrt{84x}=\sqrt{2^2\times3\times7\times x}$가 자연수가 되려면 $x=3\times7\times$(자연수)^2 꼴이어야 한다.

따라서 구하는 두 자리의 자연수 x의 값은

$21\times1^2=21$, $21\times2^2=84$

3 (2) $\sqrt{\frac{40}{x}}=\sqrt{\frac{2^3\times5}{x}}$가 자연수가 되려면 x는 40의 약수이면서 $x=2\times5\times$(자연수)^2 꼴이어야 하므로 구하는 가장 작은 자연수 x의 값은 $2\times5=10$이다.

(3) $\sqrt{\frac{72}{x}}=\sqrt{\frac{2^3\times3^2}{x}}$이 자연수가 되려면 x는 72의 약수이면서 $x=2\times$(자연수)^2 꼴이어야 하므로 구하는 가장 작은 자연수 x의 값은 2이다.

(4) $\sqrt{\frac{96}{x}}=\sqrt{\frac{2^5\times3}{x}}$이 자연수가 되려면 x는 96의 약수이면서 $x=2\times3\times$(자연수)^2 꼴이어야 하므로 구하는 가장 작은 자연수 x의 값은 $2\times3=6$이다.

4 (2) 21보다 큰 (자연수)^2 꼴인 수 중에서 가장 작은 수는 25이므로 $\sqrt{21+x}$가 자연수가 되도록 하는 가장 작은 자연수 x의 값은

$21+x=25 \quad \therefore x=4$

(3) 37보다 큰 (자연수)^2 꼴인 수 중에서 가장 작은 수는 49이므로 $\sqrt{37+x}$가 자연수가 되도록 하는 가장 작은 자연수 x의 값은

$37+x=49 \quad \therefore x=12$

(4) 43보다 큰 (자연수)^2 꼴인 수 중에서 가장 작은 수는 49이므로 $\sqrt{43+x}$가 자연수가 되도록 하는 가장 작은 자연수 x의 값은

$43+x=49 \quad \therefore x=6$

5 (2) 48보다 작은 (자연수)^2 꼴인 수 중에서 가장 큰 수는 36이므로 $\sqrt{48-x}$가 자연수가 되도록 하는 가장 작은 자연수 x의 값은

$48-x=36 \quad \therefore x=12$

(3) 81보다 작은 (자연수)^2 꼴인 수 중에서 가장 큰 수는 64이므로 $\sqrt{81-x}$가 자연수가 되도록 하는 가장 작은 자연수 x의 값은

$81-x=64 \quad \therefore x=17$

(4) 110보다 작은 (자연수)^2 꼴인 수 중에서 가장 큰 수는 100이므로 $\sqrt{110-x}$가 자연수가 되도록 하는 가장 작은 자연수 x의 값은

$110-x=100 \quad \therefore x=10$

유형 6 P. 12~13

1 (1) < (2) > (3) < (4) >
(5) < (6) < (7) < (8) <

2 (1) < (2) > (3) < (4) <
(5) < (6) < (7) < (8) >

3 (1) $-2,\ -\sqrt{3},\ \frac{1}{4},\ \sqrt{\frac{1}{8}}$ (2) $-\sqrt{\frac{1}{3}},\ -\frac{1}{2},\ \sqrt{15},\ 4$

1 (3) $\sqrt{0.2}=\sqrt{\frac{2}{10}}=\sqrt{\frac{1}{5}}$이므로 $\sqrt{0.2}<\sqrt{\frac{3}{5}}$

(4) $3=\sqrt{9}$이므로 $3>\sqrt{8}$

(5) $5=\sqrt{25}$이므로 $5<\sqrt{35}$

(6) $7=\sqrt{49}$이므로 $\sqrt{48}<7$

(7) $\frac{1}{2}=\sqrt{\frac{1}{4}}$이므로 $\frac{1}{2}<\sqrt{\frac{3}{4}}$

(8) $0.3=\sqrt{0.09}$이므로 $0.3<\sqrt{0.9}$

2 (3) $\sqrt{\frac{1}{4}}=\sqrt{0.25}$이고 $\sqrt{0.25}>\sqrt{0.22}$이므로

$-\sqrt{0.25}<-\sqrt{0.22}$

$\therefore -\sqrt{\frac{1}{4}}<-\sqrt{0.22}$

(4) $8=\sqrt{64}$이고 $\sqrt{64}>\sqrt{56}$이므로 $-\sqrt{64}<-\sqrt{56}$

$\therefore -8<-\sqrt{56}$

(5) $4=\sqrt{16}$이고 $\sqrt{16}>\sqrt{15}$이므로 $-\sqrt{16}<-\sqrt{15}$

$\therefore -4<-\sqrt{15}$

(6) $9=\sqrt{81}$이고 $\sqrt{82}>\sqrt{81}$이므로 $-\sqrt{82}<-\sqrt{81}$

$\therefore -\sqrt{82}<-9$

(7) $\frac{1}{2}=\sqrt{\frac{1}{4}}$이고 $\sqrt{\frac{2}{3}}>\sqrt{\frac{1}{4}}$이므로

$-\sqrt{\frac{2}{3}}<-\sqrt{\frac{1}{4}}$

$\therefore -\sqrt{\frac{2}{3}}<-\frac{1}{2}$

(8) $0.2=\sqrt{0.04}$이고 $\sqrt{0.04}<\sqrt{0.4}$이므로

$-\sqrt{0.04}>-\sqrt{0.4}$

$\therefore -0.2>-\sqrt{0.4}$

3 (1) $-2=-\sqrt{4}$이고 $-\sqrt{3}>-\sqrt{4}$이므로 $-\sqrt{3}>-2$

$\frac{1}{4}=\sqrt{\frac{1}{16}}$이고 $\sqrt{\frac{1}{16}}<\sqrt{\frac{1}{8}}$이므로 $\frac{1}{4}<\sqrt{\frac{1}{8}}$

$\therefore -2<-\sqrt{3}<\frac{1}{4}<\sqrt{\frac{1}{8}}$

(2) $-\frac{1}{2}=-\sqrt{\frac{1}{4}}$이고 $-\sqrt{\frac{1}{3}}<-\sqrt{\frac{1}{4}}$이므로

$-\sqrt{\frac{1}{3}}<-\frac{1}{2}$

$4=\sqrt{16}$이고 $\sqrt{15}<\sqrt{16}$이므로 $\sqrt{15}<4$

$\therefore -\sqrt{\frac{1}{3}}<-\frac{1}{2}<\sqrt{15}<4$

한 걸음 더 연습 P. 13

1 (1) 9, 9, 5, 6, 7, 8 (2) 10, 11, 12, 13, 14, 15

2 (1) 1, 2, 3, 4 (2) 3, 4, 5, 6, 7, 8, 9
(3) 10, 11, 12, 13, 14, 15, 16

3 (1) 34 (2) 45 (3) 10

1 (2) $3<\sqrt{x}<4$에서 $\sqrt{9}<\sqrt{x}<\sqrt{16}$

$\therefore\ 9<x<16$

따라서 구하는 자연수 x의 값은 10, 11, 12, 13, 14, 15이다.

2 (1) $0<\sqrt{x}\le 2$에서 $0<\sqrt{x}\le\sqrt{4}$이므로

$0<x\le 4$

$\therefore\ x=1, 2, 3, 4$

(2) $1.5\le\sqrt{x}\le 3$에서 $\sqrt{2.25}\le\sqrt{x}\le\sqrt{9}$이므로

$2.25\le x\le 9$

$\therefore\ x=3, 4, 5, 6, 7, 8, 9$

(3) $-4\le-\sqrt{x}<-3$에서 $3<\sqrt{x}\le 4$

$\sqrt{9}<\sqrt{x}\le\sqrt{16}$, $9<x\le 16$

$\therefore\ x=10, 11, 12, 13, 14, 15, 16$

3 (1) $6<\sqrt{6x}<8$에서 $\sqrt{36}<\sqrt{6x}<\sqrt{64}$이므로

$36<6x<64$, $6<x<\frac{32}{3}$

$\therefore\ x=7, 8, 9, 10$

따라서 구하는 합은 $7+8+9+10=34$

(2) $2<\sqrt{2x-5}<4$에서 $\sqrt{4}<\sqrt{2x-5}<\sqrt{16}$

$4<2x-5<16$, $9<2x<21$, $\frac{9}{2}<x<\frac{21}{2}$

$\therefore\ x=5, 6, 7, 8, 9, 10$

따라서 구하는 합은 $5+6+7+8+9+10=45$

(3) $\sqrt{3}<\sqrt{3x+2}<4$에서 $\sqrt{3}<\sqrt{3x+2}<\sqrt{16}$

$3<3x+2<16$, $1<3x<14$, $\frac{1}{3}<x<\frac{14}{3}$

$\therefore\ x=1, 2, 3, 4$

따라서 구하는 합은 $1+2+3+4=10$

쌍둥이 기출문제 P. 14~15

1 ③	**2** ③	**3** 5	**4** 6	**5** ㄴ, ㄹ
6 ④	**7** ③	**8** 50	**9** ④	**10** 2
11 7	**12** 10	**13** 9, 18, 25, 30, 33	**14** 10개	
15 ④	**16** ④	**17** 9	**18** 6개	

1 4의 제곱근은 $\pm\sqrt{4}$, 즉 ± 2이다.

2 $\sqrt{25}=5$이므로 5의 제곱근은 $\pm\sqrt{5}$이다.

3 64의 양의 제곱근 $a=\sqrt{64}=8$

$(-3)^2=9$의 음의 제곱근 $b=-\sqrt{9}=-3$

$\therefore\ a+b=8+(-3)=5$

4 $(-4)^2=16$의 양의 제곱근 $A=\sqrt{16}=4$

$\sqrt{16}=4$의 음의 제곱근 $B=-\sqrt{4}=-2$

$\therefore\ A-B=4-(-2)=6$

5 ㄱ. 0의 제곱근은 0의 1개이다.

ㄷ. -16은 음수이므로 제곱근이 없다.

따라서 옳은 것은 ㄴ, ㄹ이다.

6 ④ 양수의 제곱근은 2개, 0의 제곱근은 1개, 음수의 제곱근은 없다.

7 $(-\sqrt{3})^2-\sqrt{36}+\sqrt{(-2)^2}=3-6+2=-1$

8 $\sqrt{(-1)^2}+\sqrt{49}\div\left(-\sqrt{\frac{1}{7}}\right)^2=1+7\div\frac{1}{7}$

$=1+7\times 7=50$

9 $4<x<5$일 때, $x-4>0$, $x-5<0$이므로

$\sqrt{(x-4)^2}=x-4$

$\sqrt{(x-5)^2}=-(x-5)=-x+5$

$\therefore\ \sqrt{(x-4)^2}-\sqrt{(x-5)^2}=(x-4)-(-x+5)$

$=x-4+x-5$

$=2x-9$

10 $-1<a<1$일 때, $a-1<0$, $a+1>0$이므로 ⋯ (i)

$\sqrt{(a-1)^2}=-(a-1)=-a+1$

$\sqrt{(a+1)^2}=a+1$ ⋯ (ii)

$\therefore\ \sqrt{(a-1)^2}+\sqrt{(a+1)^2}=(-a+1)+(a+1)$

$=2$ ⋯ (iii)

채점 기준	비율
(i) $a-1$, $a+1$의 부호 판단하기	40 %
(ii) $\sqrt{(a-1)^2}$, $\sqrt{(a+1)^2}$을 근호를 사용하지 않고 나타내기	40 %
(iii) 주어진 식을 간단히 하기	20 %

[11~14] $\sqrt{A}$가 자연수가 될 조건

(1) A가 (자연수)^2 꼴이어야 한다.

(2) A를 소인수분해하였을 때, 소인수의 지수가 모두 짝수이어야 한다.

11 $\sqrt{28x}=\sqrt{2^2\times 7\times x}$가 자연수가 되려면 $x=7\times$(자연수)^2 꼴이어야 하므로 구하는 가장 작은 자연수 x의 값은 7이다.

12 $\sqrt{\frac{18}{5}x}=\sqrt{\frac{2\times 3^2\times x}{5}}$가 자연수가 되려면

$x=2\times 5\times$(자연수)^2 꼴이어야 하므로 구하는 가장 작은 자연수 x의 값은 $2\times 5=10$이다.

13 $\sqrt{34-x}$가 자연수가 되려면 $34-x$는 34보다 작은 (자연수)^2 꼴이어야 하므로
$34-x=1, 4, 9, 16, 25$
$\therefore x=33, 30, 25, 18, 9$

14 $\sqrt{87-x}$가 정수가 되려면 $87-x$는 0 또는 87보다 작은 (자연수)^2 꼴이어야 하므로
$87-x=0, 1, 4, 9, 16, 25, 36, 49, 64, 81$
$\therefore x=87, 86, 83, 78, 71, 62, 51, 38, 23, 6$
따라서 구하는 자연수 x의 개수는 10개이다.

[15~16] 제곱근의 대소 비교
$a>0$, $b>0$일 때, $a<b$이면 $\sqrt{a}<\sqrt{b}$
$\sqrt{a}<\sqrt{b}$이면 $a<b$
$\sqrt{a}<\sqrt{b}$이면 $-\sqrt{a}>-\sqrt{b}$

15 ① $4=\sqrt{16}$이고 $\sqrt{16}<\sqrt{18}$이므로 $4<\sqrt{18}$
② $\sqrt{6}>\sqrt{5}$이므로 $-\sqrt{6}<-\sqrt{5}$
③ $\frac{1}{2}=\sqrt{\frac{1}{4}}$이고 $\sqrt{\frac{1}{4}}<\sqrt{\frac{1}{3}}$이므로 $\frac{1}{2}<\sqrt{\frac{1}{3}}$
④ $0.2=\sqrt{0.04}$이고 $\sqrt{0.04}<\sqrt{0.2}$이므로 $0.2<\sqrt{0.2}$
⑤ $3=\sqrt{9}$이고 $\sqrt{9}>\sqrt{7}$이므로 $-\sqrt{9}<-\sqrt{7}$
$\therefore -3<-\sqrt{7}$
따라서 옳지 않은 것은 ④이다.

16 ① $5<8$이므로 $\sqrt{5}<\sqrt{8}$
② $5=\sqrt{25}$이고 $\sqrt{25}>\sqrt{23}$이므로 $-\sqrt{25}<-\sqrt{23}$
$\therefore -5<-\sqrt{23}$
③ $0.3=\sqrt{0.09}$이고 $\sqrt{0.3}>\sqrt{0.09}$이므로
$-\sqrt{0.3}<-\sqrt{0.09}$ $\quad\therefore -\sqrt{0.3}<-0.3$
④ $\sqrt{\frac{2}{3}}=\sqrt{\frac{10}{15}}$이고 $\sqrt{\frac{2}{5}}=\sqrt{\frac{6}{15}}$이므로 $\sqrt{\frac{2}{3}}>\sqrt{\frac{2}{5}}$
⑤ $7=\sqrt{49}$이고 $\sqrt{49}<\sqrt{50}$이므로 $7<\sqrt{50}$
따라서 부등호의 방향이 나머지 넷과 다른 하나는 ④이다.

[17~18] 제곱근을 포함하는 부등식
$a>0$, $b>0$, $x>0$일 때,
$a<\sqrt{x}<b \Rightarrow \sqrt{a^2}<\sqrt{x}<\sqrt{b^2} \Rightarrow a^2<x<b^2$

17 $1<\sqrt{x}\le 2$에서 $\sqrt{1}<\sqrt{x}\le\sqrt{4}$이므로 $1<x\le 4$
따라서 자연수 x의 값은 2, 3, 4이므로 구하는 합은
$2+3+4=9$

18 $3<\sqrt{x+1}<4$에서 $\sqrt{9}<\sqrt{x+1}<\sqrt{16}$이므로
$9<x+1<16$ $\quad\therefore 8<x<15$
따라서 자연수 x는 9, 10, 11, 12, 13, 14의 6개이다.

2 무리수와 실수

유형 7 P. 16

1 (1) 유 (2) 유 (3) 유 (4) 유
(5) 무 (6) 무 (7) 유 (8) 무
(9) 유 (10) 무
2 풀이 참조
3 (1) ○ (2) × (3) ○ (4) × (5) ○
(6) × (7) × (8) ○ (9) ○ (10) ○

1 분수 $\frac{a}{b}$ (a, b는 정수, $b\neq 0$) 꼴로 나타낼 수 있는 수를 유리수라 하고, 유리수가 아닌 수를 무리수라고 한다.
(1), (2), (7), (9) 0, -5, $\sqrt{4}=2$, $\sqrt{36}-2=6-2=4$는
$\frac{(\text{정수})}{(0\text{이 아닌 정수})}$ 꼴로 나타낼 수 있으므로 유리수이다.
(3) $2.33=\frac{233}{100}$
(4) $1.\dot{2}34\dot{5}=\frac{12345-1}{9999}=\frac{12344}{9999}$
따라서 (1), (2), (3), (4), (7), (9)는 유리수이고, (5), (6), (8), (10)은 무리수이다.

참고
- 정수는 유리수이다. ⇨ (1), (2), (7), (9)
- 유한소수와 순환소수는 유리수이다. ⇨ (3), (4)
- 근호를 사용해야만 나타낼 수 있는 수는 무리수이다. ⇨ (6), (8)
- π와 순환소수가 아닌 무한소수는 무리수이다. ⇨ (5), (10)

2

$\sqrt{\frac{4}{9}}$	$\sqrt{1.2^2}$	$0.1234\cdots$	$\sqrt{\frac{49}{3}}$	$\sqrt{0.1}$
$(-\sqrt{6})^2$	$-\frac{\sqrt{64}}{4}$	$-\sqrt{17}$	1.414	$\frac{1}{\sqrt{4}}$
$\sqrt{2}+3$	$0.1\dot{5}$	$\frac{\pi}{2}$	$-\sqrt{0.04}$	$\sqrt{169}$
$\sqrt{25}$	$\frac{\sqrt{7}}{7}$	$\sqrt{(-3)^2}$	$\sqrt{100}$	$-\sqrt{16}$

$\sqrt{\frac{4}{9}}=\frac{2}{3}$, $\sqrt{1.2^2}=1.2$, $(-\sqrt{6})^2=6$, $-\frac{\sqrt{64}}{4}=-\frac{8}{4}=-2$,
1.414, $\frac{1}{\sqrt{4}}=\frac{1}{2}$, $0.1\dot{5}=\frac{15-1}{90}=\frac{14}{90}=\frac{7}{45}$,
$-\sqrt{0.04}=-0.2$, $\sqrt{169}=13$, $\sqrt{25}=5$, $\sqrt{(-3)^2}=3$,
$\sqrt{100}=10$, $-\sqrt{16}=-4$는 유리수이다.

3 (2) 무한소수 중 순환소수는 유리수이다.
(4) 무한소수 중 순환소수가 아닌 무한소수도 있다.
(6) 유리수는 $\frac{(\text{정수})}{(0\text{이 아닌 정수})}$ 꼴로 나타낼 수 있다.
(7), (8) 근호를 사용하여 나타낸 수가 모두 무리수인 것은 아니다. 근호 안의 수가 어떤 유리수의 제곱인 수는 유리수이다.
(10) $\sqrt{0.09}=0.3$이므로 유리수이다.

유형 8 P. 17

1 (1) $\sqrt{36}$ (2) $\sqrt{9}-5$, $\sqrt{36}$ (3) $0.\dot{1}\dot{2}$, $\sqrt{9}-5$, $\frac{2}{3}$, $\sqrt{36}$
(4) $\pi+1$, $\sqrt{0.4}$, $-\sqrt{10}$
(5) $\pi+1$, $\sqrt{0.4}$, $0.\dot{1}\dot{2}$, $\sqrt{9}-5$, $\frac{2}{3}$, $\sqrt{36}$, $-\sqrt{10}$

2 풀이 참조

3 $\sqrt{1.25}$, $\sqrt{8}$

1 $\pi+1$ ⇨ 무리수, 실수
$\sqrt{0.4}$ ⇨ 무리수, 실수
$0.\dot{1}\dot{2}=\frac{12}{99}=\frac{4}{33}$ ⇨ 유리수, 실수
$\sqrt{9}-5=3-5=-2$ ⇨ 정수, 유리수, 실수
$\frac{2}{3}$ ⇨ 유리수, 실수
$\sqrt{36}=6$ ⇨ 자연수, 정수, 유리수, 실수
$-\sqrt{10}$ ⇨ 무리수, 실수

2

	자연수	정수	유리수	무리수	실수
(1) $\sqrt{25}$	○	○	○	×	○
(2) $0.\dot{5}\dot{6}$	×	×	○	×	○
(3) $\sqrt{0.9}$	×	×	×	○	○
(4) $5-\sqrt{4}$	○	○	○	×	○
(5) 2.365489⋯	×	×	×	○	○

3 □ 안에 해당하는 수는 무리수이다.
3.14, 0, $\sqrt{0.\dot{1}}=\sqrt{\frac{1}{9}}=\frac{1}{3}$, $\sqrt{(-2)^2}=2$ ⇨ 유리수
$\sqrt{1.25}$, $\sqrt{8}$ ⇨ 무리수

유형 9 P. 18

1 풀이 참조

2 (1) P: $3-\sqrt{2}$, Q: $3+\sqrt{2}$ (2) P: $-2-\sqrt{5}$, Q: $-2+\sqrt{5}$

3 P: $-2-\sqrt{2}$, Q: $\sqrt{2}$

4 P: $2-\sqrt{10}$, Q: $2+\sqrt{10}$

1 (1) 피타고라스 정리에 의해 직각삼각형의 빗변의 길이는 $\sqrt{1^2+1^2}=\sqrt{2}$이다.

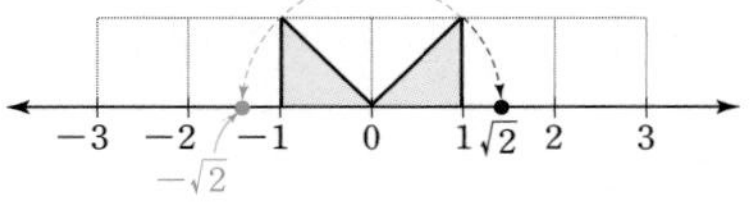

(2)

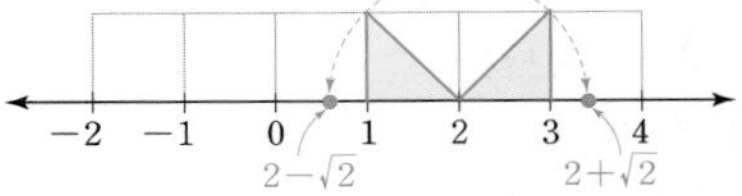

(3) 피타고라스 정리에 의해 직각삼각형의 빗변의 길이는 $\sqrt{1^2+2^2}=\sqrt{5}$이다.

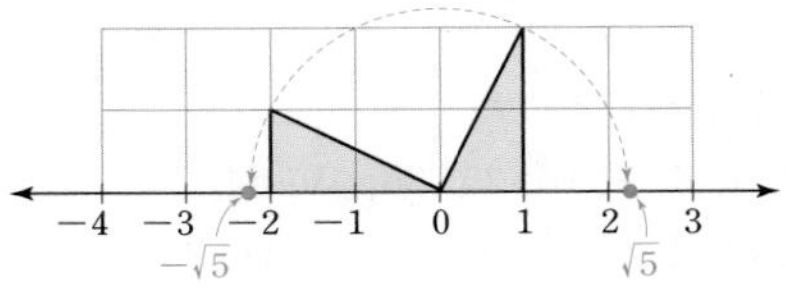

(4)

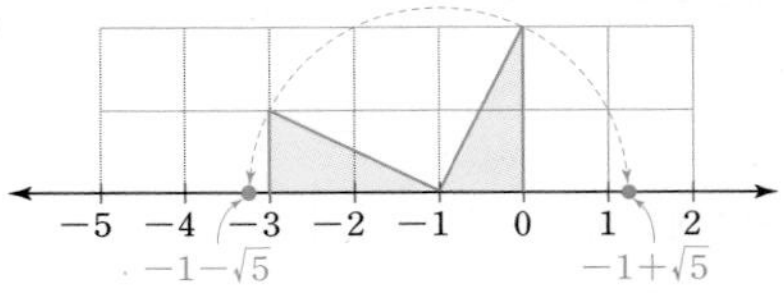

3 한 변의 길이가 1인 정사각형의 대각선의 길이는 $\sqrt{1^2+1^2}=\sqrt{2}$이므로
P: $-2-\sqrt{2}$, Q: $\sqrt{2}$

4 $\overline{AD}=\sqrt{3^2+1^2}=\sqrt{10}$이므로 $\overline{AP}=\overline{AD}=\sqrt{10}$
따라서 점 P에 대응하는 수는 $2-\sqrt{10}$이다.
$\overline{AB}=\sqrt{3^2+1^2}=\sqrt{10}$이므로 $\overline{AQ}=\overline{AB}=\sqrt{10}$
따라서 점 Q에 대응하는 수는 $2+\sqrt{10}$이다.

유형 10 P. 19

1 (1) × (2) × (3) × (4) ○ (5) × (6) ○
(7) × (8) ○

2 (1) 유리수 (2) 실수 (3) 정수

1 (1) 모든 실수는 각각 수직선 위의 한 점에 대응하므로 $1+\sqrt{2}$에 대응하는 점은 수직선 위에 나타낼 수 있다.
(2) 0과 1 사이에는 무수히 많은 무리수가 있다.
(3) $\sqrt{6}$과 $\sqrt{7}$ 사이에는 무수히 많은 유리수가 있다.
(5) 수직선은 정수와 무리수에 대응하는 점들로는 완전히 메울 수 없다. 수직선은 유리수와 무리수, 즉 실수에 대응하는 점들로 완전히 메울 수 있다.
(7) 2와 3 사이에는 정수가 없다.

2 (3) $\sqrt{2}=1.414\cdots$이므로 1과 $\sqrt{2}$ 사이에는 정수가 존재하지 않는다.

유형11 P. 20

1 (1) 2.435 (2) 2.449 (3) 2.478
(4) 8.075 (5) 8.142 (6) 8.185
2 (1) 9.56 (2) 9.69 (3) 9.75
(4) 96.7 (5) 97.6 (6) 99.8

1 (1) 5.9의 가로줄과 3의 세로줄 ⇨ 2.435
(2) 6.0의 가로줄과 0의 세로줄 ⇨ 2.449
(3) 6.1의 가로줄과 4의 세로줄 ⇨ 2.478
(4) 65의 가로줄과 2의 세로줄 ⇨ 8.075
(5) 66의 가로줄과 3의 세로줄 ⇨ 8.142
(6) 67의 가로줄과 0의 세로줄 ⇨ 8.185

2 (1) 3.092가 적혀 있는 칸의 가로줄의 수는 9.5이고, 세로줄의 수는 6이므로 $a=9.56$
(2) 3.113이 적혀 있는 칸의 가로줄의 수는 9.6이고, 세로줄의 수는 9이므로 $a=9.69$
(3) 3.122가 적혀 있는 칸의 가로줄의 수는 9.7이고, 세로줄의 수는 5이므로 $a=9.75$
(4) 9.834가 적혀 있는 칸의 가로줄의 수는 96이고, 세로줄의 수는 7이므로 $a=96.7$
(5) 9.879가 적혀 있는 칸의 가로줄의 수는 97이고, 세로줄의 수는 6이므로 $a=97.6$
(6) 9.990이 적혀 있는 칸의 가로줄의 수는 99이고, 세로줄의 수는 8이므로 $a=99.8$

유형12 P. 21

1 $1-\sqrt{5}$, $<$, $<$, $<$
2 (1) $<$ (2) $>$ (3) $<$ (4) $<$ (5) $<$
3 (1) $<$ (2) $<$ (3) $<$ (4) $>$ (5) $<$
4 ❶ $\sqrt{2}-1$, $>$, $>$, $>$ ❷ $3-\sqrt{7}$, $>$, $>$, $>$
❸ $>$, $>$

2 (1) $(5-\sqrt{6})-3=2-\sqrt{6}=\sqrt{4}-\sqrt{6}<0$
$\therefore 5-\sqrt{6}\ \boxed{<}\ 3$
(2) $(\sqrt{12}-2)-1=\sqrt{12}-3=\sqrt{12}-\sqrt{9}>0$
$\therefore \sqrt{12}-2\ \boxed{>}\ 1$
(3) $(\sqrt{15}+7)-11=\sqrt{15}-4=\sqrt{15}-\sqrt{16}<0$
$\therefore \sqrt{15}+7\ \boxed{<}\ 11$
(4) $2-(\sqrt{11}-1)=3-\sqrt{11}=\sqrt{9}-\sqrt{11}<0$
$\therefore 2\ \boxed{<}\ \sqrt{11}-1$
(5) $5-(\sqrt{17}+1)=4-\sqrt{17}=\sqrt{16}-\sqrt{17}<0$
$\therefore 5\ \boxed{<}\ \sqrt{17}+1$

3 (1) $2<\sqrt{5}$이므로 양변에서 $\sqrt{2}$를 빼면
$2-\sqrt{2}\ \boxed{<}\ \sqrt{5}-\sqrt{2}$
(2) $\sqrt{7}<\sqrt{10}$이므로 양변에 2를 더하면
$\sqrt{7}+2\ \boxed{<}\ \sqrt{10}+2$
(3) $\sqrt{15}<4$이므로 양변에서 $\sqrt{8}$을 빼면
$\sqrt{15}-\sqrt{8}\ \boxed{<}\ 4-\sqrt{8}$
(4) $\sqrt{23}<\sqrt{26}$에서 $-\sqrt{23}>-\sqrt{26}$이므로
양변에 11을 더하면 $11-\sqrt{23}\ \boxed{>}\ 11-\sqrt{26}$
(5) $\frac{1}{2}<\sqrt{\frac{2}{3}}$이므로 양변에서 $\sqrt{5}$를 빼면
$\frac{1}{2}-\sqrt{5}\ \boxed{<}\ \sqrt{\frac{2}{3}}-\sqrt{5}$

유형13 P. 22

1 2, 2, 2 2~3 풀이 참조

2

무리수	$n<$(무리수)$<n+1$	정수 부분	소수 부분
(1) $\sqrt{3}$	$1<\sqrt{3}<2$	1	$\sqrt{3}-1$
(2) $\sqrt{8}$	$2<\sqrt{8}<3$	2	$\sqrt{8}-2$
(3) $\sqrt{11}$	$3<\sqrt{11}<4$	3	$\sqrt{11}-3$
(4) $\sqrt{35}$	$5<\sqrt{35}<6$	5	$\sqrt{35}-5$
(5) $\sqrt{88.8}$	$9<\sqrt{88.8}<10$	9	$\sqrt{88.8}-9$

3

무리수	$n<$(무리수)$<n+1$	정수 부분	소수 부분
(1) $2+\sqrt{2}$	$1<\sqrt{2}<2$ ⇨ $3<2+\sqrt{2}<4$	3	$\sqrt{2}-1$
(2) $3-\sqrt{2}$	$-2<-\sqrt{2}<-1$ ⇨ $1<3-\sqrt{2}<2$	1	$2-\sqrt{2}$
(3) $1+\sqrt{5}$	$2<\sqrt{5}<3$ ⇨ $3<1+\sqrt{5}<4$	3	$\sqrt{5}-2$
(4) $5+\sqrt{7}$	$2<\sqrt{7}<3$ ⇨ $7<5+\sqrt{7}<8$	7	$\sqrt{7}-2$
(5) $5-\sqrt{7}$	$-3<-\sqrt{7}<-2$ ⇨ $2<5-\sqrt{7}<3$	2	$3-\sqrt{7}$

쌍둥이 기출문제 P. 23~25

1 ①, ④ 2 3개 3 ⑤ 4 ㄱ, ㄴ, ㄹ
5 ②, ④ 6 ㄷ, ㅂ 7 P: $1-\sqrt{5}$, Q: $1+\sqrt{5}$
8 P: $3-\sqrt{10}$, Q: $3+\sqrt{10}$ 9 ㄱ, ㄹ 10 ②, ③
11 (1) 2.726 (2) 6.797 12 ④ 13 ⑤
14 ⑤ 15 $c<a<b$ 16 $M=4+\sqrt{2}$, $m=\sqrt{8}+1$
17 $\sqrt{5}-1$ 18 $\sqrt{2}-6$

1 ① $\sqrt{1.6}$, ④ $\sqrt{48}$ ⇨ 무리수

② $\sqrt{\frac{1}{9}}=\frac{1}{3}$, ③ 3.65, ⑤ $\sqrt{(-7)^2}=7$ ⇨ 유리수

따라서 무리수인 것은 ①, ④이다.

2 -3, $0.\dot{8}=\frac{8}{9}$, $\sqrt{\frac{16}{25}}=\frac{4}{5}$ ⇨ 유리수

$-\sqrt{15}$, $\frac{\pi}{3}$, $\sqrt{40}$ ⇨ 무리수

소수로 나타내었을 때, 순환소수가 아닌 무한소수가 되는 것은 무리수이므로 그 개수는 3개이다.

3 ① 유리수를 소수로 나타내면 순환소수, 즉 무한소수가 되는 경우도 있다.

② 무한소수 중 순환소수는 유리수이다.

③ 무리수는 모두 무한소수로 나타낼 수 있지만 순환소수로 나타낼 수는 없다.

④ 유리수이면서 무리수인 수는 없다.

따라서 옳은 것은 ⑤이다.

4 ㄷ. 근호 안의 수가 어떤 유리수의 제곱인 수는 유리수이다.

따라서 옳은 것은 ㄱ, ㄴ, ㄹ이다.

5 ① $\sqrt{0.01}=0.1$, ③ $-\sqrt{\frac{81}{16}}=-\frac{9}{4}$, ⑤ $0.\dot{3}=\frac{3}{9}=\frac{1}{3}$

⇨ 유리수

② $\pi+2$, ④ $\sqrt{2.5}$ ⇨ 무리수

이때 □ 안에 해당하는 수는 무리수이므로 ②, ④이다.

6 ㄱ. $\sqrt{121}=11$, ㄴ. $\sqrt{1.96}=1.4$, ㄹ. $\frac{\sqrt{9}}{2}=\frac{3}{2}$,

ㅁ. $\sqrt{4}-1=1$ ⇨ 유리수

ㄷ. $\sqrt{6.4}$, ㅂ. $\sqrt{20}$ ⇨ 무리수

이때 유리수가 아닌 실수는 무리수이므로 ㄷ, ㅂ이다.

[7~8] 무리수를 수직선 위에 나타내기

❶ 피타고라스 정리를 이용하여 선분의 길이 $\sqrt{a}$를 구한다.

❷ 기준점(p)을 중심으로 하고 주어진 선분을 반지름으로 하는 원을 그렸을 때,

기준점의 $\begin{cases} \text{오른쪽} \Rightarrow p+\sqrt{a} \\ \text{왼쪽} \Rightarrow p-\sqrt{a} \end{cases}$

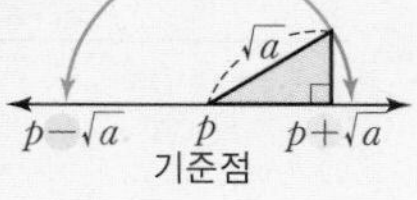

7 피타고라스 정리에 의해

$\overline{AP}=\overline{AB}=\sqrt{2^2+1^2}=\sqrt{5}$, $\overline{AQ}=\overline{AC}=\sqrt{1^2+2^2}=\sqrt{5}$

따라서 두 점 P, Q에 대응하는 수는 각각 $1-\sqrt{5}$, $1+\sqrt{5}$이다.

8 피타고라스 정리에 의해

$\overline{AP}=\overline{AB}=\sqrt{1^2+3^2}=\sqrt{10}$, $\overline{AQ}=\overline{AC}=\sqrt{3^2+1^2}=\sqrt{10}$

따라서 두 점 P, Q에 대응하는 수는 각각

$3-\sqrt{10}$, $3+\sqrt{10}$이다.

9 ㄴ. 1과 1000 사이의 정수는 2, 3, 4, ⋯, 999로 998개가 있다.

ㄷ. π는 무리수이므로 수직선 위의 점에 대응시킬 수 있다.

따라서 옳은 것은 ㄱ, ㄹ이다.

10 ② 1과 2 사이에는 무수히 많은 무리수가 있다.

③ 수직선은 유리수와 무리수, 즉 실수에 대응하는 점들로 완전히 메울 수 있다.

[11~12] 제곱근표를 이용하여 제곱근의 값 구하기

제곱근표에서 $\sqrt{1.16}$의 값 구하기

⇨ 1.1의 가로줄과 6의 세로줄이 만나는 칸에 적혀 있는 수를 읽는다.

∴ $\sqrt{1.16}=1.077$

수	⋯	5	6	7
1.0	⋮	1.025	1.030	1.034
1.1	⋮	1.072	1.077	1.082
1.2	⋮	1.118	1.122	1.127

12 $\sqrt{55.1}=7.423$이므로 $a=7.423$

$\sqrt{58.3}=7.635$이므로 $b=58.3$

$\therefore 1000a-100b=1000\times7.423+100\times58.3$

$=7423-5830=1593$

[13~16] 실수의 대소 관계

(1) 두 수의 차를 이용한다.

a, b가 실수일 때, $a-b>0$이면 $a>b$

$a-b=0$이면 $a=b$

$a-b<0$이면 $a<b$

(2) 부등식의 성질을 이용한다.

$2+\sqrt{5}$ □ $\sqrt{3}+\sqrt{5}$ $\xrightarrow[\text{양변에 }+\sqrt{5}]{2>\sqrt{3}\text{이므로}}$ $2+\sqrt{5}$ ⊠> $\sqrt{3}+\sqrt{5}$

13 ② $(6-\sqrt{5})-4=2-\sqrt{5}=\sqrt{4}-\sqrt{5}<0$

$\therefore 6-\sqrt{5}<4$

③ $2-(\sqrt{2}+1)=1-\sqrt{2}<0$ $\therefore 2<\sqrt{2}+1$

④ $\sqrt{6}>\sqrt{5}$에서 $-\sqrt{6}<-\sqrt{5}$이므로 양변에 1을 더하면

$1-\sqrt{6}<1-\sqrt{5}$

⑤ $4>\sqrt{3}$이므로 양변에 $\sqrt{10}$을 더하면

$\sqrt{10}+4>\sqrt{10}+\sqrt{3}$

따라서 옳지 않은 것은 ⑤이다.

14 ① $4-(2+\sqrt{2})=2-\sqrt{2}=\sqrt{4}-\sqrt{2}>0$

$\therefore 4>2+\sqrt{2}$

② $4-(\sqrt{3}+3)=1-\sqrt{3}<0$ $\therefore 4<\sqrt{3}+3$

③ $\sqrt{2}<\sqrt{3}$에서 $-\sqrt{2}>-\sqrt{3}$이므로 양변에 3을 더하면

$3-\sqrt{2}>3-\sqrt{3}$

④ $\sqrt{6}<\sqrt{7}$이므로 양변에서 3을 빼면

$\sqrt{6}-3<\sqrt{7}-3$

⑤ $2>\sqrt{3}$이므로 양변에 $\sqrt{5}$를 더하면

$2+\sqrt{5}>\sqrt{3}+\sqrt{5}$

따라서 옳은 것은 ⑤이다.

15 $a-b=(3-\sqrt{5})-1=2-\sqrt{5}=\sqrt{4}-\sqrt{5}<0$ $\therefore a<b$
$a=3-\sqrt{5}$, $c=3-\sqrt{6}$에서
$\sqrt{5}<\sqrt{6}$이므로 $-\sqrt{5}>-\sqrt{6}$
양변에 3을 더하면 $3-\sqrt{5}>3-\sqrt{6}$ $\therefore a>c$
$\therefore c<a<b$

16 $(\sqrt{8}+1)-5=\sqrt{8}-4=\sqrt{8}-\sqrt{16}<0$ $\therefore \sqrt{8}+1<5$
$(4+\sqrt{2})-5=\sqrt{2}-1>0$ $\therefore 4+\sqrt{2}>5$
따라서 $\sqrt{8}+1<5<4+\sqrt{2}$이므로
$M=4+\sqrt{2}$, $m=\sqrt{8}+1$

[17~18] 무리수의 정수 부분과 소수 부분
무리수 $\sqrt{A}$의 정수 부분이 a이면 ⇨ 소수 부분은 $\sqrt{A}-a$

17 $1<\sqrt{3}<2$이므로 $\sqrt{3}$의 정수 부분 $a=1$ … (i)
$2<\sqrt{5}<3$이므로 $\sqrt{5}$의 정수 부분은 2,
소수 부분 $b=\sqrt{5}-2$ … (ii)
$\therefore a+b=1+(\sqrt{5}-2)=\sqrt{5}-1$ … (iii)

채점 기준	비율
(i) a의 값 구하기	40 %
(ii) b의 값 구하기	40 %
(iii) $a+b$의 값 구하기	20 %

18 $1<\sqrt{2}<2$이므로 $5<4+\sqrt{2}<6$
따라서 $4+\sqrt{2}$의 정수 부분 $a=5$,
소수 부분 $b=(4+\sqrt{2})-5=\sqrt{2}-1$
$\therefore b-a=(\sqrt{2}-1)-5=\sqrt{2}-6$

단원 마무리 P. 26~27

1 -15 **2** ①, ④ **3** 137 **4** $a-2b$
5 6 **6** ④ **7** ② **8** ③
9 $1+\sqrt{3}$

1 $\sqrt{81}=9$의 음의 제곱근 $a=-\sqrt{9}=-3$
$(-5)^2=25$의 양의 제곱근 $b=\sqrt{25}=5$
$\therefore ab=-3\times5=-15$

2 ② 0.9의 제곱근은 $\pm\sqrt{0.9}$이다.
③ 제곱근 $\frac{16}{9}$은 $\sqrt{\frac{16}{9}}=\frac{4}{3}$이다.
⑤ $\sqrt{(-11)^2}=11$의 제곱근은 $\pm\sqrt{11}$이다.
따라서 옳은 것은 ①, ④이다.

3 $\sqrt{5^2}-(-\sqrt{3})^2+\sqrt{225}\times\sqrt{(-9)^2}$
$=5-3+15\times9$
$=5-3+135=137$

4 $a>0$, $ab<0$일 때, $b<0$, $a-b>0$이므로
$\sqrt{(a-b)^2}=a-b$, $\sqrt{b^2}=-b$
$\therefore \sqrt{(a-b)^2}+\sqrt{b^2}=(a-b)+(-b)=a-2b$

5 $\sqrt{150x}=\sqrt{2\times3\times5^2\times x}$가 자연수가 되려면
$x=2\times3\times(\text{자연수})^2$ 꼴이어야 한다. … (i)
따라서 구하는 가장 작은 자연수 x의 값은
$2\times3=6$ … (ii)

채점 기준	비율
(i) 자연수 x에 대한 조건 구하기	60 %
(ii) 가장 작은 자연수 x의 값 구하기	40 %

6 $\sqrt{1.44}=1.2$, $8.\dot{5}=\frac{85-8}{9}=\frac{77}{9}$ ⇨ 유리수
$\sqrt{27}$, $1.121231234\cdots$, $-\pi$, $3-\sqrt{3}$, $\sqrt{\frac{14}{9}}$ ⇨ 무리수
따라서 무리수의 개수는 5개이다.

7 피타고라스 정리에 의해
$\overline{AP}=\overline{AB}=\sqrt{1^2+2^2}=\sqrt{5}$, $\overline{CQ}=\overline{CD}=\sqrt{1^2+1^2}=\sqrt{2}$
따라서 두 점 P, Q에 대응하는 수는 각각
$-3-\sqrt{5}$, $-2+\sqrt{2}$이다.

8 ① $(2-\sqrt{18})-(-2)=4-\sqrt{18}=\sqrt{16}-\sqrt{18}<0$
$\therefore 2-\sqrt{18}\ \boxed{<}\ -2$
② $\sqrt{6}<\sqrt{7}$이므로 양변에 $\sqrt{10}$을 더하면
$\sqrt{10}+\sqrt{6}\ \boxed{<}\ \sqrt{7}+\sqrt{10}$
③ $(\sqrt{5}+3)-5=\sqrt{5}-2=\sqrt{5}-\sqrt{4}>0$
$\therefore \sqrt{5}+3\ \boxed{>}\ 5$
④ $3<\sqrt{11}$이므로 양변에서 $\sqrt{2}$를 빼면
$3-\sqrt{2}\ \boxed{<}\ \sqrt{11}-\sqrt{2}$
⑤ $(\sqrt{7}-2)-1=\sqrt{7}-3=\sqrt{7}-\sqrt{9}<0$
$\therefore \sqrt{7}-2\ \boxed{<}\ 1$
따라서 부등호의 방향이 나머지 넷과 다른 하나는 ③이다.

9 $1<\sqrt{3}<2$이므로 $-2<-\sqrt{3}<-1$에서
$3<5-\sqrt{3}<4$
따라서 $5-\sqrt{3}$의 정수 부분 $a=3$, … (i)
소수 부분 $b=(5-\sqrt{3})-3$
$=2-\sqrt{3}$ … (ii)
$\therefore a-b=3-(2-\sqrt{3})=1+\sqrt{3}$ … (iii)

채점 기준	비율
(i) a의 값 구하기	40 %
(ii) b의 값 구하기	40 %
(iii) $a-b$의 값 구하기	20 %

1 근호를 포함한 식의 계산 (1)

유형 1 P. 30

1 (1) 7, 42 (2) 2, 5, 7, 70
2 (1) 5, 15 (2) 4, 3, 2, 8, 6 (3) 3, 2, 3, -9, 6
3 (1) $\sqrt{21}$ (2) 8 (3) 6 (4) $-\sqrt{7}$
4 (1) $6\sqrt{5}$ (2) $6\sqrt{14}$
5 (1) 45, 9, 3 (2) 30, 5, 5, 6
6 (1) 4, 2, -2, 3 (2) 9, 5, $\frac{9}{5}$, 6
7 (1) $\sqrt{6}$ (2) 4 (3) $2\sqrt{2}$ (4) $3\sqrt{5}$ (5) $3\sqrt{6}$ (6) $\sqrt{10}$
8 (1) $\sqrt{\frac{3}{2}}$ (2) $-\sqrt{7}$

3 (1) $\sqrt{3}\sqrt{7}=\sqrt{3\times7}=\sqrt{21}$
(2) $\sqrt{2}\sqrt{32}=\sqrt{2\times32}=\sqrt{64}=8$
(3) $\sqrt{2}\sqrt{3}\sqrt{6}=\sqrt{2\times3\times6}=\sqrt{36}=6$
(4) $-\sqrt{5}\times\sqrt{\frac{7}{2}}\times\sqrt{\frac{2}{5}}=-\sqrt{5\times\frac{7}{2}\times\frac{2}{5}}=-\sqrt{7}$

4 (1) $2\sqrt{\frac{3}{5}}\times3\sqrt{\frac{25}{3}}=(2\times3)\times\sqrt{\frac{3}{5}\times\frac{25}{3}}=6\sqrt{5}$
(2) $3\sqrt{10}\times2\sqrt{\frac{7}{5}}=(3\times2)\times\sqrt{10\times\frac{7}{5}}=6\sqrt{14}$

7 (1) $\frac{\sqrt{42}}{\sqrt{7}}=\sqrt{\frac{42}{7}}=\sqrt{6}$
(2) $\sqrt{32}\div\sqrt{2}=\frac{\sqrt{32}}{\sqrt{2}}=\sqrt{\frac{32}{2}}=\sqrt{16}=4$
(3) $4\sqrt{14}\div2\sqrt{7}=\frac{4\sqrt{14}}{2\sqrt{7}}=2\sqrt{\frac{14}{7}}=2\sqrt{2}$
(4) $(-3\sqrt{40})\div(-\sqrt{8})=\frac{-3\sqrt{40}}{-\sqrt{8}}=3\sqrt{\frac{40}{8}}=3\sqrt{5}$
(5) $3\sqrt{\frac{4}{5}}\div\sqrt{\frac{2}{15}}=3\sqrt{\frac{4}{5}}\div\frac{\sqrt{2}}{\sqrt{15}}=3\sqrt{\frac{4}{5}}\times\frac{\sqrt{15}}{\sqrt{2}}$
$=3\sqrt{\frac{4}{5}\times\frac{15}{2}}=3\sqrt{6}$
(6) $\sqrt{35}\div\sqrt{7}\div\frac{1}{\sqrt{2}}=\sqrt{35}\times\frac{1}{\sqrt{7}}\times\sqrt{2}$
$=\sqrt{35\times\frac{1}{7}\times2}=\sqrt{10}$

8 (1) $\sqrt{6}\times\sqrt{3}\div\sqrt{12}=\sqrt{6}\times\sqrt{3}\times\frac{1}{\sqrt{12}}$
$=\sqrt{6\times3\times\frac{1}{12}}=\sqrt{\frac{3}{2}}$
(2) $\sqrt{\frac{6}{7}}\div\sqrt{2}\times\left(-\sqrt{\frac{49}{3}}\right)=\sqrt{\frac{6}{7}}\times\frac{1}{\sqrt{2}}\times\left(-\sqrt{\frac{49}{3}}\right)$
$=-\sqrt{\frac{6}{7}\times\frac{1}{2}\times\frac{49}{3}}=-\sqrt{7}$

유형 2 P. 31

1 (1) 2, 2 (2) 3, 3
2 (1) $2\sqrt{7}$ (2) $-3\sqrt{6}$ (3) $12\sqrt{2}$ (4) $10\sqrt{10}$
3 (1) 4, 4 (2) 100, 10, 10
4 (1) $\frac{\sqrt{6}}{5}$ (2) $\frac{\sqrt{17}}{9}$ (3) $\frac{\sqrt{3}}{10}$ (4) $\frac{\sqrt{7}}{5}$
5 (1) 3, 90 (2) 5, 50 (3) 10, $\frac{3}{20}$ (4) 2, $\frac{27}{4}$
6 (1) $\sqrt{45}$ (2) $-\sqrt{14}$ (3) $\sqrt{5}$ (4) $-\sqrt{\frac{7}{16}}$
7 (1) ㄴ (2) ㄷ (3) ㄱ

2 (1) $\sqrt{28}=\sqrt{2^2\times7}=2\sqrt{7}$
(2) $-\sqrt{54}=-\sqrt{3^2\times6}=-3\sqrt{6}$
(3) $\sqrt{288}=\sqrt{12^2\times2}=12\sqrt{2}$
(4) $\sqrt{1000}=\sqrt{10^2\times10}=10\sqrt{10}$

4 (1) $\sqrt{\frac{6}{25}}=\sqrt{\frac{6}{5^2}}=\frac{\sqrt{6}}{5}$
(2) $\sqrt{\frac{17}{81}}=\sqrt{\frac{17}{9^2}}=\frac{\sqrt{17}}{9}$
(3) $\sqrt{0.03}=\sqrt{\frac{3}{100}}=\sqrt{\frac{3}{10^2}}=\frac{\sqrt{3}}{10}$
(4) $\sqrt{0.28}=\sqrt{\frac{28}{100}}=\sqrt{\frac{2^2\times7}{10^2}}=\frac{2\sqrt{7}}{10}=\frac{\sqrt{7}}{5}$

5 (1) $3\sqrt{10}=\sqrt{3^2}\sqrt{10}=\sqrt{\boxed{3}^2\times10}=\sqrt{9\times10}=\sqrt{\boxed{90}}$
(2) $-5\sqrt{2}=-\sqrt{5^2}\sqrt{2}=-\sqrt{\boxed{5}^2\times2}$
$=-\sqrt{25\times2}=-\sqrt{\boxed{50}}$
(3) $\frac{\sqrt{15}}{10}=\frac{\sqrt{15}}{\sqrt{10^2}}=\sqrt{\frac{15}{\boxed{10}^2}}=\sqrt{\frac{15}{100}}=\sqrt{\boxed{\frac{3}{20}}}$
(4) $\frac{3\sqrt{3}}{2}=\frac{\sqrt{3^2}\sqrt{3}}{\sqrt{2^2}}=\sqrt{\frac{3^2\times3}{\boxed{2}^2}}=\sqrt{\boxed{\frac{27}{4}}}$

6 (1) $3\sqrt{5}=\sqrt{3^2\times5}=\sqrt{45}$
(2) $-2\sqrt{\frac{7}{2}}=-\sqrt{2^2\times\frac{7}{2}}=-\sqrt{14}$
(3) $\frac{\sqrt{45}}{3}=\sqrt{\frac{45}{3^2}}=\sqrt{\frac{45}{9}}=\sqrt{5}$
(4) $-\frac{\sqrt{7}}{4}=-\sqrt{\frac{7}{4^2}}=-\sqrt{\frac{7}{16}}$

7 (1) $\sqrt{12}=\sqrt{2^2\times3}=(\sqrt{2})^2\times\sqrt{3}=a^2b$
(2) $\sqrt{24}=\sqrt{2^3\times3}=(\sqrt{2})^3\times\sqrt{3}=a^3b$
(3) $\sqrt{54}=\sqrt{2\times3^3}=\sqrt{2}\times(\sqrt{3})^3=ab^3$

유형 3 P. 32

1 (1) 100, 10, 10, 26.46
(2) 10000, 100, 100, 264.6
(3) 100, 10, 10, 0.2646
(4) 10000, 100, 100, 0.02646

2 풀이 참조

3 (1) 34.64 (2) 10.95 (3) 0.3464 (4) 0.1095

4 (1) 20.57 (2) 65.04 (3) 0.6656 (4) 0.2105

2

제곱근	$\sqrt{6}$ 또는 $\sqrt{60}$을 사용하여 나타내기	제곱근의 값
$\sqrt{0.6}$	$\sqrt{\frac{60}{100}}=\frac{\sqrt{60}}{10}$	$\frac{7.746}{10}=0.7746$
(1) $\sqrt{0.006}$	$\sqrt{\frac{60}{10000}}=\frac{\sqrt{60}}{100}$	$\frac{7.746}{100}=0.07746$
(2) $\sqrt{0.06}$	$\sqrt{\frac{6}{100}}=\frac{\sqrt{6}}{10}$	$\frac{2.449}{10}=0.2449$
(3) $\sqrt{6000}$	$\sqrt{60\times100}=10\sqrt{60}$	$10\times7.746=77.46$
(4) $\sqrt{60000}$	$\sqrt{6\times10000}=100\sqrt{6}$	$100\times2.449=244.9$

3 (1) $\sqrt{1200}=\sqrt{12\times100}=10\sqrt{12}=10\times3.464=34.64$
(2) $\sqrt{120}=\sqrt{1.2\times100}=10\sqrt{1.2}=10\times1.095=10.95$
(3) $\sqrt{0.12}=\sqrt{\frac{12}{100}}=\frac{\sqrt{12}}{10}=\frac{3.464}{10}=0.3464$
(4) $\sqrt{0.012}=\sqrt{\frac{1.2}{100}}=\frac{\sqrt{1.2}}{10}=\frac{1.095}{10}=0.1095$

4 (1) $\sqrt{423}=\sqrt{4.23\times100}=10\sqrt{4.23}=10\times2.057=20.57$
(2) $\sqrt{4230}=\sqrt{42.3\times100}=10\sqrt{42.3}=10\times6.504=65.04$
(3) $\sqrt{0.443}=\sqrt{\frac{44.3}{100}}=\frac{\sqrt{44.3}}{10}=\frac{6.656}{10}=0.6656$
(4) $\sqrt{0.0443}=\sqrt{\frac{4.43}{100}}=\frac{\sqrt{4.43}}{10}=\frac{2.105}{10}=0.2105$

유형 4 P. 33

1 (1) $\sqrt{5}$, $\sqrt{5}$, $\frac{2\sqrt{5}}{5}$ (2) $\sqrt{7}$, $\sqrt{7}$, $\frac{3\sqrt{7}}{7}$
(3) $\sqrt{5}$, $\sqrt{5}$, $\frac{\sqrt{15}}{5}$ (4) $\sqrt{2}$, $\sqrt{2}$, $\frac{5\sqrt{2}}{4}$

2 (1) $\frac{\sqrt{11}}{11}$ (2) $\sqrt{2}$ (3) $-\frac{5\sqrt{3}}{3}$ (4) $2\sqrt{5}$

3 (1) $\frac{\sqrt{6}}{2}$ (2) $-\frac{\sqrt{35}}{7}$ (3) $\frac{\sqrt{42}}{6}$ (4) $\frac{\sqrt{26}}{13}$

4 (1) $\frac{\sqrt{6}}{4}$ (2) $\frac{\sqrt{15}}{6}$ (3) $\frac{\sqrt{6}}{3}$ (4) $\frac{\sqrt{15}}{5}$

5 (1) $\frac{2\sqrt{3}}{3}$ (2) $\frac{\sqrt{15}}{10}$ (3) $-\frac{5\sqrt{3}}{12}$ (4) $\frac{\sqrt{2}}{4}$

6 (1) $2\sqrt{3}$ (2) $2\sqrt{10}$ (3) $\frac{2\sqrt{15}}{3}$ (4) $\frac{\sqrt{6}}{2}$

1 (1) $\frac{2}{\sqrt{5}}=\frac{2\times\boxed{\sqrt{5}}}{\sqrt{5}\times\boxed{\sqrt{5}}}=\boxed{\frac{2\sqrt{5}}{5}}$
(2) $\frac{3}{\sqrt{7}}=\frac{3\times\boxed{\sqrt{7}}}{\sqrt{7}\times\boxed{\sqrt{7}}}=\boxed{\frac{3\sqrt{7}}{7}}$
(3) $\frac{\sqrt{3}}{\sqrt{5}}=\frac{\sqrt{3}\times\boxed{\sqrt{5}}}{\sqrt{5}\times\boxed{\sqrt{5}}}=\boxed{\frac{\sqrt{15}}{5}}$
(4) $\frac{5}{2\sqrt{2}}=\frac{5\times\boxed{\sqrt{2}}}{2\sqrt{2}\times\boxed{\sqrt{2}}}=\boxed{\frac{5\sqrt{2}}{4}}$

2 (1) $\frac{1}{\sqrt{11}}=\frac{1\times\sqrt{11}}{\sqrt{11}\times\sqrt{11}}=\frac{\sqrt{11}}{11}$
(2) $\frac{2}{\sqrt{2}}=\frac{2\times\sqrt{2}}{\sqrt{2}\times\sqrt{2}}=\frac{2\sqrt{2}}{2}=\sqrt{2}$
(3) $-\frac{5}{\sqrt{3}}=-\frac{5\times\sqrt{3}}{\sqrt{3}\times\sqrt{3}}=-\frac{5\sqrt{3}}{3}$
(4) $\frac{10}{\sqrt{5}}=\frac{10\times\sqrt{5}}{\sqrt{5}\times\sqrt{5}}=\frac{10\sqrt{5}}{5}=2\sqrt{5}$

3 (1) $\frac{\sqrt{3}}{\sqrt{2}}=\frac{\sqrt{3}\times\sqrt{2}}{\sqrt{2}\times\sqrt{2}}=\frac{\sqrt{6}}{2}$
(2) $-\frac{\sqrt{5}}{\sqrt{7}}=-\frac{\sqrt{5}\times\sqrt{7}}{\sqrt{7}\times\sqrt{7}}=-\frac{\sqrt{35}}{7}$
(3) $\frac{\sqrt{7}}{\sqrt{6}}=\frac{\sqrt{7}\times\sqrt{6}}{\sqrt{6}\times\sqrt{6}}=\frac{\sqrt{42}}{6}$
(4) $\frac{\sqrt{2}}{\sqrt{13}}=\frac{\sqrt{2}\times\sqrt{13}}{\sqrt{13}\times\sqrt{13}}=\frac{\sqrt{26}}{13}$

4 (1) $\frac{3}{2\sqrt{6}}=\frac{3\times\sqrt{6}}{2\sqrt{6}\times\sqrt{6}}=\frac{3\sqrt{6}}{12}=\frac{\sqrt{6}}{4}$
(2) $\frac{\sqrt{5}}{2\sqrt{3}}=\frac{\sqrt{5}\times\sqrt{3}}{2\sqrt{3}\times\sqrt{3}}=\frac{\sqrt{15}}{6}$
(3) $\frac{2\sqrt{3}}{3\sqrt{2}}=\frac{2\sqrt{3}\times\sqrt{2}}{3\sqrt{2}\times\sqrt{2}}=\frac{2\sqrt{6}}{6}=\frac{\sqrt{6}}{3}$
(4) $\frac{3}{\sqrt{3}\sqrt{5}}=\frac{3}{\sqrt{15}}=\frac{3\times\sqrt{15}}{\sqrt{15}\times\sqrt{15}}=\frac{3\sqrt{15}}{15}=\frac{\sqrt{15}}{5}$

5 (1) $\frac{4}{\sqrt{12}}=\frac{4}{2\sqrt{3}}=\frac{2}{\sqrt{3}}=\frac{2\times\sqrt{3}}{\sqrt{3}\times\sqrt{3}}=\frac{2\sqrt{3}}{3}$
(2) $\frac{\sqrt{3}}{\sqrt{20}}=\frac{\sqrt{3}}{2\sqrt{5}}=\frac{\sqrt{3}\times\sqrt{5}}{2\sqrt{5}\times\sqrt{5}}=\frac{\sqrt{15}}{10}$
(3) $-\frac{5}{\sqrt{48}}=-\frac{5}{4\sqrt{3}}=-\frac{5\times\sqrt{3}}{4\sqrt{3}\times\sqrt{3}}=-\frac{5\sqrt{3}}{12}$
(4) $\frac{4}{\sqrt{128}}=\frac{4}{8\sqrt{2}}=\frac{1}{2\sqrt{2}}=\frac{1\times\sqrt{2}}{2\sqrt{2}\times\sqrt{2}}=\frac{\sqrt{2}}{4}$

6 (1) $6\times\frac{1}{\sqrt{3}}=\frac{6}{\sqrt{3}}=\frac{6\times\sqrt{3}}{\sqrt{3}\times\sqrt{3}}=\frac{6\sqrt{3}}{3}=2\sqrt{3}$
(2) $10\sqrt{2}\times\frac{1}{\sqrt{5}}=\frac{10\sqrt{2}}{\sqrt{5}}=\frac{10\sqrt{2}\times\sqrt{5}}{\sqrt{5}\times\sqrt{5}}$
$=\frac{10\sqrt{10}}{5}=2\sqrt{10}$

(3) $4\sqrt{5}\div2\sqrt{3}=\frac{4\sqrt{5}}{2\sqrt{3}}=\frac{2\sqrt{5}}{\sqrt{3}}=\frac{2\sqrt{5}\times\sqrt{3}}{\sqrt{3}\times\sqrt{3}}=\frac{2\sqrt{15}}{3}$

(4) $\sqrt{\frac{2}{5}}\div\sqrt{\frac{4}{15}}=\sqrt{\frac{2}{5}}\div\frac{\sqrt{4}}{\sqrt{15}}=\sqrt{\frac{2}{5}}\times\frac{\sqrt{15}}{\sqrt{4}}$

$=\sqrt{\frac{2}{5}\times\frac{15}{4}}=\sqrt{\frac{3}{2}}$

$=\frac{\sqrt{3}}{\sqrt{2}}=\frac{\sqrt{3}\times\sqrt{2}}{\sqrt{2}\times\sqrt{2}}=\frac{\sqrt{6}}{2}$

쌍둥이 기출문제 P. 34~36

1 ⑤	2 ②	3 ③	4 7	5 ④
6 ①	7 ②	8 ④	9 ①	10 15.59
11 ④	12 ③	13 ②	14 6	15 6
16 ④	17 ③	18 $\frac{3\sqrt{6}}{5}$		

1 ① $\frac{\sqrt{9}}{\sqrt{3}}=\sqrt{\frac{9}{3}}=\sqrt{3}$

② $\sqrt{2}\sqrt{3}\sqrt{5}=\sqrt{2\times3\times5}=\sqrt{30}$

③ $3\sqrt{5}\times4\sqrt{2}=(3\times4)\times\sqrt{5\times2}=12\sqrt{10}$

④ $\sqrt{\frac{2}{3}}\times\sqrt{\frac{6}{2}}=\sqrt{\frac{2}{3}\times\frac{6}{2}}=\sqrt{2}$

⑤ $\sqrt{\frac{8}{5}}\div\frac{\sqrt{4}}{\sqrt{5}}=\sqrt{\frac{8}{5}}\times\frac{\sqrt{5}}{\sqrt{4}}=\sqrt{\frac{8}{5}\times\frac{5}{4}}=\sqrt{2}$

따라서 옳지 않은 것은 ⑤이다.

2 ① $\frac{\sqrt{25}}{\sqrt{5}}=\sqrt{\frac{25}{5}}=\sqrt{5}$

② $2\sqrt{3}\times2\sqrt{5}=(2\times2)\times\sqrt{3\times5}=4\sqrt{15}$

③ $\sqrt{18}\div\sqrt{2}=\sqrt{\frac{18}{2}}=\sqrt{9}=3$

④ $\frac{\sqrt{6}}{\sqrt{3}}\times\sqrt{2}=\sqrt{\frac{6}{3}\times2}=\sqrt{4}=2$

⑤ $\sqrt{\frac{6}{7}}\div\sqrt{\frac{3}{7}}=\sqrt{\frac{6}{7}}\div\frac{\sqrt{3}}{\sqrt{7}}=\sqrt{\frac{6}{7}}\times\frac{\sqrt{7}}{\sqrt{3}}=\sqrt{\frac{6}{7}\times\frac{7}{3}}=\sqrt{2}$

따라서 옳은 것은 ②이다.

3 ③ $\sqrt{50}=\sqrt{5^2\times2}=5\sqrt{2}$

4 $\sqrt{300}=\sqrt{10^2\times3}=10\sqrt{3}$이므로 $a=10$ … (i)

$\sqrt{75}=\sqrt{5^2\times3}=5\sqrt{3}$이므로 $b=3$ … (ii)

$\therefore a-b=10-3=7$ … (iii)

채점 기준	비율
(i) a의 값 구하기	40 %
(ii) b의 값 구하기	40 %
(iii) $a-b$의 값 구하기	20 %

[5~6] 제곱근을 문자를 사용하여 나타내기

제곱근을 주어진 문자를 사용하여 나타낼 때는

❶ 근호 안의 수를 소인수분해한다.

❷ 근호 안의 제곱인 인수는 근호 밖으로 꺼낸다.

❸ 주어진 문자를 사용하여 나타낸다.

5 $\sqrt{90}=\sqrt{2\times3^2\times5}=3\times\sqrt{2}\times\sqrt{5}=3ab$

6 $\sqrt{0.24}=\sqrt{\frac{24}{100}}=\sqrt{\frac{2^3\times3}{10^2}}=\frac{1}{5}\times\sqrt{2}\times\sqrt{3}=\frac{1}{5}ab$

[7~10] 제곱근표에 없는 수의 제곱근의 값 구하기

(1) 근호 안의 수가 100보다 큰 경우

⇨ $\sqrt{100a}=10\sqrt{a}$, $\sqrt{10000a}=100\sqrt{a}$, …임을 이용한다.

(2) 근호 안의 수가 0보다 크고 1보다 작은 경우

⇨ $\sqrt{\frac{a}{100}}=\frac{\sqrt{a}}{10}$, $\sqrt{\frac{a}{10000}}=\frac{\sqrt{a}}{100}$, …임을 이용한다.

7 ① $\sqrt{200}=\sqrt{2\times100}=10\sqrt{2}=10\times1.414=14.14$

② $\sqrt{2000}=\sqrt{20\times100}=10\sqrt{20}=10\times4.472=44.72$

③ $\sqrt{0.2}=\sqrt{\frac{20}{100}}=\frac{\sqrt{20}}{10}=\frac{4.472}{10}=0.4472$

④ $\sqrt{0.02}=\sqrt{\frac{2}{100}}=\frac{\sqrt{2}}{10}=\frac{1.414}{10}=0.1414$

⑤ $\sqrt{0.002}=\sqrt{\frac{20}{10000}}=\frac{\sqrt{20}}{100}=\frac{4.472}{100}=0.04472$

따라서 옳은 것은 ②이다.

8 ① $\sqrt{0.0005}=\sqrt{\frac{5}{10000}}=\frac{\sqrt{5}}{100}=\frac{2.236}{100}=0.02236$

② $\sqrt{0.05}=\sqrt{\frac{5}{100}}=\frac{\sqrt{5}}{10}=\frac{2.236}{10}=0.2236$

③ $\sqrt{20}=\sqrt{2^2\times5}=2\sqrt{5}=2\times2.236=4.472$

④ $\sqrt{5000}=\sqrt{50\times100}=10\sqrt{50}$

⑤ $\sqrt{50000}=\sqrt{5\times10000}=100\sqrt{5}$

$=100\times2.236=223.6$

따라서 그 값을 구할 수 없는 것은 ④이다.

9 $\sqrt{0.056}=\sqrt{\frac{5.6}{100}}=\frac{\sqrt{5.6}}{10}=\frac{2.366}{10}=0.2366$

10 $\sqrt{243}=\sqrt{2.43\times100}=10\sqrt{2.43}=10\times1.559=15.59$

11 ① $\frac{1}{\sqrt{3}}=\frac{1\times\sqrt{3}}{\sqrt{3}\times\sqrt{3}}=\frac{\sqrt{3}}{3}$

② $\frac{2}{3\sqrt{2}}=\frac{2\times\sqrt{2}}{3\sqrt{2}\times\sqrt{2}}=\frac{2\sqrt{2}}{6}=\frac{\sqrt{2}}{3}$

③ $\frac{2\sqrt{2}}{\sqrt{5}}=\frac{2\sqrt{2}\times\sqrt{5}}{\sqrt{5}\times\sqrt{5}}=\frac{2\sqrt{10}}{5}$

④ $\frac{\sqrt{8}}{\sqrt{12}}=\frac{2\sqrt{2}}{2\sqrt{3}}=\frac{\sqrt{2}}{\sqrt{3}}=\frac{\sqrt{2}\times\sqrt{3}}{\sqrt{3}\times\sqrt{3}}=\frac{\sqrt{6}}{3}$

⑤ $\frac{\sqrt{5}}{\sqrt{2}\sqrt{3}}=\frac{\sqrt{5}}{\sqrt{6}}=\frac{\sqrt{5}\times\sqrt{6}}{\sqrt{6}\times\sqrt{6}}=\frac{\sqrt{30}}{6}$

따라서 옳지 않은 것은 ④이다.

12 ① $\frac{6}{\sqrt{6}}=\frac{6\times\sqrt{6}}{\sqrt{6}\times\sqrt{6}}=\frac{6\sqrt{6}}{6}=\sqrt{6}$

② $\frac{\sqrt{2}}{\sqrt{7}}=\frac{\sqrt{2}\times\sqrt{7}}{\sqrt{7}\times\sqrt{7}}=\frac{\sqrt{14}}{7}$

③ $\sqrt{\frac{9}{8}}=\frac{\sqrt{9}}{\sqrt{8}}=\frac{3}{2\sqrt{2}}=\frac{3\times\sqrt{2}}{2\sqrt{2}\times\sqrt{2}}=\frac{3\sqrt{2}}{4}$

④ $-\frac{7}{3\sqrt{5}}=-\frac{7\times\sqrt{5}}{3\sqrt{5}\times\sqrt{5}}=-\frac{7\sqrt{5}}{15}$

⑤ $\frac{2}{\sqrt{27}}=\frac{2}{3\sqrt{3}}=\frac{2\times\sqrt{3}}{3\sqrt{3}\times\sqrt{3}}=\frac{2\sqrt{3}}{9}$

따라서 옳은 것은 ③이다.

13 $\frac{5}{3\sqrt{2}}=\frac{5\times\sqrt{2}}{3\sqrt{2}\times\sqrt{2}}=\frac{5\sqrt{2}}{6}$이므로 $a=\frac{5}{6}$

$\frac{1}{2\sqrt{3}}=\frac{1\times\sqrt{3}}{2\sqrt{3}\times\sqrt{3}}=\frac{\sqrt{3}}{6}$이므로 $b=\frac{1}{6}$

$\therefore\ a+b=\frac{5}{6}+\frac{1}{6}=1$

14 $\frac{6\sqrt{2}}{\sqrt{3}}=\frac{6\sqrt{2}\times\sqrt{3}}{\sqrt{3}\times\sqrt{3}}=\frac{6\sqrt{6}}{3}=2\sqrt{6}$이므로 $a=2$ … (i)

$\frac{15\sqrt{3}}{\sqrt{5}}=\frac{15\sqrt{3}\times\sqrt{5}}{\sqrt{5}\times\sqrt{5}}=\frac{15\sqrt{15}}{5}=3\sqrt{15}$이므로

$b=3$ … (ii)

$\therefore\ ab=2\times3=6$ … (iii)

채점 기준	비율
(i) a의 값 구하기	40 %
(ii) b의 값 구하기	40 %
(iii) ab의 값 구하기	20 %

15 $\sqrt{12}\times\frac{3}{\sqrt{6}}\div\frac{3}{\sqrt{18}}=2\sqrt{3}\times\frac{3}{\sqrt{6}}\times\frac{\sqrt{18}}{3}=2\sqrt{3}\times\frac{3}{\sqrt{6}}\times\frac{3\sqrt{2}}{3}$

$=6\sqrt{3\times\frac{1}{6}\times2}=6$

16 $\frac{3\sqrt{7}}{\sqrt{24}}\div\sqrt{\frac{1}{7}}\times\frac{\sqrt{2}}{21}=\frac{3\sqrt{7}}{\sqrt{24}}\div\frac{1}{\sqrt{7}}\times\frac{\sqrt{2}}{\sqrt{21}}=\frac{3\sqrt{7}}{2\sqrt{6}}\times\sqrt{7}\times\frac{\sqrt{2}}{21}$

$=\frac{1}{14}\sqrt{\frac{7}{6}\times7\times2}=\frac{7}{14}\sqrt{\frac{1}{3}}$

$=\frac{1}{2\sqrt{3}}=\frac{\sqrt{3}}{6}$

17 (삼각형의 넓이)$=\frac{1}{2}\times\sqrt{28}\times\sqrt{20}$

$=\frac{1}{2}\times2\sqrt{7}\times2\sqrt{5}=2\sqrt{35}$

(직사각형의 넓이)$=x\times\sqrt{14}=\sqrt{14}x$

삼각형의 넓이와 직사각형의 넓이가 서로 같으므로

$\sqrt{14}x=2\sqrt{35}$

$\therefore\ x=\frac{2\sqrt{35}}{\sqrt{14}}=\frac{2\sqrt{5}}{\sqrt{2}}=\sqrt{10}$

18 (원기둥의 부피)$=\pi\times(2\sqrt{5})^2\times x=20\pi x(\text{cm}^3)$

(원뿔의 부피)$=\frac{1}{3}\times\pi\times(3\sqrt{2})^2\times2\sqrt{6}$

$=\frac{1}{3}\times\pi\times18\times2\sqrt{6}=12\sqrt{6}\pi(\text{cm}^3)$

원기둥의 부피와 원뿔의 부피가 서로 같으므로

$20\pi x=12\sqrt{6}\pi$, $20x=12\sqrt{6}$

$\therefore\ x=\frac{12\sqrt{6}}{20}=\frac{3\sqrt{6}}{5}$

2 근호를 포함한 식의 계산 (2)

유형 5 P. 37

1 (1) ㉡ (2) ㉠ (3) ㉣ (4) ㉤ (5) ㉢

2 (1) 0 (2) $8\sqrt{6}$ (3) $-\frac{\sqrt{2}}{15}$

3 (1) $2\sqrt{3}$ (2) 0 (3) $-\sqrt{6}$

4 (1) $2\sqrt{3}-\sqrt{5}$ (2) $-4\sqrt{2}+3\sqrt{6}$

5 (1) $-\sqrt{2}-6\sqrt{3}$ (2) $-5+6\sqrt{6}$

6 (1) 3, $2\sqrt{2}$ (2) 2, 5, $-3\sqrt{5}$

7 (1) $3\sqrt{2}+\sqrt{7}$ (2) $2\sqrt{2}+\frac{7\sqrt{3}}{3}$

2 (3) $\frac{3\sqrt{2}}{5}-\frac{2\sqrt{2}}{3}=\left(\frac{3}{5}-\frac{2}{3}\right)\sqrt{2}=\left(\frac{9}{15}-\frac{10}{15}\right)\sqrt{2}$

$=-\frac{\sqrt{2}}{15}$

3 (1) $\sqrt{3}-\sqrt{27}+\sqrt{48}=\sqrt{3}-3\sqrt{3}+4\sqrt{3}=2\sqrt{3}$

(2) $\sqrt{7}+\sqrt{28}-\sqrt{63}=\sqrt{7}+2\sqrt{7}-3\sqrt{7}=0$

(3) $-\sqrt{54}-\sqrt{24}+\sqrt{96}=-3\sqrt{6}-2\sqrt{6}+4\sqrt{6}=-\sqrt{6}$

4 (1) $4\sqrt{3}-2\sqrt{3}+\sqrt{5}-2\sqrt{5}=(4-2)\sqrt{3}+(1-2)\sqrt{5}$

$=2\sqrt{3}-\sqrt{5}$

(2) $3\sqrt{2}-2\sqrt{6}-7\sqrt{2}+5\sqrt{6}=(3-7)\sqrt{2}+(-2+5)\sqrt{6}$

$=-4\sqrt{2}+3\sqrt{6}$

5 (1) $\sqrt{8}-\sqrt{12}-\sqrt{18}-\sqrt{48}=2\sqrt{2}-2\sqrt{3}-3\sqrt{2}-4\sqrt{3}$

$=-\sqrt{2}-6\sqrt{3}$

(2) $\sqrt{144}+\sqrt{150}-\sqrt{289}+\sqrt{6}=12+5\sqrt{6}-17+\sqrt{6}$

$=-5+6\sqrt{6}$

6 (1) $\frac{6}{\sqrt{2}}-\sqrt{2}=\frac{6\sqrt{2}}{2}-\sqrt{2}=\boxed{3}\sqrt{2}-\sqrt{2}=\boxed{2\sqrt{2}}$

(2) $\sqrt{20}-\frac{25}{\sqrt{5}}=2\sqrt{5}-\frac{25\sqrt{5}}{5}=\boxed{2}\sqrt{5}-\boxed{5}\sqrt{5}=\boxed{-3\sqrt{5}}$

유형편 라이트

7 (1) $\sqrt{63}-\dfrac{14}{\sqrt{7}}-\sqrt{8}+\dfrac{10}{\sqrt{2}}=3\sqrt{7}-\dfrac{14\sqrt{7}}{7}-2\sqrt{2}+\dfrac{10\sqrt{2}}{2}$

$=3\sqrt{7}-2\sqrt{7}-2\sqrt{2}+5\sqrt{2}$

$=3\sqrt{2}+\sqrt{7}$

(2) $\sqrt{50}-\dfrac{6}{\sqrt{2}}+\sqrt{27}-\dfrac{4}{\sqrt{12}}=5\sqrt{2}-\dfrac{6\sqrt{2}}{2}+3\sqrt{3}-\dfrac{4}{2\sqrt{3}}$

$=5\sqrt{2}-3\sqrt{2}+3\sqrt{3}-\dfrac{2\sqrt{3}}{3}$

$=2\sqrt{2}+\dfrac{7\sqrt{3}}{3}$

유형 6 P. 38

1 (1) $\sqrt{15}+\sqrt{30}$ (2) $2\sqrt{14}-4\sqrt{6}$
(3) $\sqrt{14}+\sqrt{21}$ (4) $-5+\sqrt{55}$

2 (1) $\sqrt{3}$, $\sqrt{3}$, $\dfrac{\sqrt{3}+\sqrt{6}}{3}$ (2) $\sqrt{6}$, $\sqrt{6}$, $3\sqrt{6}-3\sqrt{2}$, $\sqrt{6}-\sqrt{2}$

3 (1) $\dfrac{\sqrt{10}-\sqrt{14}}{2}$ (2) $\dfrac{2\sqrt{3}+3\sqrt{2}}{6}$
(3) $\dfrac{\sqrt{15}+9\sqrt{10}}{10}$ (4) $\dfrac{3-\sqrt{6}}{6}$

4 (1) $\sqrt{6}+\sqrt{2}$ (2) $2\sqrt{5}$ (3) $8\sqrt{6}$

5 (1) $4\sqrt{2}$ (2) $3\sqrt{3}+4\sqrt{6}$ (3) $1+\sqrt{2}$
(4) $-3\sqrt{3}+4\sqrt{6}$

6 (1) $\dfrac{4}{3}$ (2) $-\sqrt{2}+3\sqrt{6}$ (3) $\dfrac{7\sqrt{6}}{6}-\dfrac{5\sqrt{26}}{2}$

1 (2) $2\sqrt{2}(\sqrt{7}-\sqrt{12})=2\sqrt{14}-2\sqrt{24}=2\sqrt{14}-4\sqrt{6}$

2 (1) $\dfrac{1+\sqrt{2}}{\sqrt{3}}=\dfrac{(1+\sqrt{2})\times\boxed{\sqrt{3}}}{\sqrt{3}\times\boxed{\sqrt{3}}}=\boxed{\dfrac{\sqrt{3}+\sqrt{6}}{3}}$

(2) $\dfrac{3-\sqrt{3}}{\sqrt{6}}=\dfrac{(3-\sqrt{3})\times\boxed{\sqrt{6}}}{\sqrt{6}\times\boxed{\sqrt{6}}}=\dfrac{3\sqrt{6}-\sqrt{18}}{6}$

$=\dfrac{\boxed{3\sqrt{6}-3\sqrt{2}}}{6}=\dfrac{\boxed{\sqrt{6}-\sqrt{2}}}{2}$

3 (1) $\dfrac{\sqrt{5}-\sqrt{7}}{\sqrt{2}}=\dfrac{(\sqrt{5}-\sqrt{7})\times\sqrt{2}}{\sqrt{2}\times\sqrt{2}}=\dfrac{\sqrt{10}-\sqrt{14}}{2}$

(2) $\dfrac{\sqrt{2}+\sqrt{3}}{\sqrt{6}}=\dfrac{(\sqrt{2}+\sqrt{3})\times\sqrt{6}}{\sqrt{6}\times\sqrt{6}}=\dfrac{\sqrt{12}+\sqrt{18}}{6}=\dfrac{2\sqrt{3}+3\sqrt{2}}{6}$

(3) $\dfrac{\sqrt{3}+9\sqrt{2}}{2\sqrt{5}}=\dfrac{(\sqrt{3}+9\sqrt{2})\times\sqrt{5}}{2\sqrt{5}\times\sqrt{5}}=\dfrac{\sqrt{15}+9\sqrt{10}}{10}$

(4) $\dfrac{\sqrt{3}-\sqrt{2}}{\sqrt{12}}=\dfrac{\sqrt{3}-\sqrt{2}}{2\sqrt{3}}=\dfrac{(\sqrt{3}-\sqrt{2})\times\sqrt{3}}{2\sqrt{3}\times\sqrt{3}}=\dfrac{3-\sqrt{6}}{6}$

4 (1) $\sqrt{2}\times\sqrt{3}+\sqrt{10}\div\sqrt{5}=\sqrt{6}+\sqrt{2}$

(2) $\sqrt{3}\times\sqrt{15}-\sqrt{30}\times\dfrac{1}{\sqrt{6}}=\sqrt{45}-\sqrt{5}=3\sqrt{5}-\sqrt{5}=2\sqrt{5}$

(3) $2\sqrt{3}\times5\sqrt{2}-\sqrt{3}\div\dfrac{1}{2\sqrt{2}}=10\sqrt{6}-\sqrt{3}\times2\sqrt{2}$

$=10\sqrt{6}-2\sqrt{6}=8\sqrt{6}$

5 (1) $(2\sqrt{3}+4)\sqrt{2}-2\sqrt{6}=2\sqrt{6}+4\sqrt{2}-2\sqrt{6}=4\sqrt{2}$

(2) $\sqrt{27}-2\sqrt{3}(\sqrt{2}-\sqrt{18})=3\sqrt{3}-2\sqrt{6}+2\sqrt{54}$

$=3\sqrt{3}-2\sqrt{6}+6\sqrt{6}$

$=3\sqrt{3}+4\sqrt{6}$

(3) $\sqrt{3}(\sqrt{6}-\sqrt{3})+(\sqrt{48}-\sqrt{24})\div\sqrt{3}$

$=\sqrt{18}-3+(4\sqrt{3}-2\sqrt{6})\div\sqrt{3}$

$=3\sqrt{2}-3+4-2\sqrt{2}$

$=1+\sqrt{2}$

(4) $\sqrt{2}(3\sqrt{3}+\sqrt{6})-\sqrt{3}(5-\sqrt{2})=3\sqrt{6}+2\sqrt{3}-5\sqrt{3}+\sqrt{6}$

$=-3\sqrt{3}+4\sqrt{6}$

6 (1) $\dfrac{2\sqrt{8}-\sqrt{3}}{3\sqrt{2}}+\sqrt{5}\div\sqrt{30}=\dfrac{(4\sqrt{2}-\sqrt{3})\times\sqrt{2}}{3\sqrt{2}\times\sqrt{2}}+\dfrac{\sqrt{5}}{\sqrt{30}}$

$=\dfrac{8-\sqrt{6}}{6}+\dfrac{1}{\sqrt{6}}$

$=\dfrac{4}{3}-\dfrac{\sqrt{6}}{6}+\dfrac{\sqrt{6}}{6}=\dfrac{4}{3}$

(2) $\sqrt{3}(\sqrt{32}-\sqrt{6})+\dfrac{4-2\sqrt{3}}{\sqrt{2}}$

$=\sqrt{3}(4\sqrt{2}-\sqrt{6})+\dfrac{(4-2\sqrt{3})\times\sqrt{2}}{\sqrt{2}\times\sqrt{2}}$

$=4\sqrt{6}-\sqrt{18}+\dfrac{4\sqrt{2}-2\sqrt{6}}{2}$

$=4\sqrt{6}-3\sqrt{2}+2\sqrt{2}-\sqrt{6}=-\sqrt{2}+3\sqrt{6}$

(3) $\dfrac{\sqrt{3}-\sqrt{13}}{\sqrt{2}}-\dfrac{2\sqrt{78}-\sqrt{8}}{\sqrt{3}}$

$=\dfrac{(\sqrt{3}-\sqrt{13})\times\sqrt{2}}{\sqrt{2}\times\sqrt{2}}-\dfrac{(2\sqrt{78}-2\sqrt{2})\times\sqrt{3}}{\sqrt{3}\times\sqrt{3}}$

$=\dfrac{\sqrt{6}-\sqrt{26}}{2}-\dfrac{6\sqrt{26}-2\sqrt{6}}{3}$

$=\dfrac{7\sqrt{6}}{6}-\dfrac{5\sqrt{26}}{2}$

쌍둥이 기출문제 P. 39~41

1 ①	**2** ②	**3** ③	**4** ③	**5** ②
6 $8-3\sqrt{6}$		**7** (가) $a-3$ (나) 3		**8** ⑤
9 ③	**10** 3	**11** ③	**12** $8+\dfrac{11\sqrt{10}}{10}$	
13 ②	**14** ④	**15** ③	**16** ①	**17** ④
18 ③				

1 $7\sqrt{2}+\sqrt{80}+3\sqrt{5}-\sqrt{18}=7\sqrt{2}+4\sqrt{5}+3\sqrt{5}-3\sqrt{2}$

$=4\sqrt{2}+7\sqrt{5}$

따라서 $a=4$, $b=7$이므로

$a-b=4-7=-3$

2 $\sqrt{27}+2\sqrt{3}+\sqrt{20}-\sqrt{45}=3\sqrt{3}+2\sqrt{3}+2\sqrt{5}-3\sqrt{5}$
$=5\sqrt{3}-\sqrt{5}$
따라서 $a=5$, $b=-1$이므로
$a+b=5+(-1)=4$

3 $\sqrt{8}-\frac{4}{\sqrt{2}}=2\sqrt{2}-\frac{4\sqrt{2}}{2}=2\sqrt{2}-2\sqrt{2}=0$

4 $\frac{6}{\sqrt{27}}+\frac{4}{\sqrt{48}}=\frac{6}{3\sqrt{3}}+\frac{4}{4\sqrt{3}}=\frac{2}{\sqrt{3}}+\frac{1}{\sqrt{3}}$
$=\frac{2\sqrt{3}}{3}+\frac{\sqrt{3}}{3}=\sqrt{3}$

5 $\sqrt{3}(\sqrt{6}-2\sqrt{3})-\sqrt{2}(3\sqrt{2}+2)=\sqrt{18}-6-6-2\sqrt{2}$
$=3\sqrt{2}-6-6-2\sqrt{2}$
$=-12+\sqrt{2}$

6 $2\sqrt{3}(\sqrt{3}-\sqrt{2})+\frac{1}{\sqrt{2}}(\sqrt{8}-\sqrt{12})$
$=6-2\sqrt{6}+\sqrt{4}-\sqrt{6}$ ⋯ (i)
$=6-2\sqrt{6}+2-\sqrt{6}$
$=8-3\sqrt{6}$ ⋯ (ii)

채점 기준	비율
(i) 분배법칙을 이용하여 괄호 풀기	50 %
(ii) 답 구하기	50 %

[7~8] 제곱근의 계산 결과가 유리수가 될 조건
a, b가 유리수이고 $\sqrt{m}$이 무리수일 때
(1) $a\sqrt{m}$이 유리수가 되려면 ⇨ $a=0$
(2) $a+b\sqrt{m}$이 유리수가 되려면 ⇨ $b=0$

8 $\sqrt{50}+3a-6-2a\sqrt{2}=5\sqrt{2}+3a-6-2a\sqrt{2}$
$=(3a-6)+(5-2a)\sqrt{2}$
이 식이 유리수가 되려면 $5-2a=0$이어야 하므로
$-2a=-5$ $\quad\therefore a=\frac{5}{2}$

9 $\frac{6}{\sqrt{3}}-(\sqrt{48}+\sqrt{4})\div\frac{2}{\sqrt{3}}=2\sqrt{3}-(4\sqrt{3}+2)\times\frac{\sqrt{3}}{2}$
$=2\sqrt{3}-6-\sqrt{3}$
$=-6+\sqrt{3}$

10 $\sqrt{24}\left(\frac{8}{\sqrt{3}}-\sqrt{6}\right)+(\sqrt{32}-10)\div\sqrt{2}$
$=2\sqrt{6}\left(\frac{8}{\sqrt{3}}-\sqrt{6}\right)+(4\sqrt{2}-10)\div\sqrt{2}$
$=16\sqrt{2}-12+4-\frac{10}{\sqrt{2}}$
$=16\sqrt{2}-8-5\sqrt{2}=-8+11\sqrt{2}$
따라서 $a=-8$, $b=11$이므로
$a+b=-8+11=3$

11 $\frac{\sqrt{27}+\sqrt{2}}{\sqrt{3}}+\frac{\sqrt{8}-\sqrt{12}}{\sqrt{2}}$
$=\frac{(3\sqrt{3}+\sqrt{2})\times\sqrt{3}}{\sqrt{3}\times\sqrt{3}}+\frac{(2\sqrt{2}-2\sqrt{3})\times\sqrt{2}}{\sqrt{2}\times\sqrt{2}}$
$=\frac{9+\sqrt{6}}{3}+\frac{4-2\sqrt{6}}{2}$
$=5-\frac{2\sqrt{6}}{3}$
따라서 $a=5$, $b=-\frac{2}{3}$이므로
$a+3b=5+3\times\left(-\frac{2}{3}\right)=3$

12 $\frac{\sqrt{72}+3\sqrt{5}}{\sqrt{2}}-\frac{\sqrt{8}-\sqrt{20}}{\sqrt{5}}$
$=\frac{(6\sqrt{2}+3\sqrt{5})\times\sqrt{2}}{\sqrt{2}\times\sqrt{2}}-\frac{(2\sqrt{2}-2\sqrt{5})\times\sqrt{5}}{\sqrt{5}\times\sqrt{5}}$
$=\frac{12+3\sqrt{10}}{2}-\frac{2\sqrt{10}-10}{5}$
$=8+\frac{11\sqrt{10}}{10}$

13 (사다리꼴의 넓이)
$=\frac{1}{2}\times\{\sqrt{18}+(4+2\sqrt{2})\}\times\sqrt{12}$
$=\frac{1}{2}\times(3\sqrt{2}+4+2\sqrt{2})\times2\sqrt{3}$
$=\frac{1}{2}\times(4+5\sqrt{2})\times2\sqrt{3}$
$=4\sqrt{3}+5\sqrt{6}$

14 (삼각형의 넓이)
$=\frac{1}{2}\times(\sqrt{40}+\sqrt{10})\times\sqrt{72}$
$=\frac{1}{2}\times(2\sqrt{10}+\sqrt{10})\times6\sqrt{2}$
$=\frac{1}{2}\times3\sqrt{10}\times6\sqrt{2}$
$=9\sqrt{20}$
$=18\sqrt{5}$

15 피타고라스 정리에 의해
$\overline{OP}=\overline{OA}=\sqrt{1^2+1^2}=\sqrt{2}$,
$\overline{OQ}=\overline{OB}=\sqrt{1^2+1^2}=\sqrt{2}$이므로
$a=3-\sqrt{2}$, $b=3+\sqrt{2}$
$\therefore b-a=(3+\sqrt{2})-(3-\sqrt{2})=2\sqrt{2}$

16 피타고라스 정리에 의해
$\overline{OP}=\overline{OA}=\sqrt{2^2+1^2}=\sqrt{5}$,
$\overline{OQ}=\overline{OB}=\sqrt{1^2+2^2}=\sqrt{5}$이므로
$a=-2-\sqrt{5}$, $b=-2+\sqrt{5}$
$\therefore 3a+b=3\times(-2-\sqrt{5})+(-2+\sqrt{5})$
$=-6-3\sqrt{5}-2+\sqrt{5}=-8-2\sqrt{5}$

[17~18] 실수의 대소 관계

두 실수 a, b의 대소 관계는 $a-b$의 부호로 판단한다.

(1) $a-b>0$이면 ⇨ $a>b$

(2) $a-b=0$이면 ⇨ $a=b$

(3) $a-b<0$이면 ⇨ $a<b$

17 ① $(3+2\sqrt{2})-(2\sqrt{2}+\sqrt{8})=3+2\sqrt{2}-2\sqrt{2}-\sqrt{8}$
$=3-\sqrt{8}$
$=\sqrt{9}-\sqrt{8}>0$

$\therefore 3+2\sqrt{2}>2\sqrt{2}+\sqrt{8}$

② $(5\sqrt{2}-1)-(5+\sqrt{2})=5\sqrt{2}-1-5-\sqrt{2}$
$=4\sqrt{2}-6$
$=\sqrt{32}-\sqrt{36}<0$

$\therefore 5\sqrt{2}-1<5+\sqrt{2}$

③ $3\sqrt{2}-(\sqrt{5}+\sqrt{2})=3\sqrt{2}-\sqrt{5}-\sqrt{2}$
$=2\sqrt{2}-\sqrt{5}=\sqrt{8}-\sqrt{5}>0$

$\therefore 3\sqrt{2}>\sqrt{5}+\sqrt{2}$

④ $(3\sqrt{3}-1)-(\sqrt{3}+2)=3\sqrt{3}-1-\sqrt{3}-2$
$=2\sqrt{3}-3=\sqrt{12}-\sqrt{9}>0$

$\therefore 3\sqrt{3}-1>\sqrt{3}+2$

⑤ $(\sqrt{5}+\sqrt{3})-(2+\sqrt{3})=\sqrt{5}+\sqrt{3}-2-\sqrt{3}$
$=\sqrt{5}-2=\sqrt{5}-\sqrt{4}>0$

$\therefore \sqrt{5}+\sqrt{3}>2+\sqrt{3}$

따라서 옳지 않은 것은 ④이다.

18 $a-b=(4\sqrt{2}-1)-4=4\sqrt{2}-5=\sqrt{32}-\sqrt{25}>0$

$\therefore a>b$

$a-c=(4\sqrt{2}-1)-(5\sqrt{2}-1)$
$=4\sqrt{2}-1-5\sqrt{2}+1$
$=-\sqrt{2}<0$

$\therefore a<c$

$\therefore b<a<c$

단원 마무리 P. 42~43

1 ④ **2** ③ **3** ④ **4** ① **5** $\frac{5}{12}$
6 ⑤ **7** $12\sqrt{3}$ cm **8** 5

1 $\frac{3\sqrt{10}}{\sqrt{14}}\div\sqrt{\frac{1}{7}}\times\frac{\sqrt{2}}{\sqrt{5}}=\frac{3\sqrt{10}}{\sqrt{14}}\div\frac{1}{\sqrt{7}}\times\frac{\sqrt{2}}{\sqrt{5}}$
$=\frac{3\sqrt{10}}{\sqrt{14}}\times\sqrt{7}\times\frac{\sqrt{2}}{\sqrt{5}}$
$=3\sqrt{\frac{10}{14}\times7\times\frac{2}{5}}=3\sqrt{2}$

2 $2\sqrt{3}=\sqrt{2^2\times3}=\sqrt{12}$ $\therefore a=12$
$\sqrt{32}=\sqrt{4^2\times2}=4\sqrt{2}$ $\therefore b=4$

3 ① $\sqrt{53000}=\sqrt{5.3\times10000}=100\sqrt{5.3}$
$=100\times2.302=230.2$

② $\sqrt{5300}=\sqrt{53\times100}=10\sqrt{53}$
$=10\times7.280=72.80$

③ $\sqrt{530}=\sqrt{5.3\times100}=10\sqrt{5.3}$
$=10\times2.302=23.02$

④ $\sqrt{0.53}=\sqrt{\frac{53}{100}}=\frac{\sqrt{53}}{10}=\frac{7.280}{10}=0.7280$

⑤ $\sqrt{0.053}=\sqrt{\frac{5.3}{100}}=\frac{\sqrt{5.3}}{10}=\frac{2.302}{10}=0.2302$

따라서 옳지 않은 것은 ④이다.

4 $6\sqrt{3}+\sqrt{45}-\sqrt{75}-\sqrt{5}=6\sqrt{3}+3\sqrt{5}-5\sqrt{3}-\sqrt{5}$
$=\sqrt{3}+2\sqrt{5}$

따라서 $a=1$, $b=2$이므로
$a+b=1+2=3$

5 $\frac{5}{3\sqrt{8}}+\frac{6\sqrt{2}}{\sqrt{10}}-\frac{1}{\sqrt{5}}=\frac{5}{6\sqrt{2}}+\frac{6}{\sqrt{5}}-\frac{1}{\sqrt{5}}$
$=\frac{5\sqrt{2}}{12}+\frac{6\sqrt{5}}{5}-\frac{\sqrt{5}}{5}$
$=\frac{5\sqrt{2}}{12}+\sqrt{5}$

따라서 $a=\frac{5}{12}$, $b=1$이므로 $ab=\frac{5}{12}$

6 $\sqrt{3}(5+3\sqrt{3})-\frac{6-2\sqrt{3}}{\sqrt{3}}=5\sqrt{3}+9-\frac{(6-2\sqrt{3})\times\sqrt{3}}{\sqrt{3}\times\sqrt{3}}$
$=5\sqrt{3}+9-\frac{6\sqrt{3}-6}{3}$
$=5\sqrt{3}+9-(2\sqrt{3}-2)$
$=5\sqrt{3}+9-2\sqrt{3}+2$
$=11+3\sqrt{3}$

7 $\overline{AB}=\sqrt{12}=2\sqrt{3}$(cm), $\overline{BC}=\sqrt{48}=4\sqrt{3}$(cm)

$\therefore$ (□ABCD의 둘레의 길이)
$=2(\overline{AB}+\overline{BC})=2(2\sqrt{3}+4\sqrt{3})$
$=2\times6\sqrt{3}=12\sqrt{3}$(cm)

8 피타고라스 정리에 의해
$\overline{BP}=\overline{BD}=\sqrt{1^2+1^2}=\sqrt{2}$,
$\overline{AQ}=\overline{AC}=\sqrt{1^2+1^2}=\sqrt{2}$이므로 … (i)
점 P에 대응하는 수는 $a=3-\sqrt{2}$,
점 Q에 대응하는 수는 $b=2+\sqrt{2}$ … (ii)
$\therefore a+b=(3-\sqrt{2})+(2+\sqrt{2})$
$=5$ … (iii)

채점 기준	비율
(i) $\overline{BP}$, $\overline{AQ}$의 길이 구하기	40 %
(ii) a, b의 값 구하기	40 %
(iii) $a+b$의 값 구하기	20 %

1 곱셈 공식

유형 1 P. 46

1 $ac+ad+bc+bd$
2 (1) $ac-ad+2bc-2bd$
(2) $12ac+3ad-4bc-bd$
(3) $3ax-2ay+3bx-2by$
(4) $6ax+15ay-12bx-30by$
3 (1) $a^2+7a+12$ (2) $15x^2+7x-2$
(3) $3a^2+ab-2b^2$ (4) $12x^2+17xy-5y^2$
4 (1) $2a^2+3ab-3a+b^2-3b$
(2) $5a^2-16ab+20a+3b^2-4b$
(3) $x^2+2xy-9x-6y+18$
(4) $6a^2-7ab+15a-3b^2+5b$
5 -4 6 -1

3 (1) $(a+3)(a+4)=a^2+4a+3a+12$
$=a^2+7a+12$
(2) $(5x-1)(3x+2)=15x^2+10x-3x-2$
$=15x^2+7x-2$
(3) $(a+b)(3a-2b)=3a^2-2ab+3ab-2b^2$
$=3a^2+ab-2b^2$
(4) $(4x-y)(3x+5y)=12x^2+20xy-3xy-5y^2$
$=12x^2+17xy-5y^2$

4 (1) $(a+b)(2a+b-3)$
$=2a^2+ab-3a+2ab+b^2-3b$
$=2a^2+3ab-3a+b^2-3b$
(2) $(5a-b)(a-3b+4)$
$=5a^2-15ab+20a-ab+3b^2-4b$
$=5a^2-16ab+20a+3b^2-4b$
(3) $(x+2y-6)(x-3)$
$=x^2-3x+2xy-6y-6x+18$
$=x^2+2xy-9x-6y+18$
(4) $(2a-3b+5)(3a+b)$
$=6a^2+2ab-9ab-3b^2+15a+5b$
$=6a^2-7ab+15a-3b^2+5b$

5 $(a-2b)(3a+2b-1)$에서 b^2항이 나오는 부분만 전개하면
$-4b^2$ $\therefore$ (b^2의 계수)$=-4$

6 $(x-3y+5)(x+2y-2)$에서 xy항이 나오는 부분만 전개
하면 $\underset{①}{2xy}+\underset{②}{(-3xy)}=-xy$ $\therefore$ (xy의 계수)$=-1$

유형 2 P. 47

1 $a^2+2ab+b^2$, $a^2-2ab+b^2$
2 (1) x^2+4x+4 (2) $a^2+\frac{2}{3}a+\frac{1}{9}$
(3) $x^2-10x+25$ (4) $a^2-a+\frac{1}{4}$
3 (1) $a^2+4ab+4b^2$ (2) $4x^2+xy+\frac{1}{16}y^2$
(3) $16a^2-24ab+9b^2$ (4) $\frac{1}{9}x^2-\frac{1}{3}xy+\frac{1}{4}y^2$
4 (1) x^2-4x+4 (2) $16a^2-8ab+b^2$
(3) $a^2+12a+36$ (4) $9x^2+24xy+16y^2$

2 (2) $\left(a+\frac{1}{3}\right)^2=a^2+2\times a\times\frac{1}{3}+\left(\frac{1}{3}\right)^2=a^2+\frac{2}{3}a+\frac{1}{9}$
(4) $\left(a-\frac{1}{2}\right)^2=a^2-2\times a\times\frac{1}{2}+\left(\frac{1}{2}\right)^2=a^2-a+\frac{1}{4}$

3 (2) $\left(2x+\frac{1}{4}y\right)^2=(2x)^2+2\times 2x\times\frac{1}{4}y+\left(\frac{1}{4}y\right)^2$
$=4x^2+xy+\frac{1}{16}y^2$
(4) $\left(\frac{1}{3}x-\frac{1}{2}y\right)^2=\left(\frac{1}{3}x\right)^2-2\times\frac{1}{3}x\times\frac{1}{2}y+\left(\frac{1}{2}y\right)^2$
$=\frac{1}{9}x^2-\frac{1}{3}xy+\frac{1}{4}y^2$

4 (1) $(-x+2)^2=(-x)^2+2\times(-x)\times 2+2^2$
$=x^2-4x+4$
(2) $(-4a+b)^2=(-4a)^2+2\times(-4a)\times b+b^2$
$=16a^2-8ab+b^2$
(3) $(-a-6)^2=(-a)^2-2\times(-a)\times 6+6^2$
$=a^2+12a+36$
(4) $(-3x-4y)^2=(-3x)^2-2\times(-3x)\times 4y+(4y)^2$
$=9x^2+24xy+16y^2$

참고 $(-a+b)^2=\{-(a-b)\}^2=(a-b)^2$
$(-a-b)^2=\{-(a+b)\}^2=(a+b)^2$

유형 3 P. 48

1 a^2-b^2
2 (1) x^2-4 (2) $1-x^2$ (3) $4-16a^2$ (4) $9x^2-1$
3 (1) $a^2-\frac{1}{9}b^2$ (2) $\frac{1}{4}x^2-\frac{1}{16}y^2$ (3) $\frac{1}{25}x^2-\frac{4}{49}y^2$
4 (1) $-x$, x^2-9 (2) $16a^2-9b^2$ (3) $25x^2-4y^2$
5 (1) $2a$, $2a$, $2a$, $1-4a^2$
(2) y^2-16x^2 (3) $25b^2-36a^2$
6 x^2, x^4-1

3 (1) $\left(a+\frac{1}{3}b\right)\left(a-\frac{1}{3}b\right)=a^2-\left(\frac{1}{3}b\right)^2=a^2-\frac{1}{9}b^2$

(2) $\left(\frac{1}{2}x-\frac{1}{4}y\right)\left(\frac{1}{2}x+\frac{1}{4}y\right)=\left(\frac{1}{2}x\right)^2-\left(\frac{1}{4}y\right)^2$

$=\frac{1}{4}x^2-\frac{1}{16}y^2$

(3) $\left(\frac{1}{5}x+\frac{2}{7}y\right)\left(\frac{1}{5}x-\frac{2}{7}y\right)=\left(\frac{1}{5}x\right)^2-\left(\frac{2}{7}y\right)^2$

$=\frac{1}{25}x^2-\frac{4}{49}y^2$

4 (2) $(-4a+3b)(-4a-3b)=(-4a)^2-(3b)^2$

$=16a^2-9b^2$

(3) $(-5x-2y)(-5x+2y)=(-5x)^2-(2y)^2$

$=25x^2-4y^2$

5 (2) $(-4x-y)(4x-y)=(-y-4x)(-y+4x)$

$=(-y)^2-(4x)^2=y^2-16x^2$

(3) $(6a+5b)(-6a+5b)=(5b+6a)(5b-6a)$

$=(5b)^2-(6a)^2=25b^2-36a^2$

유형 4

P. 49

1 $a+b$, ab

2 (1) x^2+4x+3 (2) $x^2+2x-35$

(3) $x^2-12xy+27y^2$ (4) $x^2-2xy-8y^2$

3 (1) $x^2-\frac{5}{6}x+\frac{1}{6}$ (2) $a^2+a-\frac{10}{9}$

(3) $x^2+\frac{1}{12}xy-\frac{1}{24}y^2$

4 $ad+bc$, bd

5 (1) $6x^2+17x+5$ (2) $3x^2+7x-6$

(3) $6x^2-23x+20$ (4) $15x^2+4x-3$

6 (1) $15x^2-13xy+2y^2$ (2) $8a^2-6ab-35b^2$

(3) $6x^2+2xy+\frac{1}{6}y^2$

2 (1) $(x+1)(x+3)=x^2+(1+3)x+1\times 3$

$=x^2+4x+3$

(2) $(x+7)(x-5)=x^2+(7-5)x+7\times(-5)$

$=x^2+2x-35$

(3) $(x-3y)(x-9y)$

$=x^2+(-3y-9y)x+(-3y)\times(-9y)$

$=x^2-12xy+27y^2$

(4) $(x-4y)(x+2y)=x^2+(-4y+2y)x+(-4y)\times 2y$

$=x^2-2xy-8y^2$

3 (1) $\left(x-\frac{1}{2}\right)\left(x-\frac{1}{3}\right)$

$=x^2+\left(-\frac{1}{2}-\frac{1}{3}\right)x+\left(-\frac{1}{2}\right)\times\left(-\frac{1}{3}\right)$

$=x^2-\frac{5}{6}x+\frac{1}{6}$

(2) $\left(a-\frac{2}{3}\right)\left(a+\frac{5}{3}\right)=a^2+\left(-\frac{2}{3}+\frac{5}{3}\right)a+\left(-\frac{2}{3}\right)\times\frac{5}{3}$

$=a^2+a-\frac{10}{9}$

(3) $\left(x+\frac{1}{4}y\right)\left(x-\frac{1}{6}y\right)$

$=x^2+\left(\frac{1}{4}y-\frac{1}{6}y\right)x+\frac{1}{4}y\times\left(-\frac{1}{6}y\right)$

$=x^2+\frac{1}{12}xy-\frac{1}{24}y^2$

5 (1) $(3x+1)(2x+5)$

$=(3\times 2)x^2+(3\times 5+1\times 2)x+1\times 5$

$=6x^2+17x+5$

(2) $(x+3)(3x-2)$

$=(1\times 3)x^2+\{1\times(-2)+3\times 3\}x+3\times(-2)$

$=3x^2+7x-6$

(3) $(2x-5)(3x-4)$

$=(2\times 3)x^2+\{2\times(-4)+(-5)\times 3\}x$

$+(-5)\times(-4)$

$=6x^2-23x+20$

(4) $(3x-1)(5x+3)$

$=(3\times 5)x^2+\{3\times 3+(-1)\times 5\}x+(-1)\times 3$

$=15x^2+4x-3$

6 (1) $(3x-2y)(5x-y)$

$=(3\times 5)x^2+\{3\times(-y)+(-2y)+5\}x$

$+(-2y)\times(-y)$

$=15x^2-13xy+2y^2$

(2) $(2a-5b)(4a+7b)$

$=(2\times 4)a^2+\{2\times 7b+(-5b)\times 4\}a$

$+(-5b)\times 7b$

$=8a^2-6ab-35b^2$

(3) $\left(2x+\frac{1}{3}y\right)\left(3x+\frac{1}{2}y\right)$

$=(2\times 3)x^2+\left(2\times\frac{1}{2}y+\frac{1}{3}y\times 3\right)x+\frac{1}{3}y\times\frac{1}{2}y$

$=6x^2+2xy+\frac{1}{6}y^2$

한 걸음 더 연습

P. 50

1 (1) -10 (2) 3

2 (1) $A=6$, $B=36$ (2) $A=5$, $B=4$

(3) $A=7$, $B=3$ (4) $A=3$, $B=-20$

3 (1) $-4ab-2b^2$ (2) $37x^2+12x-13$

4 (1) $3x^2-7x-2$ (2) $-x^2-19x+16$

5 (1) $2x^2-12x-4$ (2) $16x^2-43x+11$

6 $9a^2-b^2$ **7** $2x^2+xy-3y^2$

1 (1) $\left(\frac{1}{3}a+\frac{3}{4}b\right)\left(\frac{1}{3}a-\frac{3}{4}b\right)$
$=\left(\frac{1}{3}a\right)^2-\left(\frac{3}{4}b\right)^2=\frac{1}{9}a^2-\frac{9}{16}b^2$
$=\frac{1}{9}\times72-\frac{9}{16}\times32=8-18=-10$
(2) $\left(\frac{\sqrt{2}}{4}a+\frac{1}{5}b\right)\left(\frac{\sqrt{2}}{4}a-\frac{1}{5}b\right)$
$=\left(\frac{\sqrt{2}}{4}a\right)^2-\left(\frac{1}{5}b\right)^2=\frac{1}{8}a^2-\frac{1}{25}b^2$
$=\frac{1}{8}\times40-\frac{1}{25}\times50=5-2=3$

2 (1) $(x+A)^2=x^2+2Ax+A^2=x^2+12x+B$
즉, $2A=12$, $A^2=B$이므로
$A=6$, $B=A^2=36$
(2) $(2x+Ay)(2x-5y)=4x^2+(-10+2A)xy-5Ay^2$
$=Bx^2-25y^2$
즉, $4=B$, $-10+2A=0$, $-5A=-25$이므로
$A=5$, $B=4$
(3) $(x+A)(x-4)=x^2+(A-4)x-4A$
$=x^2+Bx-28$
즉, $A-4=B$, $-4A=-28$이므로
$A=7$, $B=3$
(4) $(Ax+4)(7x-5)=7Ax^2+(-5A+28)x-20$
$=21x^2+13x+B$
즉, $7A=21$, $-5A+28=13$, $-20=B$이므로
$A=3$, $B=-20$

3 (1) $(2a+b)(2a-b)-(2a+b)^2$
$=(4a^2-b^2)-(4a^2+4ab+b^2)$
$=-4ab-2b^2$
(2) $3(2x+1)^2+(5x-4)(5x+4)$
$=3(4x^2+4x+1)+(25x^2-16)$
$=12x^2+12x+3+25x^2-16$
$=37x^2+12x-13$

4 (1) $(x-1)^2+(2x+1)(x-3)$
$=(x^2-2x+1)+(2x^2-5x-3)$
$=3x^2-7x-2$
(2) $2(x-3)^2-(x+2)(3x+1)$
$=2(x^2-6x+9)-(3x^2+7x+2)$
$=2x^2-12x+18-3x^2-7x-2$
$=-x^2-19x+16$

5 (1) $(2x-3)(3x+2)-(x+2)(4x-1)$
$=(6x^2-5x-6)-(4x^2+7x-2)$
$=2x^2-12x-4$
(2) $(5x+3)(2x-1)+2(3x-1)(x-7)$
$=(10x^2+x-3)+2(3x^2-22x+7)$
$=10x^2+x-3+6x^2-44x+14$
$=16x^2-43x+11$

6 (직사각형의 넓이)=(가로의 길이)×(세로의 길이)
$=(3a-b)(3a+b)=9a^2-b^2$

7 (직사각형의 넓이)=(가로의 길이)×(세로의 길이)
$=(2x+3y)(x-y)$
$=2x^2+xy-3y^2$

쌍둥이 기출문제

P. 51~52

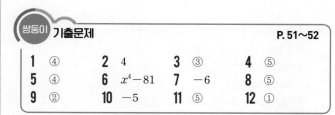

1 ④	**2** 4	**3** ③	**4** ⑤
5 ④	**6** x^4-81	**7** -6	**8** ⑤
9 ②	**10** -5	**11** ⑤	**12** ①

1 $(x+y-1)(ax-y+1)$에서 xy항이 나오는 부분만 전개하면 $\underset{①}{-xy}+\underset{②}{axy}=(-1+a)xy$
xy의 계수가 1이므로
$-1+a=1$ ∴ $a=2$

2 $(ax+y-3)(3x-2y+1)$에서 xy항이 나오는 부분만 전개하면 $-2axy+3xy=(-2a+3)xy$
xy의 계수가 -5이므로
$-2a+3=-5$, $-2a=-8$ ∴ $a=4$

3 ① $(2x+5y)^2=4x^2+20xy+25y^2$
② $(x+7)(x-7)=x^2-49$
④ $(x+7)(x-3)=x^2+4x-21$
⑤ $(4x+7)(2x-5)=8x^2-6x-35$
따라서 옳은 것은 ③이다.

4 ⑤ $(2x-3y)(6x+7y)=12x^2-4xy-21y^2$

5 $(a-2)(a+2)(a^2+4)=(a^2-4)(a^2+4)=a^4-16$
∴ □=4

6 $(x-3)(x+3)(x^2+9)=(x^2-9)(x^2+9)=x^4-81$

7 $(x+a)^2=x^2+2ax+a^2=x^2+bx+4$
$a^2=4$이고 $a<0$이므로 $a=-2$ ··· (i)
$2a=b$에서 $b=2\times(-2)=-4$ ··· (ii)
∴ $a+b=-2+(-4)=-6$ ··· (iii)

채점 기준	비율
(i) a의 값 구하기	40 %
(ii) b의 값 구하기	40 %
(iii) $a+b$의 값 구하기	20 %

8 $(3x+a)(2x+3)=6x^2+(9+2a)x+3a=6x^2+bx-3$
$3a=-3$에서 $a=-1$
$9+2a=b$에서 $b=9+2\times(-1)=7$
$\therefore 2a+b=2\times(-1)+7=5$

9 $3(x+1)^2-(2x+1)(x-6)$
$=3(x^2+2x+1)-(2x^2-11x-6)$
$=3x^2+6x+3-2x^2+11x+6$
$=x^2+17x+9$

10 $(2x+3)(2x-3)-(x-5)(x-1)$
$=(4x^2-9)-(x^2-6x+5)$
$=4x^2-9-x^2+6x-5$
$=3x^2+6x-14$
따라서 $a=3$, $b=6$, $c=-14$이므로
$a+b+c=3+6+(-14)=-5$

11 (색칠한 부분의 넓이)$=(2a-b)^2+b^2$
$=4a^2-4ab+b^2+b^2$
$=4a^2-4ab+2b^2$

12 (색칠한 직사각형의 넓이)$=(a+b)(a-b)$
$=a^2-b^2$

2 곱셈 공식의 활용

유형 5 P. 53

1 (1) ㄴ (2) ㄱ (3) ㄷ (4) ㄹ
2 (1) 10404
(2) $(80+1)^2$, $80^2+2\times80\times1+1^2$, 6561
3 (1) 3364
(2) $(300-1)^2$, $300^2-2\times300\times1+1^2$, 89401
4 (1) 896
(2) $(80+3)(80-3)$, 80^2-3^2, 6391
5 (1) 3843
(2) $(200+1)(200-2)$,
$200^2+(1-2)\times200+1\times(-2)$, 39798

1 (1) $98^2=(100-2)^2$
⇨ $(a-b)^2=a^2-2ab+b^2$
(2) $103^2=(100+3)^2$
⇨ $(a+b)^2=a^2+2ab+b^2$
(3) $104\times96=(100+4)(100-4)$
⇨ $(a+b)(a-b)=a^2-b^2$
(4) $32\times35=(30+2)(30+5)$
⇨ $(x+a)(x+b)=x^2+(a+b)x+ab$

2 (2) $81^2=(80+1)^2$ … ①
$=80^2+2\times80\times1+1^2$ … ②
$=6561$ … ③

3 (2) $299^2=(300-1)^2$ … ①
$=300^2-2\times300\times1+1^2$ … ②
$=89401$ … ③

4 (2) $83\times77=(80+3)(80-3)$ … ①
$=80^2-3^2$ … ②
$=6391$ … ③

5 (2) $201\times198=(200+1)(200-2)$ … ①
$=200^2+(1-2)\times200+1\times(-2)$ … ②
$=39798$ … ③

유형 6 P. 54

1	(1) 2, b^2	(2) $8+2\sqrt{7}$	(3) $9+4\sqrt{5}$	(4) $9+6\sqrt{2}$
2	(1) 2, b^2	(2) $3-2\sqrt{2}$	(3) $15-6\sqrt{6}$	(4) $12-4\sqrt{5}$
3	(1) a, b	(2) 9	(3) 2	(4) 8
4	(1) b, ab	(2) $7+5\sqrt{3}$	(3) $-3+3\sqrt{7}$	(4) $45-12\sqrt{10}$
5	(1) bc, bd	(2) $10+7\sqrt{2}$	(3) $5\sqrt{6}$	(4) $29-13\sqrt{14}$
6	(가) $a-8$	(나) 8		

1 (4) $(\sqrt{3}+\sqrt{6})^2=(\sqrt{3})^2+2\times\sqrt{3}\times\sqrt{6}+(\sqrt{6})^2$
$=3+2\sqrt{18}+6=9+6\sqrt{2}$

2 (4) $(\sqrt{10}-\sqrt{2})^2=(\sqrt{10})^2-2\times\sqrt{10}\times\sqrt{2}+(\sqrt{2})^2$
$=10-2\sqrt{20}+2=12-4\sqrt{5}$

3 (4) $(2\sqrt{3}+2)(2\sqrt{3}-2)=(2\sqrt{3})^2-2^2=12-4=8$

4 (2) $(\sqrt{3}+1)(\sqrt{3}+4)$
$=(\sqrt{3})^2+(1+4)\sqrt{3}+1\times4$
$=3+5\sqrt{3}+4=7+5\sqrt{3}$
(3) $(\sqrt{7}+5)(\sqrt{7}-2)$
$=(\sqrt{7})^2+(5-2)\sqrt{7}+5\times(-2)$
$=7+3\sqrt{7}-10=-3+3\sqrt{7}$
(4) $(\sqrt{10}-5)(\sqrt{10}-7)$
$=(\sqrt{10})^2+(-5-7)\sqrt{10}+(-5)\times(-7)$
$=10-12\sqrt{10}+35=45-12\sqrt{10}$

5 (2) $(2\sqrt{2}+3)(\sqrt{2}+2)$
$=(2\times1)(\sqrt{2})^2+(4+3)\sqrt{2}+3\times2$
$=4+7\sqrt{2}+6=10+7\sqrt{2}$
(3) $(2\sqrt{6}-3)(\sqrt{6}+4)$
$=(2\times1)(\sqrt{6})^2+(8-3)\sqrt{6}+(-3)\times4$
$=12+5\sqrt{6}-12=5\sqrt{6}$

(4) $(4\sqrt{2}-\sqrt{7})(\sqrt{2}-3\sqrt{7})$
$=(4\times1)(\sqrt{2})^2+(-12\sqrt{7}-\sqrt{7})\sqrt{2}+(-\sqrt{7})\times(-3\sqrt{7})$
$=8-13\sqrt{14}+21=29-13\sqrt{14}$

유형 7

P. 55

1 (1) $\sqrt{3}+1$, $\sqrt{3}+1$, $\sqrt{3}+1$
(2) $\sqrt{7}-\sqrt{3}$, $\sqrt{7}-\sqrt{3}$, $\sqrt{7}-\sqrt{3}$

2 (1) $\frac{3\sqrt{6}-6}{2}$ (2) $4+2\sqrt{3}$ (3) $6-2\sqrt{5}$

3 (1) $\sqrt{6}-\sqrt{3}$ (2) $-\sqrt{11}+\sqrt{13}$ (3) $2\sqrt{3}+\sqrt{2}$

4 (1) $5+2\sqrt{5}$ (2) $\sqrt{6}-2$ (3) $\sqrt{3}+\sqrt{2}$

5 (1) $3-2\sqrt{2}$ (2) $\frac{11+4\sqrt{7}}{3}$ (3) $3+2\sqrt{2}$

6 (1) $2\sqrt{3}$ (2) $-2\sqrt{15}$ (3) 10

1 (1) $\frac{2}{\sqrt{3}-1}=\frac{2(\boxed{\sqrt{3}+1})}{(\sqrt{3}-1)(\boxed{\sqrt{3}+1})}$
$=\frac{2(\sqrt{3}+1)}{(\sqrt{3})^2-1^2}=\frac{2(\sqrt{3}+1)}{2}$
$=\boxed{\sqrt{3}+1}$

(2) $\frac{4}{\sqrt{7}+\sqrt{3}}=\frac{4(\boxed{\sqrt{7}-\sqrt{3}})}{(\sqrt{7}+\sqrt{3})(\boxed{\sqrt{7}-\sqrt{3}})}$
$=\frac{4(\sqrt{7}-\sqrt{3})}{(\sqrt{7})^2-(\sqrt{3})^2}=\frac{4(\sqrt{7}-\sqrt{3})}{4}$
$=\boxed{\sqrt{7}-\sqrt{3}}$

2 (1) $\frac{3}{\sqrt{6}+2}=\frac{3(\sqrt{6}-2)}{(\sqrt{6}+2)(\sqrt{6}-2)}$
$=\frac{3(\sqrt{6}-2)}{(\sqrt{6})^2-2^2}=\frac{3\sqrt{6}-6}{2}$

(2) $\frac{2}{2-\sqrt{3}}=\frac{2(2+\sqrt{3})}{(2-\sqrt{3})(2+\sqrt{3})}$
$=\frac{2(2+\sqrt{3})}{2^2-(\sqrt{3})^2}=4+2\sqrt{3}$

(3) $\frac{8}{3+\sqrt{5}}=\frac{8(3-\sqrt{5})}{(3+\sqrt{5})(3-\sqrt{5})}$
$=\frac{8(3-\sqrt{5})}{3^2-(\sqrt{5})^2}=\frac{8(3-\sqrt{5})}{4}$
$=6-2\sqrt{5}$

3 (1) $\frac{3}{\sqrt{6}+\sqrt{3}}=\frac{3(\sqrt{6}-\sqrt{3})}{(\sqrt{6}+\sqrt{3})(\sqrt{6}-\sqrt{3})}$
$=\frac{3(\sqrt{6}-\sqrt{3})}{(\sqrt{6})^2-(\sqrt{3})^2}=\frac{3(\sqrt{6}-\sqrt{3})}{3}$
$=\sqrt{6}-\sqrt{3}$

(2) $\frac{2}{\sqrt{11}+\sqrt{13}}=\frac{2(\sqrt{11}-\sqrt{13})}{(\sqrt{11}+\sqrt{13})(\sqrt{11}-\sqrt{13})}$
$=\frac{2(\sqrt{11}-\sqrt{13})}{(\sqrt{11})^2-(\sqrt{13})^2}$
$=\frac{2(\sqrt{11}-\sqrt{13})}{-2}$
$=-\sqrt{11}+\sqrt{13}$

(3) $\frac{10}{2\sqrt{3}-\sqrt{2}}=\frac{10(2\sqrt{3}+\sqrt{2})}{(2\sqrt{3}-\sqrt{2})(2\sqrt{3}+\sqrt{2})}$
$=\frac{10(2\sqrt{3}+\sqrt{2})}{(2\sqrt{3})^2-(\sqrt{2})^2}$
$=\frac{10(2\sqrt{3}+\sqrt{2})}{10}$
$=2\sqrt{3}+\sqrt{2}$

4 (1) $\frac{\sqrt{5}}{\sqrt{5}-2}=\frac{\sqrt{5}(\sqrt{5}+2)}{(\sqrt{5}-2)(\sqrt{5}+2)}$
$=\frac{\sqrt{5}(\sqrt{5}+2)}{(\sqrt{5})^2-2^2}=5+2\sqrt{5}$

(2) $\frac{\sqrt{2}}{\sqrt{3}+\sqrt{2}}=\frac{\sqrt{2}(\sqrt{3}-\sqrt{2})}{(\sqrt{3}+\sqrt{2})(\sqrt{3}-\sqrt{2})}$
$=\frac{\sqrt{2}(\sqrt{3}-\sqrt{2})}{(\sqrt{3})^2-(\sqrt{2})^2}=\sqrt{6}-2$

(3) $\frac{\sqrt{3}}{3-\sqrt{6}}=\frac{\sqrt{3}(3+\sqrt{6})}{(3-\sqrt{6})(3+\sqrt{6})}$
$=\frac{\sqrt{3}(3+\sqrt{6})}{3^2-(\sqrt{6})^2}=\frac{3\sqrt{3}+\sqrt{18}}{3}=\sqrt{3}+\sqrt{2}$

5 (1) $\frac{\sqrt{2}-1}{\sqrt{2}+1}=\frac{(\sqrt{2}-1)^2}{(\sqrt{2}+1)(\sqrt{2}-1)}$
$=\frac{3-2\sqrt{2}}{(\sqrt{2})^2-1^2}=3-2\sqrt{2}$

(2) $\frac{\sqrt{7}+2}{\sqrt{7}-2}=\frac{(\sqrt{7}+2)^2}{(\sqrt{7}-2)(\sqrt{7}+2)}$
$=\frac{11+4\sqrt{7}}{(\sqrt{7})^2-2^2}=\frac{11+4\sqrt{7}}{3}$

(3) $\frac{\sqrt{6}+\sqrt{3}}{\sqrt{6}-\sqrt{3}}=\frac{(\sqrt{6}+\sqrt{3})^2}{(\sqrt{6}-\sqrt{3})(\sqrt{6}+\sqrt{3})}$
$=\frac{9+6\sqrt{2}}{(\sqrt{6})^2-(\sqrt{3})^2}=\frac{9+6\sqrt{2}}{3}=3+2\sqrt{2}$

6 (1) $\frac{1}{\sqrt{3}-\sqrt{2}}+\frac{1}{\sqrt{3}+\sqrt{2}}$
$=\frac{\sqrt{3}+\sqrt{2}}{(\sqrt{3}-\sqrt{2})(\sqrt{3}+\sqrt{2})}+\frac{\sqrt{3}-\sqrt{2}}{(\sqrt{3}+\sqrt{2})(\sqrt{3}-\sqrt{2})}$
$=(\sqrt{3}+\sqrt{2})+(\sqrt{3}-\sqrt{2})=2\sqrt{3}$

(2) $\frac{\sqrt{5}-\sqrt{3}}{\sqrt{5}+\sqrt{3}}-\frac{\sqrt{5}+\sqrt{3}}{\sqrt{5}-\sqrt{3}}$
$=\frac{(\sqrt{5}-\sqrt{3})^2}{(\sqrt{5}+\sqrt{3})(\sqrt{5}-\sqrt{3})}-\frac{(\sqrt{5}+\sqrt{3})^2}{(\sqrt{5}-\sqrt{3})(\sqrt{5}+\sqrt{3})}$
$=\frac{8-2\sqrt{15}}{2}-\frac{8+2\sqrt{15}}{2}=-\frac{4\sqrt{15}}{2}=-2\sqrt{15}$

(3) $\frac{1-\sqrt{3}}{2+\sqrt{3}}+\frac{1+\sqrt{3}}{2-\sqrt{3}}$

$=\frac{(1-\sqrt{3})(2-\sqrt{3})}{(2+\sqrt{3})(2-\sqrt{3})}+\frac{(1+\sqrt{3})(2+\sqrt{3})}{(2-\sqrt{3})(2+\sqrt{3})}$

$=(5-3\sqrt{3})+(5+3\sqrt{3})=10$

쌍둥이 기출문제 P. 56

1	③	**2**	⑤	**3**	$15-2\sqrt{2}$	**4**	5
5	②	**6**	-4	**7**	1	**8**	$\sqrt{5}$

1 $6.1\times5.9=(6+0.1)(6-0.1)$이므로
$(a+b)(a-b)=a^2-b^2$을 이용하는 것이 가장 편리하다.

2 ① $97^2=(100-3)^2$ ⇨ $(a-b)^2=a^2-2ab+b^2$
② $1002^2=(1000+2)^2$ ⇨ $(a+b)^2=a^2+2ab+b^2$
③ $196\times204=(200-4)(200+4)$
⇨ $(a+b)(a-b)=a^2-b^2$
④ $4.2\times3.8=(4+0.2)(4-0.2)$
⇨ $(a+b)(a-b)=a^2-b^2$
⑤ $101\times104=(100+1)(100+4)$
⇨ $(x+a)(x+b)=x^2+(a+b)x+ab$
따라서 주어진 곱셈 공식을 이용하여 계산하면 가장 편리한 것은 ⑤이다.

3 $(5+\sqrt{7})(5-\sqrt{7})-(\sqrt{2}+1)^2=25-7-(2+2\sqrt{2}+1)$
$=18-3-2\sqrt{2}$
$=15-2\sqrt{2}$

4 $(\sqrt{6}-2)^2+(\sqrt{3}+2)(\sqrt{3}-2)=6-4\sqrt{6}+4+(3-4)$
$=10-4\sqrt{6}-1$
$=9-4\sqrt{6}$
따라서 $a=9$, $b=-4$이므로
$a+b=9+(-4)=5$

5 $(3-2\sqrt{3})(2a+3\sqrt{3})=6a+(9-4a)\sqrt{3}-18$
$=(6a-18)+(9-4a)\sqrt{3}$
이 식이 유리수가 되려면 $9-4a=0$이어야 하므로
$-4a=-9$ $\quad\therefore a=\frac{9}{4}$

6 $(a-4\sqrt{5})(3-3\sqrt{5})=3a+(-3a-12)\sqrt{5}+60$
$=(3a+60)+(-3a-12)\sqrt{5}$
이 식이 유리수가 되려면 $-3a-12=0$이어야 하므로
$-3a=12$ $\quad\therefore a=-4$

7 $\frac{2-\sqrt{2}}{2+\sqrt{2}}=\frac{(2-\sqrt{2})^2}{(2+\sqrt{2})(2-\sqrt{2})}$
$=\frac{6-4\sqrt{2}}{2}=3-2\sqrt{2}$
따라서 $a=3$, $b=-2$이므로
$a+b=3+(-2)=1$

8 $\frac{1}{\sqrt{3}+\sqrt{5}}-\frac{1}{\sqrt{3}-\sqrt{5}}$
$=\frac{\sqrt{3}-\sqrt{5}}{(\sqrt{3}+\sqrt{5})(\sqrt{3}-\sqrt{5})}-\frac{\sqrt{3}+\sqrt{5}}{(\sqrt{3}-\sqrt{5})(\sqrt{3}+\sqrt{5})}$
$=\frac{\sqrt{3}-\sqrt{5}}{-2}-\frac{\sqrt{3}+\sqrt{5}}{-2}$
$=\frac{\sqrt{3}-\sqrt{5}-(\sqrt{3}+\sqrt{5})}{-2}=\sqrt{5}$

유형 8 P. 57

1 (1) 28 (2) 20 (3) 7
2 (1) 6 (2) 8 (3) 6
3 (1) $-\frac{3}{2}$ (2) -4
4 (1) $x=3-2\sqrt{2}$, $y=3+2\sqrt{2}$ (2) $x+y=6$, $xy=1$ (3) 34
5 (1) 23 (2) 21
6 (1) 18 (2) 20

1 (1) $x^2+y^2=(x+y)^2-2xy=6^2-2\times4=28$
(2) $(x-y)^2=(x+y)^2-4xy=6^2-4\times4=20$
(3) $\frac{y}{x}+\frac{x}{y}=\frac{x^2+y^2}{xy}=\frac{28}{4}=7$

2 (1) $a^2+b^2=(a-b)^2+2ab=2^2+2\times1=6$
(2) $(a+b)^2=(a-b)^2+4ab=2^2+4\times1=8$
(3) $\frac{b}{a}+\frac{a}{b}=\frac{a^2+b^2}{ab}=\frac{6}{1}=6$

3 (1) $(x+y)^2=x^2+y^2+2xy$에서
$(-2)^2=7+2xy$, $2xy=-3$ $\quad\therefore xy=-\frac{3}{2}$
(2) $(a-b)^2=a^2+b^2-2ab$에서
$4^2=8-2ab$, $2ab=-8$ $\quad\therefore ab=-4$

4 (1) $x=\frac{1}{3+2\sqrt{2}}=\frac{3-2\sqrt{2}}{(3+2\sqrt{2})(3-2\sqrt{2})}=3-2\sqrt{2}$
$y=\frac{1}{3-2\sqrt{2}}=\frac{3+2\sqrt{2}}{(3-2\sqrt{2})(3+2\sqrt{2})}=3+2\sqrt{2}$

(2) $x+y=(3-2\sqrt{2})+(3+2\sqrt{2})=6$
$xy=(3-2\sqrt{2})(3+2\sqrt{2})=1$
(3) $x^2+y^2=(x+y)^2-2xy=6^2-2\times1=34$

5 (1) $x^2+\frac{1}{x^2}=\left(x+\frac{1}{x}\right)^2-2=5^2-2=23$
(2) $\left(x-\frac{1}{x}\right)^2=\left(x+\frac{1}{x}\right)^2-4=5^2-4=21$

6 (1) $a^2+\frac{1}{a^2}=\left(a-\frac{1}{a}\right)^2+2=4^2+2=18$
(2) $\left(a+\frac{1}{a}\right)^2=\left(a-\frac{1}{a}\right)^2+4=4^2+4=20$

유형 9 P. 58

1 (1) $-\sqrt{3}$, 3 (2) $\sqrt{5}$, 5
2 (1) 1 (2) -3 (3) 0 (4) -13
3 (1) $2-\sqrt{3}$ (2) 0
4 (1) 6 (2) 1 (3) 9 (4) 0

2 (1) $x=1+\sqrt{2}$에서 $x-1=\sqrt{2}$이므로
이 식의 양변을 제곱하면 $(x-1)^2=(\sqrt{2})^2$
$x^2-2x+1=2$
$\therefore x^2-2x=1$
다른 풀이
$x^2-2x=(1+\sqrt{2})^2-2(1+\sqrt{2})$
$=1+2\sqrt{2}+2-2-2\sqrt{2}=1$
(2) $x=-3+\sqrt{5}$에서 $x+3=\sqrt{5}$이므로
이 식의 양변을 제곱하면 $(x+3)^2=(\sqrt{5})^2$
$x^2+6x+9=5$, $x^2+6x=-4$
$\therefore x^2+6x+1=-4+1=-3$
(3) $x=4-\sqrt{6}$에서 $x-4=-\sqrt{6}$이므로
이 식의 양변을 제곱하면 $(x-4)^2=(-\sqrt{6})^2$
$x^2-8x+16=6$, $x^2-8x=-10$
$\therefore x^2-8x+10=-10+10=0$
(4) $x=-2+\sqrt{3}$에서 $x+2=\sqrt{3}$이므로
이 식의 양변을 제곱하면 $(x+2)^2=(\sqrt{3})^2$
$x^2+4x+4=3$, $x^2+4x=-1$
$\therefore (x-2)(x+6)=x^2+4x-12$
$=-1-12=-13$

3 (1) $x=\frac{1}{2+\sqrt{3}}=\frac{2-\sqrt{3}}{(2+\sqrt{3})(2-\sqrt{3})}=2-\sqrt{3}$
(2) $x=2-\sqrt{3}$에서 $x-2=-\sqrt{3}$이므로
이 식의 양변을 제곱하면 $(x-2)^2=(-\sqrt{3})^2$
$x^2-4x+4=3$, $x^2-4x=-1$
$\therefore x^2-4x+1=-1+1=0$

4 (1) $x=\frac{1}{3-2\sqrt{2}}=\frac{3+2\sqrt{2}}{(3-2\sqrt{2})(3+2\sqrt{2})}=3+2\sqrt{2}$
에서 $x-3=2\sqrt{2}$이므로
이 식의 양변을 제곱하면 $(x-3)^2=(2\sqrt{2})^2$
$x^2-6x+9=8$, $x^2-6x=-1$
$\therefore x^2-6x+7=-1+7=6$
(2) $x=\frac{2}{\sqrt{3}+1}=\frac{2(\sqrt{3}-1)}{(\sqrt{3}+1)(\sqrt{3}-1)}=\sqrt{3}-1$에서
$x+1=\sqrt{3}$이므로
이 식의 양변을 제곱하면 $(x+1)^2=(\sqrt{3})^2$
$x^2+2x+1=3$, $x^2+2x=2$
$\therefore x^2+2x-1=2-1=1$
(3) $x=\frac{1}{\sqrt{5}-2}=\frac{\sqrt{5}+2}{(\sqrt{5}-2)(\sqrt{5}+2)}=\sqrt{5}+2$
에서 $x-2=\sqrt{5}$이므로
이 식의 양변을 제곱하면 $(x-2)^2=(\sqrt{5})^2$
$x^2-4x+4=5$, $x^2-4x=1$
$\therefore x^2-4x+8=1+8=9$
(4) $x=\frac{11}{4-\sqrt{5}}=\frac{11(4+\sqrt{5})}{(4-\sqrt{5})(4+\sqrt{5})}=4+\sqrt{5}$
에서 $x-4=\sqrt{5}$이므로
이 식의 양변을 제곱하면 $(x-4)^2=(\sqrt{5})^2$
$x^2-8x+16=5$, $x^2-8x=-11$
$\therefore x^2-8x+11=-11+11=0$

쌍둥이 기출문제 P. 59

1 ③ **2** -14 **3** 7 **4** 13
5 ① **6** 12 **7** 0 **8** ⑤

1 $x^2+y^2=(x+y)^2-2xy$
$=10^2-2\times20=60$

2 $(x-y)^2=x^2+y^2-2xy$에서
$6^2=8-2xy$
$2xy=-28$ $\therefore xy=-14$

3 $x=\frac{2}{3-\sqrt{5}}=\frac{2(3+\sqrt{5})}{(3-\sqrt{5})(3+\sqrt{5})}=\frac{3+\sqrt{5}}{2}$
$y=\frac{2}{3+\sqrt{5}}=\frac{2(3-\sqrt{5})}{(3+\sqrt{5})(3-\sqrt{5})}=\frac{3-\sqrt{5}}{2}$ … (i)
$\therefore x+y=\frac{3+\sqrt{5}}{2}+\frac{3-\sqrt{5}}{2}=3$,
$xy=\frac{3+\sqrt{5}}{2}\times\frac{3-\sqrt{5}}{2}=1$ … (ii)
$\therefore x^2+y^2=(x+y)^2-2xy=3^2-2\times1=7$ … (iii)

채점 기준	비율
(i) x, y의 분모를 각각 유리화하기	40 %
(ii) $x+y$, xy의 값 구하기	20 %
(iii) x^2+y^2의 값 구하기	40 %

4 $x=\dfrac{1}{2-\sqrt{3}}=\dfrac{2+\sqrt{3}}{(2-\sqrt{3})(2+\sqrt{3})}=2+\sqrt{3}$

$y=\dfrac{1}{2+\sqrt{3}}=\dfrac{2-\sqrt{3}}{(2+\sqrt{3})(2-\sqrt{3})}=2-\sqrt{3}$

$\therefore x+y=(2+\sqrt{3})+(2-\sqrt{3})=4,$

$xy=(2+\sqrt{3})(2-\sqrt{3})=1$

$\therefore x^2-xy+y^2=(x+y)^2-3xy=4^2-3\times1=13$

5 $x^2+\dfrac{1}{x^2}=\left(x+\dfrac{1}{x}\right)^2-2=3^2-2=7$

6 $\left(x-\dfrac{1}{x}\right)^2=\left(x+\dfrac{1}{x}\right)^2-4=4^2-4=12$

7 $x=\sqrt{3}-1$에서 $x+1=\sqrt{3}$이므로

이 식의 양변을 제곱하면 $(x+1)^2=(\sqrt{3})^2$

$x^2+2x+1=3$, $x^2+2x=2$

$\therefore x^2+2x-2=2-2=0$

8 $a=\sqrt{5}-2$에서 $a+2=\sqrt{5}$이므로

이 식의 양변을 제곱하면 $(a+2)^2=(\sqrt{5})^2$

$a^2+4a+4=5$, $a^2+4a=1$

$\therefore a^2+4a+5=1+5=6$

단원 마무리

P. 60~61

1	②, ③	2	②	3	②	4	79
5	$6x^2+5x-6$			6	⑤	7	12
8	⑤	9	③				

1 ② $(3x+2y)^2=9x^2+12xy+4y^2$

③ $(-2a+b)(-2a-b)=4a^2-b^2$

2 $(a-b)^2=a^2-2ab+b^2$

① $-(a+b)^2=-(a^2+2ab+b^2)=-a^2-2ab-b^2$

② $(-a+b)^2=a^2-2ab+b^2$

③ $(a+b)^2=a^2+2ab+b^2$

④ $-(a-b)^2=-(a^2-2ab+b^2)=-a^2+2ab-b^2$

⑤ $(-a-b)^2=a^2+2ab+b^2$

따라서 $(a-b)^2$과 전개식이 같은 것은 ②이다.

3 $(2x+a)(bx-6)=2bx^2+(-12+ab)x-6a$

$=6x^2+cx+18$

즉, $2b=6$, $-12+ab=c$, $-6a=18$이므로

$a=-3$, $b=3$, $c=-21$

$\therefore a+b+c=-3+3+(-21)=-21$

4 $3(x-3)^2-2(x+4)(x-4)$

$=3(x^2-6x+9)-2(x^2-16)$

$=3x^2-18x+27-2x^2+32$

$=x^2-18x+59$

따라서 $a=1$, $b=-18$, $c=59$이므로

$2a-b+c=2\times1-(-18)+59=79$

5 (색칠한 직사각형의 넓이)$=(2x+3)(3x-2)$

$=6x^2+5x-6$

6 ① $104^2=(100+4)^2$

⇨ $(a+b)^2=a^2+2ab+b^2$

② $96^2=(100-4)^2$

⇨ $(a-b)^2=a^2-2ab+b^2$

③ $52\times48=(50+2)(50-2)$

⇨ $(a+b)(a-b)=a^2-b^2$

④ $102\times103=(100+2)(100+3)$

⇨ $(x+a)(x+b)=x^2+(a+b)x+ab$

⑤ $98\times102=(100-2)(100+2)$

⇨ $(a+b)(a-b)=a^2-b^2$

따라서 적절하지 않은 것은 ⑤이다.

7 $\dfrac{\sqrt{7}+\sqrt{5}}{\sqrt{7}-\sqrt{5}}+\dfrac{\sqrt{7}-\sqrt{5}}{\sqrt{7}+\sqrt{5}}$

$=\dfrac{(\sqrt{7}+\sqrt{5})^2}{(\sqrt{7}-\sqrt{5})(\sqrt{7}+\sqrt{5})}+\dfrac{(\sqrt{7}-\sqrt{5})^2}{(\sqrt{7}+\sqrt{5})(\sqrt{7}-\sqrt{5})}$

$=\dfrac{12+2\sqrt{35}}{2}+\dfrac{12-2\sqrt{35}}{2}$ ⋯ (i)

$=(6+\sqrt{35})+(6-\sqrt{35})$

$=12$ ⋯ (ii)

채점 기준	비율
(i) 분모를 유리화하기	60 %
(ii) 답 구하기	40 %

8 $(x+y)^2=(x-y)^2+4xy=3^2+4\times2=17$

9 $x=\dfrac{1}{2\sqrt{6}-5}=\dfrac{2\sqrt{6}+5}{(2\sqrt{6}-5)(2\sqrt{6}+5)}=-2\sqrt{6}-5$

즉, $x+5=-2\sqrt{6}$이므로

$(x+5)^2=(-2\sqrt{6})^2$, $x^2+10x+25=24$

$x^2+10x=-1$

$\therefore x^2+10x+5=-1+5=4$

1 다항식의 인수분해

유형 1 P. 64

1 (1) x^2+6x+9 (2) x^2-4
(3) x^2-4x-5 (4) $6x^2-5x-4$

2 ㄱ, ㄷ, ㅁ, ㅂ

3 (1) a, $a(x+y-z)$ (2) $2a$, $2a(a+2b)$
(3) $3x^2$, $3x^2(y-2)$ (4) xy, $xy(x-y+1)$

4 (1) $a(x-y)$ (2) $-3a(x+3y)$
(3) $4xy^2(2y-x)$ (4) $x(a-b+3)$
(5) $4x(x+y-2)$ (6) $2xy(3x-y+2)$

5 (1) $ab(a+b-1)$ (2) $(x-y)(a+3b)$
(3) $(x-2)(x+4)$

6 (1) $(a+1)(b-1)$ (2) $(x-y)(a+2b+1)$

4 (1) $ax-ay=\underline{a}\times x-\underline{a}\times y$
$=a(x-y)$
(2) $-3ax-9ay=\underline{-3a}\times x+(\underline{-3a})\times 3y$
$=-3a(x+3y)$
(3) $8xy^3-4x^2y^2=\underline{4xy^2}\times 2y-\underline{4xy^2}\times x$
$=4xy^2(2y-x)$
(4) $ax-bx+3x=\underline{x}\times a-\underline{x}\times b+\underline{x}\times 3$
$=x(a-b+3)$
(5) $4x^2+4xy-8x=\underline{4x}\times x+\underline{4x}\times y-\underline{4x}\times 2$
$=4x(x+y-2)$
(6) $6x^2y-2xy^2+4xy$
$=\underline{2xy}\times 3x-\underline{2xy}\times y+\underline{2xy}\times 2$
$=2xy(3x-y+2)$

5 (1) $\underline{ab}(a+b)-\underline{ab}=ab(a+b)-ab\times 1$
$=ab(a+b-1)$
(2) $a(\underline{x-y})+3b(\underline{x-y})=(x-y)(a+3b)$
(3) $(x-1)(\underline{x-2})+5(\underline{x-2})$
$=(x-2)(x-1+5)$
$=(x-2)(x+4)$

6 (1) $a(b-1)-(1-b)$
$=a(\underline{b-1})+(\underline{b-1})$
$=a(b-1)+1\times(b-1)$
$=(b-1)(a+1)$
$=(a+1)(b-1)$
(2) $(x-y)-(a+2b)(y-x)$
$=(\underline{x-y})+(a+2b)(\underline{x-y})$
$=1\times(x-y)+(a+2b)(x-y)$
$=(x-y)(a+2b+1)$

2 여러 가지 인수분해 공식

유형 2 P. 65

1 (1) 7, 7, 7 (2) 4, 4, 4

2 (1) $(x+6)^2$ (2) $(x-8)^2$
(3) $(x+3y)^2$ (4) $(x-5y)^2$

3 (1) $(4x-1)^2$ (2) $(3x+2)^2$
(3) $(2x-5y)^2$ (4) $(5x+4y)^2$

4 (1) $a(x+1)^2$ (2) $3(x-1)^2$
(3) $2(2x-1)^2$ (4) $2(x+3y)^2$

5 (1) 4 (2) 100
(3) $\frac{1}{4}$ (4) 49
(5) 1 (6) 9

6 (1) ± 14 (2) $\pm\frac{1}{2}$
(3) ± 12 (4) ± 36

4 (1) $ax^2+2ax+a=a(x^2+2x+1)=a(x+1)^2$
(2) $3x^2-6x+3=3(x^2-2x+1)=3(x-1)^2$
(3) $8x^2-8x+2=2(4x^2-4x+1)=2(2x-1)^2$
(4) $2x^2+12xy+18y^2=2(x^2+6xy+9y^2)=2(x+3y)^2$

5 (1) $x^2+4x+\square=x^2+2\times x\times 2+\square$이므로
$\square=2^2=4$
(2) $x^2-20x+\square=x^2-2\times x\times 10+\square$이므로
$\square=10^2=100$
(3) $x^2+x+\square=x^2+2\times x\times\frac{1}{2}+\square$이므로
$\square=\left(\frac{1}{2}\right)^2=\frac{1}{4}$
(4) $x^2+14xy+\square y^2=x^2+2\times x\times 7y+\square y^2$이므로
$\square=7^2=49$
(5) $9x^2-6x+\square=(3x)^2-2\times 3x\times 1+\square$이므로
$\square=1^2=1$
(6) $25x^2+30x+\square=(5x)^2+2\times 5x\times 3+\square$이므로
$\square=3^2=9$

6 (1) $x^2+(\square)x+49=(x\pm 7)^2$이므로
$\square=\pm 2\times 1\times 7=\pm 14$
(2) $x^2+(\square)x+\frac{1}{16}=\left(x\pm\frac{1}{4}\right)^2$이므로
$\square=\pm 2\times 1\times\frac{1}{4}=\pm\frac{1}{2}$
(3) $36x^2+(\square)x+1=(6x\pm 1)^2$이므로
$\square=\pm 2\times 6\times 1=\pm 12$
(4) $4x^2+(\square)xy+81y^2=(2x\pm 9y)^2$이므로
$\square=\pm 2\times 2\times 9=\pm 36$

유형 3 P. 66

1 (1) 5, 5 (2) $4y$, $3x$

2 (1) $(x+8)(x-8)$ (2) $(2x+5)(2x-5)$
(3) $(3x+7)(3x-7)$ (4) $(10x+y)(10x-y)$
(5) $\left(2x+\frac{1}{3}\right)\left(2x-\frac{1}{3}\right)$

3 (1) $(1+4x)(1-4x)$ (2) $(5+x)(5-x)$
(3) $\left(\frac{1}{2}+x\right)\left(\frac{1}{2}-x\right)$ (4) $(3y+10x)(3y-10x)$
(5) $\left(\frac{2}{9}x+\frac{1}{7}y\right)\left(\frac{2}{9}x-\frac{1}{7}y\right)$

4 (1) $2(x+4)(x-4)$ (2) $5(x+2)(x-2)$
(3) $3(x+3y)(x-3y)$ (4) $4y(x+2y)(x-2y)$
(5) $xy(x+7y)(x-7y)$

5 (1) ×, $(y+x)(y-x)$ (2) ×, $\left(\frac{a}{3}+b\right)\left(\frac{a}{3}-b\right)$
(3) ○ (4) ×, $a(x+3y)(x-3y)$
(5) ○

3 (1) $1-16x^2=1^2-(4x)^2=(1+4x)(1-4x)$
(2) $25-x^2=5^2-x^2=(5+x)(5-x)$
(3) $-x^2+\frac{1}{4}=\frac{1}{4}-x^2=\left(\frac{1}{2}\right)^2-x^2$
$=\left(\frac{1}{2}+x\right)\left(\frac{1}{2}-x\right)$
(4) $-100x^2+9y^2=9y^2-100x^2=(3y)^2-(10x)^2$
$=(3y+10x)(3y-10x)$
(5) $-\frac{1}{49}y^2+\frac{4}{81}x^2=\frac{4}{81}x^2-\frac{1}{49}y^2=\left(\frac{2}{9}x\right)^2-\left(\frac{1}{7}y\right)^2$
$=\left(\frac{2}{9}x+\frac{1}{7}y\right)\left(\frac{2}{9}x-\frac{1}{7}y\right)$

4 (1) $2x^2-32=2(x^2-16)=2(x^2-4^2)$
$=2(x+4)(x-4)$
(2) $5x^2-20=5(x^2-4)=5(x^2-2^2)$
$=5(x+2)(x-2)$
(3) $3x^2-27y^2=3(x^2-9y^2)=3\{x^2-(3y)^2\}$
$=3(x+3y)(x-3y)$
(4) $4x^2y-16y^3=4y(x^2-4y^2)=4y\{x^2-(2y)^2\}$
$=4y(x+2y)(x-2y)$
(5) $x^3y-49xy^3=xy(x^2-49y^2)=xy\{x^2-(7y)^2\}$
$=xy(x+7y)(x-7y)$

5 (1) $-x^2+y^2=y^2-x^2=(y+x)(y-x)$
(2) $\frac{a^2}{9}-b^2=\left(\frac{a}{3}\right)^2-b^2=\left(\frac{a}{3}+b\right)\left(\frac{a}{3}-b\right)$
(3) $\frac{9}{4}x^2-4y^2=\left(\frac{3}{2}x\right)^2-(2y)^2=\left(\frac{3}{2}x+2y\right)\left(\frac{3}{2}x-2y\right)$
(4) $ax^2-9ay^2=a(x^2-9y^2)=a\{x^2-(3y)^2\}$
$=a(x+3y)(x-3y)$
(5) $x^2y-y^3=y(x^2-y^2)=y(x+y)(x-y)$

유형 4 P. 67

1 (1) 2, 5 (2) -2, -3
(3) -1, 4 (4) 2, -11

2 (1) 2, 4, $(x+2)(x+4)$
(2) -4, -6, $(x-4)(x-6)$
(3) -3, 5, $(x-3)(x+5)$
(4) -1, -5, $(x-y)(x-5y)$
(5) 3, -4, $(x+3y)(x-4y)$

3 (1) $(x+1)(x+6)$ (2) $(x+2)(x-5)$
(3) $(x-7)(x-8)$ (4) $(x-5y)(x+7y)$
(5) $(x+5y)(x-6y)$ (6) $(x-4y)(x-10y)$

4 (1) $3(x+1)(x-2)$ (2) $2b(x-y)(x-2y)$

5 (1) ×, $(x+3)(x+6)$
(2) ○
(3) ×, $(x-y)(x-2y)$
(4) ×, $(x-3a)(x+7a)$

1 (1)

곱이 10인 두 정수	두 정수의 합
-1, -10	-11
1, 10	11
-2, -5	-7
2, 5	7

(2)

곱이 6인 두 정수	두 정수의 합
-1, -6	-7
1, 6	7
-2, -3	-5
2, 3	5

(3)

곱이 -4인 두 정수	두 정수의 합
-1, 4	3
1, -4	-3
-2, 2	0

(4)

곱이 -22인 두 정수	두 정수의 합
-1, 22	21
1, -22	-21
-2, 11	9
2, -11	-9

2 (1)

곱이 8인 두 정수	두 정수의 합
-1, -8	-9
1, 8	9
-2, -4	-6
2, 4	6

따라서 곱이 8이고 합이 6인 두 정수는 2와 4이므로 주어진 이차식을 인수분해하면
$x^2+6x+8=(x+2)(x+4)$

(2)

곱이 24인 두 정수	두 정수의 합
−1, −24	−25
1, 24	25
−2, −12	−14
2, 12	14
−3, −8	−11
3, 8	11
−4, −6	−10
4, 6	10

따라서 곱이 24이고 합이 −10인 두 정수는 −4와 −6이므로 주어진 이차식을 인수분해하면
$x^2-10x+24=(x-4)(x-6)$

(3)

곱이 −15인 두 정수	두 정수의 합
−1, 15	14
1, −15	−14
−3, 5	2
3, −5	−2

따라서 곱이 −15이고 합이 2인 두 정수는 −3과 5이므로 주어진 이차식을 인수분해하면
$x^2+2x-15=(x-3)(x+5)$

(4)

곱이 5인 두 정수	두 정수의 합
−1, −5	−6
1, 5	6

따라서 곱이 5이고 합이 −6인 두 정수는 −1과 −5이므로 주어진 이차식을 인수분해하면
$x^2-6xy+5y^2=(x-y)(x-5y)$

(5)

곱이 −12인 두 정수	두 정수의 합
−1, 12	11
1, −12	−11
−2, 6	4
2, −6	−4
−3, 4	1
3, −4	−1

따라서 곱이 −12이고 합이 −1인 두 정수는 3과 −4이므로 주어진 이차식을 인수분해하면
$x^2-xy-12y^2=(x+3y)(x-4y)$

3 (1) 곱이 6이고 합이 7인 두 정수는 1과 6이므로
$x^2+7x+6=(x+1)(x+6)$
(2) 곱이 −10이고 합이 −3인 두 정수는 2와 −5이므로
$x^2-3x-10=(x+2)(x-5)$
(3) 곱이 56이고 합이 −15인 두 정수는 −7과 −8이므로
$x^2-15x+56=(x-7)(x-8)$
(4) 곱이 −35이고 합이 2인 두 정수는 −5와 7이므로
$x^2+2xy-35y^2=(x-5y)(x+7y)$
(5) 곱이 −30이고 합이 −1인 두 정수는 5와 −6이므로
$x^2-xy-30y^2=(x+5y)(x-6y)$
(6) 곱이 40이고 합이 −14인 두 정수는 −4와 −10이므로
$x^2-14xy+40y^2=(x-4y)(x-10y)$

4 (1) $3x^2-3x-6=3(x^2-x-2)$
곱이 −2이고 합이 −1인 두 정수는 1과 −2이므로
(주어진 식)$=3(x^2-x-2)$
$=3(x+1)(x-2)$
(2) $2bx^2-6bxy+4by^2=2b(x^2-3xy+2y^2)$
곱이 2이고 합이 −3인 두 정수는 −1과 −2이므로
(주어진 식)$=2b(x^2-3xy+2y^2)$
$=2b(x-y)(x-2y)$

5 (1) 곱이 18이고 합이 9인 두 정수는 3과 6이므로
$x^2+9x+18=(x+3)(x+6)$
(2) 곱이 −28이고 합이 −3인 두 정수는 4와 −7이므로
$a^2-3a-28=(a+4)(a-7)$
(3) 곱이 2이고 합이 −3인 두 정수는 −1과 −2이므로
$x^2-3xy+2y^2=(x-y)(x-2y)$
(4) 곱이 −21이고 합이 4인 두 정수는 −3과 7이므로
$x^2+4ax-21a^2=(x-3a)(x+7a)$

유형 5 P. 68

1 풀이 참조
2 (1) $(x+1)(3x+1)$ (2) $(2x-7)(3x-2)$
(3) $(x-2y)(2x+3y)$ (4) $(2x+3y)(3x-2y)$
3 (1) $2(a-b)(3a+5b)$ (2) $3y(x-1)(3x+1)$
4 (1) ×, $(x+5)(3x+1)$ (2) ○
(3) ×, $(x-2y)(3x+4y)$ (4) ×, $a(x-2)(3x-1)$

1 (1) $6x^2+5x+1=(2x+\boxed{1})(\boxed{3}x+\boxed{1})$

$2x$ ╲╱ $\boxed{1}$ → $\boxed{3}x$
$\boxed{3}x$ ╱╲ $\boxed{1}$ → +) $\boxed{2}x$
$5x$

(2) $4x^2-7xy+3y^2=(x-y)(\boxed{4}x-\boxed{3}y)$

x ╲╱ $-y$ → $\boxed{-4}xy$
$\boxed{4}x$ ╱╲ $\boxed{-3}y$ → +) $\boxed{-3}xy$
$-7xy$

(3) $3x^2+7x-10=$ $(x-1)(3x+10)$

x ╲╱ -1 → $-3x$
$3x$ ╱╲ 10 → +) $10x$
$7x$

(4) $2x^2-3x-9=$ $(x-3)(2x+3)$

x ╲╱ -3 → $-6x$
$2x$ ╱╲ 3 → +) $3x$
$-3x$

(5) $4x^2-13xy+9y^2=\underline{(x-y)(4x-9y)}$

$$\begin{array}{llll} x & \searrow\!\!\nearrow -y & \rightarrow & -4xy \\ 4x & \nearrow\!\!\searrow -9y & \rightarrow +) & -9xy \\ \hline & & & -13xy \end{array}$$

3 (1) $6a^2+4ab-10b^2$

$=2(3a^2+2ab-5b^2)=2(a-b)(3a+5b)$

$$\begin{array}{llll} a & -b & \rightarrow & -3ab \\ 3a & 5b & \rightarrow +) & 5ab \\ \hline & & & 2ab \end{array}$$

(2) $9x^2y-6xy-3y$

$=3y(3x^2-2x-1)=3y(x-1)(3x+1)$

$$\begin{array}{llll} x & -1 & \rightarrow & -3x \\ 3x & 1 & \rightarrow +) & x \\ \hline & & & -2x \end{array}$$

4 (1) $3x^2+16x+5=(x+5)(3x+1)$

$$\begin{array}{llll} x & 5 & \rightarrow & 15x \\ 3x & 1 & \rightarrow +) & x \\ \hline & & & 16x \end{array}$$

(2) $2x^2-7x-4=(x-4)(2x+1)$

$$\begin{array}{llll} x & -4 & \rightarrow & -8x \\ 2x & 1 & \rightarrow +) & x \\ \hline & & & -7x \end{array}$$

(3) $3x^2-2xy-8y^2=(x-2y)(3x+4y)$

$$\begin{array}{llll} x & -2y & \rightarrow & -6xy \\ 3x & 4y & \rightarrow +) & 4xy \\ \hline & & & -2xy \end{array}$$

(4) $3ax^2-7ax+2a$

$=a(3x^2-7x+2)=a(x-2)(3x-1)$

$$\begin{array}{llll} x & -2 & \rightarrow & -6x \\ 3x & -1 & \rightarrow +) & -x \\ \hline & & & -7x \end{array}$$

한 번 더 연습

P. 69

1 (1) $(x+9)^2$ (2) $\left(x-\frac{1}{3}\right)^2$

(3) $(4x-5)^2$ (4) $(6+x)(6-x)$

(5) $\left(13+\frac{1}{3}x\right)\left(13-\frac{1}{3}x\right)$ (6) $(x-4)(x-7)$

(7) $(x+2)(x-12)$ (8) $(x+4)(2x-3)$

(9) $(2x-5)(3x+2)$ (10) $(2x-3)(4x-1)$

2 (1) $(x-2y)^2$ (2) $\left(\frac{3}{2}x+y\right)^2$

(3) $(8x+y)(8x-y)$ (4) $\left(\frac{1}{4}y+7x\right)\left(\frac{1}{4}y-7x\right)$

(5) $(x+4y)(x-5y)$ (6) $(2x-3y)(2x+5y)$

3 (1) $-3(x+3)^2$ (2) $7\left(x+\frac{1}{6}\right)\left(x-\frac{1}{6}\right)$

(3) $x(11+2x)(11-2x)$ (4) $3(x-3)(x+5)$

(5) $y(x+3y)(x-4y)$ (6) $2(x+1)(2x+1)$

1 (1) $x^2+18x+81=x^2+2\times x\times 9+9^2=(x+9)^2$

(2) $x^2-\frac{2}{3}x+\frac{1}{9}=x^2-2\times x\times\frac{1}{3}+\left(\frac{1}{3}\right)^2=\left(x-\frac{1}{3}\right)^2$

(3) $16x^2-40x+25=(4x)^2-2\times 4x\times 5+5^2=(4x-5)^2$

(4) $-x^2+36=36-x^2=6^2-x^2=(6+x)(6-x)$

(5) $169-\frac{1}{9}x^2=13^2-\left(\frac{1}{3}x\right)^2=\left(13+\frac{1}{3}x\right)\left(13-\frac{1}{3}x\right)$

(6) 곱이 28이고 합이 -11인 두 정수는 -4와 -7이므로

$x^2-11x+28=(x-4)(x-7)$

(7) 곱이 -24이고 합이 -10인 두 정수는 2와 -12이므로

$x^2-10x-24=(x+2)(x-12)$

(8) $2x^2+5x-12=(x+4)(2x-3)$

$$\begin{array}{llll} x & 4 & \rightarrow & 8x \\ 2x & -3 & \rightarrow +) & -3x \\ \hline & & & 5x \end{array}$$

(9) $6x^2-11x-10=(2x-5)(3x+2)$

$$\begin{array}{llll} 2x & -5 & \rightarrow & -15x \\ 3x & 2 & \rightarrow +) & 4x \\ \hline & & & -11x \end{array}$$

(10) $8x^2-14x+3=(2x-3)(4x-1)$

$$\begin{array}{llll} 2x & -3 & \rightarrow & -12x \\ 4x & -1 & \rightarrow +) & -2x \\ \hline & & & -14x \end{array}$$

2 (1) $x^2-4xy+4y^2=x^2-2\times x\times 2y+(2y)^2=(x-2y)^2$

(2) $\frac{9}{4}x^2+3xy+y^2=\left(\frac{3}{2}x\right)^2+2\times\frac{3}{2}x\times y+y^2$

$=\left(\frac{3}{2}x+y\right)^2$

(3) $64x^2-y^2=(8x)^2-y^2=(8x+y)(8x-y)$

(4) $-49x^2+\frac{1}{16}y^2=\frac{1}{16}y^2-49x^2=\left(\frac{1}{4}y\right)^2-(7x)^2$

$=\left(\frac{1}{4}y+7x\right)\left(\frac{1}{4}y-7x\right)$

(5) 곱이 -20이고 합이 -1인 두 정수는 4와 -5이므로

$x^2-xy-20y^2=(x+4y)(x-5y)$

(6) $4x^2+4xy-15y^2=(2x-3y)(2x+5y)$

$$\begin{array}{llll} 2x & -3y & \rightarrow & -6xy \\ 2x & 5y & \rightarrow +) & 10xy \\ \hline & & & 4xy \end{array}$$

3 (1) $-3x^2-18x-27=-3(x^2+6x+9)=-3(x+3)^2$

(2) $7x^2-\frac{7}{36}=7\left(x^2-\frac{1}{36}\right)=7\left\{x^2-\left(\frac{1}{6}\right)^2\right\}$

$=7\left(x+\frac{1}{6}\right)\left(x-\frac{1}{6}\right)$

(3) $121x-4x^3=x(121-4x^2)=x\{11^2-(2x)^2\}$

$=x(11+2x)(11-2x)$

(4) $3x^2+6x-45=3(x^2+2x-15)$

곱이 -15이고 합이 2인 두 정수는 -3과 5이므로

(주어진 식)$=3(x^2+2x-15)=3(x-3)(x+5)$

(5) $x^2y-xy^2-12y^3=y(x^2-xy-12y^2)$

곱이 -12이고 합이 -1인 두 정수는 3과 -4이므로

(주어진 식)$=y(x^2-xy-12y^2)$

$=y(x+3y)(x-4y)$

(6) $4x^2+6x+2$

$=2(2x^2+3x+1)=2(x+1)(2x+1)$

$x \quad 1 \rightarrow \quad 2x$

$2x \quad 1 \rightarrow +) \ x$

$3x$

한 걸음 더 연습 P. 70

1 (1) 12, 6 (2) 21, 3 (3) 2, 6 (4) 8, 9

2 (1) 2, 7, 3 (2) 3, 8, 1 (3) 4, 17, 3 (4) 12, 7, 5

3 $x+3$, $x-1$, $x+3$, $-x+1$, 4

4 $-2x+1$

5 (1) -1, -12 (2) -4, 3
(3) $x^2-4x-12$, $(x+2)(x-6)$

6 x^2+x-6, $(x-2)(x+3)$

7 x^2+2x+1, $(x+1)^2$

8 x^2+4x+3, $(x+1)(x+3)$

1 (1) $x^2-8x+\boxed{A}=(x-2)(x-\boxed{B})$

$=x^2-(2+\boxed{B})x+2\boxed{B}$

x의 계수에서 $-8=-(2+B)$ $\therefore B=6$

상수항에서 $A=2B=2\times6=12$

(2) $a^2+10a+\boxed{A}=(a+\boxed{B})(a+7)$

$=a^2+(\boxed{B}+7)a+7\boxed{B}$

a의 계수에서 $10=B+7$ $\therefore B=3$

상수항에서 $A=7B=7\times3=21$

(3) $x^2+\boxed{A}xy-24y^2=(x-4y)(x+\boxed{B}y)$

$=x^2+(-4+\boxed{B})xy-4\boxed{B}y^2$

y^2의 계수에서 $-24=-4B$ $\therefore B=6$

xy의 계수에서 $A=-4+B=-4+6=2$

(4) $a^2-\boxed{A}ab-9b^2=(a+b)(a-\boxed{B}b)$

$=a^2+(1-\boxed{B})ab-\boxed{B}b^2$

b^2의 계수에서 $-9=-B$ $\therefore B=9$

ab의 계수에서 $-A=1-B=1-9=-8$

$\therefore A=8$

2 (1) $\boxed{A}x^2+\boxed{B}x+6=(x+2)(2x+\boxed{C})$

$=2x^2+(\boxed{C}+4)x+2\boxed{C}$

x^2의 계수에서 $A=2$

상수항에서 $6=2C$ $\therefore C=3$

x의 계수에서 $B=C+4=3+4=7$

(2) $\boxed{A}a^2-23a-\boxed{B}=(3a+\boxed{C})(a-8)$

$=3a^2+(-24+\boxed{C})a-8\boxed{C}$

a^2의 계수에서 $A=3$

a의 계수에서 $-23=-24+C$ $\therefore C=1$

상수항에서 $-B=-8C=-8\times1=-8$ $\therefore B=8$

(3) $\boxed{A}x^2-\boxed{B}xy+15y^2=(x-\boxed{C}y)(4x-5y)$

$=4x^2-(5+4\boxed{C})xy+5\boxed{C}y^2$

x^2의 계수에서 $A=4$

y^2의 계수에서 $15=5C$ $\therefore C=3$

xy의 계수에서

$-B=-(5+4C)=-(5+4\times3)=-17$ $\therefore B=17$

(4) $\boxed{A}a^2+\boxed{B}ab-10b^2=(3a-2b)(4a+\boxed{C}b)$

$=12a^2+(3\boxed{C}-8)ab-2\boxed{C}b^2$

a^2의 계수에서 $A=12$

b^2의 계수에서 $-10=-2C$ $\therefore C=5$

ab의 계수에서 $B=3C-8=3\times5-8=7$

4 $-1<x<2$에서 $x-2<0$, $x+1>0$이므로

$\sqrt{x^2-4x+4}-\sqrt{x^2+2x+1}=\sqrt{(x-2)^2}-\sqrt{(x+1)^2}$

$=-(x-2)-(x+1)$

$=-x+2-x-1$

$=-2x+1$

5 (1) $(x+3)(x-4)=x^2-x-12$

$\therefore a=-1,\ b=-12$

(2) $(x-1)(x-3)=x^2-4x+3$

$\therefore a=-4,\ b=3$

(3) 처음 이차식 x^2+ax+b에서 민이는 상수항을 제대로 보았고, 솔이는 x의 계수를 제대로 보았으므로

$a=-4,\ b=-12$

따라서 처음 이차식은 $x^2-4x-12$이므로

이 식을 바르게 인수분해하면

$x^2-4x-12=(x+2)(x-6)$

6 $(x+2)(x-3)=x^2-x-6$에서

윤아는 상수항을 제대로 보았으므로 처음 이차식의 상수항은 -6이다.

$(x-4)(x+5)=x^2+x-20$에서

승주는 x의 계수를 제대로 보았으므로 처음 이차식의 x의 계수는 1이다.

따라서 처음 이차식은 x^2+x-6이므로

이 식을 바르게 인수분해하면

$x^2+x-6=(x-2)(x+3)$

7 넓이가 x^2인 정사각형이 1개, 넓이가 x인 직사각형이 2개, 넓이가 1인 정사각형이 1개이므로 4개의 직사각형의 넓이의 합은 x^2+2x+1

이 식을 인수분해하면 $x^2+2x+1=(x+1)^2$

8 넓이가 x^2인 정사각형이 1개, 넓이가 x인 직사각형이 4개, 넓이가 1인 정사각형이 3개이므로 8개의 직사각형의 넓이의 합은 x^2+4x+3
이 식을 인수분해하면
$x^2+4x+3=(x+1)(x+3)$

쌍둥이 기출문제 P. 71~73

1	②	**2**	③, ⑤	**3**	③	**4**	0
5	$a=2$, $b=49$			**6**	②	**7**	②
8	$-2x-2$	**9**	$2x-5$	**10**	$2x-2$		
11	$A=-11$, $B=-10$			**12**	2	**13**	⑤
14	④	**15**	②	**16**	②	**17**	-32
18	-9	**19**	(1) $x^2+9x-10$ (2) $(x-1)(x+10)$				
20	$(x+2)(x-4)$			**21**	$2x+3$	**22**	$4x+10$
23	⑤	**24**	$3x+2$				

3 $a(x-y)-b(y-x)=a(x-y)+b(x-y)$
$=(x-y)(a+b)$
$=(a+b)(x-y)$

4 $2x(x-5y)-3y(5y-x)=2x(x-5y)+3y(x-5y)$
$=(x-5y)(2x+3y)$
따라서 $a=-5$, $b=2$, $c=3$이므로
$a+b+c=-5+2+3=0$

5 $x^2+ax+1=(x\pm1)^2$에서
$a>0$이므로 $a=2\times1\times1=2$
$4x^2+28x+b=(2x)^2+2\times2x\times7+b$에서
$b=7^2=49$

6 ① $x^2-8x+\square=x^2-2\times x\times4+\square$이므로 $\square=4^2=16$
② $9x^2-12x+\square=(3x)^2-2\times3x\times2+\square$이므로
$\square=2^2=4$
③ $x^2+\square x+36=(x\pm6)^2$이므로
$\square=2\times1\times6=12$ ($\because$ $\square$는 양수)
④ $4x^2+\square x+25=(2x\pm5)^2$이므로
$\square=2\times2\times5=20$ ($\because$ $\square$는 양수)
⑤ $\square x^2+6x+1=\square x^2+2\times3x\times1+1^2$이므로
$\square=3^2=9$
따라서 $\square$ 안에 알맞은 양수 중 가장 작은 것은 ②이다.

7 $2<x<4$에서 $x-4<0$, $x-2>0$이므로
$\sqrt{x^2-8x+16}+\sqrt{x^2-4x+4}=\sqrt{(x-4)^2}+\sqrt{(x-2)^2}$
$=-(x-4)+(x-2)$
$=-x+4+x-2=2$

8 $-5<x<3$에서 $x-3<0$, $x+5>0$이므로 ⋯ (i)
$\sqrt{x^2-6x+9}-\sqrt{x^2+10x+25}$
$=\sqrt{(x-3)^2}-\sqrt{(x+5)^2}$ ⋯ (ii)
$=-(x-3)-(x+5)$
$=-x+3-x-5=-2x-2$ ⋯ (iii)

채점 기준	비율
(i) $x-3$, $x+5$의 부호 판단하기	30 %
(ii) 근호 안을 완전제곱식으로 인수분해하기	40 %
(iii) 주어진 식을 간단히 하기	30 %

9 $x^2-5x-14=(x+2)(x-7)$
따라서 두 일차식은 $x+2$, $x-7$이므로
$(x+2)+(x-7)=2x-5$

10 $(x+3)(x-1)-4x=x^2+2x-3-4x$
$=x^2-2x-3=(x+1)(x-3)$
따라서 두 일차식은 $x+1$, $x-3$이므로
$(x+1)+(x-3)=2x-2$

11 $6x^2+Ax-30=(2x+3)(3x+B)$
$=6x^2+(2B+9)x+3B$
상수항에서 $-30=3B$ $\quad\therefore B=-10$
x의 계수에서 $A=2B+9=2\times(-10)+9=-11$

12 $2x^2+ax-3=(x+b)(cx+3)$
$=cx^2+(3+bc)x+3b$
x^2의 계수에서 $c=2$
상수항에서 $-3=3b$ $\quad\therefore b=-1$
x의 계수에서 $a=3+bc=3+(-1)\times2=1$
$\therefore a+b+c=1+(-1)+2=2$

13 ① $3a-12ab=3a(1-4b)$
② $4x^2+12x+9=(2x+3)^2$
③ $4x^2-9=(2x+3)(2x-3)$
④ $x^2-4xy-5y^2=(x+y)(x-5y)$
따라서 인수분해한 것이 옳은 것은 ⑤이다.

14 ④ $(x+3)(x-4)-8=x^2-x-12-8$
$=x^2-x-20=(x+4)(x-5)$

15 $x^2-8x+15=\underline{(x-3)}(x-5)$
$3x^2-7x-6=\underline{(x-3)}(3x+2)$
따라서 두 다항식의 공통인 인수는 $x-3$이다.

16 $x^2-6x-27=\underline{(x+3)}(x-9)$
$5x^2+13x-6=\underline{(x+3)}(5x-2)$
따라서 두 다항식의 공통인 인수는 $x+3$이다.

17 $3x^2+4x+a=(x+4)(3x+m)$(m은 상수)으로 놓으면
$3x^2+4x+a=3x^2+(m+12)x+4m$
이므로 $4=m+12$, $a=4m$
$\therefore m=-8$, $a=-32$

18 $2x^2+ax-5=(x-5)(2x+m)$(m은 상수)으로 놓으면
$2x^2+ax-5=2x^2+(m-10)x-5m$
이므로 $a=m-10$, $-5=-5m$
$\therefore m=1$, $a=-9$

19 (1) $(x+2)(x-5)=x^2-3x-10$에서
상우는 상수항을 제대로 보았으므로 처음 이차식의 상수항은 -10이다.
$(x+4)(x+5)=x^2+9x+20$에서
연두는 x의 계수를 제대로 보았으므로 처음 이차식의 x의 계수는 9이다.
따라서 처음 이차식은 $x^2+9x-10$이다.
(2) 처음 이차식을 바르게 인수분해하면
$x^2+9x-10=(x-1)(x+10)$

20 $(x-2)(x+4)=x^2+2x-8$에서
하영이는 상수항을 제대로 보았으므로 처음 이차식의 상수항은 -8이다.
$(x+1)(x-3)=x^2-2x-3$에서
지우는 x의 계수를 제대로 보았으므로 처음 이차식의 x의 계수는 -2이다.
따라서 처음 이차식은 x^2-2x-8이므로
이 식을 바르게 인수분해하면
$x^2-2x-8=(x+2)(x-4)$

21 새로 만든 직사각형의 넓이는
$x^2+3x+2=(x+1)(x+2)$
따라서 새로 만든 직사각형의 이웃하는 두 변의 길이는 각각 $x+1$, $x+2$이므로 가로의 길이와 세로의 길이의 합은
$(x+1)+(x+2)=2x+3$

22 새로 만든 직사각형의 넓이는
$x^2+5x+4=(x+1)(x+4)$
따라서 새로 만든 직사각형의 이웃하는 두 변의 길이는 각각 $x+1$, $x+4$이므로
(새로 만든 직사각형의 둘레의 길이)
$=2\times\{(x+1)+(x+4)\}=2(2x+5)=4x+10$

23 $6x^2+7x+2=(3x+2)(2x+1)$
이때 직사각형의 가로의 길이가 $3x+2$이므로 세로의 길이는 $2x+1$이다.
$\therefore$ (직사각형의 둘레의 길이)$=2\times\{(3x+2)+(2x+1)\}$
$=2(5x+3)=10x+6$

24 $\frac{1}{2}\times\{(x+4)+(x+6)\}\times$(높이)$=3x^2+17x+10$
$\frac{1}{2}\times(2x+10)\times$(높이)$=(x+5)(3x+2)$
$(x+5)\times$(높이)$=(x+5)(3x+2)$
따라서 사다리꼴의 높이는 $3x+2$이다.

유형 6
P. 74~75

1 (1) 3, 3, 2 (2) 5, $x-2$, 5, 4, 3
(3) 3, 2, 2, $a+b$, 2 (4) $b-2$, $a-1$, 3, 1

2 (1) $(a+b+2)^2$ (2) $(x+1)(x-1)$
(3) $x(4x+9)$

3 (1) $(a+b-3)(a+b+4)$
(2) $(x-z+1)(x-z+2)$
(3) $(x-2y-2)(x-2y-3)$

4 (1) $3(x-y)(x+y)$
(2) $(x-3y+17)(x+y+1)$
(3) $3(3x-y)(7x-2y)$

5 (1) $x-y$, b, $(x-y)(a-b)$
(2) $y+1$, $y+1$, $(x-1)(y+1)$
(3) $(x-2)(y-2)$ (4) $(x-2)(y-z)$
(5) $(a-b)(c+d)$ (6) $(x-y)(1-y)$

6 (1) $x-2y$, $x-2y$, $(x-2y)(x+2y-1)$
(2) $x+y$, 2, $(x+y)(x-y+2)$
(3) $(a+b)(a-b-c)$
(4) $(x+4)(y+3)(y-3)$
(5) $(x+1)(x+2)(x-2)$
(6) $(a+1)(a-1)(x-1)$

7 (1) $x+1$, $(x+y+1)(x-y+1)$
(2) $b+1$, $(a+b+1)(a-b-1)$
(3) $(x+y-3)(x-y-3)$
(4) $(x+2y-1)(x-2y+1)$
(5) $(c+a-b)(c-a+b)$
(6) $(a-4b+5c)(a-4b-5c)$

8 (1) $2x-3$, $(2x+4y-3)(2x-4y-3)$
(2) $2a-b$, $(3+2a-b)(3-2a+b)$
(3) $(3x+y-1)(3x-y-1)$
(4) $(5+x-3y)(5-x+3y)$
(5) $(2a+3b-2c)(2a-3b+2c)$
(6) $(1+4x-y)(1-4x+y)$

2 (1) $(a+b)^2+4(a+b)+4$ ← $a+b=A$로 놓기
$=A^2+4A+4$
$=(A+2)^2$ ← $A=a+b$를 대입하기
$=(a+b+2)^2$

(2) $(x+3)^2-6(x+3)+8$ ← $x+3=A$로 놓기
$=A^2-6A+8$
$=(A-2)(A-4)$ ← $A=x+3$을 대입하기
$=(x+3-2)(x+3-4)$
$=(x+1)(x-1)$

(3) $4(x+2)^2-7(x+2)-2$ ← $x+2=A$로 놓기
$=4A^2-7A-2$
$=(A-2)(4A+1)$ ← $A=x+2$를 대입하기
$=(x+2-2)\{4(x+2)+1\}$
$=x(4x+9)$

3 (1) $(a+b)(a+b+1)-12$ ← $a+b=A$로 놓기
$=A(A+1)-12$
$=A^2+A-12$
$=(A-3)(A+4)$ ← $A=a+b$를 대입하기
$=(a+b-3)(a+b+4)$

(2) $(x-z)(x-z+3)+2$ ← $x-z=A$로 놓기
$=A(A+3)+2$
$=A^2+3A+2$
$=(A+1)(A+2)$ ← $A=x-z$를 대입하기
$=(x-z+1)(x-z+2)$

(3) $(x-2y)(x-2y-5)+6$ ← $x-2y=A$로 놓기
$=A(A-5)+6$
$=A^2-5A+6$
$=(A-2)(A-3)$ ← $A=x-2y$를 대입하기
$=(x-2y-2)(x-2y-3)$

4 (1) $(2x-y)^2-(x-2y)^2$ ← $2x-y=A$, $x-2y=B$로 놓기
$=A^2-B^2$
$=(A+B)(A-B)$ ← $A=2x-y$, $B=x-2y$를 대입하기
$=\{(2x-y)+(x-2y)\}\{(2x-y)-(x-2y)\}$
$=(3x-3y)(x+y)$
$=3(x-y)(x+y)$

(2) $(x+5)^2-2(x+5)(y-4)-3(y-4)^2$ ← $x+5=A$, $y-4=B$로 놓기
$=A^2-2AB-3B^2$
$=(A-3B)(A+B)$ ← $A=x+5$, $B=y-4$를 대입하기
$=\{(x+5)-3(y-4)\}\{(x+5)+(y-4)\}$
$=(x-3y+17)(x+y+1)$

(3) $(x+y)^2+7(x+y)(2x-y)+12(2x-y)^2$ ← $x+y=A$, $2x-y=B$로 놓기
$=A^2+7AB+12B^2$
$=(A+4B)(A+3B)$ ← $A=x+y$, $B=2x-y$를 대입하기
$=\{(x+y)+4(2x-y)\}\{(x+y)+3(2x-y)\}$
$=(9x-3y)(7x-2y)$
$=3(3x-y)(7x-2y)$

5 (3) $xy-2x-2y+4=x(y-2)-2(y-2)$
$=(y-2)(x-2)$
$=(x-2)(y-2)$

(4) $xy+2z-xz-2y=xy-2y-xz+2z$
$=y(x-2)-z(x-2)$
$=(x-2)(y-z)$

(5) $ac-bd+ad-bc=ac+ad-bc-bd$
$=a(c+d)-b(c+d)$
$=(c+d)(a-b)$
$=(a-b)(c+d)$

(6) $x-xy-y+y^2=x(1-y)-y(1-y)$
$=(1-y)(x-y)$
$=(x-y)(1-y)$

6 (3) $a^2-ac-b^2-bc=a^2-b^2-ac-bc$
$=(a+b)(a-b)-c(a+b)$
$=(a+b)(a-b-c)$

(4) $xy^2+4y^2-9x-36=y^2(x+4)-9(x+4)$
$=(x+4)(y^2-9)$
$=(x+4)(y+3)(y-3)$

(5) $x^3+x^2-4x-4=x^2(x+1)-4(x+1)$
$=(x+1)(x^2-4)$
$=(x+1)(x+2)(x-2)$

(6) $a^2x+1-x-a^2=a^2x-x-a^2+1$
$=x(a^2-1)-(a^2-1)$
$=(a^2-1)(x-1)$
$=(a+1)(a-1)(x-1)$

7 (3) $x^2-6x+9-y^2=(x-3)^2-y^2$
$=(x-3+y)(x-3-y)$
$=(x+y-3)(x-y-3)$

(4) $x^2-4y^2+4y-1=x^2-(4y^2-4y+1)$
$=x^2-(2y-1)^2$
$=(x+2y-1)(x-2y+1)$

(5) $c^2-a^2-b^2+2ab=c^2-(a^2-2ab+b^2)$
$=c^2-(a-b)^2$
$=(c+a-b)(c-a+b)$

(6) $a^2-8ab+16b^2-25c^2=(a-4b)^2-(5c)^2$
$=(a-4b+5c)(a-4b-5c)$

8 (3) $9x^2-6x+1-y^2=(3x-1)^2-y^2$
$=(3x-1+y)(3x-1-y)$
$=(3x+y-1)(3x-y-1)$

(4) $25-x^2+6xy-9y^2=5^2-(x^2-6xy+9y^2)$
$=5^2-(x-3y)^2$
$=(5+x-3y)(5-x+3y)$

(5) $4a^2-9b^2+12bc-4c^2=(2a)^2-(9b^2-12bc+4c^2)$
$=(2a)^2-(3b-2c)^2$
$=(2a+3b-2c)(2a-3b+2c)$

(6) $-16x^2-y^2+8xy+1=1-(16x^2-8xy+y^2)$
$=1-(4x-y)^2$
$=(1+4x-y)(1-4x+y)$

유형 7 P. 76

1 (1) 54, 46, 100, 1700 (2) 2, 100, 10000
(3) 53, 53, 4, 440 (4) 2, 2, 20, 20, 2, 1, 82
2 (1) 900 (2) 1100 (3) 30 (4) 99
3 (1) 100 (2) 900 (3) 400 (4) 8100
4 (1) 113 (2) 9800 (3) 720 (4) 5000
5 (1) 250 (2) 99 (3) 100 (4) 7

2 (1) $9\times57+9\times43=9(57+43)=9\times100=900$
(2) $11\times75+11\times25=11(75+25)=11\times100=1100$
(3) $15\times88-15\times86=15(88-86)=15\times2=30$
(4) $97\times33-94\times33=33(97-94)=33\times3=99$

3 (1) $11^2-2\times11+1=11^2-2\times11\times1+1^2$
$=(11-1)^2$
$=10^2=100$
(2) $18^2+2\times18\times12+12^2=(18+12)^2$
$=30^2=900$
(3) $25^2-2\times25\times5+5^2=(25-5)^2$
$=20^2=400$
(4) $89^2+2\times89+1=89^2+2\times89\times1+1^2$
$=(89+1)^2$
$=90^2=8100$

4 (1) $57^2-56^2=(57+56)(57-56)$
$=113\times1=113$
(2) $99^2-1=99^2-1^2$
$=(99+1)(99-1)$
$=100\times98=9800$
(3) $32^2\times3-28^2\times3=3(32^2-28^2)$
$=3(32+28)(32-28)$
$=3\times60\times4=720$
(4) $5\times55^2-5\times45^2=5(55^2-45^2)$
$=5(55+45)(55-45)$
$=5\times100\times10=5000$

5 (1) $50\times3.5+50\times1.5=50(3.5+1.5)$
$=50\times5=250$
(2) $5.5^2\times9.9-4.5^2\times9.9=9.9(5.5^2-4.5^2)$
$=9.9(5.5+4.5)(5.5-4.5)$
$=9.9\times10\times1=99$
(3) $7.5^2+5\times7.5+2.5^2=7.5^2+2\times7.5\times2.5+2.5^2$
$=(7.5+2.5)^2$
$=10^2=100$
(4) $\sqrt{25^2-24^2}=\sqrt{(25+24)(25-24)}$
$=\sqrt{49}=\sqrt{7^2}=7$

유형 8 P. 77

1 (1) 3, 3, 30, 900
(2) y, $2-\sqrt{3}$, $2\sqrt{3}$, 12
2 (1) 8 (2) $2+\sqrt{2}$ (3) $5\sqrt{3}+3$ (4) $5+5\sqrt{5}$
3 (1) 8 (2) $12\sqrt{5}$ (3) -22
4 (1) 4 (2) $-4\sqrt{3}$ (3) $8\sqrt{3}$
5 (1) 30 (2) 90 (3) 60

2 (1) $x^2-4x+4=(x-2)^2=(2-2\sqrt{2}-2)^2$
$=(-2\sqrt{2})^2=8$
(2) $x^2+3x+2=(x+1)(x+2)$
$=(\sqrt{2}-1+1)(\sqrt{2}-1+2)$
$=\sqrt{2}(\sqrt{2}+1)=2+\sqrt{2}$
(3) $x^2-3x-4=(x+1)(x-4)$
$=(4+\sqrt{3}+1)(4+\sqrt{3}-4)$
$=(5+\sqrt{3})\sqrt{3}=5\sqrt{3}+3$
(4) $x=\dfrac{1}{\sqrt{5}-2}=\dfrac{\sqrt{5}+2}{(\sqrt{5}-2)(\sqrt{5}+2)}=\sqrt{5}+2$이므로
$x^2+x-6=(x-2)(x+3)$
$=(\sqrt{5}+2-2)(\sqrt{5}+2+3)$
$=\sqrt{5}(\sqrt{5}+5)=5+5\sqrt{5}$

3 (1) $x+y=(\sqrt{2}+1)+(\sqrt{2}-1)=2\sqrt{2}$이므로
$x^2+2xy+y^2=(x+y)^2=(2\sqrt{2})^2=8$
(2) $x+y=(3+\sqrt{5})+(3-\sqrt{5})=6$,
$x-y=(3+\sqrt{5})-(3-\sqrt{5})=2\sqrt{5}$이므로
$x^2-y^2=(x+y)(x-y)=6\times2\sqrt{5}=12\sqrt{5}$
(3) $xy=(1+2\sqrt{3})(1-2\sqrt{3})=-11$,
$x+y=(1+2\sqrt{3})+(1-2\sqrt{3})=2$이므로
$x^2y+xy^2=xy(x+y)$
$=-11\times2=-22$

4 (1) $a=\dfrac{1}{\sqrt{2}+1}=\dfrac{\sqrt{2}-1}{(\sqrt{2}+1)(\sqrt{2}-1)}=\sqrt{2}-1$,
$b=\dfrac{1}{\sqrt{2}-1}=\dfrac{\sqrt{2}+1}{(\sqrt{2}-1)(\sqrt{2}+1)}=\sqrt{2}+1$이므로
$a-b=(\sqrt{2}-1)-(\sqrt{2}+1)=-2$
$\therefore a^2-2ab+b^2=(a-b)^2$
$=(-2)^2=4$
(2) $a=\dfrac{2}{\sqrt{5}+\sqrt{3}}=\dfrac{2(\sqrt{5}-\sqrt{3})}{(\sqrt{5}+\sqrt{3})(\sqrt{5}-\sqrt{3})}=\sqrt{5}-\sqrt{3}$,
$b=\dfrac{2}{\sqrt{5}-\sqrt{3}}=\dfrac{2(\sqrt{5}+\sqrt{3})}{(\sqrt{5}-\sqrt{3})(\sqrt{5}+\sqrt{3})}=\sqrt{5}+\sqrt{3}$이므로
$ab=(\sqrt{5}-\sqrt{3})(\sqrt{5}+\sqrt{3})=2$
$a-b=(\sqrt{5}-\sqrt{3})-(\sqrt{5}+\sqrt{3})=-2\sqrt{3}$
$\therefore a^2b-ab^2=ab(a-b)$
$=2\times(-2\sqrt{3})=-4\sqrt{3}$

(3) $x=\frac{1}{\sqrt{3}-2}=\frac{\sqrt{3}+2}{(\sqrt{3}-2)(\sqrt{3}+2)}=-\sqrt{3}-2$,

$y=\frac{1}{\sqrt{3}+2}=\frac{\sqrt{3}-2}{(\sqrt{3}+2)(\sqrt{3}-2)}=-\sqrt{3}+2$이므로

$x+y=(-\sqrt{3}-2)+(-\sqrt{3}+2)=-2\sqrt{3}$

$x-y=(-\sqrt{3}-2)-(-\sqrt{3}+2)=-4$

$\therefore x^2-y^2=(x+y)(x-y)$

$=-2\sqrt{3}\times(-4)=8\sqrt{3}$

5 (1) $a^2b+ab^2=ab(a+b)=5\times6=30$

(2) $3xy^2-3x^2y=-3xy(x-y)$

$=-3\times(-6)\times5=90$

(3) $x^2-y^2+4x+4y=(x+y)(x-y)+4(x+y)$

$=(x+y)(x-y+4)$

$=4\times(11+4)=60$

한 번 더 연습 P. 78

1 (1) $(x-y+6)^2$ (2) $(2x-y-4)^2$
(3) $(a-b+1)(a-b+2)$ (4) $(x+y-3)(x+y+4)$
(5) $4(2x+1)(x-2)$ (6) $(x+y+1)(x-3y+5)$

2 (1) $(a+1)(a+b)$ (2) $(x-y)(x+y-3)$
(3) $(a+5b+1)(a+5b-1)$
(4) $(x-4y+3)(x-4y-3)$

3 (1) 1800 (2) 10000 (3) 2500 (4) 20 (5) 10000

4 (1) 180 (2) 10 (3) 12 (4) $24\sqrt{2}$

1 (1) $(x-y)^2+12(x-y)+36$ ← $x-y=A$로 놓기

$=A^2+12A+36$

$=(A+6)^2$ ← $A=x-y$를 대입하기

$=(x-y+6)^2$

(2) $(2x-y)^2-8(2x-y)+16$ ← $2x-y=A$로 놓기

$=A^2-8A+16$

$=(A-4)^2$ ← $A=2x-y$를 대입하기

$=(2x-y-4)^2$

(3) $(a-b)(a-b+3)+2$ ← $a-b=A$로 놓기

$=A(A+3)+2$

$=A^2+3A+2$

$=(A+1)(A+2)$ ← $A=a-b$를 대입하기

$=(a-b+1)(a-b+2)$

(4) $(x+y)(x+y+1)-12$ ← $x+y=A$로 놓기

$=A(A+1)-12$

$=A^2+A-12$

$=(A-3)(A+4)$ ← $A=x+y$를 대입하기

$=(x+y-3)(x+y+4)$

(5) $(3x-1)^2-(x+3)^2$ ← $3x-1=A$, $x+3=B$로 놓기

$=A^2-B^2$

$=(A+B)(A-B)$

$=\{(3x-1)+(x+3)\}\{(3x-1)-(x+3)\}$ ← $A=3x-1$, $B=x+3$을 대입하기

$=(4x+2)(2x-4)$

$=4(2x+1)(x-2)$

(6) $(x+2)^2-2(x+2)(y-1)-3(y-1)^2$ ← $x+2=A$, $y-1=B$로 놓기

$=A^2-2AB-3B^2$

$=(A+B)(A-3B)$

$=\{(x+2)+(y-1)\}\{(x+2)-3(y-1)\}$ ← $A=x+2$, $B=y-1$을 대입하기

$=(x+y+1)(x-3y+5)$

2 (1) $a^2+a+ab+b=a(a+1)+b(a+1)$

$=(a+1)(a+b)$

(2) $x^2-y^2-3x+3y=(x+y)(x-y)-3(x-y)$

$=(x-y)(x+y-3)$

(3) $a^2+10ab+25b^2-1=(a+5b)^2-1^2$

$=(a+5b+1)(a+5b-1)$

(4) $x^2+16y^2-9-8xy=(x^2-8xy+16y^2)-9$

$=(x-4y)^2-3^2$

$=(x-4y+3)(x-4y-3)$

3 (1) $18\times57+18\times43=18(57+43)$

$=18\times100$

$=1800$

(2) $94^2+2\times94\times6+6^2=(94+6)^2$

$=100^2$

$=10000$

(3) $53^2-2\times53\times3+3^2=(53-3)^2$

$=50^2$

$=2500$

(4) $\sqrt{52^2-48^2}=\sqrt{(52+48)(52-48)}$

$=\sqrt{100\times4}=\sqrt{400}$

$=\sqrt{20^2}=20$

(5) $70^2\times2.5-30^2\times2.5=2.5(70^2-30^2)$

$=2.5(70+30)(70-30)$

$=2.5\times100\times40$

$=10000$

4 (1) $x^2-4x-12=(x+2)(x-6)$

$=(16+2)(16-6)$

$=18\times10=180$

(2) $x^2-10x+25=(x-5)^2=(5+\sqrt{10}-5)^2$

$=(\sqrt{10})^2=10$

(3) $x+y=(\sqrt{3}+\sqrt{2})+(\sqrt{3}-\sqrt{2})=2\sqrt{3}$이므로

$x^2+2xy+y^2=(x+y)^2$

$=(2\sqrt{3})^2=12$

(4) $x=\frac{1}{3-2\sqrt{2}}=\frac{3+2\sqrt{2}}{(3-2\sqrt{2})(3+2\sqrt{2})}=3+2\sqrt{2}$,

$y=\frac{1}{3+2\sqrt{2}}=\frac{3-2\sqrt{2}}{(3+2\sqrt{2})(3-2\sqrt{2})}=3-2\sqrt{2}$이므로

$x+y=(3+2\sqrt{2})+(3-2\sqrt{2})=6$

$x-y=(3+2\sqrt{2})-(3-2\sqrt{2})=4\sqrt{2}$

$\therefore x^2-y^2=(x+y)(x-y)$

$=6\times4\sqrt{2}=24\sqrt{2}$

쌍둥이 기출문제 P. 79~80

1 ②	2 -1	3 ④	4 ②
5 $(x+y+6)(x-y+6)$	6 $2x$	7 ③	
8 2	9 ①	10 16	11 ⑤
12 ⑤			

1 $x-4=A$로 놓으면

$(x-4)^2-4(x-4)-21=A^2-4A-21$

$=(A+3)(A-7)$

$=(x-4+3)(x-4-7)$

$=(x-1)(x-11)$

따라서 $a=1$, $b=-11$이므로

$a+b=1+(-11)=-10$

2 $2x-1=A$, $x+5=B$로 놓으면

$(2x-1)^2-(x+5)^2$

$=A^2-B^2$

$=(A+B)(A-B)$

$=\{(2x-1)+(x+5)\}\{(2x-1)-(x+5)\}$

$=(3x+4)(x-6)$ … (i)

따라서 $a=4$, $b=1$, $c=-6$이므로 … (ii)

$a+b+c=4+1+(-6)=-1$ … (iii)

채점 기준	비율
(i) 주어진 식을 인수분해하기	50 %
(ii) a, b, c의 값 구하기	30 %
(iii) $a+b+c$의 값 구하기	20 %

3 $a^3-b-a+a^2b=a^3+a^2b-a-b$

$=a^2(a+b)-(a+b)$

$=(a+b)(a^2-1)$

$=(a+b)(a+1)(a-1)$

따라서 인수가 아닌 것은 ④ $a-b$이다.

4 $x^2-9+xy-3y=(x+3)(x-3)+y(x-3)$

$=(x-3)(x+3+y)$

$=(x-3)(x+y+3)$

따라서 주어진 식의 인수는 ㄱ, ㅂ이다.

5 $x^2-y^2+12x+36=x^2+12x+36-y^2$

$=(x+6)^2-y^2$

$=(x+6+y)(x+6-y)$

$=(x+y+6)(x-y+6)$

6 $x^2-y^2+4y-4=x^2-(y^2-4y+4)$

$=x^2-(y-2)^2$

$=(x+y-2)\{x-(y-2)\}$

$=(x+y-2)(x-y+2)$

따라서 두 일차식은 $x+y-2$, $x-y+2$이므로

$(x+y-2)+(x-y+2)=2x$

7 150^2-149^2

$=(150+149)(150-149)$ ← $a^2-b^2=(a+b)(a-b)$

$=299$

따라서 주어진 식을 계산하는 데 가장 편리한 인수분해 공식은 ③이다.

8 $\frac{1001\times2004-2004}{1001^2-1}=\frac{2004\times(1001-1)}{(1001+1)(1001-1)}$

$=\frac{2004\times1000}{1002\times1000}=2$

9 $x+y=(-1+\sqrt{3})+(1+\sqrt{3})=2\sqrt{3}$,

$x-y=(-1+\sqrt{3})-(1+\sqrt{3})=-2$이므로

$x^2-y^2=(x+y)(x-y)$

$=2\sqrt{3}\times(-2)=-4\sqrt{3}$

10 $a=\frac{1}{\sqrt{5}+2}=\frac{\sqrt{5}-2}{(\sqrt{5}+2)(\sqrt{5}-2)}=\sqrt{5}-2$,

$b=\frac{1}{\sqrt{5}-2}=\frac{\sqrt{5}+2}{(\sqrt{5}-2)(\sqrt{5}+2)}=\sqrt{5}+2$ … (i)

$a^2-2ab+b^2=(a-b)^2$ … (ii)

$a-b=(\sqrt{5}-2)-(\sqrt{5}+2)=-4$이므로

$a^2-2ab+b^2=(a-b)^2$

$=(-4)^2=16$ … (iii)

채점 기준	비율
(i) a, b의 분모를 유리화하기	30 %
(ii) $a^2-2ab+b^2$을 인수분해하기	30 %
(iii) $a^2-2ab+b^2$의 값 구하기	40 %

11 $x^2-y^2+6x-6y=(x+y)(x-y)+6(x-y)$

$=(x-y)(x+y+6)$

$=5\times(3+6)=45$

12 $x^2-y^2+2x+1=x^2+2x+1-y^2$

$=(x+1)^2-y^2$

$=(x+1+y)(x+1-y)$

$=(x+y+1)(x-y+1)$

$=(\sqrt{5}+1)\times(3+1)=4\sqrt{5}+4$

단원 마무리 P. 81~83

1	ㄱ, ㄷ, ㅂ	2	16	3	①	4	④
5	⑤	6	②	7	$(x-4)(x+6)$		
8	②	9	①	10	②	11	88
12	④						

2 $(x-2)(x+6)+k=x^2+4x-12+k$
$=x^2+2\times x\times 2-12+k$
이 식이 완전제곱식이 되려면
$-12+k=2^2$이어야 한다. … (i)
$-12+k=4$에서
$k=16$ … (ii)

채점 기준	비율
(i) 완전제곱식이 되기 위한 k의 조건 구하기	60 %
(ii) k의 값 구하기	40 %

3 $0<a<\frac{1}{3}$에서
$a-\frac{1}{3}<0,\ a+\frac{1}{3}>0$
이므로
$$\sqrt{a^2-\frac{2}{3}a+\frac{1}{9}}-\sqrt{a^2+\frac{2}{3}a+\frac{1}{9}}=\sqrt{\left(a-\frac{1}{3}\right)^2}-\sqrt{\left(a+\frac{1}{3}\right)^2}$$
$$=-\left(a-\frac{1}{3}\right)-\left(a+\frac{1}{3}\right)$$
$$=-a+\frac{1}{3}-a-\frac{1}{3}$$
$$=-2a$$

4 $5x^2+ax+2=(5x+b)(cx+2)$
$=5cx^2+(10+bc)x+2b$
x^2의 계수에서 $5=5c$ $\therefore c=1$
상수항에서 $2=2b$ $\therefore b=1$
x의 계수에서 $a=10+bc=10+1\times 1=11$
$\therefore a-b-c=11-1-1=9$

5 ① $2xy+10x=2x(y+\boxed{5})$
② $9x^2-6x+1=(\boxed{3}x-1)^2$
③ $25x^2-16y^2=(5x+4y)(5x-\boxed{4}y)$
④ $x^2+3x-18=(x-3)(x+\boxed{6})$
⑤ $6x^2+xy-2y^2=(2x-y)(3x+\boxed{2}y)$
따라서 □ 안에 알맞은 수가 가장 작은 것은 ⑤이다.

6 $x^2+4x-5=(x-1)(x+5)$
$2x^2-3x+1=(x-1)(2x-1)$
따라서 두 다항식의 공통인 인수는 $x-1$이다.

7 $(x+3)(x-8)=x^2-5x-24$에서
소희는 상수항을 제대로 보았으므로 처음 이차식의 상수항은 -24이다.
$(x-2)(x+4)=x^2+2x-8$에서
시우는 x의 계수를 제대로 보았으므로 처음 이차식의 x의 계수는 2이다. … (i)
따라서 처음 이차식은
$x^2+2x-24$ … (ii)
이 식을 바르게 인수분해하면
$x^2+2x-24=(x-4)(x+6)$ … (iii)

채점 기준	비율
(i) 처음 이차식의 상수항, x의 계수 구하기	40 %
(ii) 처음 이차식 구하기	20 %
(iii) 처음 이차식을 바르게 인수분해하기	40 %

8 $2a^2-ab-10b^2=(a+2b)(2a-5b)$이고,
꽃밭의 가로의 길이가 $a+2b$이므로 세로의 길이는 $2a-5b$이다.

9 $x-2y=A$로 놓으면
$(x-2y)(x-2y+1)-12=A(A+1)-12$
$=A^2+A-12$
$=(A-3)(A+4)$
$=(x-2y-3)(x-2y+4)$
따라서 $a=-2,\ b=-3,\ c=-2,\ d=4$ 또는
$a=-2,\ b=4,\ c=-2,\ d=-3$이므로
$a+b+c+d=-3$

10 $x^2-y^2+z^2-2xz=(x^2-2xz+z^2)-y^2$
$=(x-z)^2-y^2$
$=(x-z+y)(x-z-y)$
$=(x+y-z)(x-y-z)$

11 $A=6\times 1.5^2-6\times 0.5^2=6(1.5^2-0.5^2)$
$=6(1.5+0.5)(1.5-0.5)$
$=6\times 2\times 1=12$
$B=\sqrt{74^2+4\times 74+2^2}=\sqrt{74^2+2\times 74\times 2+2^2}$
$=\sqrt{(74+2)^2}=\sqrt{76^2}=76$
$\therefore A+B=12+76=88$

12 $x=\frac{4}{\sqrt{5}-1}=\frac{4(\sqrt{5}+1)}{(\sqrt{5}-1)(\sqrt{5}+1)}=\frac{4(\sqrt{5}+1)}{4}=\sqrt{5}+1$,
$y=\frac{4}{\sqrt{5}+1}=\frac{4(\sqrt{5}-1)}{(\sqrt{5}+1)(\sqrt{5}-1)}=\frac{4(\sqrt{5}-1)}{4}=\sqrt{5}-1$
이므로
$xy=(\sqrt{5}+1)(\sqrt{5}-1)=4$
$x-y=(\sqrt{5}+1)-(\sqrt{5}-1)=2$
$\therefore x^2y-xy^2=xy(x-y)=4\times 2=8$

1 이차방정식과 그 해

유형 1 P. 86

1 (1) ○ (2) × (3) $-x^2+3x-1=0$, ○ (4) ×
(5) ○ (6) ○ (7) ○ (8) × (9) ×

2 (1) $a \neq 2$ (2) $a \neq -\frac{3}{2}$ (3) $a \neq 5$

3 (1) =, ○ (2) × (3) ×

4 (1) $x=0$ (2) $x=-1$ 또는 $x=3$
(3) $x=1$ (4) $x=-1$

1 (1) $2x^2=0$ ⇨ 이차방정식
(2) $x(x-1)+4$에서
x^2-x+4 ⇨ 이차식
(3) $x^2+3x=2x^2+1$에서
$-x^2+3x-1=0$ ⇨ 이차방정식
(4) $x(1-3x)=5-3x^2$에서 $x-3x^2=5-3x^2$
$x-5=0$ ⇨ 일차방정식
(5) $(x+2)^2=4$에서 $x^2+4x+4=4$
$x^2+4x=0$ ⇨ 이차방정식
(6) $2x^2-5=(x-1)(3x+1)$에서
$2x^2-5=3x^2-2x-1$
$-x^2+2x-4=0$ ⇨ 이차방정식
(7) $x^2(x-1)=x^3+4$에서 $x^3-x^2=x^3+4$
$-x^2-4=0$ ⇨ 이차방정식
(8) $x(x+1)=x^3-2$에서 $x^2+x=x^3-2$
$-x^3+x^2+x+2=0$ ⇨ 이차방정식이 아니다.
(9) $\frac{1}{x^2}+5=0$ ⇨ 이차방정식이 아니다.

2 (3) $ax^2+4x-12=5x^2$에서
$(a-5)x^2+4x-12=0$
이때 x^2의 계수는 0이 아니어야 하므로
$a-5=0$ $\therefore a \neq 5$

3 (2) $3x^2-5x-2=0$에 $x=3$을 대입하면
$3\times3^2-5\times3-2\neq0$
(3) $(x+1)(x-6)=x$에 $x=4$를 대입하면
$(4+1)(4-6)\neq4$

4 (1) $x=0$일 때, 등식이 성립하므로 해는 $x=0$이다.
(2) $x=-1$, $x=3$일 때, 등식이 성립하므로
해는 $x=-1$ 또는 $x=3$이다.
(3) $x=1$일 때, 등식이 성립하므로 해는 $x=1$이다.
(4) $x=-1$일 때, 등식이 성립하므로 해는 $x=-1$이다.

2 이차방정식의 풀이

유형 2 P. 87

1 (1) x, $x-4$, 0, 4
(2) $x+3$, $x-5$, -3, 5
(3) $x+4$, $x+4$, $x-1$, -4, 1
(4) $2x-3$, $x+2$, $2x-3$, -2, $\frac{3}{2}$

2 (1) $x=0$ 또는 $x=2$ (2) $x=0$ 또는 $x=-3$
(3) $x=0$ 또는 $x=-4$

3 (1) $x=-4$ 또는 $x=-1$ (2) $x=2$ 또는 $x=5$
(3) $x=-2$ 또는 $x=4$

4 (1) $x=\frac{1}{2}$ 또는 $x=3$ (2) $x=-\frac{1}{2}$ 또는 $x=\frac{3}{2}$
(3) $x=\frac{1}{3}$ 또는 $x=\frac{3}{2}$

5 (1) x^2+6x+8, $x=-4$ 또는 $x=-2$
(2) $2x^2-3x-5$, $x=-1$ 또는 $x=\frac{5}{2}$

6 -6, 5

2 (1) $x^2-2x=0$에서 $x(x-2)=0$
$x=0$ 또는 $x-2=0$ $\therefore x=0$ 또는 $x=2$
(2) $x^2+3x=0$에서 $x(x+3)=0$
$x=0$ 또는 $x+3=0$ $\therefore x=0$ 또는 $x=-3$
(3) $2x^2+8x=0$에서 $2x(x+4)=0$
$2x=0$ 또는 $x+4=0$ $\therefore x=0$ 또는 $x=-4$

3 (1) $x^2+5x+4=0$에서 $(x+4)(x+1)=0$
$x+4=0$ 또는 $x+1=0$
$\therefore x=-4$ 또는 $x=-1$
(2) $x^2-7x+10=0$에서 $(x-2)(x-5)=0$
$x-2=0$ 또는 $x-5=0$
$\therefore x=2$ 또는 $x=5$
(3) $x^2=2x+8$에서 $x^2-2x-8=0$
$(x+2)(x-4)=0$, $x+2=0$ 또는 $x-4=0$
$\therefore x=-2$ 또는 $x=4$

4 (1) $2x^2-7x+3=0$에서 $(2x-1)(x-3)=0$
$2x-1=0$ 또는 $x-3=0$
$\therefore x=\frac{1}{2}$ 또는 $x=3$
(2) $-4x^2+4x+3=0$에서 $4x^2-4x-3=0$
$(2x+1)(2x-3)=0$, $2x+1=0$ 또는 $2x-3=0$
$\therefore x=-\frac{1}{2}$ 또는 $x=\frac{3}{2}$
(3) $10x^2-6x=4x^2+5x-3$에서 $6x^2-11x+3=0$
$(3x-1)(2x-3)=0$, $3x-1=0$ 또는 $2x-3=0$
$\therefore x=\frac{1}{3}$ 또는 $x=\frac{3}{2}$

5 (1) $x(x+8)=2(x-4)$에서 $x^2+8x=2x-8$
$\boxed{x^2+6x+8}=0$, $(x+4)(x+2)=0$
$x+4=0$ 또는 $x+2=0$
$\therefore x=-4$ 또는 $x=-2$
(2) $2(x^2-1)=3(x+1)$에서 $2x^2-2=3x+3$
$\boxed{2x^2-3x-5}=0$, $(x+1)(2x-5)=0$
$x+1=0$ 또는 $2x-5=0$
$\therefore x=-1$ 또는 $x=\frac{5}{2}$

6 $x^2+ax+5=0$에 $x=1$을 대입하면
$1^2+a\times1+5=0$, $a+6=0$ $\therefore a=-6$
즉, $x^2-6x+5=0$에서 $(x-1)(x-5)=0$
$x-1=0$ 또는 $x-5=0$
$\therefore x=1$ 또는 $x=5$
따라서 다른 한 근은 $x=5$이다.

유형 3 P. 88

1 (1) $x+4$, -4 (2) $4x-1$, $\frac{1}{4}$ (3) $x+\frac{1}{2}$, $-\frac{1}{2}$
2 (1) $x=-5$ (2) $x=\frac{1}{3}$ (3) $x=-\frac{7}{2}$ (4) $x=\frac{4}{3}$ (5) $x=-1$ (6) $x=-3$ (7) $x=-\frac{3}{2}$
3 (1) 4, -4 (2) 9 (3) $\frac{9}{4}$ (4) $-\frac{1}{4}$
4 (1) k, ±4 (2) ±10 (3) $\pm\frac{2}{3}$ (4) $\pm\frac{3}{2}$
5 (1) -7 (2) $\pm\frac{4}{5}$

2 (4) $9x^2-24x+16=0$에서 $(3x-4)^2=0$
$\therefore x=\frac{4}{3}$
(5) $x^2+1=-2x$에서 $x^2+2x+1=0$
$(x+1)^2=0$ $\therefore x=-1$
(6) $6-x^2=3(2x+5)$에서 $6-x^2=6x+15$
$x^2+6x+9=0$, $(x+3)^2=0$ $\therefore x=-3$
(7) $(x+2)(4x+5)=x+1$에서 $4x^2+13x+10=x+1$
$4x^2+12x+9=0$, $(2x+3)^2=0$ $\therefore x=-\frac{3}{2}$

3 (2) $k=\left(\frac{-6}{2}\right)^2$ $\therefore k=9$
(3) $k=\left(\frac{3}{2}\right)^2$ $\therefore k=\frac{9}{4}$
(4) $-k=\left(\frac{-1}{2}\right)^2$, $-k=\frac{1}{4}$ $\therefore k=-\frac{1}{4}$

4 (2) $25=\left(\frac{k}{2}\right)^2$, $k^2=100$ $\therefore k=\pm10$
(3) $\frac{1}{9}=\left(\frac{k}{2}\right)^2$, $k^2=\frac{4}{9}$ $\therefore k=\pm\frac{2}{3}$
(4) $\frac{9}{16}=\left(\frac{k}{2}\right)^2$, $k^2=\frac{9}{4}$ $\therefore k=\pm\frac{3}{2}$

5 (1) $9-k=\left(\frac{-8}{2}\right)^2$, $9-k=16$ $\therefore k=-7$
(2) $4=\left(\frac{5k}{2}\right)^2$, $4=\frac{25k^2}{4}$, $k^2=\frac{16}{25}$ $\therefore k=\pm\frac{4}{5}$

쌍둥이 기출문제 P. 89~90

1 ③	2 ③	3 ⑤	4 ③
5 ④	6 ⑤	7 ①	8 2
9 ②, ④	10 ④	11 $x=7$	12 ③
13 ③	14 ㄴ, ㅁ	15 ⑤	
16 $k=-11$, $x=6$			

1 ① $3x-1=0$ ⇨ 일차방정식
② x^2-3x+4 ⇨ 이차식
③ $x^2-1=-x^2+3x$에서 $2x^2-3x-1=0$
⇨ 이차방정식
④ $\frac{2}{x}+3=0$ ⇨ 이차방정식이 아니다.
⑤ $2x(x-1)=2x^2+3$에서 $2x^2-2x=2x^2+3$
$-2x-3=0$ ⇨ 일차방정식
따라서 이차방정식인 것은 ③이다.

2 ① $\frac{1}{2}x^2=0$ ⇨ 이차방정식
② $(x-5)^2=3x$에서 $x^2-10x+25=3x$
$x^2-13x+25=0$ ⇨ 이차방정식
③ $4x^2=(3-2x)^2$에서 $4x^2=9-12x+4x^2$
$12x-9=0$ ⇨ 일차방정식
④ $(x+1)(x-2)=x$에서 $x^2-x-2=x$
$x^2-2x-2=0$ ⇨ 이차방정식
⑤ $x^3-2x=-2+x^2+x^3$에서
$-x^2-2x+2=0$ ⇨ 이차방정식
따라서 이차방정식이 아닌 것은 ③이다.

[3~4] $ax^2+bx+c=0$이 이차방정식이 되려면 ⇨ $a\neq0$

3 $2x^2+3x-1=ax^2+4$에서 $(2-a)x^2+3x-5=0$
이때 x^2의 계수가 0이 아니어야 하므로
$2-a\neq0$ $\therefore a\neq2$

4 $kx^2-5x+1=7x^2+3$에서 $(k-7)x^2-5x-2=0$
이때 x^2의 계수가 0이 아니어야 하므로
$k-7\neq0$ $\therefore k\neq7$

[5~8] 이차방정식의 해가 $x=a$이다.
⇨ 이차방정식에 $x=a$를 대입하면 등식이 성립한다.

5 ① $5^2-5\neq0$
② $(-3)^2-(-3)-2\neq0$
③ $(-2)^2+6\times(-2)-7\neq0$
④ $2\times(-1)^2-3\times(-1)-5=0$
⑤ $3\times3^2-3-10\neq0$
따라서 [ ] 안의 수가 주어진 이차방정식의 해인 것은 ④이다.

6 ① $(-2+1)(-2+2)=0$
② $-(-2)^2+4=0$
③ $3\times(-2)^2+5\times(-2)-2=0$
④ $(-2)^2+4\times(-2)+4=0$
⑤ $(-2)^2+6\neq2\times(-2)^2-(-2)-18$
따라서 $x=-2$를 해로 갖는 이차방정식이 아닌 것은 ⑤이다.

7 $x^2+5x-1=0$에 $x=a$를 대입하면
$a^2+5a-1=0$ $\therefore a^2+5a=1$
$\therefore a^2+5a-6=1-6=-5$

8 $x^2-4x+1=0$에 $x=p$를 대입하면
$p^2-4p+1=0$ $\therefore p^2-4p=-1$
$\therefore p^2-4p+3=-1+3=2$

9 $x^2-x-20=0$에서 $(x+4)(x-5)=0$
$\therefore x=-4$ 또는 $x=5$

10 $2x^2-x-6=0$에서 $(2x+3)(x-2)=0$
$\therefore x=-\frac{3}{2}$ 또는 $x=2$

[11~12] 미지수가 있는 이차방정식의 한 근이 주어질 때
❶ 주어진 한 근을 대입 ⇨ 미지수의 값 구하기
❷ 미지수의 값을 대입 ⇨ 다른 한 근 구하기

11 $x^2-6x+a=0$에 $x=-1$을 대입하면
$(-1)^2-6\times(-1)+a=0$
$7+a=0$ $\therefore a=-7$ …(i)
즉, $x^2-6x-7=0$에서 $(x+1)(x-7)=0$
$\therefore x=-1$ 또는 $x=7$ …(ii)
따라서 다른 한 근은 $x=7$이다. …(iii)

채점 기준	비율
(i) a의 값 구하기	40 %
(ii) 이차방정식의 해 구하기	40 %
(iii) 다른 한 근 구하기	20 %

12 $3x^2+(a+1)x-a=0$에 $x=-3$을 대입하면
$3\times(-3)^2+(a+1)\times(-3)-a=0$
$-4a+24=0$ $\therefore a=6$
즉, $3x^2+7x-6=0$에서 $(x+3)(3x-2)=0$
$\therefore x=-3$ 또는 $x=\frac{2}{3}$
따라서 다른 한 근은 $x=\frac{2}{3}$이다.

[13~14] 이차방정식이 중근을 가진다. ⇨ (완전제곱식)$=0$ 꼴이다.

13 ① $x^2+x-6=0$에서 $(x+3)(x-2)=0$
$\therefore x=-3$ 또는 $x=2$
② $x^2-6x=0$에서 $x(x-6)=0$
$\therefore x=0$ 또는 $x=6$
③ $x^2-x+\frac{1}{4}=0$에서 $\left(x-\frac{1}{2}\right)^2=0$
$\therefore x=\frac{1}{2}$
④ $x^2-1=0$에서 $(x+1)(x-1)=0$
$\therefore x=-1$ 또는 $x=1$
⑤ $x^2-3x+2=0$에서 $(x-1)(x-2)=0$
$\therefore x=1$ 또는 $x=2$
따라서 중근을 갖는 것은 ③이다.

14 ㄱ. $x^2+4x=0$에서 $x(x+4)=0$
$\therefore x=0$ 또는 $x=-4$
ㄴ. $x^2+9=6x$에서 $x^2-6x+9=0$
$(x-3)^2=0$ $\therefore x=3$
ㄷ. $x^2=16$에서 $x^2-16=0$, $(x+4)(x-4)=0$
$\therefore x=-4$ 또는 $x=4$
ㄹ. $(x+4)^2=1$에서 $x^2+8x+15=0$
$(x+5)(x+3)=0$ $\therefore x=-5$ 또는 $x=-3$
ㅁ. $4x^2-12x+9=0$에서
$(2x-3)^2=0$ $\therefore x=\frac{3}{2}$
ㅂ. $x^2-3x=-5x+8$에서 $x^2+2x-8=0$
$(x+4)(x-2)=0$ $\therefore x=-4$ 또는 $x=2$
따라서 중근을 갖는 것은 ㄴ, ㅁ이다.

[15~16] 이차방정식이 중근을 가질 조건
이차항의 계수가 1일 때, (상수항)$=\left(\frac{\text{일차항의 계수}}{2}\right)^2$

15 $x^2-4x+m-5=0$이 중근을 가지므로
$m-5=\left(\frac{-4}{2}\right)^2$, $m-5=4$ $\therefore m=9$

16 $x^2-12x+25-k=0$이 중근을 가지므로

$25-k=\left(\frac{-12}{2}\right)^2$, $25-k=36$ $\therefore k=-11$

즉, $x^2-12x+36=0$이므로 $(x-6)^2=0$ $\therefore x=6$

유형 4 P. 91

1 (1) 3 (2) $2\sqrt{3}$ (3) 24, $2\sqrt{6}$ (4) 18, $3\sqrt{2}$

2 (1) $x=\pm\sqrt{5}$ (2) $x=\pm 9$ (3) $x=\pm 3\sqrt{3}$

(4) $x=\pm 5$ (5) $x=\pm\frac{\sqrt{13}}{3}$ (6) $x=\pm\frac{\sqrt{42}}{6}$

3 (1) $\sqrt{5}$, -4, $\sqrt{5}$ (2) 2, $\sqrt{2}$, 3, $\sqrt{2}$

4 (1) $x=-2$ 또는 $x=8$ (2) $x=-2\pm 2\sqrt{2}$

(3) $x=5\pm\sqrt{6}$ (4) $x=-3\pm 3\sqrt{3}$

(5) $x=-1$ 또는 $x=3$ (6) $x=-4\pm\sqrt{6}$

5 3

2 (1) $x^2-5=0$에서 $x^2=5$ $\therefore x=\pm\sqrt{5}$

(2) $x^2-81=0$에서 $x^2=81$

$\therefore x=\pm\sqrt{81}=\pm 9$

(3) $3x^2-81=0$에서 $3x^2=81$, $x^2=27$

$\therefore x=\pm\sqrt{27}=\pm 3\sqrt{3}$

(4) $4x^2-100=0$에서 $4x^2=100$, $x^2=25$

$\therefore x=\pm\sqrt{25}=\pm 5$

(5) $9x^2-5=8$에서 $9x^2=13$, $x^2=\frac{13}{9}$

$\therefore x=\pm\sqrt{\frac{13}{9}}=\pm\frac{\sqrt{13}}{3}$

(6) $6x^2-1=6$에서 $6x^2=7$, $x^2=\frac{7}{6}$

$\therefore x=\pm\sqrt{\frac{7}{6}}=\pm\frac{\sqrt{42}}{6}$

4 (1) $(x-3)^2=25$에서 $x-3=\pm\sqrt{25}=\pm 5$

$x=3-5$ 또는 $x=3+5$

$\therefore x=-2$ 또는 $x=8$

(2) $(x+2)^2=8$에서 $x+2=\pm\sqrt{8}=\pm 2\sqrt{2}$

$\therefore x=-2\pm 2\sqrt{2}$

(3) $3(x-5)^2=18$에서 $(x-5)^2=6$

$x-5=\pm\sqrt{6}$

$\therefore x=5\pm\sqrt{6}$

(4) $2(x+3)^2=54$에서 $(x+3)^2=27$

$x+3=\pm\sqrt{27}=\pm 3\sqrt{3}$

$\therefore x=-3\pm 3\sqrt{3}$

(5) $2(x-1)^2-8=0$에서 $2(x-1)^2=8$, $(x-1)^2=4$

$x-1=\pm 2$

$x=1-2$ 또는 $x=1+2$

$\therefore x=-1$ 또는 $x=3$

(6) $5(x+4)^2-30=0$에서 $5(x+4)^2=30$, $(x+4)^2=6$

$x+4=\pm\sqrt{6}$

$\therefore x=-4\pm\sqrt{6}$

5 $(x+a)^2=5$에서 $x+a=\pm\sqrt{5}$

$\therefore x=-a\pm\sqrt{5}$

즉, $-a\pm\sqrt{5}=-3\pm\sqrt{5}$이므로 $a=3$

유형 5 P. 92

1 (1) $\frac{1}{4}$, $\frac{1}{4}$, $\frac{1}{2}$, $\frac{5}{4}$

(2) $\frac{2}{3}$, $\frac{1}{9}$, $\frac{2}{3}$, $\frac{1}{9}$, $\frac{2}{3}$, $\frac{1}{9}$, $\frac{2}{9}$, $\frac{1}{3}$, $\frac{2}{9}$

2 ❶ 4, 2 ❷ 4, 2 ❸ 4, 4, 4

❹ 2, 6 ❺ 2, 6 ❻ $2\pm\sqrt{6}$

3 ❶ $x^2+x-\frac{1}{2}=0$ ❷ $x^2+x=\frac{1}{2}$

❸ $x^2+x+\frac{1}{4}=\frac{1}{2}+\frac{1}{4}$ ❹ $\left(x+\frac{1}{2}\right)^2=\frac{3}{4}$

❺ $x+\frac{1}{2}=\pm\frac{\sqrt{3}}{2}$ ❻ $x=\frac{-1\pm\sqrt{3}}{2}$

4 (1) $x=-2\pm\sqrt{3}$ (2) $x=1\pm\sqrt{10}$

(3) $x=3\pm\sqrt{5}$ (4) $x=1\pm\sqrt{6}$

(5) $x=2\pm\sqrt{10}$ (6) $x=-1\pm\frac{\sqrt{6}}{2}$

4 (1) $x^2+4x+1=0$에서

$x^2+4x=-1$

$x^2+4x+4=-1+4$

$(x+2)^2=3$, $x+2=\pm\sqrt{3}$

$\therefore x=-2\pm\sqrt{3}$

(2) $x^2-2x-9=0$에서

$x^2-2x=9$

$x^2-2x+1=9+1$

$(x-1)^2=10$, $x-1=\pm\sqrt{10}$

$\therefore x=1\pm\sqrt{10}$

(3) $x^2-6x+4=0$에서

$x^2-6x=-4$

$x^2-6x+9=-4+9$

$(x-3)^2=5$, $x-3=\pm\sqrt{5}$

$\therefore x=3\pm\sqrt{5}$

(4) $3x^2-6x-15=0$의 양변을 3으로 나누면

$x^2-2x-5=0$

$x^2-2x=5$

$x^2-2x+1=5+1$

$(x-1)^2=6$, $x-1=\pm\sqrt{6}$

$\therefore x=1\pm\sqrt{6}$

(5) $5x^2-20x-30=0$의 양변을 5로 나누면

$x^2-4x-6=0$

$x^2-4x=6$

$x^2-4x+4=6+4$

$(x-2)^2=10,\ x-2=\pm\sqrt{10}$

$\therefore x=2\pm\sqrt{10}$

(6) $2x^2=-4x+1$의 양변을 2로 나누면

$x^2=-2x+\frac{1}{2}$

$x^2+2x=\frac{1}{2}$

$x^2+2x+1=\frac{1}{2}+1$

$(x+1)^2=\frac{3}{2},\ x+1=\pm\sqrt{\frac{3}{2}}=\pm\frac{\sqrt{6}}{2}$

$\therefore x=-1\pm\frac{\sqrt{6}}{2}$

유형 6 P. 93

1 (1) 1, −3, −2, −3, −3, 1, −2, 1, 3, 17, 2

(2) 2, 3, −3, 3, 3, 2, −3, 2, $\frac{-3\pm\sqrt{33}}{4}$

(3) 3, −7, 1, −7, −7, 3, 1, 3, $\frac{7\pm\sqrt{37}}{6}$

2 (1) 1, 3, −1, 3, 3, 1, −1, 1, $-3\pm\sqrt{10}$

(2) 5, −4, 2, −4, −4, 2, 5, $\frac{4\pm\sqrt{6}}{5}$

3 (1) $x=\frac{9\pm3\sqrt{13}}{2}$ (2) $x=3\pm\sqrt{2}$

(3) $x=\frac{-2\pm\sqrt{10}}{3}$ (4) $x=\frac{7\pm\sqrt{17}}{8}$

1 (1) 근의 공식에 $a=\boxed{1}$, $b=\boxed{-3}$, $c=\boxed{-2}$을(를) 대입하면

$x=\frac{-(\boxed{-3})\pm\sqrt{(\boxed{-3})^2-4\times\boxed{1}\times(\boxed{-2})}}{2\times\boxed{1}}$

$=\frac{\boxed{3}\pm\sqrt{\boxed{17}}}{\boxed{2}}$

(2) 근의 공식에 $a=\boxed{2}$, $b=\boxed{3}$, $c=\boxed{-3}$을(를) 대입하면

$x=\frac{-\boxed{3}\pm\sqrt{\boxed{3}^2-4\times\boxed{2}\times(\boxed{-3})}}{2\times\boxed{2}}$

$=\boxed{\frac{-3\pm\sqrt{33}}{4}}$

(3) 근의 공식에 $a=\boxed{3}$, $b=\boxed{-7}$, $c=\boxed{1}$을(를) 대입하면

$x=\frac{-(\boxed{-7})\pm\sqrt{(\boxed{-7})^2-4\times\boxed{3}\times\boxed{1}}}{2\times\boxed{3}}$

$=\boxed{\frac{7\pm\sqrt{37}}{6}}$

2 (1) 일차항의 계수가 짝수일 때의 근의 공식에 $a=\boxed{1}$, $b'=\boxed{3}$, $c=\boxed{-1}$을(를) 대입하면

$x=\frac{-\boxed{3}\pm\sqrt{\boxed{3}^2-\boxed{1}\times(\boxed{-1})}}{\boxed{1}}$

$=\boxed{-3\pm\sqrt{10}}$

(2) 일차항의 계수가 짝수일 때의 근의 공식에 $a=\boxed{5}$, $b'=\boxed{-4}$, $c=\boxed{2}$을(를) 대입하면

$x=\frac{-(\boxed{-4})\pm\sqrt{(\boxed{-4})^2-5\times\boxed{2}}}{\boxed{5}}$

$=\boxed{\frac{4\pm\sqrt{6}}{5}}$

3 (1) $x=\frac{-(-9)\pm\sqrt{(-9)^2-4\times1\times(-9)}}{2\times1}=\frac{9\pm3\sqrt{13}}{2}$

(2) $x=-(-3)\pm\sqrt{(-3)^2-1\times7}=3\pm\sqrt{2}$

(3) $x=\frac{-2\pm\sqrt{2^2-3\times(-2)}}{3}=\frac{-2\pm\sqrt{10}}{3}$

(4) $x=\frac{-(-7)\pm\sqrt{(-7)^2-4\times4\times2}}{2\times4}=\frac{7\pm\sqrt{17}}{8}$

유형 7 P. 94

1 (1) 2, 15, 2, 17, $1\pm3\sqrt{2}$

(2) $x=-6$ 또는 $x=2$ (3) $x=\frac{1\pm\sqrt{5}}{4}$

2 (1) 10, 10, 3, 1, 5, 1, 2, 1, $-\frac{1}{5}$, $\frac{1}{2}$

(2) $x=6\pm2\sqrt{7}$ (3) $x=\frac{4}{3}$ 또는 $x=2$

3 (1) 6, 3, 5, 2, 2, 3, 1, −2, $\frac{1}{3}$

(2) $x=\frac{2\pm\sqrt{10}}{3}$ (3) $x=-1$ 또는 $x=\frac{2}{3}$

4 (1) 4, 5, 5, 5, 5, 1, 7

(2) $x=5$ 또는 $x=8$ (3) $x=-2$ 또는 $x=-\frac{5}{6}$

1 (2) $(x-2)^2=2x^2-8$에서 $x^2-4x+4=2x^2-8$

$x^2+4x-12=0,\ (x+6)(x-2)=0$

$\therefore x=-6$ 또는 $x=2$

(3) $(3x+1)(2x-1)=2x^2+x$에서

$6x^2-x-1=2x^2+x,\ 4x^2-2x-1=0$

$\therefore x=\frac{-(-1)\pm\sqrt{(-1)^2-4\times(-1)}}{4}=\frac{1\pm\sqrt{5}}{4}$

2 (2) 양변에 10을 곱하면 $x^2-12x+8=0$

$\therefore x=-(-6)\pm\sqrt{(-6)^2-1\times 8}=6\pm 2\sqrt{7}$

(3) 양변에 10을 곱하면 $3x^2-10x+8=0$

$(3x-4)(x-2)=0 \quad \therefore x=\frac{4}{3}$ 또는 $x=2$

3 (2) 양변에 12를 곱하면 $3x^2-4x-2=0$

$\therefore x=\frac{-(-2)\pm\sqrt{(-2)^2-3\times(-2)}}{3}=\frac{2\pm\sqrt{10}}{3}$

(3) 양변에 6을 곱하면 $3x^2+x-2=0$

$(x+1)(3x-2)=0 \quad \therefore x=-1$ 또는 $x=\frac{2}{3}$

4 (2) $x-3=A$로 놓으면 $A^2-7A+10=0$

$(A-2)(A-5)=0 \quad \therefore A=2$ 또는 $A=5$

즉, $x-3=2$ 또는 $x-3=5$

$\therefore x=5$ 또는 $x=8$

(3) $x+1=A$로 놓으면 $6A^2+5A-1=0$

$(A+1)(6A-1)=0 \quad \therefore A=-1$ 또는 $A=\frac{1}{6}$

즉, $x+1=-1$ 또는 $x+1=\frac{1}{6}$

$\therefore x=-2$ 또는 $x=-\frac{5}{6}$

한 번 더 연습

P. 95

1 (1) $x=\pm\sqrt{15}$ (2) $x=\pm 2\sqrt{2}$ (3) $x=\pm 2\sqrt{7}$

(4) $x=\pm\frac{9}{7}$ (5) $x=-1\pm 2\sqrt{3}$ (6) $x=5\pm\sqrt{10}$

2 (1) $x=4\pm\sqrt{11}$ (2) $x=-3\pm\sqrt{10}$

(3) $x=4\pm\frac{\sqrt{70}}{2}$ (4) $x=1\pm\frac{2\sqrt{5}}{5}$

(5) $x=\frac{4\pm\sqrt{13}}{3}$ (6) $x=-2\pm\frac{\sqrt{30}}{2}$

3 (1) $x=\frac{-3\pm\sqrt{33}}{2}$ (2) $x=\frac{1\pm\sqrt{17}}{2}$

(3) $x=4\pm\sqrt{13}$ (4) $x=\frac{-5\pm\sqrt{41}}{4}$

(5) $x=\frac{1\pm\sqrt{10}}{3}$ (6) $x=\frac{6\pm\sqrt{6}}{5}$

4 (1) $x=2$ 또는 $x=5$ (2) $x=-\frac{5}{2}$ 또는 $x=1$

(3) $x=\frac{9\pm\sqrt{33}}{12}$ (4) $x=\frac{3\pm\sqrt{17}}{2}$

(5) $x=\frac{-5\pm\sqrt{13}}{4}$ (6) $x=4$ 또는 $x=7$

1 (1) $x^2-15=0$에서 $x^2=15 \quad \therefore x=\pm\sqrt{15}$

(2) $4x^2=32$에서 $x^2=8 \quad \therefore x=\pm 2\sqrt{2}$

(3) $3x^2-84=0$에서 $3x^2=84$

$x^2=28 \quad \therefore x=\pm 2\sqrt{7}$

(4) $49x^2-81=0$에서 $49x^2=81$

$x^2=\frac{81}{49} \quad \therefore x=\pm\frac{9}{7}$

(5) $(x+1)^2=12$에서 $x+1=\pm 2\sqrt{3}$

$\therefore x=-1\pm 2\sqrt{3}$

(6) $2(x-5)^2=20$에서 $(x-5)^2=10$

$x-5=\pm\sqrt{10} \quad \therefore x=5\pm\sqrt{10}$

2 (1) $x^2-8x+5=0$에서

$x^2-8x=-5,\ x^2-8x+16=-5+16$

$(x-4)^2=11,\ x-4=\pm\sqrt{11}$

$\therefore x=4\pm\sqrt{11}$

(2) $x^2+6x-1=0$에서

$x^2+6x=1,\ x^2+6x+9=1+9$

$(x+3)^2=10,\ x+3=\pm\sqrt{10}$

$\therefore x=-3\pm\sqrt{10}$

(3) $2x^2-16x-3=0$의 양변을 2로 나누면

$x^2-8x-\frac{3}{2}=0,\ x^2-8x=\frac{3}{2}$

$x^2-8x+16=\frac{3}{2}+16,\ (x-4)^2=\frac{35}{2}$

$x-4=\pm\sqrt{\frac{35}{2}}=\pm\frac{\sqrt{70}}{2}$

$\therefore x=4\pm\frac{\sqrt{70}}{2}$

(4) $5x^2-10x+1=0$의 양변을 5로 나누면

$x^2-2x+\frac{1}{5}=0,\ x^2-2x=-\frac{1}{5}$

$x^2-2x+1=-\frac{1}{5}+1,\ (x-1)^2=\frac{4}{5}$

$x-1=\pm\sqrt{\frac{4}{5}}=\pm\frac{2\sqrt{5}}{5} \quad \therefore x=1\pm\frac{2\sqrt{5}}{5}$

(5) $3x^2-8x+1=0$의 양변을 3으로 나누면

$x^2-\frac{8}{3}x+\frac{1}{3}=0,\ x^2-\frac{8}{3}x=-\frac{1}{3}$

$x^2-\frac{8}{3}x+\frac{16}{9}=-\frac{1}{3}+\frac{16}{9},\ \left(x-\frac{4}{3}\right)^2=\frac{13}{9}$

$x-\frac{4}{3}=\pm\sqrt{\frac{13}{9}}=\pm\frac{\sqrt{13}}{3}$

$\therefore x=\frac{4\pm\sqrt{13}}{3}$

(6) $-2x^2-8x+7=0$의 양변을 -2로 나누면

$x^2+4x-\frac{7}{2}=0,\ x^2+4x=\frac{7}{2}$

$x^2+4x+4=\frac{7}{2}+4,\ (x+2)^2=\frac{15}{2}$

$x+2=\pm\sqrt{\frac{15}{2}}=\pm\frac{\sqrt{30}}{2}$

$\therefore x=-2\pm\frac{\sqrt{30}}{2}$

3 (1) $x=\frac{-3\pm\sqrt{3^2-4\times1\times(-6)}}{2\times1}=\frac{-3\pm\sqrt{33}}{2}$

(2) $x=\frac{-(-1)\pm\sqrt{(-1)^2-4\times1\times(-4)}}{2\times1}=\frac{1\pm\sqrt{17}}{2}$

(3) $x=-(-4)\pm\sqrt{(-4)^2-1\times3}=4\pm\sqrt{13}$

(4) $x=\frac{-5\pm\sqrt{5^2-4\times2\times(-2)}}{2\times2}=\frac{-5\pm\sqrt{41}}{4}$

(5) $x=\frac{-(-1)\pm\sqrt{(-1)^2-3\times(-3)}}{3}=\frac{1\pm\sqrt{10}}{3}$

(6) $x=\frac{-(-6)\pm\sqrt{(-6)^2-5\times6}}{5}=\frac{6\pm\sqrt{6}}{5}$

4 (1) $(x-3)^2=x-1$에서 $x^2-6x+9=x-1$
$x^2-7x+10=0$, $(x-2)(x-5)=0$
$\therefore x=2$ 또는 $x=5$

(2) 양변에 10을 곱하면 $2x^2+3x-5=0$
$(2x+5)(x-1)=0$ $\therefore x=-\frac{5}{2}$ 또는 $x=1$

(3) 양변에 12를 곱하면 $6x^2-9x+2=0$
$\therefore x=\frac{-(-9)\pm\sqrt{(-9)^2-4\times6\times2}}{2\times6}$
$=\frac{9\pm\sqrt{33}}{12}$

(4) 양변에 4를 곱하면 $x(x-3)=2$
$x^2-3x=2$, $x^2-3x-2=0$
$\therefore x=\frac{-(-3)\pm\sqrt{(-3)^2-4\times1\times(-2)}}{2\times1}$
$=\frac{3\pm\sqrt{17}}{2}$

(5) 양변에 10을 곱하면 $4x^2+10x+3=0$
$\therefore x=\frac{-5\pm\sqrt{5^2-4\times3}}{4}=\frac{-5\pm\sqrt{13}}{4}$

(6) $x-3=A$로 놓으면 $A^2-5A+4=0$
$(A-1)(A-4)=0$
$\therefore A=1$ 또는 $A=4$
즉, $x-3=1$ 또는 $x-3=4$
$\therefore x=4$ 또는 $x=7$

쌍둥이 기출문제 P. 96~97

1	③	**2**	12	**3**	3	**4**	17
5	6	**6**	①	**7**	②		
8	$a=4$, $b=2$, $c=3$			**9**	①	**10**	38
11	4	**12**	14	**13**	③		
14	$x=-\frac{5}{2}$ 또는 $x=1$						

[1~4] $(x-p)^2=q(q\geq0)$에서
$x-p=\pm\sqrt{q}$ $\therefore x=p\pm\sqrt{q}$

1 $3(x-5)^2=9$에서 $(x-5)^2=3$
$x-5=\pm\sqrt{3}$
$\therefore x=5\pm\sqrt{3}$

2 $2(x-2)^2=20$에서 $(x-2)^2=10$
$\therefore x=2\pm\sqrt{10}$
따라서 $a=2$, $b=10$이므로
$a+b=2+10=12$

3 $(x+a)^2=7$에서 $x=-a\pm\sqrt{7}$
따라서 $a=-4$, $b=7$이므로
$a+b=-4+7=3$

4 $4(x-a)^2=b$에서 $(x-a)^2=\frac{b}{4}$
$\therefore x=a\pm\sqrt{\frac{b}{4}}$
따라서 $a=3$, $\frac{b}{4}=5$이므로 $a=3$, $b=20$
$\therefore b-a=20-3=17$

[5~8] (완전제곱식)=(상수) 꼴로 나타내기
❶ 이차항의 계수를 1로 만든다.
❷ 상수항을 우변으로 이항한다.
❸ 양변에 $\left(\frac{\text{일차항의 계수}}{2}\right)^2$을 더한다.
❹ 좌변을 완전제곱식으로 고친다.

5 $x^2-8x+6=0$, $x^2-8x=-6$
$x^2-8x+\left(\frac{-8}{2}\right)^2=-6+\left(\frac{-8}{2}\right)^2$
$x^2-8x+16=-6+16$
$\therefore (x-4)^2=10$
따라서 $p=-4$, $q=10$이므로
$p+q=-4+10=6$

6 $2x^2-8x+5=0$의 양변을 2로 나누면
$x^2-4x+\frac{5}{2}=0$, $x^2-4x=-\frac{5}{2}$
$x^2-4x+\left(\frac{-4}{2}\right)^2=-\frac{5}{2}+\left(\frac{-4}{2}\right)^2$
$x^2-4x+4=-\frac{5}{2}+4$
$\therefore (x-2)^2=\frac{3}{2}$
따라서 $A=-2$, $B=\frac{3}{2}$이므로
$AB=-2\times\frac{3}{2}=-3$

7 $x^2+6x+7=0$, $x^2+6x=-7$

$x^2+6x+\left(\frac{6}{2}\right)^2=-7+\left(\frac{6}{2}\right)^2$

$x^2+6x+\boxed{①\ 9}=-7+\boxed{②\ 9}$

$(x+3)^2=\boxed{③\ 2}$

$x+3=\boxed{④\ \pm\sqrt{2}}$ $\quad\therefore x=\boxed{⑤\ -3\pm\sqrt{2}}$

따라서 □ 안에 들어갈 수로 옳지 않은 것은 ②이다.

8 $x^2-4x+1=0$, $x^2-4x=-1$

$x^2-4x+\left(\frac{-4}{2}\right)^2=-1+\left(\frac{-4}{2}\right)^2$

$x^2-4x+\underset{a}{\underline{4}}=-1+\underset{a}{\underline{4}}$

$(x-\underset{b}{\underline{2}})^2=\underset{c}{\underline{3}}$

$x-\underset{b}{\underline{2}}=\pm\sqrt{\underset{c}{\underline{3}}}$ $\quad\therefore x=\underset{b}{\underline{2}}\pm\sqrt{\underset{c}{\underline{3}}}$

$\therefore a=4,\ b=2,\ c=3$

[9~12] (1) 이차방정식 $ax^2+bx+c=0$의 해

⇨ $x=\frac{-b\pm\sqrt{b^2-4ac}}{2a}$ (단, $b^2-4ac\geq0$)

(2) 이차방정식 $ax^2+2b'x+c=0$의 해

⇨ $x=\frac{-b'\pm\sqrt{b'^2-ac}}{a}$ (단, $b'^2-ac\geq0$)

9 $x=\frac{-5\pm\sqrt{5^2-4\times1\times3}}{2\times1}=\frac{-5\pm\sqrt{13}}{2}$

$\therefore A=-5,\ B=13$

10 $x=\frac{-3\pm\sqrt{3^2-4\times2\times(-4)}}{2\times2}=\frac{-3\pm\sqrt{41}}{4}$

따라서 $A=-3$, $B=41$이므로

$A+B=-3+41=38$

11 $x=\frac{-7\pm\sqrt{7^2-4\times1\times a}}{2\times1}=\frac{-7\pm\sqrt{49-4a}}{2}$

즉, $\frac{-7\pm\sqrt{49-4a}}{2}=\frac{b\pm\sqrt{5}}{2}$이므로

$-7=b$, $49-4a=5$ $\quad\therefore a=11,\ b=-7$

$\therefore a+b=11+(-7)=4$

12 $x=\frac{-(-a)\pm\sqrt{(-a)^2-4\times2\times(-1)}}{2\times2}=\frac{a\pm\sqrt{a^2+8}}{4}$ … (i)

즉, $\frac{a\pm\sqrt{a^2+8}}{4}=\frac{3\pm\sqrt{b}}{4}$이므로

$a=3$, $a^2+8=b$ $\quad\therefore a=3,\ b=17$ … (ii)

$\therefore b-a=17-3=14$ … (iii)

채점 기준	비율
(i) 이차방정식의 해 구하기	40 %
(ii) a, b의 값 구하기	40 %
(iii) $b-a$의 값 구하기	20 %

[13~14] 계수가 소수 또는 분수인 이차방정식
이차방정식의 계수가 소수이면 양변에 10의 거듭제곱을 곱하고, 계수가 분수이면 양변에 분모의 최소공배수를 곱한다.

13 양변에 12를 곱하면 $6x^2+8x-9=0$

$\therefore x=\frac{-4\pm\sqrt{4^2-6\times(-9)}}{6}=\frac{-4\pm\sqrt{70}}{6}$

14 양변에 10을 곱하면 $2x^2+3x-5=0$

$(2x+5)(x-1)=0$ $\quad\therefore x=-\frac{5}{2}$ 또는 $x=1$

3 이차방정식의 활용

유형 8 P. 98

1 ㄴ. $5^2-4\times1\times10=-15$
ㄷ. $(-1)^2-4\times2\times7=-55$
ㄹ. $(-4)^2-4\times3\times0=16$
ㅁ. $9^2-4\times4\times2=49$
ㅂ. $12^2-4\times9\times4=0$
(1) ㄱ, ㄹ, ㅁ (2) ㅂ (3) ㄴ, ㄷ

2 (1) $k>-\frac{9}{4}$ (2) $k=-\frac{9}{4}$ (3) $k<-\frac{9}{4}$

3 (1) $k<\frac{2}{3}$ (2) $k=\frac{2}{3}$ (3) $k>\frac{2}{3}$

4 (1) $k\leq\frac{1}{4}$ (2) $k\geq-\frac{16}{5}$

1 ㄱ. $b^2-4ac=(-5)^2-4\times1\times(-6)=49>0$
⇨ 서로 다른 두 근
ㄴ. $b^2-4ac=5^2-4\times1\times10=-15<0$
⇨ 근이 없다.
ㄷ. $b^2-4ac=(-1)^2-4\times2\times7=-55<0$
⇨ 근이 없다.
ㄹ. $b^2-4ac=(-4)^2-4\times3\times0=16>0$
⇨ 서로 다른 두 근
ㅁ. $b^2-4ac=9^2-4\times4\times2=49>0$
⇨ 서로 다른 두 근
ㅂ. $b^2-4ac=12^2-4\times9\times4=0$ ⇨ 중근

2 $b^2-4ac=(-3)^2-4\times1\times(-k)=9+4k$

(1) $9+4k>0$이어야 하므로 $k>-\frac{9}{4}$

(2) $9+4k=0$이어야 하므로 $k=-\frac{9}{4}$

(3) $9+4k<0$이어야 하므로 $k<-\frac{9}{4}$

3 $b'^2-ac=(-2)^2-2\times3k=4-6k$

(1) $4-6k>0$이어야 하므로 $k<\frac{2}{3}$

(2) $4-6k=0$이어야 하므로 $k=\frac{2}{3}$

(3) $4-6k<0$이어야 하므로 $k>\frac{2}{3}$

4 (1) $b^2-4ac=(-1)^2-4\times1\times k=1-4k$

$1-4k\geq0$이어야 하므로 $k\leq\frac{1}{4}$

(2) $b'^2-ac=4^2-5\times(-k)=16+5k$

$16+5k\geq0$이어야 하므로 $k\geq-\frac{16}{5}$

유형 9 P. 99

1 (1) 2, 3, x^2-5x+6 (2) $x^2+x-12=0$
(3) $2x^2-18x+28=0$ (4) $-x^2-3x+18=0$
(5) $3x^2+18x+15=0$ (6) $4x^2-8x-5=0$

2 (1) 2, x^2-4x+4 (2) $x^2-6x+9=0$
(3) $x^2+16x+64=0$ (4) $-2x^2+4x-2=0$
(5) $-x^2-10x-25=0$ (6) $4x^2-28x+49=0$

1 (2) $(x+4)(x-3)=0$ $\quad\therefore x^2+x-12=0$

(3) $2(x-2)(x-7)=0$, $2(x^2-9x+14)=0$

$\therefore 2x^2-18x+28=0$

(4) $-(x-3)(x+6)=0$, $-(x^2+3x-18)=0$

$\therefore -x^2-3x+18=0$

(5) $3(x+1)(x+5)=0$, $3(x^2+6x+5)=0$

$\therefore 3x^2+18x+15=0$

(6) $4\left(x+\frac{1}{2}\right)\left(x-\frac{5}{2}\right)=0$, $4\left(x^2-2x-\frac{5}{4}\right)=0$

$\therefore 4x^2-8x-5=0$

2 (2) $(x-3)^2=0$ $\quad\therefore x^2-6x+9=0$

(3) $(x+8)^2=0$ $\quad\therefore x^2+16x+64=0$

(4) $-2(x-1)^2=0$, $-2(x^2-2x+1)=0$

$\therefore -2x^2+4x-2=0$

(5) $-(x+5)^2=0$, $-(x^2+10x+25)=0$

$\therefore -x^2-10x-25=0$

(6) $4\left(x-\frac{7}{2}\right)^2=0$, $4\left(x^2-7x+\frac{49}{4}\right)=0$

$\therefore 4x^2-28x+49=0$

유형 10 P. 100~102

1 (1) $\frac{n(n-3)}{2}=54$ (2) $n=-9$ 또는 $n=12$
(3) 십이각형

2 (1) $2x=x^2-48$ (2) $x=-6$ 또는 $x=8$
(3) 8

3 (1) $x^2+(x+1)^2=113$
(2) $x=-8$ 또는 $x=7$
(3) 7, 8

4 (1) $x+2$, $x(x+2)=224$
(2) $x=-16$ 또는 $x=14$
(3) 14살

5 (1) $x-3$, $x(x-3)=180$
(2) $x=-12$ 또는 $x=15$
(3) 15명

6 (1) $-5x^2+40x=60$
(2) $x=2$ 또는 $x=6$
(3) 2초 후

7 (1) $x+5$, $\frac{1}{2}x(x+5)=33$
(2) $x=-11$ 또는 $x=6$
(3) 6 cm

8 (1) $x+2$, $x-1$, $(x+2)(x-1)=40$
(2) $x=-7$ 또는 $x=6$
(3) 6

9 (1) $40-x$, $20-x$, $(40-x)(20-x)=576$
(2) $x=4$ 또는 $x=56$
(3) 4

1 (2) $\frac{n(n-3)}{2}=54$에서 $n(n-3)=108$

$n^2-3n-108=0$, $(n+9)(n-12)=0$

$\therefore n=-9$ 또는 $n=12$

(3) n은 자연수이므로 $n=12$

따라서 구하는 다각형은 십이각형이다.

2 (2) $2x=x^2-48$에서 $x^2-2x-48=0$

$(x+6)(x-8)=0$

$\therefore x=-6$ 또는 $x=8$

(3) x는 자연수이므로 $x=8$

3 (1) 연속하는 두 자연수 중 작은 수를 x라고 하면 큰 수는 $x+1$이므로

$x^2+(x+1)^2=113$

(2) $x^2+(x+1)^2=113$에서 $x^2+x^2+2x+1=113$

$2x^2+2x-112=0$, $x^2+x-56=0$

$(x+8)(x-7)=0$

$\therefore x=-8$ 또는 $x=7$

(3) x는 자연수이므로 $x=7$

따라서 연속하는 두 자연수는 7, 8이다.

4 (2) $x(x+2)=224$에서 $x^2+2x-224=0$

$(x+16)(x-14)=0$ $\quad\therefore x=-16$ 또는 $x=14$

(3) x는 자연수이므로 $x=14$

따라서 동생의 나이는 14살이다.

5 (2) $x(x-3)=180$에서 $x^2-3x-180=0$
$(x+12)(x-15)=0$
$\therefore x=-12$ 또는 $x=15$
(3) x는 자연수이므로 $x=15$
따라서 학생 수는 15명이다.

6 (2) $-5x^2+40x=60$에서 $-5x^2+40x-60=0$
$x^2-8x+12=0$, $(x-2)(x-6)=0$
$\therefore x=2$ 또는 $x=6$
(3) 공의 높이가 처음으로 60 m가 되는 것은 공을 쏘아 올린 지 2초 후이다.

7 (2) $\frac{1}{2}x(x+5)=33$에서 $x(x+5)=66$
$x^2+5x-66=0$, $(x+11)(x-6)=0$
$\therefore x=-11$ 또는 $x=6$
(3) $x>0$이므로 $x=6$
따라서 삼각형의 밑변의 길이는 6 cm이다.

8 (2) $(x+2)(x-1)=40$에서 $x^2+x-2=40$
$x^2+x-42=0$, $(x+7)(x-6)=0$
$\therefore x=-7$ 또는 $x=6$
(3) $x>1$이므로 $x=6$

9 (2) $(40-x)(20-x)=576$에서 $800-60x+x^2=576$
$x^2-60x+224=0$, $(x-4)(x-56)=0$
$\therefore x=4$ 또는 $x=56$
(3) $0<x<20$이므로 $x=4$

한 번 더 연습 P. 103

1 (1) $\frac{n(n+1)}{2}=153$ (2) 17
2 (1) $x(x+2)=288$ (2) 16, 18
3 (1) $x(x+7)=198$ (2) 18일
4 (1) $-5x^2+20x+60=0$ (2) 6초 후
5 (1) $(14-x)$ cm (2) $x^2+(14-x)^2=106$ (3) 9 cm

1 (2) $\frac{n(n+1)}{2}=153$에서 $n(n+1)=306$
$n^2+n-306=0$, $(n+18)(n-17)=0$
$\therefore n=-18$ 또는 $n=17$
이때 n은 자연수이므로 $n=17$

2 (1) 연속하는 두 짝수 중 작은 수를 x라고 하면 큰 수는 $x+2$이므로
$x(x+2)=288$
(2) $x(x+2)=288$에서 $x^2+2x-288=0$
$(x+18)(x-16)=0$
$\therefore x=-18$ 또는 $x=16$
이때 x는 자연수이므로 $x=16$
따라서 연속하는 두 짝수는 16, 18이다.

3 (1) 둘째 주 수요일의 날짜를 x일이라고 하면 셋째 주 수요일의 날짜는 $(x+7)$일이므로
$x(x+7)=198$
(2) $x(x+7)=198$에서 $x^2+7x-198=0$
$(x+18)(x-11)=0$ $\therefore x=-18$ 또는 $x=11$
이때 x는 자연수이므로 $x=11$
따라서 셋째 주 수요일의 날짜는 18일이다.

4 (2) $-5x^2+20x+60=0$에서 $x^2-4x-12=0$
$(x+2)(x-6)=0$ $\therefore x=-2$ 또는 $x=6$
이때 $x>0$이므로 $x=6$
따라서 공이 지면에 떨어지는 것은 공을 던져 올린 지 6초 후이다.

5 (3) $x^2+(14-x)^2=106$에서
$x^2+x^2-28x+196=106$, $2x^2-28x+90=0$
$x^2-14x+45=0$, $(x-5)(x-9)=0$
$\therefore x=5$ 또는 $x=9$
이때 $7<x<14$이므로 $x=9$
따라서 큰 정사각형의 한 변의 길이는 9 cm이다.

쌍둥이 기출문제 P. 104~106

1 ②, ④	**2** ⑤	**3** ④	**4** 16
5 $\frac{1}{4}$	**6** 18	**7** -5	
8 $p=-8$, $q=-10$		**9** ④	**10** $x=1\pm\sqrt{2}$
11 ③	**12** 3	**13** 6살	**14** 14명
15 6초 후 또는 8초 후		**16** ①	**17** ③
18 6 cm	**19** 4 m	**20** 3	

[1~2] 이차방정식 $ax^2+bx+c=0$에서
(1) $b^2-4ac>0$ ⇨ 서로 다른 두 근
(2) $b^2-4ac=0$ ⇨ 중근
(3) $b^2-4ac<0$ ⇨ 근이 없다.

1 ① $b'^2-ac=3^2-1\times9=0$ ⇨ 중근
② $b^2-4ac=(-3)^2-4\times1\times2=1>0$ ⇨ 서로 다른 두 근
③ $x^2-4x=-4$에서 $x^2-4x+4=0$
$b'^2-ac=(-2)^2-1\times4=0$ ⇨ 중근
④ $b^2-4ac=(-5)^2-4\times2\times1=17>0$
⇨ 서로 다른 두 근
⑤ $b'^2-ac=(-2)^2-3\times2=-2<0$ ⇨ 근이 없다.
따라서 서로 다른 두 근을 갖는 것은 ②, ④이다.

2 ① $b^2-4ac=0^2-4\times1\times(-1)=4>0$ ⇨ 서로 다른 두 근
② $b'^2-ac=(-2)^2-1\times2=2>0$ ⇨ 서로 다른 두 근
③ $b^2-4ac=(-7)^2-4\times2\times3=25>0$
⇨ 서로 다른 두 근
④ $b'^2-ac=(-1)^2-3\times(-1)=4>0$
⇨ 서로 다른 두 근
⑤ $b^2-4ac=3^2-4\times4\times1=-7<0$ ⇨ 근이 없다.
따라서 근의 개수가 나머지 넷과 다른 하나는 ⑤이다.

[3~6] 근의 개수에 따른 상수의 값의 범위
이차방정식 $ax^2+bx+c=0$이
(1) 서로 다른 두 근을 가질 때 ⇨ $b^2-4ac>0$
(2) 중근을 가질 때 ⇨ $b^2-4ac=0$
(3) 근을 갖지 않을 때 ⇨ $b^2-4ac<0$

3 $9x^2-6x+k=0$이 서로 다른 두 근을 가지므로
$(-3)^2-9\times k>0$, $9-9k>0$ $\therefore k<1$

4 $4x^2+28x+3k+1=0$이 해를 가지므로
$14^2-4\times(3k+1)\geq0$, $192-12k\geq0$
$\therefore k\leq16$
따라서 가장 큰 정수 k의 값은 16이다.

5 $4x^2-6x+k+2=0$이 중근을 가지므로
$(-3)^2-4\times(k+2)=0$, $1-4k=0$
$\therefore k=\frac{1}{4}$

6 $2x^2+5x=17x-a$에서 $2x^2-12x+a=0$
$2x^2-12x+a=0$이 중근을 가지므로
$(-6)^2-2\times a=0$, $36-2a=0$ $\therefore a=18$

[7~8] 두 근이 α, β이고 x^2의 계수가 a인 이차방정식
⇨ $a(x-\alpha)(x-\beta)=0$

7 두 근이 -3, 2이고 x^2의 계수가 1인 이차방정식은
$(x+3)(x-2)=0$, $x^2+x-6=0$
따라서 $m=1$, $n=-6$이므로
$m+n=1+(-6)=-5$

8 두 근이 -1, 5이고 x^2의 계수가 2인 이차방정식은
$2(x+1)(x-5)=0$, $2x^2-8x-10=0$
$\therefore p=-8$, $q=-10$

[9~10] $x^2+ax+b=0$의 일차항의 계수와 상수항을 바꾸어 푼 경우
❶ 이차방정식을 $x^2+bx+a=0$으로 놓고 주어진 근을 대입하여 a, b의 값을 구한다.
❷ a, b의 값을 대입하여 $x^2+ax+b=0$의 해를 구한다.

9 $x^2+ax+b=0$의 일차항의 계수와 상수항을 바꾸면
$x^2+bx+a=0$
이 이차방정식의 해가 $x=-2$ 또는 $x=4$이므로
$(x+2)(x-4)=0$, $x^2-2x-8=0$
$\therefore a=-8$, $b=-2$
따라서 처음 이차방정식은 $x^2-8x-2=0$이므로
$x=-(-4)\pm\sqrt{(-4)^2-1\times(-2)}$
$=4\pm3\sqrt{2}$

10 $x^2+kx+k+1=0$의 일차항의 계수와 상수항을 바꾸면
$x^2+(k+1)x+k=0$
이 이차방정식의 한 근이 $x=2$이므로 $x=2$를 대입하면
$2^2+(k+1)\times2+k=0$, $3k+6=0$
$\therefore k=-2$ ⋯ (i)
따라서 처음 이차방정식은 $x^2-2x-1=0$이므로 ⋯ (ii)
$x=-(-1)\pm\sqrt{(-1)^2-1\times(-1)}$
$=1\pm\sqrt{2}$ ⋯ (iii)

채점 기준	비율
(i) k의 값 구하기	40 %
(ii) 처음 이차방정식 구하기	20 %
(iii) 처음 이차방정식의 해 구하기	40 %

[11~12] 이차방정식의 활용 – 수
(1) 연속하는 두 자연수 ⇨ x, $x+1$(x는 자연수)로 놓는다.
(2) 연속하는 세 자연수 ⇨ $x-1$, x, $x+1$($x>1$)로 놓는다.

11 연속하는 두 자연수를 x, $x+1$이라고 하면
$x^2+(x+1)^2=41$
$2x^2+2x-40=0$, $x^2+x-20=0$
$(x+5)(x-4)=0$
$\therefore x=-5$ 또는 $x=4$
이때 x는 자연수이므로 $x=4$
따라서 두 자연수는 4, 5이므로 두 수의 곱은
$4\times5=20$

12 연속하는 세 자연수를 $x-1$, x, $x+1$이라고 하면
$(x+1)^2=(x-1)^2+x^2$
$x^2-4x=0$, $x(x-4)=0$
$\therefore x=0$ 또는 $x=4$
이때 x는 자연수이므로 $x=4$
따라서 세 자연수는 3, 4, 5이므로 가장 작은 수는 3이다.

13 동생의 나이를 x살이라고 하면 형의 나이는 $(x+4)$살이므로

$(x+4)^2=3x^2-8$

$2x^2-8x-24=0$, $x^2-4x-12=0$

$(x+2)(x-6)=0$ $\quad\therefore x=-2$ 또는 $x=6$

이때 x는 자연수이므로 $x=6$

따라서 동생의 나이는 6살이다.

14 학생 수를 x명이라고 하면 한 학생이 받은 공책의 수는 $(x-4)$권이므로 $x(x-4)=140$

$x^2-4x-140=0$, $(x+10)(x-14)=0$

$\therefore x=-10$ 또는 $x=14$

이때 x는 자연수이므로 $x=14$

따라서 학생 수는 14명이다.

15 $-5t^2+70t=240$, $-5t^2+70t-240=0$

$t^2-14t+48=0$, $(t-6)(t-8)=0$

$\therefore t=6$ 또는 $t=8$

따라서 물 로켓의 높이가 240 m가 되는 것은 물 로켓을 쏘아 올린 지 6초 후 또는 8초 후이다.

16 $40+20x-5x^2=60$, $-5x^2+20x-20=0$

$x^2-4x+4=0$, $(x-2)^2=0$ $\quad\therefore x=2$

따라서 폭죽이 터지는 것은 폭죽을 쏘아 올린 지 2초 후이다.

17 직사각형 모양의 밭의 가로의 길이는 $(x+4)$ m, 세로의 길이는 $(x-3)$ m이므로

$(x+4)(x-3)=60$

$x^2+x-12=60$, $x^2+x-72=0$

$(x+9)(x-8)=0$ $\quad\therefore x=-9$ 또는 $x=8$

이때 $x>3$이므로 $x=8$

18 처음 정사각형의 한 변의 길이를 x cm라고 하면 새로 만든 직사각형의 가로의 길이는 $(x+3)$ cm, 세로의 길이는 $(x+2)$ cm이므로

$(x+3)(x+2)=2x^2$ $\quad\cdots$ (i)

$x^2+5x+6=2x^2$, $x^2-5x-6=0$

$(x+1)(x-6)=0$

$\therefore x=-1$ 또는 $x=6$ $\quad\cdots$ (ii)

이때 $x>0$이므로 $x=6$

따라서 처음 정사각형의 한 변의 길이는 6 cm이다. $\quad\cdots$ (iii)

채점 기준	비율
(i) 이차방정식 세우기	40 %
(ii) 이차방정식 풀기	40 %
(iii) 처음 정사각형의 한 변의 길이 구하기	20 %

[19~20] 다음 세 직사각형에서 색칠한 부분의 넓이는 모두 같다.

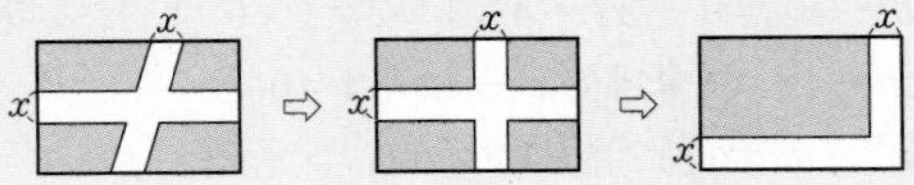

19 도로의 폭을 x m라고 하면 도로를 제외한 땅의 넓이는

$(50-x)(30-x)=1196$

$1500-80x+x^2=1196$, $x^2-80x+304=0$

$(x-4)(x-76)=0$ $\quad\therefore x=4$ 또는 $x=76$

이때 $0<x<30$이므로 $x=4$

따라서 도로의 폭은 4 m이다.

20 길을 제외한 꽃밭의 넓이는

$(15-x)(10-x)=84$

$150-25x+x^2=84$, $x^2-25x+66=0$

$(x-3)(x-22)=0$ $\quad\therefore x=3$ 또는 $x=22$

이때 $0<x<10$이므로 $x=3$

단원 마무리 P. 107~109

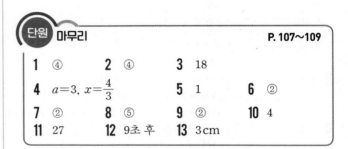

1	④	**2**	④	**3**	18		
4	$a=3$, $x=\frac{4}{3}$			**5**	1	**6**	②
7	②	**8**	⑤	**9**	②	**10**	4
11	27	**12**	9초 후	**13**	3 cm		

1 ㄱ. x^2-4x+3 ⇨ 이차식

ㄴ. $(x+1)(x+2)=3$에서 $x^2+3x+2=3$

$x^2+3x-1=0$ ⇨ 이차방정식

ㄷ. $x^2+5=x(x-3)$에서 $x^2+5=x^2-3x$

$3x+5=0$ ⇨ 일차방정식

ㄹ. $(2-x)^2-x^2=0$에서 $4-4x+x^2-x^2=0$

$-4x+4=0$ ⇨ 일차방정식

ㅁ. $\frac{1}{x^2}+\frac{1}{x}+1=0$ ⇨ 이차방정식이 아니다.

ㅂ. $x^2(x+1)=x^3-x+5$에서

$x^3+x^2=x^3-x+5$

$x^2+x-5=0$ ⇨ 이차방정식

따라서 이차방정식인 것은 ㄴ, ㅂ이다.

2 ① $(-2)^2-2\times(-2)-2\neq0$

② $(-3)^2-(-3)-6\neq0$

③ $2\times(-1)^2-(-1)-1\neq0$

④ $2\times\left(-\frac{3}{2}\right)^2+\left(-\frac{3}{2}\right)-3=0$

⑤ $3\times(-2)^2-7\times(-2)-6\neq0$

따라서 [ ] 안의 수가 주어진 이차방정식의 해인 것은 ④이다.

3 $x^2+10x=56$에서 $x^2+10x-56=0$

$(x+14)(x-4)=0$ $\therefore x=-14$ 또는 $x=4$

이때 $a>b$이므로 $a=4$, $b=-14$

$\therefore a-b=4-(-14)=18$

4 $ax^2-(2a+1)x+3a-5=0$에 $x=1$을 대입하면

$a\times1^2-(2a+1)\times1+3a-5=0$

$2a-6=0$ $\therefore a=3$ … (i)

즉, $3x^2-7x+4=0$에서

$(x-1)(3x-4)=0$

$\therefore x=1$ 또는 $x=\frac{4}{3}$ … (ii)

따라서 다른 한 근은 $x=\frac{4}{3}$이다. … (iii)

채점 기준	비율
(i) a의 값 구하기	40 %
(ii) 이차방정식의 해 구하기	40 %
(iii) 다른 한 근 구하기	20 %

5 $3x^2-8x=x^2-7$에서 $2x^2-8x=-7$

양변을 2로 나누면 $x^2-4x=-\frac{7}{2}$

$x^2-4x+4=-\frac{7}{2}+4$ $\therefore (x-2)^2=\frac{1}{2}$

따라서 $p=2$, $q=\frac{1}{2}$이므로 $pq=2\times\frac{1}{2}=1$

6 $x=\frac{-3\pm\sqrt{3^2-2\times a}}{2}=\frac{-3\pm\sqrt{9-2a}}{2}$

즉, $\frac{-3\pm\sqrt{9-2a}}{2}=\frac{b\pm\sqrt{11}}{2}$이므로

$-3=b$, $9-2a=11$ $\therefore a=-1$, $b=-3$

7 양변에 10을 곱하면 $3x^2+2x-2=0$

$\therefore x=\frac{-1\pm\sqrt{1^2-3\times(-2)}}{3}=\frac{-1\pm\sqrt{7}}{3}$

따라서 $a=-1$, $b=7$이므로

$a+b=-1+7=6$

8 ① $b'^2-ac=(-4)^2-1\times5=11>0$

⇨ 서로 다른 두 근

② $b^2-4ac=(-9)^2-4\times2\times(-3)=105>0$

⇨ 서로 다른 두 근

③ $b'^2-ac=2^2-3\times(-1)=7>0$

⇨ 서로 다른 두 근

④ $b'^2-ac=1^2-4\times(-1)=5>0$

⇨ 서로 다른 두 근

⑤ $b^2-4ac=7^2-4\times5\times8=-111<0$

⇨ 근이 없다.

따라서 근의 개수가 나머지 넷과 다른 하나는 ⑤이다.

9 $x^2+8x+18-k=0$이 중근을 가지므로

$4^2-1\times(18-k)=0$

$-2+k=0$ $\therefore k=2$

즉, $x^2+8x+16=0$에서 $(x+4)^2=0$

$\therefore x=-4$

따라서 구하는 값은 $2+(-4)=-2$

다른 풀이

$x^2+8x+18-k=0$이 중근을 가지므로

$18-k=\left(\frac{8}{2}\right)^2$, $18-k=16$

$\therefore k=2$

10 두 근이 $-\frac{1}{2}$, -1이고 x^2의 계수가 2인 이차방정식은

$2\left(x+\frac{1}{2}\right)(x+1)=0$

$2\left(x^2+\frac{3}{2}x+\frac{1}{2}\right)=0$

$\therefore 2x^2+3x+1=0$

따라서 $a=3$, $b=1$이므로

$a+b=3+1=4$

11 연속하는 세 자연수를 $x-1$, x, $x+1$이라고 하면

$(x-1)^2+x^2+(x+1)^2=245$ … (i)

$3x^2=243$, $x^2=81$

$\therefore x=\pm9$ … (ii)

이때 x는 자연수이므로 $x=9$

따라서 연속하는 세 자연수는 8, 9, 10이므로

구하는 합은 $8+9+10=27$ … (iii)

채점 기준	비율
(i) 이차방정식 세우기	40 %
(ii) 이차방정식 풀기	40 %
(iii) 세 자연수의 합 구하기	20 %

12 $45t-5t^2=0$, $t^2-9t=0$, $t(t-9)=0$

$\therefore t=0$ 또는 $t=9$

이때 $t>0$이므로 $t=9$

따라서 물체가 다시 지면에 떨어지는 것은 쏘아 올린 지 9초 후이다.

13 반지름의 길이를 x cm만큼 늘였다고 하면

$\pi(5+x)^2-\pi\times5^2=39\pi$

$x^2+10x-39=0$

$(x+13)(x-3)=0$

$\therefore x=-13$ 또는 $x=3$

이때 $x>0$이므로 $x=3$

따라서 반지름의 길이는 처음보다 3 cm만큼 늘어났다.

1 이차함수의 뜻

유형 1 P. 112

1 (1) × (2) ○ (3) × (4) × (5) × (6) ○

2 (1) $y=3x$, × (2) $y=2x^2$, ○ (3) $y=\frac{1}{4}x$, × (4) $y=10\pi x^2$, ○

3 (1) 0 (2) $\frac{1}{4}$ (3) 5 (4) 5

4 (1) -9 (2) $-\frac{3}{2}$ (3) -6 (4) 23

1 (5) $y=x^2-(x+1)^2=-2x-1$ ⇨ 일차함수
(6) $y=3(x+1)(x-3)=3x^2-6x-9$ ⇨ 이차함수

2 (1) $y=3\times x=3x$ ⇨ 일차함수
(2) $y=\frac{1}{2}\times(x+3x)\times x=2x^2$ ⇨ 이차함수
(3) $y=\frac{1}{4}x$ ⇨ 일차함수
(4) $y=\pi\times x^2\times 10=10\pi x^2$ ⇨ 이차함수

3 (1) $f(1)=1^2-2\times1+1=0$
(2) $f\left(\frac{1}{2}\right)=\left(\frac{1}{2}\right)^2-2\times\frac{1}{2}+1=\frac{1}{4}$
(3) $f(-2)=(-2)^2-2\times(-2)+1=9$
$f(3)=3^2-2\times3+1=4$
$\therefore f(-2)-f(3)=9-4=5$
(4) $f(-1)=(-1)^2-2\times(-1)+1=4$
$f(2)=2^2-2\times2+1=1$
$\therefore f(-1)+f(2)=4+1=5$

4 (1) $f(2)=-4\times2^2+3\times2+1=-9$
(2) $f\left(-\frac{1}{2}\right)=-4\times\left(-\frac{1}{2}\right)^2+3\times\left(-\frac{1}{2}\right)+1=-\frac{3}{2}$
(3) $f(-1)=-4\times(-1)^2+3\times(-1)+1=-6$
$f(1)=-4\times1^2+3\times1+1=0$
$\therefore f(-1)+f(1)=-6+0=-6$
(4) $f(-2)=-4\times(-2)^2+3\times(-2)+1=-21$
$f(-3)=-4\times(-3)^2+3\times(-3)+1=-44$
$\therefore f(-2)-f(-3)=-21-(-44)=23$

2 이차함수 $y=ax^2$의 그래프

유형 2 P. 113

1~2 풀이 참조

3 (1) ○ (2) × (3) × (4) ○

1

x	…	-3	-2	-1	0	1	2	3	…
x^2	…	9	4	1	0	1	4	9	…
$-x^2$	…	-9	-4	-1	0	-1	-4	-9	…

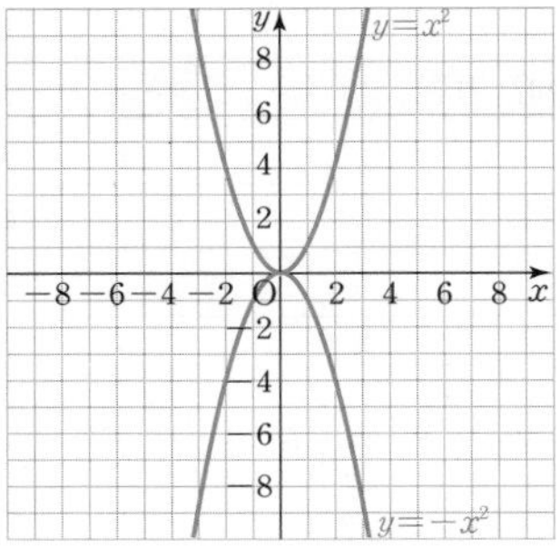

2

	$y=x^2$	$y=-x^2$
(1)	(0, 0)	(0, 0)
(2)	아래로 볼록	위로 볼록
(3)	제1, 2사분면	제3, 4사분면
(4)	증가	감소

3 (1) $16=4^2$ (2) $-3\neq\left(\frac{1}{3}\right)^2$
(3) $-4\neq(-2)^2$ (4) $\frac{25}{4}=\left(-\frac{5}{2}\right)^2$

유형 3 P. 114~115

1~2 풀이 참조

3 (1) ㉠ (2) ㉡ (3) ㉣ (4) ㉢

4 그래프는 풀이 참조
(1) $y=-4x^2$ (2) $y=\frac{1}{3}x^2$

5 (1) ㄱ, ㄷ, ㄹ (2) ㄷ (3) ㄱ과 ㅁ (4) ㄴ, ㅁ

6 (1) 8 (2) -20 (3) 4 (4) 2

1

x	$\cdots$	-2	-1	0	1	2	$\cdots$
$2x^2$	$\cdots$	8	2	0	2	8	$\cdots$
$-2x^2$	$\cdots$	-8	-2	0	-2	-8	$\cdots$
$\frac{1}{2}x^2$	$\cdots$	2	$\frac{1}{2}$	0	$\frac{1}{2}$	2	$\cdots$
$-\frac{1}{2}x^2$	$\cdots$	-2	$-\frac{1}{2}$	0	$-\frac{1}{2}$	-2	$\cdots$

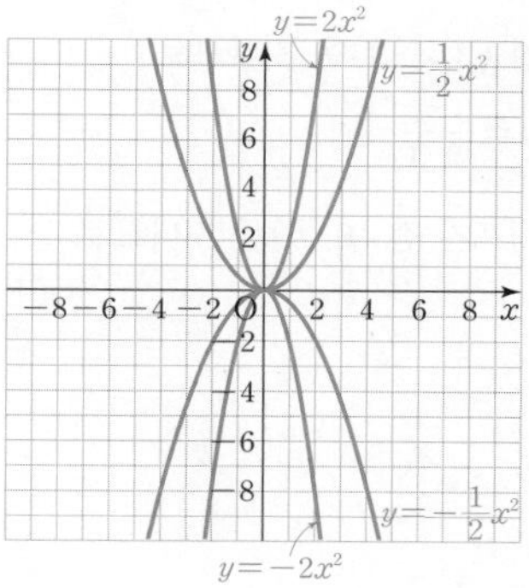

2

	$y=2x^2$	$y=-2x^2$	$y=\frac{1}{2}x^2$	$y=-\frac{1}{2}x^2$
(1)	(0, 0)	(0, 0)	(0, 0)	(0, 0)
(2)	$x=0$	$x=0$	$x=0$	$x=0$
(3)	아래로 볼록	위로 볼록	아래로 볼록	위로 볼록
(4)	증가	감소	증가	감소
(5)	감소	증가	감소	증가

3 (1) 그래프가 아래로 볼록하고 $y=x^2$의 그래프보다 폭이 좁아야 하므로 ㉠
(2) 그래프가 아래로 볼록하고 $y=x^2$의 그래프보다 폭이 넓어야 하므로 ㉡
(3) 그래프가 위로 볼록하고 $y=x^2$의 그래프와 x축에 서로 대칭이어야 하므로 ㉣
(4) 그래프가 위로 볼록하고 $y=-x^2$의 그래프보다 폭이 넓어야 하므로 ㉢

4 (1)

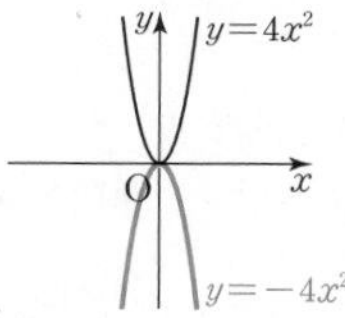

(2)

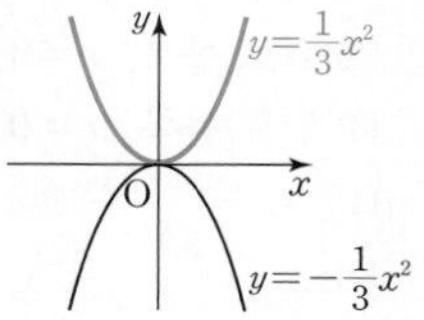

5 (1) x^2의 계수가 양수이면 그래프가 아래로 볼록하므로 ㄱ, ㄷ, ㄹ
(2) x^2의 계수의 절댓값이 클수록 그래프의 폭이 좁아지므로 ㄷ
(3) x^2의 계수의 절댓값이 같고 부호가 반대인 두 이차함수의 그래프는 x축에 서로 대칭이므로 ㄱ과 ㅁ
(4) $x<0$일 때, x의 값이 증가하면 y의 값도 증가하는 그래프는 x^2의 계수가 음수이므로 ㄴ, ㅁ

6 (1) $y=2x^2$의 그래프가 점 $(2, a)$를 지나므로
$a=2\times2^2=8$
(2) $y=-\frac{1}{5}x^2$의 그래프가 점 $(10, a)$를 지나므로
$a=-\frac{1}{5}\times10^2=-20$
(3) $y=ax^2$의 그래프가 점 $(1, 4)$를 지나므로
$4=a\times1^2 \quad \therefore a=4$
(4) $y=-ax^2$의 그래프가 점 $(-2, -8)$을 지나므로
$-8=-a\times(-2)^2,\ -8=-4a \quad \therefore a=2$

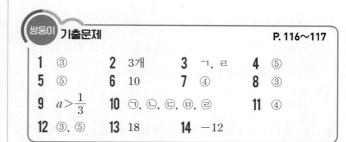

쌍둥이 기출문제 P. 116~117

1 ③	**2** 3개	**3** ㄱ, ㄹ	**4** ⑤
5 ⑤	**6** 10	**7** ④	**8** ③
9 $a>\frac{1}{3}$	**10** ㉠, ㉡, ㉢, ㉤, ㉣	**11** ④	
12 ③, ⑤	**13** 18	**14** -12	

1 ④ $y=(x-2)^2-x^2=-4x+4$ ⇨ 일차함수
따라서 y가 x에 대한 이차함수인 것은 ③이다.

2 ㄴ. $y=x(x+1)=x^2+x$ ⇨ 이차함수
ㄷ. $y=x^2-(x-3)^2=6x-9$ ⇨ 일차함수
ㄹ. $y=(x-1)^2+2x-1=x^2$ ⇨ 이차함수
ㅂ. $y=4x(x+2)-4x^2=8x$ ⇨ 일차함수
따라서 y가 x에 대한 이차함수인 것은 ㄱ, ㄴ, ㄹ의 3개이다.

3 ㄱ. $y=5\times x=5x$ ⇨ 일차함수
ㄴ. $y=\pi\times(x+1)^2=\pi x^2+2\pi x+\pi$ ⇨ 이차함수
ㄷ. $y=x\times x=x^2$ ⇨ 이차함수
ㄹ. $y=2\times x=2x$ ⇨ 일차함수
따라서 y가 x에 대한 이차함수가 아닌 것은 ㄱ, ㄹ이다.

4 ① $y=2\pi\times5x=10\pi x$ ⇨ 일차함수
② $y=\frac{1}{2}\times x\times9=\frac{9}{2}x$ ⇨ 일차함수
③ $y=80x$ ⇨ 일차함수
④ $y=2\times x\times3=6x$ ⇨ 일차함수
⑤ $y=\pi\times x^2\times5=5\pi x^2$ ⇨ 이차함수
따라서 y가 x에 대한 이차함수인 것은 ⑤이다.

5 $f(2)=-2^2+3\times2+1=3$
$f(1)=-1^2+3\times1+1=3$
$\therefore f(2)+f(1)=3+3=6$

6 $f(-1)=2\times(-1)^2-5\times(-1)=7$ … (i)

$f(1)=2\times1^2-5\times1=-3$ … (ii)

$\therefore f(-1)-f(1)=7-(-3)=10$ … (iii)

채점 기준	비율
(i) $f(-1)$의 값 구하기	40 %
(ii) $f(1)$의 값 구하기	40 %
(iii) $f(-1)-f(1)$의 값 구하기	20 %

7 $\left|\frac{1}{4}\right|<\left|-\frac{1}{2}\right|<|2|<|-3|<|4|$이므로 그래프의 폭이 가장 넓은 것은 ④ $y=\frac{1}{4}x^2$이다.

8 x^2의 계수가 음수인 것은 ②, ③, ⑤이고,
이때 $\left|-\frac{2}{3}\right|<|-1|<|-3|$이므로 그래프가 위로 볼록하면서 폭이 가장 좁은 것은 ③ $y=-3x^2$이다.

9 $y=ax^2$의 그래프는 아래로 볼록하고 $y=\frac{1}{3}x^2$의 그래프보다 폭이 좁으므로 $a>\frac{1}{3}$이다.

10 ㉠, ㉡, ㉢에서 $a>0$이고, 그래프의 폭이 가장 좁은 것은 ㉠이므로 a의 값이 큰 것부터 나열하면 ㉠, ㉡, ㉢이다.
㉣, ㉤에서 $a<0$이고, 그래프의 폭이 가장 좁은 것은 ㉣이므로 a의 값이 큰 것부터 나열하면 ㉤, ㉣이다.
따라서 a의 값이 큰 것부터 차례로 나열하면
㉠, ㉡, ㉢, ㉤, ㉣

[11~12] 이차함수 $y=ax^2$의 그래프의 성질
(1) 꼭짓점의 좌표: $(0,\ 0)$
(2) 축의 방정식: $x=0$(y축)
(3) $a>0$이면 아래로 볼록, $a<0$이면 위로 볼록
(4) a의 절댓값이 클수록 그래프의 폭이 좁아진다.
(5) $y=ax^2$과 $y=-ax^2$의 그래프는 x축에 서로 대칭이다.

11 ① 꼭짓점의 좌표는 $(0,\ 0)$이다.
② 위로 볼록한 포물선이다.
③ $3\neq-\frac{1}{3}\times(-3)^2$이므로 점 $(-3,\ 3)$을 지나지 않는다.
⇨ 점 $(-3,\ -3)$을 지난다.
⑤ $x<0$일 때, x의 값이 증가하면 y의 값도 증가한다.
따라서 옳은 것은 ④이다.

12 ③ $a>0$일 때, 아래로 볼록한 포물선이다.
⑤ $y=-ax^2$의 그래프와 x축에 서로 대칭이다.

13 $y=ax^2$의 그래프가 점 $(2,\ 2)$를 지나므로
$2=a\times2^2 \quad \therefore a=\frac{1}{2}$
즉, $y=\frac{1}{2}x^2$의 그래프가 점 $(-6,\ b)$를 지나므로
$b=\frac{1}{2}\times(-6)^2=18$

14 $y=ax^2$의 그래프가 점 $(3,\ -3)$을 지나므로
$-3=a\times3^2 \quad \therefore a=-\frac{1}{3}$
즉, $y=-\frac{1}{3}x^2$의 그래프가 점 $(6,\ b)$를 지나므로
$b=-\frac{1}{3}\times6^2=-12$

3 이차함수 $y=a(x-p)^2+q$의 그래프

유형 4 P. 118~119

1 (1) $y=3x^2+5$ (2) $y=5x^2-7$ (3) $y=-\frac{1}{2}x^2+4$ (4) $y=-4x^2-3$

2 (1) $y=\frac{1}{3}x^2,\ -5$ (2) $y=2x^2,\ 1$ (3) $y=-3x^2,\ -\frac{1}{3}$ (4) $y=-\frac{5}{2}x^2,\ 3$

3~4 풀이 참조

5 그래프는 풀이 참조
(1) 아래로 볼록, $x=0$, $(0,\ -3)$
(2) 아래로 볼록, $x=0$, $(0,\ 3)$
(3) 위로 볼록, $x=0$, $(0,\ -1)$
(4) 위로 볼록, $x=0$, $(0,\ 5)$

6 (1) ㄱ, ㄹ (2) ㄴ, ㄷ (3) ㄴ, ㄷ (4) ㄱ, ㄹ

7 (1) -21 (2) -10 (3) 5 (4) $\frac{1}{16}$

3 (1) $y=\frac{1}{4}x^2+2$의 그래프는 $y=\frac{1}{4}x^2$의 그래프를 y축의 방향으로 2만큼 평행이동한 것이다.

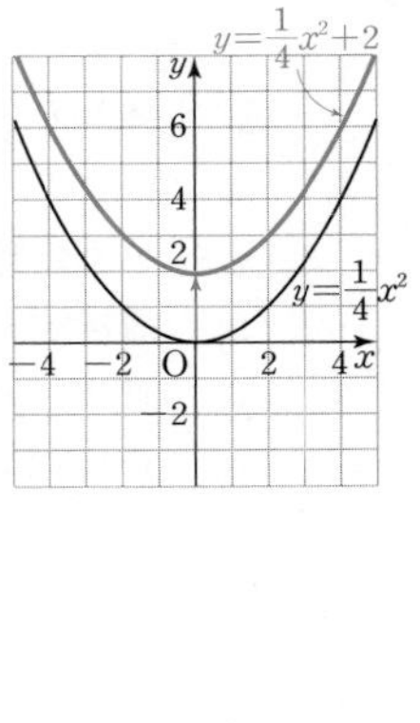

(2) $y=\frac{1}{4}x^2-3$의 그래프는 $y=\frac{1}{4}x^2$의 그래프를 y축의 방향으로 -3만큼 평행이동한 것이다.

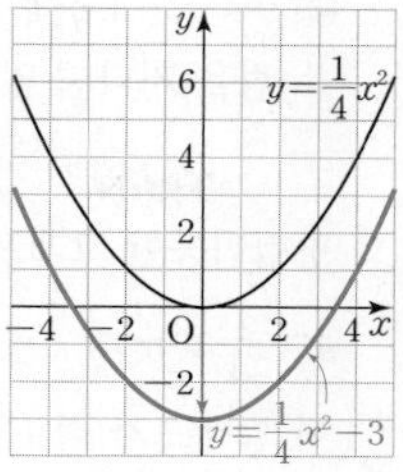

4 (1) $y=-\frac{1}{2}x^2+2$의 그래프는 $y=-\frac{1}{2}x^2$의 그래프를 y축의 방향으로 2만큼 평행이동한 것이다.

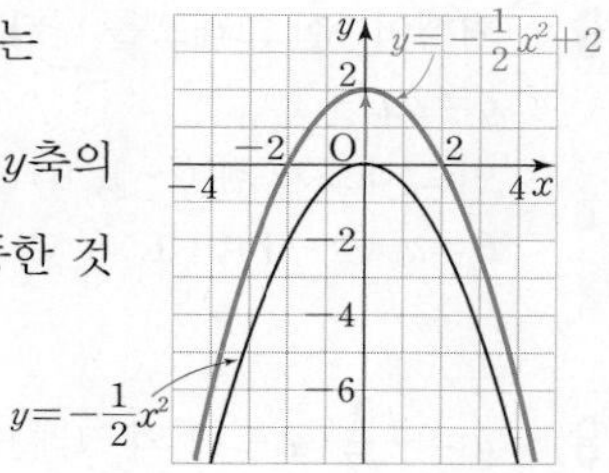

(2) $y=-\frac{1}{2}x^2-3$의 그래프는 $y=-\frac{1}{2}x^2$의 그래프를 y축의 방향으로 -3만큼 평행이동한 것이다.

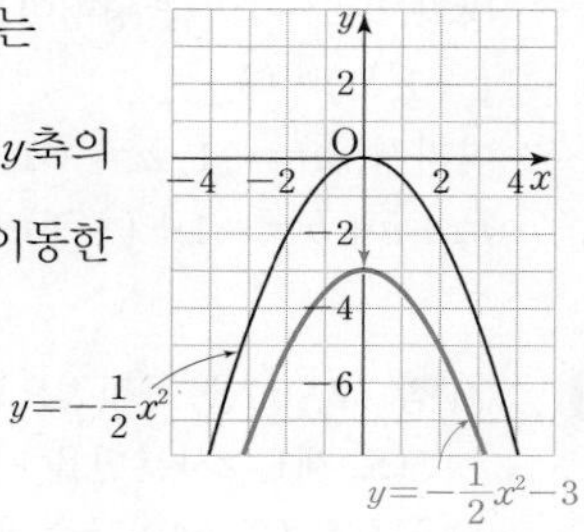

5 (1)

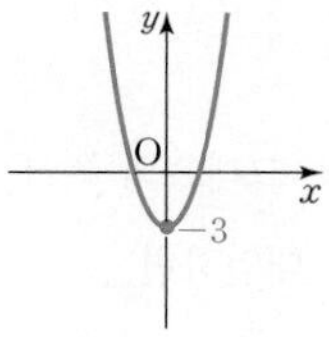

(2)

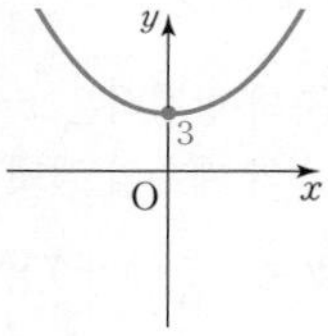

(3)

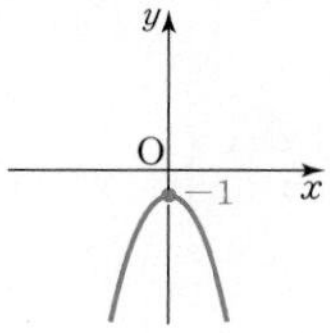

(4)

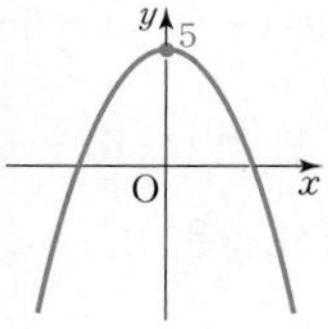

7 (1) $y=-2x^2-3$의 그래프가 점 $(3,\ a)$를 지나므로
$a=-2\times3^2-3=-21$
(2) $y=4x^2+a$의 그래프가 점 $(2,\ 6)$을 지나므로
$6=4\times2^2+a\qquad\therefore a=-10$
(3) $y=ax^2-1$의 그래프가 점 $(1,\ 4)$를 지나므로
$4=a\times1^2-1\qquad\therefore a=5$
(4) $y=-ax^2+\frac{1}{2}$의 그래프가 점 $\left(4,\ -\frac{1}{2}\right)$을 지나므로
$-\frac{1}{2}=-a\times4^2+\frac{1}{2}\qquad\therefore a=\frac{1}{16}$

유형 5

P. 120~121

1 (1) $y=3(x-5)^2$ (2) $y=5(x+7)^2$
(3) $y=-\frac{1}{2}(x-4)^2$ (4) $y=-4(x+3)^2$

2 (1) $y=2x^2,\ -3$ (2) $y=-x^2,\ 5$
(3) $y=-2x^2,\ -4$ (4) $y=\frac{1}{4}x^2,\ \frac{1}{2}$

3~4 풀이 참조

5 그래프는 풀이 참조
(1) 아래로 볼록, $x=2$, $(2,\ 0)$
(2) 아래로 볼록, $x=-5$, $(-5,\ 0)$
(3) 위로 볼록, $x=\frac{4}{5}$, $\left(\frac{4}{5},\ 0\right)$
(4) 위로 볼록, $x=-4$, $(-4,\ 0)$

6 (1) × (2) ○ (3) × (4) ○

7 (1) -16 (2) $\frac{8}{3}$ (3) 4 (4) -3

3 (1) $y=(x-2)^2$의 그래프는 $y=x^2$의 그래프를 x축의 방향으로 2만큼 평행이동한 것이다.

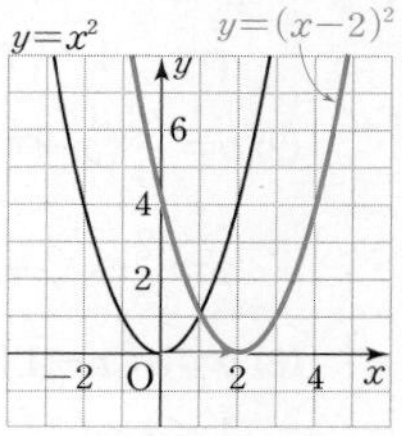

(2) $y=(x+3)^2=\{x-(-3)\}^2$의 그래프는 $y=x^2$의 그래프를 x축의 방향으로 -3만큼 평행이동한 것이다.

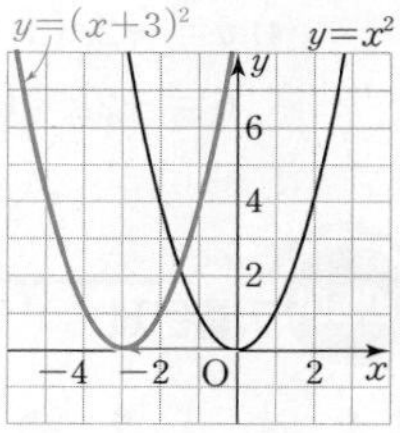

4 (1) $y=-(x-2)^2$의 그래프는 $y=-x^2$의 그래프를 x축의 방향으로 2만큼 평행이동한 것이다.

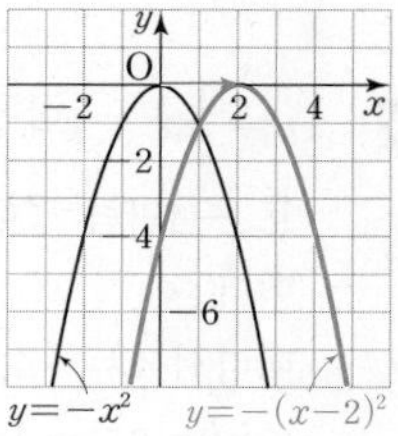

(2) $y=-(x+3)^2$
$=-\{x-(-3)\}^2$
의 그래프는 $y=-x^2$의 그래프를 x축의 방향으로 -3만큼 평행이동한 것이다.

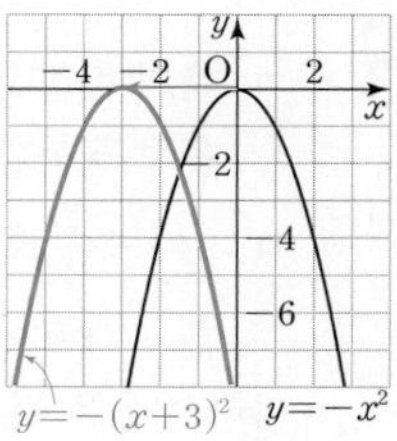

5 (1)
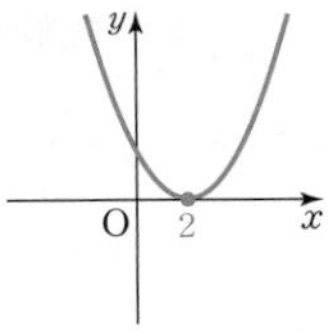

(2)
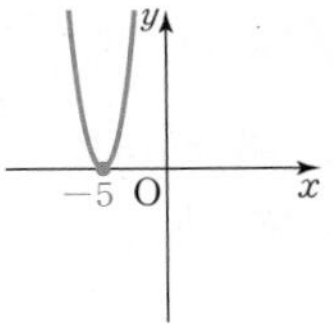

(3)
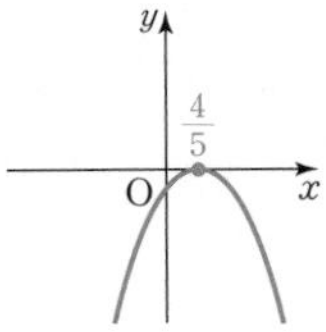

(4)
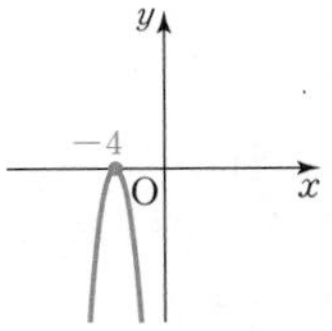

6 (1) $y=-\frac{1}{3}(x+1)^2$의 그래프는 $x<-1$일 때, x의 값이 증가하면 y의 값도 증가한다.
(3) $y=-\frac{1}{5}(x-2)^2$의 그래프는 $x>2$일 때, x의 값이 증가하면 y의 값은 감소한다.

7 (1) $y=-4(x-3)^2$의 그래프가 점 $(1, a)$를 지나므로
$a=-4\times(1-3)^2=-16$
(2) $y=\frac{2}{3}(x+4)^2$의 그래프가 점 $(-2, a)$를 지나므로
$a=\frac{2}{3}\times(-2+4)^2=\frac{8}{3}$
(3) $y=a(x-1)^2$의 그래프가 점 $(2, 4)$를 지나므로
$4=a\times(2-1)^2$ $\quad\therefore a=4$
(4) $y=-2a(x+2)^2$의 그래프가 점 $(-3, 6)$을 지나므로
$6=-2a\times(-3+2)^2$ $\quad\therefore a=-3$

쌍둥이 기출문제 P. 122~123

1 ⑤	**2** ③	**3** ㄷ, ㄹ	**4** ⑤	**5** ①
6 ⑤	**7** ④	**8** ②	**9** ④	**10** ③
11 ②	**12** ③			

1 평행이동한 그래프를 나타내는 이차함수의 식은
$y=3x^2-3$
따라서 그래프의 꼭짓점의 좌표는 $(0, -3)$이다.

2 $y=\frac{1}{2}x^2-4$의 그래프는 $y=\frac{1}{2}x^2$의 그래프를 y축의 방향으로 -4만큼 평행이동한 것이고, 꼭짓점의 좌표는 $(0, -4)$이다.
따라서 $a=-4$, $b=0$, $c=-4$이므로
$a+b-c=-4+0-(-4)=0$

3 ㄱ. 축의 방정식은 $x=0$이다.
ㄴ. 위로 볼록한 포물선이다.
ㅁ. $y=-\frac{1}{2}x^2$의 그래프를 y축의 방향으로 1만큼 평행이동한 그래프이다.
따라서 옳은 것은 ㄷ, ㄹ이다.

4 ⑤ $y=ax^2+q$에 $x=0$을 대입하면 $y=q(q\neq0)$이므로 원점을 지나지 않는다.

5 평행이동한 그래프를 나타내는 이차함수의 식은
$y=\frac{1}{3}x^2+m$
이 그래프가 점 $(3, 5)$를 지나므로
$5=\frac{1}{3}\times3^2+m$ $\quad\therefore m=2$

6 평행이동한 그래프를 나타내는 이차함수의 식은
$y=ax^2+1$
이 그래프가 점 $(-1, 6)$을 지나므로
$6=a\times(-1)^2+1$ $\quad\therefore a=5$

8 $y=-\frac{1}{7}(x+1)^2$의 그래프는 $y=-\frac{1}{7}x^2$의 그래프를 x축의 방향으로 -1만큼 평행이동한 것이고, 꼭짓점의 좌표는 $(-1, 0)$이다.
따라서 $m=-1$, $a=-1$, $b=0$이므로
$m+a+b=-1+(-1)+0=-2$

9 ④ 점 $(2, 0)$을 꼭짓점으로 하고, 아래로 볼록한 포물선이므로 제1, 2사분면을 지난다.
⑤ 꼭짓점 $(2, 0)$이 x축 위에 있으므로 x축과 한 점에서 만난다.
따라서 옳지 않은 것은 ④이다.

10 ㄱ. 축의 방정식은 $x=-7$이다.
ㄷ. x^2의 계수의 절댓값이 같으므로 그래프의 폭이 같다.
ㄹ. $y=-\frac{3}{5}(x+7)^2$에 $x=-6$을 대입하면
$y=-\frac{3}{5}\times(-6+7)^2=-\frac{3}{5}$
즉, 점 $\left(-6, -\frac{3}{5}\right)$을 지난다.
따라서 옳은 것은 ㄴ, ㄷ이다.

11 평행이동한 그래프를 나타내는 이차함수의 식은
$y=\frac{1}{3}(x-2)^2$
이 그래프가 점 $(4, a)$를 지나므로
$a=\frac{1}{3}\times(4-2)^2=\frac{4}{3}$

12 평행이동한 그래프를 나타내는 이차함수의 식은
$y=-2(x-m)^2$
이 그래프가 점 $(0, -18)$을 지나므로
$-18=-2\times(0-m)^2$, $m^2=9$ $\quad\therefore m=\pm3$
이때 $m>0$이므로 $m=3$

유형 6 P. 124~125

1 (1) $y=3(x-1)^2+2$ (2) $y=5(x+2)^2-3$

(3) $y=-\frac{1}{2}(x-3)^2-2$ (4) $y=-4(x+4)^2+1$

2 (1) $y=\frac{1}{2}x^2$, 2, -1 (2) $y=2x^2$, -2, 3

(3) $y=-x^2$, 5, -3 (4) $y=-\frac{1}{3}x^2$, $-\frac{3}{2}$, $-\frac{3}{4}$

3~4 풀이 참조

5 그래프는 풀이 참조

(1) 아래로 볼록, $x=2$, $(2, 1)$

(2) 위로 볼록, $x=-3$, $(-3, -5)$

(3) 아래로 볼록, $x=2$, $(2, 4)$

(4) 위로 볼록, $x=-\frac{3}{2}$, $\left(-\frac{3}{2}, -1\right)$

6 (1) × (2) ○ (3) ○ (4) ×

7 (1) -4 (2) 9 (3) 1 (4) 2

3 (1) $y=(x-2)^2+3$의 그래프는 $y=x^2$의 그래프를 x축의 방향으로 2만큼, y축의 방향으로 3만큼 평행이동한 것이다.

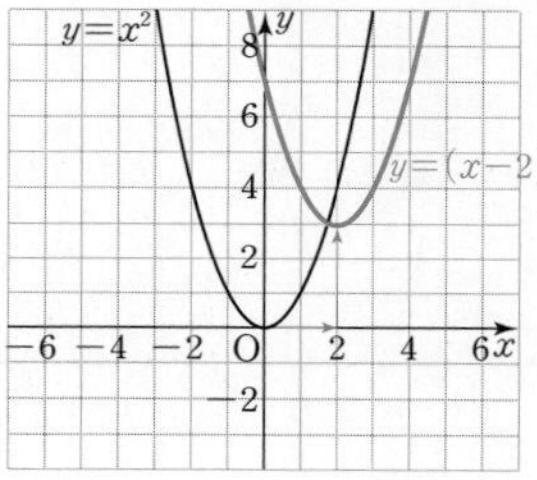

(2) $y=(x+4)^2-2=\{x-(-4)\}^2-2$의 그래프는 $y=x^2$의 그래프를 x축의 방향으로 -4만큼, y축의 방향으로 -2만큼 평행이동한 것이다.

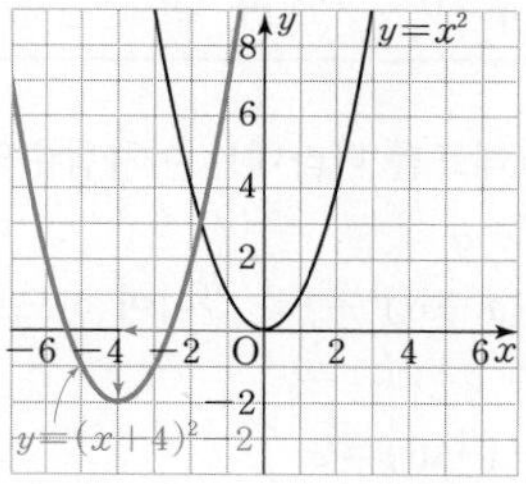

4 (1) $y=-\frac{1}{2}(x+3)^2+4=-\frac{1}{2}\{x-(-3)\}^2+4$의 그래프는 $y=-\frac{1}{2}x^2$의 그래프를 x축의 방향으로 -3만큼, y축의 방향으로 4만큼 평행이동한 것이다.

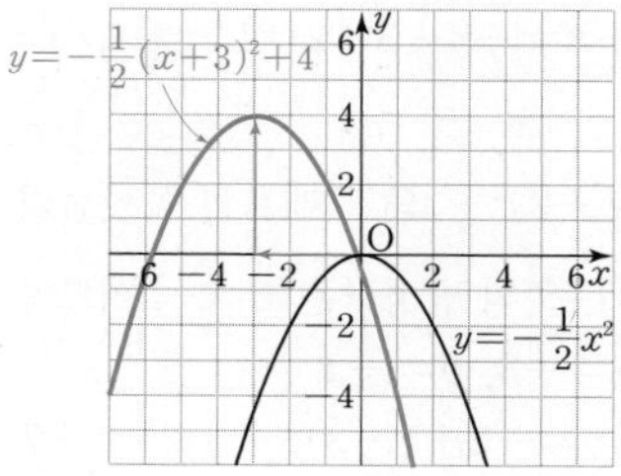

(2) $y=-\frac{1}{2}(x-1)^2-3$의 그래프는 $y=-\frac{1}{2}x^2$의 그래프를 x축의 방향으로 1만큼, y축의 방향으로 -3만큼 평행이동한 것이다.

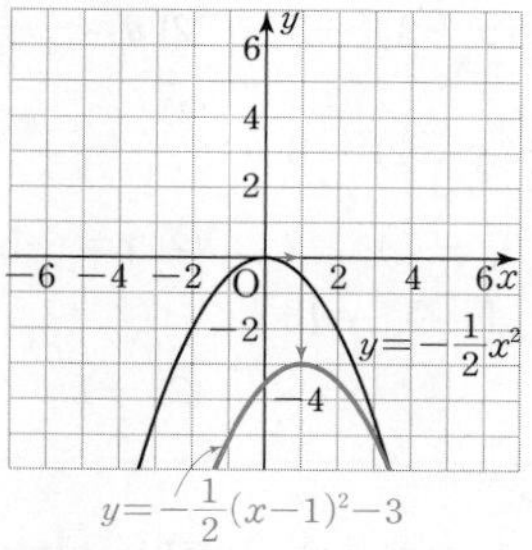

5 (1)

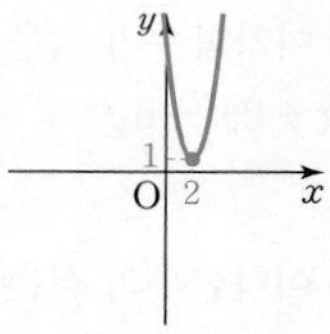

(2)

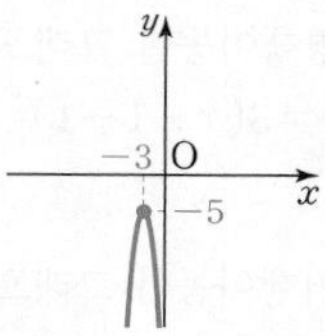

(3)

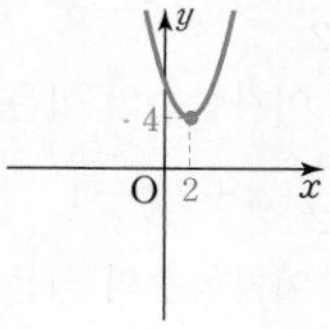

(4)

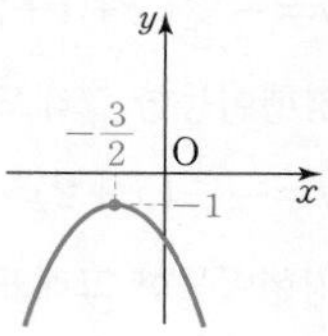

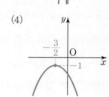

6 (1) $y=4(x-3)^2+7$의 그래프는 $y=4x^2$의 그래프를 x축의 방향으로 3만큼, y축의 방향으로 7만큼 평행이동한 그래프이다.

(3) $y=\frac{2}{7}(x-4)^2+1$의 그래프의 꼭짓점은 $(4, 1)$이고 아래로 볼록하므로 제1, 2사분면을 지난다.

(4) $y=6(x+1)^2-4$의 그래프는 $x>-1$일 때, x의 값이 증가하면 y의 값도 증가한다.

7 (1) $y=-(x+2)^2-3$의 그래프가 점 $(-1, a)$를 지나므로

$a=-(-1+2)^2-3=-4$

(2) $y=2(x-6)^2+1$의 그래프가 점 $(4, a)$를 지나므로

$a=2\times(4-6)^2+1=9$

(3) $y=a(x+1)^2-5$의 그래프가 점 $(-2, -4)$를 지나므로

$-4=a\times(-2+1)^2-5$

$\therefore a=1$

(4) $y=3(x-5)^2+a$의 그래프가 점 $(6, 5)$를 지나므로

$5=3\times(6-5)^2+a$

$\therefore a=2$

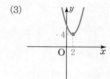

유형 7 P. 126

1 (1) $y=3(x-4)^2+4$ (2) $y=3(x-1)^2-1$
(3) $y=3(x-2)^2+6$

2 (1) $y=-\frac{1}{2}(x+3)^2-5$ (2) $y=-\frac{1}{2}(x+2)^2-1$
(3) $y=-\frac{1}{2}(x-4)^2-8$

3 (1) $x=0$, $(0,\ -7)$ (2) $x=-5$, $(-5,\ 0)$
(3) $x=-9$, $(-9,\ -14)$

4 (1) -8 (2) -1

1 (1) 평행이동한 그래프를 나타내는 이차함수의 식은
$y=3(x-3-1)^2+4=3(x-4)^2+4$
(2) 평행이동한 그래프를 나타내는 이차함수의 식은
$y=3(x-1)^2+4-5=3(x-1)^2-1$
(3) 평행이동한 그래프를 나타내는 이차함수의 식은
$y=3(x-1-1)^2+4+2=3(x-2)^2+6$

2 (1) 평행이동한 그래프를 나타내는 이차함수의 식은
$y=-\frac{1}{2}(x+1+2)^2-5=-\frac{1}{2}(x+3)^2-5$
(2) 평행이동한 그래프를 나타내는 이차함수의 식은
$y=-\frac{1}{2}(x+2)^2-5+4=-\frac{1}{2}(x+2)^2-1$
(3) 평행이동한 그래프를 나타내는 이차함수의 식은
$y=-\frac{1}{2}(x-6+2)^2-5-3=-\frac{1}{2}(x-4)^2-8$

3 (1) 평행이동한 그래프를 나타내는 이차함수의 식은
$y=-(x-2+2)^2-5-2=-x^2-7$
따라서 축의 방정식은 $x=0$이고, 꼭짓점의 좌표는 $(0,\ -7)$이다.
(2) 평행이동한 그래프를 나타내는 이차함수의 식은
$y=-(x+3+2)^2-5+5=-(x+5)^2$
따라서 축의 방정식은 $x=-5$이고, 꼭짓점의 좌표는 $(-5,\ 0)$이다.
(3) 평행이동한 그래프를 나타내는 이차함수의 식은
$y=-(x+7+2)^2-5-9=-(x+9)^2-14$
따라서 축의 방정식은 $x=-9$이고 꼭짓점의 좌표는 $(-9,\ -14)$이다.

4 (1) 평행이동한 그래프를 나타내는 이차함수의 식은
$y=-4(x-1-5)^2-1-3=-4(x-6)^2-4$
이 그래프가 점 $(5,\ a)$를 지나므로
$a=-4\times(5-6)^2-4=-8$
(2) 평행이동한 그래프를 나타내는 이차함수의 식은
$y=-4(x+2-5)^2-1+4=-4(x-3)^2+3$
이 그래프가 점 $(4,\ a)$를 지나므로
$a=-4\times(4-3)^2+3=-1$

유형 8 P. 127

1 (1) $>,\ >,\ >$ (2) 위, $<,\ 3,\ <,\ <$
(3) $>,\ >,\ <$ (4) $>,\ <,\ <$
(5) $<,\ <,\ >$ (6) $<,\ >,\ <$

1 (3) 그래프가 아래로 볼록하므로 a [>] 0
꼭짓점 $(p,\ q)$가 제4사분면 위에 있으므로
p [>] 0, q [<] 0
(4) 그래프가 아래로 볼록하므로 a [>] 0
꼭짓점 $(p,\ q)$가 제3사분면 위에 있으므로
p [<] 0, q [<] 0
(5) 그래프가 위로 볼록하므로 a [<] 0
꼭짓점 $(p,\ q)$가 제2사분면 위에 있으므로
p [<] 0, q [>] 0
(6) 그래프가 위로 볼록하므로 a [<] 0
꼭짓점 $(p,\ q)$가 제4사분면 위에 있으므로
p [>] 0, q [<] 0

쌍둥이 기출문제 P. 128~129

1 7	**2** 1	**3** $x=3$, $(3,\ 4)$	**4** -7
5 ⑤	**6** ①	**7** ④	**8** ③
9 ②	**10** $\frac{5}{2}$	**11** 5	**12** 6
13 $a<0$, $p>0$, $q>0$		**14** ③	

1 평행이동한 그래프를 나타내는 이차함수의 식은
$y=2(x-p)^2+q$
이 식이 $y=2(x+6)^2+1$과 같아야 하므로
$p=-6$, $q=1$
$\therefore q-p=1-(-6)=7$

2 평행이동한 그래프를 나타내는 이차함수의 식은
$y=-4(x-m)^2+n$
이 식이 $y=a(x-3)^2+2$와 같아야 하므로
$a=-4$, $m=3$, $n=2$
$\therefore a+m+n=-4+3+2=1$

4 $y=-\frac{2}{3}(x+2)^2-3$의 그래프의 꼭짓점의 좌표는
$(-2,\ -3)$, 축의 방정식은 $x=-2$이므로
$a=-2$, $b=-3$, $p=-2$
$\therefore a+b+p=-2+(-3)+(-2)=-7$

5 ⑤ $y=2x^2$의 그래프를 x축의 방향으로 1만큼, y축의 방향으로 3만큼 평행이동한 그래프이다.

6

그래프	그래프의 모양	축의 방정식	꼭짓점의 좌표
ㄱ	아래로 볼록	$x=2$	$(2,\ -4)$
ㄴ	위로 볼록	$x=2$	$(2,\ -4)$
ㄷ	아래로 볼록	$x=-2$	$(-2,\ -4)$
ㄹ	위로 볼록	$x=-1$	$(-1,\ 5)$

② ㄱ. $x>2$일 때, x의 값이 증가하면 y의 값도 증가한다.
ㄴ. $x>2$일 때, x의 값이 증가하면 y의 값은 감소한다.
따라서 옳은 것은 ①이다.

7 ④ $y=(x+2)^2+3$은 $y=2x^2$과 x^2의 계수가 다르므로 그래프를 평행이동하여 완전히 포갤 수 없다.

8 ③ $y=-\frac{1}{2}x^2-3$은 $y=-\frac{1}{2}x^2$과 x^2의 계수가 같으므로 그래프를 평행이동하여 완전히 포갤 수 있다.

9 평행이동한 그래프를 나타내는 이차함수의 식은
$y=-(x-3)^2-1$
이 그래프가 점 $(4,\ m)$을 지나므로
$m=-(4-3)^2-1=-2$

10 평행이동한 그래프를 나타내는 이차함수의 식은
$y=a(x-1)^2-4$ … (i)
이 그래프가 점 $(-1,\ 6)$을 지나므로
$6=a\times(-1-1)^2-4,\ 6=4a-4$
$\therefore a=\frac{5}{2}$ … (ii)

채점 기준	비율
(i) 평행이동한 그래프를 나타내는 이차함수의 식 구하기	50 %
(ii) a의 값 구하기	50 %

11 평행이동한 그래프를 나타내는 이차함수의 식은
$y=\frac{1}{3}(x-m+4)^2+2+n$
이 식이 $y=\frac{1}{3}(x-3)^2$과 같아야 하므로
$-m+4=-3,\ 2+n=0 \quad \therefore m=7,\ n=-2$
$\therefore m+n=7+(-2)=5$

12 평행이동한 그래프를 나타내는 이차함수의 식은
$y=3(x-2-2)^2+1-3=3(x-4)^2-2$
이 그래프의 꼭짓점의 좌표는 $(4,\ -2)$, 축의 방정식은 $x=4$이므로 $p=4,\ q=-2,\ m=4$
$\therefore p+q+m=4+(-2)+4=6$

13 그래프가 위로 볼록하므로 $a<0$
꼭짓점 $(p,\ q)$가 제1사분면 위에 있으므로 $p>0,\ q>0$

14 그래프가 아래로 볼록하므로 $a>0$
꼭짓점 $(p,\ q)$가 제2사분면 위에 있으므로 $p<0$(①), $q>0$
② $ap<0$
③ $a-p>0$
④ $a+q>0$
⑤ $apq<0$
따라서 옳은 것은 ③이다.

4 이차함수 $y=ax^2+bx+c$의 그래프

유형 9 P. 130~131

1 (1) 16, 16, 4, 7
(2) 9, 9, 9, 18, 3, 19
(3) 8, 8, 16, 16, 8, 16, 8, 4, 10

2 풀이 참조

3 그래프는 풀이 참조
(1) $(-2,\ -1)$, $(0,\ 3)$, 아래로 볼록
(2) $(-1,\ 2)$, $(0,\ 1)$, 위로 볼록
(3) $(-1,\ 3)$, $(0,\ 5)$, 아래로 볼록
(4) $(1,\ 3)$, $\left(0,\ \frac{5}{2}\right)$, 위로 볼록

4 (1) ○ (2) × (3) ○ (4) ○

5 (1) 0, 0, 4, −3, −4, −3, −4
(2) $(-2,\ 0)$, $(4,\ 0)$ (3) $(-5,\ 0)$, $(2,\ 0)$
(4) $\left(-\frac{3}{2},\ 0\right)$, $\left(\frac{1}{2},\ 0\right)$

2 (1) $y=x^2-6x$
$=x^2-6x+9-9$
$=(x-3)^2-9$
(2) $y=-3x^2+3x-5$
$=-3(x^2-x)-5$
$=-3\left(x^2-x+\frac{1}{4}-\frac{1}{4}\right)-5$
$=-3\left(x^2-x+\frac{1}{4}\right)+\frac{3}{4}-5$
$=-3\left(x-\frac{1}{2}\right)^2-\frac{17}{4}$

(3) $y=\frac{1}{6}x^2+\frac{1}{3}x-1$

$=\frac{1}{6}(x^2+2x)-1$

$=\frac{1}{6}(x^2+2x+1-1)-1$

$=\frac{1}{6}(x^2+2x+1)-\frac{1}{6}-1$

$=\frac{1}{6}(x+1)^2-\frac{7}{6}$

3 (1) $y=x^2+4x+3$

$=(x^2+4x+4-4)+3$

$=(x^2+4x+4)-4+3$

$=(x+2)^2-1$

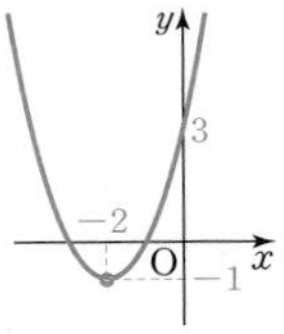

(2) $y=-x^2-2x+1$

$=-(x^2+2x)+1$

$=-(x^2+2x+1-1)+1$

$=-(x^2+2x+1)+1+1$

$=-(x+1)^2+2$

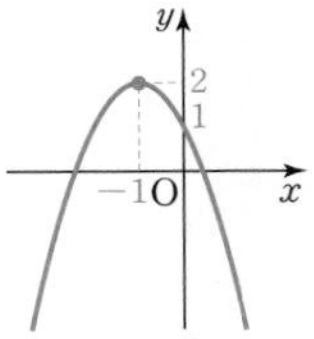

(3) $y=2x^2+4x+5$

$=2(x^2+2x)+5$

$=2(x^2+2x+1-1)+5$

$=2(x^2+2x+1)-2+5$

$=2(x+1)^2+3$

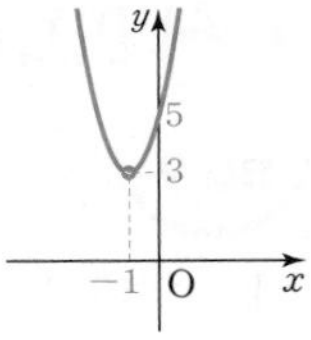

(4) $y=-\frac{1}{2}x^2+x+\frac{5}{2}$

$=-\frac{1}{2}(x^2-2x)+\frac{5}{2}$

$=-\frac{1}{2}(x^2-2x+1-1)+\frac{5}{2}$

$=-\frac{1}{2}(x^2-2x+1)+\frac{1}{2}+\frac{5}{2}$

$=-\frac{1}{2}(x-1)^2+3$

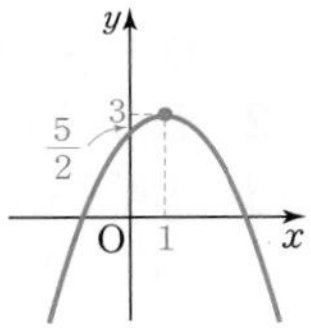

4 $y=-3x^2+6x+9$

$=-3(x^2-2x)+9$

$=-3(x^2-2x+1-1)+9$

$=-3(x^2-2x+1)+3+9$

$=-3(x-1)^2+12$

(2) 꼭짓점의 좌표는 $(1, 12)$이다.

5 (2) $y=0$을 대입하면 $0=(x+2)(x-4)$에서

$x=-2$ 또는 $x=4$

$\therefore (-2, 0), (4, 0)$

(3) $y=0$을 대입하면 $0=-x^2-3x+10$에서

$x^2+3x-10=0$, $(x+5)(x-2)=0$

$\therefore x=-5$ 또는 $x=2$

$\therefore (-5, 0), (2, 0)$

(4) $y=0$을 대입하면 $0=4x^2+4x-3$에서

$(2x+3)(2x-1)=0$ $\quad\therefore x=-\frac{3}{2}$ 또는 $x=\frac{1}{2}$

$\therefore \left(-\frac{3}{2}, 0\right), \left(\frac{1}{2}, 0\right)$

유형10 P. 132

1 (1) $>$, $>$, $>$, $<$ (2) 위, $<$, 오른, $<$, $>$, 위, $>$
(3) $>$, $<$, $>$ (4) $<$, $<$, $<$
(5) $<$, $>$, $<$ (6) $>$, $>$, $>$

1 (3) 그래프가 아래로 볼록하므로 a $>$ 0

축이 y축의 오른쪽에 있으므로 $ab<0$ $\quad\therefore b$ $<$ 0

y축과 만나는 점이 x축보다 위쪽에 있으므로 c $>$ 0

(4) 그래프가 위로 볼록하므로 a $<$ 0

축이 y축의 왼쪽에 있으므로 $ab>0$ $\quad\therefore b$ $<$ 0

y축과 만나는 점이 x축보다 아래쪽에 있으므로 c $<$ 0

(5) 그래프가 위로 볼록하므로 a $<$ 0

축이 y축의 오른쪽에 있으므로 $ab<0$ $\quad\therefore b$ $>$ 0

y축과 만나는 점이 x축보다 아래쪽에 있으므로 c $<$ 0

(6) 그래프가 아래로 볼록하므로 a $>$ 0

축이 y축의 왼쪽에 있으므로 $ab>0$ $\quad\therefore b$ $>$ 0

y축과 만나는 점이 x축보다 위쪽에 있으므로 c $>$ 0

쌍둥이 기출문제 P. 133~134

1 $(2, 9)$ **2** $x=3$, $(3, -4)$ **3** ⑤
4 ③ **5** -3 **6** 23 **7** ⑤ **8** ④
9 ④ **10** ⑤
11 (1) $A(-1, 0)$, $B(7, 0)$, $C(3, 16)$ (2) 64
12 24

[1~8] $y=ax^2+bx+c$ ⇨ $y=a(x-p)^2+q$ 꼴로 변형
(1) 축의 방정식: $x=p$
(2) 꼭짓점의 좌표: (p, q)
(3) y축과 만나는 점의 좌표: $(0, c)$
(4) $y=ax^2$의 그래프를 x축의 방향으로 p만큼, y축의 방향으로 q만큼 평행이동한 그래프

1 $y=-2x^2+8x+1$
$=-2(x^2-4x+4-4)+1$
$=-2(x-2)^2+9$
따라서 꼭짓점의 좌표는 $(2,\ 9)$이다.

2 $y=\frac{1}{3}x^2-2x-1$
$=\frac{1}{3}(x^2-6x+9-9)-1$
$=\frac{1}{3}(x-3)^2-4$
따라서 축의 방정식은 $x=3$이고, 꼭짓점의 좌표는 $(3,\ -4)$이다.

3 $y=2x^2-4x+3$
$=2(x^2-2x+1-1)+3$
$=2(x-1)^2+1$
꼭짓점의 좌표는 $(1,\ 1)$이고, y축과 만나는 점의 좌표는 $(0,\ 3)$이며 아래로 볼록하므로 주어진 이차함수의 그래프는 ⑤와 같다.

4 $y=-\frac{1}{2}x^2+3x-4$
$=-\frac{1}{2}(x^2-6x+9-9)-4$
$=-\frac{1}{2}(x-3)^2+\frac{1}{2}$
따라서 그래프는 오른쪽 그림과 같으므로 제2사분면을 지나지 않는다.

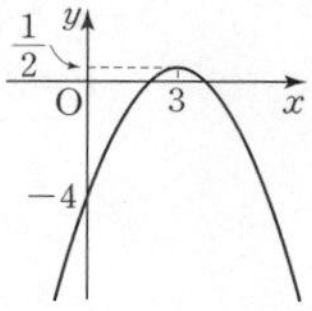

5 $y=\frac{1}{4}x^2+x$
$=\frac{1}{4}(x^2+4x+4-4)$
$=\frac{1}{4}(x+2)^2-1$
이 그래프를 x축의 방향으로 m만큼, y축의 방향으로 n만큼 평행이동한 그래프를 나타내는 이차함수의 식은
$y=\frac{1}{4}(x-m+2)^2-1+n$
이 식이 $y=\frac{1}{4}x^2+2x+2$와 같아야 한다. 이때
$y=\frac{1}{4}x^2+2x+2$
$=\frac{1}{4}(x^2+8x+16-16)+2$
$=\frac{1}{4}(x+4)^2-2$
따라서 $-m+2=4$, $-1+n=-2$이므로
$m=-2$, $n=-1$
$\therefore m+n=-2+(-1)=-3$

6 $y=-3x^2+18x-6$
$=-3(x^2-6x+9-9)-6$
$=-3(x-3)^2+21$
이 그래프를 x축의 방향으로 m만큼, y축의 방향으로 n만큼 평행이동한 그래프를 나타내는 이차함수의 식은
$y=-3(x-m-3)^2+21+n$
이 식이 $y=-3x^2+36x-67$과 같아야 한다. 이때
$y=-3x^2+36x-67$
$=-3(x^2-12x+36-36)-67$
$=-3(x-6)^2+41$
따라서 $m+3=6$, $21+n=41$이므로 $m=3$, $n=20$
$\therefore m+n=3+20=23$

7 $y=2x^2-12x+17$
$=2(x^2-6x+9-9)+17$
$=2(x-3)^2-1$
① 아래로 볼록한 포물선이다.
② 직선 $x=3$을 축으로 한다.
③ 꼭짓점의 좌표는 $(3,\ -1)$이다.
④ y축과 만나는 점의 좌표는 $(0,\ 17)$이다.
따라서 옳은 것은 ⑤이다.

8 $y=-x^2+8x-5$
$=-(x^2-8x+16-16)-5$
$=-(x-4)^2+11$
④ $x<4$일 때, x의 값이 증가하면 y의 값도 증가한다.

[9~10] 이차함수 $y=ax^2+bx+c$의 그래프에서 $a,\ b,\ c$의 부호
(1) 아래로 볼록 ⇨ $a>0$
위로 볼록 ⇨ $a<0$
(2) 축이 y축의 왼쪽 ⇨ $ab>0$ (a와 b는 같은 부호)
축이 y축의 오른쪽 ⇨ $ab<0$ (a와 b는 반대 부호)
(3) y축과 만나는 점이 x축보다 위쪽 ⇨ $c>0$
y축과 만나는 점이 x축보다 아래쪽 ⇨ $c<0$

9 ① 그래프가 위로 볼록하므로 $a<0$
② 축이 y축의 왼쪽에 있으므로 $ab>0$ $\therefore b<0$
③ y축과 만나는 점이 x축보다 위쪽에 있으므로 $c>0$
④ $x=1$일 때, $y=0$이므로 $a+b+c=0$
⑤ $x=-1$일 때, $y>0$이므로 $a-b+c>0$
따라서 옳지 않은 것은 ④이다.

10 ① 그래프가 아래로 볼록하므로 $a>0$
② 축이 y축의 오른쪽에 있으므로 $ab<0$ $\therefore b<0$
③ y축과 만나는 점이 x축보다 아래쪽에 있으므로 $c<0$
④ $x=-1$일 때, $y<0$이므로 $a-b+c<0$
⑤ $x=3$일 때, $y>0$이므로 $9a+3b+c>0$
따라서 옳지 않은 것은 ⑤이다.

[11~12] $y=ax^2+bx+c$의 그래프가 x축과 만나는 점
$y=ax^2+bx+c$에 $y=0$을 대입하면 $a(x-\alpha)(x-\beta)=0$
⇨ $(\alpha, 0)$, $(\beta, 0)$

11 (1) $-x^2+6x+7=0$에서 $x^2-6x-7=0$
$(x+1)(x-7)=0$ $\quad\therefore x=-1$ 또는 $x=7$
$\therefore A(-1, 0)$, $B(7, 0)$
$y=-x^2+6x+7$
$=-(x^2-6x+9-9)+7$
$=-(x-3)^2+16$
$\therefore C(3, 16)$
(2) $\triangle ABC$는 밑변의 길이가 8이고, 높이가 16이므로
$\triangle ABC=\frac{1}{2}\times8\times16=64$

12 $x^2-2x-8=0$에서 $(x+2)(x-4)=0$
$\therefore x=-2$ 또는 $x=4$
$\therefore A(-2, 0)$, $B(4, 0)$ … (i)
또 y축과 만나는 점의 좌표가 $(0, -8)$이므로
$C(0, -8)$ … (ii)
따라서 $\triangle ACB$는 밑변의 길이가 6이고, 높이가 8이므로
$\triangle ACB=\frac{1}{2}\times6\times8=24$ … (iii)

채점 기준	비율
(i) 두 점 A, B의 좌표 구하기	50 %
(ii) 점 C의 좌표 구하기	20 %
(iii) △ACB의 넓이 구하기	30 %

5 이차함수의 식 구하기

유형11 P. 135

1 (1) 2, 3, 2, 3, $\frac{1}{2}$, $y=\frac{1}{2}(x-2)^2-3$
(2) $y=3(x-1)^2+2$
(3) $y=-5(x+1)^2+5$
(4) $y=(x+2)^2-4$

2 (1) 1, 3, 0, 4, $y=(x-1)^2+3$
(2) 0, 3, 2, 1, $y=-\frac{1}{2}x^2+3$
(3) -2, -3, 0, 5, $y=2(x+2)^2-3$

1 (2) 꼭짓점의 좌표가 $(1, 2)$이므로 $y=a(x-1)^2+2$로 놓자.
이 그래프가 점 $(2, 5)$를 지나므로
$5=a\times(2-1)^2+2$ $\quad\therefore a=3$
$\therefore y=3(x-1)^2+2$
(3) 꼭짓점의 좌표가 $(-1, 5)$이므로 $y=a(x+1)^2+5$로 놓자.
이 그래프가 원점을 지나므로
$0=a\times(0+1)^2+5$ $\quad\therefore a=-5$
$\therefore y=-5(x+1)^2+5$
(4) 꼭짓점의 좌표가 $(-2, -4)$이므로 $y=a(x+2)^2-4$로 놓자.
이 그래프가 점 $(1, 5)$를 지나므로
$5=a\times(1+2)^2-4$ $\quad\therefore a=1$
$\therefore y=(x+2)^2-4$

2 (1) 꼭짓점의 좌표가 $(1, 3)$이므로 $y=a(x-1)^2+3$으로 놓자.
이 그래프가 점 $(0, 4)$를 지나므로
$4=a\times(0-1)^2+3$ $\quad\therefore a=1$
$\therefore y=(x-1)^2+3$
(2) 꼭짓점의 좌표가 $(0, 3)$이므로 $y=ax^2+3$으로 놓자.
이 그래프가 점 $(2, 1)$을 지나므로
$1=a\times2^2+3$ $\quad\therefore a=-\frac{1}{2}$
$\therefore y=-\frac{1}{2}x^2+3$
(3) 꼭짓점의 좌표가 $(-2, -3)$이므로 $y=a(x+2)^2-3$으로 놓자.
이 그래프가 점 $(0, 5)$를 지나므로
$5=a\times(0+2)^2-3$ $\quad\therefore a=2$
$\therefore y=2(x+2)^2-3$

유형12 P. 136

1 (1) 1, 4, 16, $-\frac{1}{4}$, 4, $y=-\frac{1}{4}(x-1)^2+4$
(2) $y=3(x+3)^2-1$
(3) $y=-2(x+1)^2+10$
(4) $y=4\left(x-\frac{1}{2}\right)^2+1$

2 (1) 2, 4, 6, 0, $y=-\frac{1}{3}(x-2)^2+\frac{16}{3}$
(2) -4, 0, -2, -1, $y=\frac{1}{2}(x+4)^2-3$
(3) 3, 1, 2, 7, $y=-\frac{1}{6}(x-3)^2+\frac{8}{3}$

1 (2) 축의 방정식이 $x=-3$이므로 $y=a(x+3)^2+q$로 놓자.
이 그래프가 두 점 $(-1, 11)$, $(-2, 2)$를 지나므로
$11=a\times(-1+3)^2+q$ $\quad\therefore 4a+q=11$ … ㉠
$2=a\times(-2+3)^2+q$ $\quad\therefore a+q=2$ … ㉡
㉠, ㉡을 연립하여 풀면 $a=3$, $q=-1$
$\therefore y=3(x+3)^2-1$

(3) 축의 방정식이 $x=-1$이므로 $y=a(x+1)^2+q$로 놓자.
이 그래프가 두 점 $(2,\ -8)$, $(-2,\ 8)$을 지나므로
$-8=a\times(2+1)^2+q$ $\quad\therefore 9a+q=-8$ $\quad\cdots$ ㉠
$8=a\times(-2+1)^2+q$ $\quad\therefore a+q=8$ $\quad\cdots$ ㉡
㉠, ㉡을 연립하여 풀면 $a=-2$, $q=10$
$\therefore y=-2(x+1)^2+10$

(4) 축의 방정식이 $x=\frac{1}{2}$이므로 $y=a\left(x-\frac{1}{2}\right)^2+q$로 놓자.
이 그래프가 두 점 $(1,\ 2)$, $(2,\ 10)$을 지나므로
$2=a\times\left(1-\frac{1}{2}\right)^2+q$ $\quad\therefore \frac{1}{4}a+q=2$ $\quad\cdots$ ㉠
$10=a\times\left(2-\frac{1}{2}\right)^2+q$ $\quad\therefore \frac{9}{4}a+q=10$ $\quad\cdots$ ㉡
㉠, ㉡을 연립하여 풀면 $a=4$, $q=1$
$\therefore y=4\left(x-\frac{1}{2}\right)^2+1$

2 (1) 축의 방정식이 $x=2$이므로 $y=a(x-2)^2+q$로 놓자.
이 그래프가 두 점 $(0,\ 4)$, $(6,\ 0)$을 지나므로
$4=a\times(0-2)^2+q$ $\quad\therefore 4a+q=4$ $\quad\cdots$ ㉠
$0=a\times(6-2)^2+q$ $\quad\therefore 16a+q=0$ $\quad\cdots$ ㉡
㉠, ㉡을 연립하여 풀면 $a=-\frac{1}{3}$, $q=\frac{16}{3}$
$\therefore y=-\frac{1}{3}(x-2)^2+\frac{16}{3}$

(2) 축의 방정식이 $x=-4$이므로 $y=a(x+4)^2+q$로 놓자.
이 그래프가 두 점 $(0,\ 5)$, $(-2,\ -1)$을 지나므로
$5=a\times(0+4)^2+q$ $\quad\therefore 16a+q=5$ $\quad\cdots$ ㉠
$-1=a\times(-2+4)^2+q$ $\quad\therefore 4a+q=-1$ $\quad\cdots$ ㉡
㉠, ㉡을 연립하여 풀면 $a=\frac{1}{2}$, $q=-3$
$\therefore y=\frac{1}{2}(x+4)^2-3$

(3) 축의 방정식이 $x=3$이므로 $y=a(x-3)^2+q$로 놓자.
이 그래프가 두 점 $(1,\ 2)$, $(7,\ 0)$을 지나므로
$2=a\times(1-3)^2+q$ $\quad\therefore 4a+q=2$ $\quad\cdots$ ㉠
$0=a\times(7-3)^2+q$ $\quad\therefore 16a+q=0$ $\quad\cdots$ ㉡
㉠, ㉡을 연립하여 풀면 $a=-\frac{1}{6}$, $q=\frac{8}{3}$
$\therefore y=-\frac{1}{6}(x-3)^2+\frac{8}{3}$

유형13 P. 137

1 (1) 3, 3, 3, 3, 1, -4, $y=x^2-4x+3$
(2) $y=\frac{1}{4}x^2+x-3$ (3) $y=3x^2-2x-4$

2 (1) 4, 2, 6, $y=-x^2-x+6$
(2) -2, 4, 4, $y=x^2-5x+4$
(3) 0, 0, 8, $y=\frac{4}{9}x^2+\frac{28}{9}x$

1 (2) $y=ax^2+bx+c$로 놓으면 그래프가 점 $(0,\ -3)$을 지나므로
$c=-3$
즉, $y=ax^2+bx-3$의 그래프가 두 점 $(2,\ 0)$, $(4,\ 5)$를 지나므로
$0=4a+2b-3$ $\quad\therefore 4a+2b=3$ $\quad\cdots$ ㉠
$5=16a+4b-3$ $\quad\therefore 4a+b=2$ $\quad\cdots$ ㉡
㉠, ㉡을 연립하여 풀면 $a=\frac{1}{4}$, $b=1$
$\therefore y=\frac{1}{4}x^2+x-3$

(3) $y=ax^2+bx+c$로 놓으면 그래프가 점 $(0,\ -4)$를 지나므로
$c=-4$
즉, $y=ax^2+bx-4$의 그래프가 두 점 $(1,\ -3)$, $(2,\ 4)$를 지나므로
$-3=a+b-4$ $\quad\therefore a+b=1$ $\quad\cdots$ ㉠
$4=4a+2b-4$ $\quad\therefore 2a+b=4$ $\quad\cdots$ ㉡
㉠, ㉡을 연립하여 풀면 $a=3$, $b=-2$
$\therefore y=3x^2-2x-4$

2 (1) $y=ax^2+bx+c$로 놓으면 그래프가 점 $(0,\ 6)$을 지나므로 $c=6$
즉, $y=ax^2+bx+6$의 그래프가 두 점 $(-2,\ 4)$, $(2,\ 0)$을 지나므로
$4=4a-2b+6$ $\quad\therefore 2a-b=-1$ $\quad\cdots$ ㉠
$0=4a+2b+6$ $\quad\therefore 2a+b=-3$ $\quad\cdots$ ㉡
㉠, ㉡을 연립하여 풀면 $a=-1$, $b=-1$
$\therefore y=-x^2-x+6$

(2) $y=ax^2+bx+c$로 놓으면 그래프가 점 $(0,\ 4)$를 지나므로 $c=4$
즉, $y=ax^2+bx+4$의 그래프가 두 점 $(2,\ -2)$, $(5,\ 4)$를 지나므로
$-2=4a+2b+4$ $\quad\therefore 2a+b=-3$ $\quad\cdots$ ㉠
$4=25a+5b+4$ $\quad\therefore 5a+b=0$ $\quad\cdots$ ㉡
㉠, ㉡을 연립하여 풀면 $a=1$, $b=-5$
$\therefore y=x^2-5x+4$

(3) $y=ax^2+bx+c$로 놓으면 그래프가 점 $(0,\ 0)$을 지나므로 $c=0$
즉, $y=ax^2+bx$의 그래프가 두 점 $(-7,\ 0)$, $(2,\ 8)$을 지나므로
$0=49a-7b$ $\quad\therefore 7a-b=0$ $\quad\cdots$ ㉠
$8=4a+2b$ $\quad\therefore 2a+b=4$ $\quad\cdots$ ㉡
㉠, ㉡을 연립하여 풀면 $a=\frac{4}{9}$, $b=\frac{28}{9}$
$\therefore y=\frac{4}{9}x^2+\frac{28}{9}x$

유형14 P. 138

1 (1) $5,\ 2,\ -1,\ -\frac{1}{2},\ -\frac{1}{2},\ 5,\ y=-\frac{1}{2}x^2+\frac{7}{2}x-5$

(2) $y=2x^2+4x-6$ (3) $y=-2x^2+6x+8$

2 (1) $-4,\ 0,\ -4,\ y=\frac{1}{2}x^2+x-4$

(2) $-3,\ 0,\ 3,\ y=x^2+4x+3$

(3) $0,\ 5,\ 5,\ y=-x^2+4x+5$

1 (2) x축과 두 점 $(-3,\ 0)$, $(1,\ 0)$에서 만나므로
$y=a(x+3)(x-1)$로 놓자.
이 그래프가 점 $(2,\ 10)$을 지나므로
$10=a\times5\times1 \quad \therefore a=2$
$\therefore y=2(x+3)(x-1)=2x^2+4x-6$

(3) x축과 두 점 $(-1,\ 0)$, $(4,\ 0)$에서 만나므로
$y=a(x+1)(x-4)$로 놓자.
이 그래프가 점 $(2,\ 12)$를 지나므로
$12=a\times3\times(-2) \quad \therefore a=-2$
$\therefore y=-2(x+1)(x-4)=-2x^2+6x+8$

2 (1) x축과 두 점 $(-4,\ 0)$, $(2,\ 0)$에서 만나므로
$y=a(x+4)(x-2)$로 놓자.
이 그래프가 점 $(0,\ -4)$를 지나므로
$-4=a\times4\times(-2) \quad \therefore a=\frac{1}{2}$
$\therefore y=\frac{1}{2}(x+4)(x-2)=\frac{1}{2}x^2+x-4$

(2) x축과 두 점 $(-3,\ 0)$, $(-1,\ 0)$을 지나므로
$y=a(x+3)(x+1)$로 놓자.
이 그래프가 점 $(0,\ 3)$을 지나므로
$3=a\times3\times1 \quad \therefore a=1$
$\therefore y=(x+3)(x+1)=x^2+4x+3$

(3) x축과 두 점 $(-1,\ 0)$, $(5,\ 0)$을 지나므로
$y=a(x+1)(x-5)$로 놓자.
이 그래프가 점 $(0,\ 5)$를 지나므로
$5=a\times1\times(-5) \quad \therefore a=-1$
$\therefore y=-(x+1)(x-5)=-x^2+4x+5$

쌍둥이 기출문제 P. 139~140

1	①	**2**	⑤	**3**	1	**4**	②
5	⑤	**6**	$(4,\ -11)$	**7**	⑤	**8**	①
9	①	**10**	②	**11**	②	**12**	①

[1~4] 이차함수의 식 구하기 (1)
꼭짓점의 좌표 $(p,\ q)$와 그래프가 지나는 다른 한 점이 주어질 때
⇨ $y=a(x-p)^2+q$에 다른 한 점의 좌표를 대입하여 a의 값을 구한다.

1 꼭짓점의 좌표가 $(1,\ 3)$이므로 $y=a(x-1)^2+3$으로 놓자.
이 그래프가 점 $(2,\ 0)$을 지나므로
$0=a\times(2-1)^2+3 \quad \therefore a=-3$
$\therefore y=-3(x-1)^2+3=-3x^2+6x$
따라서 $a=-3$, $b=6$, $c=0$이므로
$a-b+c=-3-6+0=-9$

2 꼭짓점의 좌표가 $(3,\ -2)$이므로 $y=a(x-3)^2-2$로 놓자.
이 그래프가 점 $(4,\ 2)$를 지나므로
$2=a\times(4-3)^2-2 \quad \therefore a=4$
$\therefore y=4(x-3)^2-2=4x^2-24x+34$
$x=0$을 대입하면 $y=34$이므로 y축과 만나는 점의 좌표는 $(0,\ 34)$이다.

3 꼭짓점의 좌표가 $(-2,\ -1)$이므로 $y=a(x+2)^2-1$로 놓자.
이 그래프가 점 $(0,\ 1)$을 지나므로
$1=a\times(0+2)^2-1 \quad \therefore a=\frac{1}{2}$
따라서 $a=\frac{1}{2}$, $p=-2$, $q=-1$이므로
$apq=\frac{1}{2}\times(-2)\times(-1)=1$

4 꼭짓점의 좌표가 $(-3,\ 2)$이므로 $y=a(x+3)^2+2$로 놓자.
이 그래프가 점 $(0,\ -1)$을 지나므로
$-1=a\times(0+3)^2+2 \quad \therefore a=-\frac{1}{3}$
$\therefore y=-\frac{1}{3}(x+3)^2+2=-\frac{1}{3}x^2-2x-1$

[5~8] 이차함수의 그래프의 식 구하기 (2)
축의 방정식 $x=p$와 그래프가 지나는 두 점이 주어질 때
⇨ $y=a(x-p)^2+q$에 두 점의 좌표를 각각 대입하여 a와 q의 값을 구한다.

5 축의 방정식이 $x=-2$이므로 $y=a(x+2)^2+q$로 놓자.
이 그래프가 두 점 $(-1,\ 3)$, $(0,\ 9)$를 지나므로
$3=a\times(-1+2)^2+q \quad \therefore a+q=3$ … ㉠
$9=a\times(0+2)^2+q \quad \therefore 4a+q=9$ … ㉡
㉠, ㉡을 연립하여 풀면 $a=2$, $q=1$
$\therefore y=2(x+2)^2+1$

6 축의 방정식이 $x=4$이므로 $y=a(x-4)^2+q$로 놓자. … (i)
이 그래프가 두 점 $(0,\ 5)$, $(1,\ -2)$를 지나므로
$5=a\times(0-4)^2+q \quad \therefore 16a+q=5$ … ㉠
$-2=a\times(1-4)^2+q \quad \therefore 9a+q=-2$ … ㉡
㉠, ㉡을 연립하여 풀면 $a=1$, $q=-11$ … (ii)
$\therefore y=(x-4)^2-11$
따라서 구하는 꼭짓점의 좌표는 $(4,\ -11)$이다. … (iii)

채점 기준	비율
(i) 이차함수의 식 세우기	30 %
(ii) a, q의 값 구하기	50 %
(iii) 꼭짓점의 좌표 구하기	20 %

7 축의 방정식이 $x=1$이므로 $y=a(x-1)^2+q$로 놓자.
이 그래프가 점 (0, 2)를 지나므로
$2=a\times(0-1)^2+q \quad \therefore a+q=2 \quad \cdots$ ㉠
이 그래프가 점 (3, 5)를 지나므로
$5=a\times(3-1)^2+q \quad \therefore 4a+q=5 \quad \cdots$ ㉡
㉠, ㉡을 연립하여 풀면 $a=1$, $q=1$
$\therefore y=(x-1)^2+1$
이 그래프가 점 $(4, k)$를 지나므로
$k=(4-1)^2+1=10$

8 축의 방정식이 $x=-2$이므로 $y=a(x+2)^2+q$로 놓자.
이 그래프가 점 (0, 4)를 지나므로
$4=a\times(0+2)^2+q \quad \therefore 4a+q=4 \quad \cdots$ ㉠
이 그래프가 점 (−3, 7)을 지나므로
$7=a\times(-3+2)^2+q \quad \therefore a+q=7 \quad \cdots$ ㉡
㉠, ㉡을 연립하여 풀면 $a=-1$, $q=8$
$\therefore y=-(x+2)^2+8$
이 그래프가 점 $(2, k)$를 지나므로
$k=-(2+2)^2+8=-8$

[9~10] 이차함수의 식 구하기 (3)
그래프가 지나는 서로 다른 세 점이 주어질 때
⇨ ❶ $y=ax^2+bx+c$로 놓는다.
❷ 세 점의 좌표를 각각 대입하여 a, b, c의 값을 구한다.

9 $y=ax^2+bx+c$의 그래프가 점 (0, 5)를 지나므로 $c=5$
즉, $y=ax^2+bx+5$의 그래프가 두 점 (2, 3), (4, 5)를 지나므로
$3=4a+2b+5 \quad \therefore 2a+b=-1 \quad \cdots$ ㉠
$5=16a+4b+5 \quad \therefore 4a+b=0 \quad \cdots$ ㉡
㉠, ㉡을 연립하여 풀면 $a=\frac{1}{2}$, $b=-2$
$\therefore y=\frac{1}{2}x^2-2x+5$
따라서 $a=\frac{1}{2}$, $b=-2$, $c=5$이므로
$abc=\frac{1}{2}\times(-2)\times5=-5$

10 $y=ax^2+bx+c$로 놓으면 그래프가 점 (0, −3)을 지나므로 $c=-3$
즉, $y=ax^2+bx-3$의 그래프가 두 점 (−1, 0), (4, 5)를 지나므로
$0=a-b-3 \quad \therefore a-b=3 \quad \cdots$ ㉠
$5=16a+4b-3 \quad \therefore 4a+b=2 \quad \cdots$ ㉡
㉠, ㉡을 연립하여 풀면 $a=1$, $b=-2$
$\therefore y=x^2-2x-3$

[11~12] 이차함수의 식 구하기 (4)
x축과 만나는 두 점 $(\alpha, 0)$, $(\beta, 0)$과 그래프가 지나는 다른 한 점이 주어질 때
⇨ ❶ $y=a(x-\alpha)(x-\beta)$로 놓는다.
❷ 다른 한 점의 좌표를 대입하여 a의 값을 구한다.

11 x축과 두 점 (−2, 0), (4, 0)에서 만나므로
$y=a(x+2)(x-4)$로 놓자.
이 그래프가 점 (0, 8)을 지나므로
$8=a\times2\times(-4) \quad \therefore a=-1$
$\therefore y=-(x+2)(x-4)=-x^2+2x+8$
다른 풀이
$y=ax^2+bx+c$로 놓으면 그래프가 점 (0, 8)을 지나므로 $c=8$
즉, $y=ax^2+bx+8$의 그래프가 두 점 (−2, 0), (4, 0)을 지나므로
$0=4a-2b+8 \quad \therefore 2a-b=-4 \quad \cdots$ ㉠
$0=16a+4b+8 \quad \therefore 4a+b=-2 \quad \cdots$ ㉡
㉠, ㉡을 연립하여 풀면 $a=-1$, $b=2$
$\therefore y=-x^2+2x+8$

12 x축과 두 점 (−5, 0), (−1, 0)에서 만나므로
$y=a(x+5)(x+1)$로 놓자.
이 그래프가 점 (−4, 3)을 지나므로
$3=a\times1\times(-3) \quad \therefore a=-1$
$\therefore y=-(x+5)(x+1)=-x^2-6x-5$

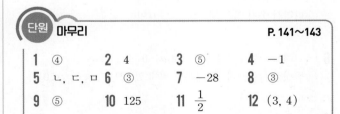

단원 마무리 P. 141~143

1	④	2	4	3	⑤	4	−1
5	ㄴ, ㄷ, ㅁ	6	③	7	−28	8	③
9	⑤	10	125	11	$\frac{1}{2}$	12	(3, 4)

1 ① $y=2+2x$ ⇨ 일차함수
② $y=\frac{5}{x}$ ⇨ 이차함수가 아니다.
③ $y=x(x+1)-x(x-2)=3x$ ⇨ 일차함수
⑤ $y=-x(x^2-1)=-x^3+x$ ⇨ 이차함수가 아니다.
따라서 y가 x에 대한 이차함수인 것은 ④이다.

2 $y=ax^2$의 그래프가 점 $(-2,\ 2)$를 지나므로

$2=a\times(-2)^2 \qquad \therefore a=\frac{1}{2}$ $\cdots$ (i)

즉, $y=\frac{1}{2}x^2$의 그래프가 점 $(4,\ b)$를 지나므로

$b=\frac{1}{2}\times 4^2=8$ $\cdots$ (ii)

$\therefore ab=\frac{1}{2}\times 8=4$ $\cdots$ (iii)

채점 기준	비율
(i) a의 값 구하기	40 %
(ii) b의 값 구하기	40 %
(iii) ab의 값 구하기	20 %

3 $y=ax^2$의 그래프가 $y=-\frac{1}{4}x^2$의 그래프보다 폭이 좁고 $y=4x^2$의 그래프보다 폭이 넓으므로

$\left|-\frac{1}{4}\right|<|a|<|4| \qquad \therefore \frac{1}{4}<|a|<4$

이때 $a>0$이므로 $\frac{1}{4}<a<4$

4 평행이동한 그래프를 나타내는 이차함수의 식은

$y=-\frac{1}{2}(x-m)^2+n$

이 식이 $y=-\frac{1}{2}(x+5)^2+4$와 같아야 하므로

$m=-5,\ n=4$

$\therefore m+n=-5+4=-1$

5 ㄴ. 꼭짓점의 좌표는 $(2,\ 4)$이다.

ㄷ. $x=1,\ y=6$을 대입하면 $6\neq-2\times(1-2)^2+4$이므로 점 $(1,\ 6)$을 지나지 않는다.

$y=-2(x-2)^2+4$에 $x=1$을 대입하면

$y=-2\times(1-2)^2+4=2$이므로 점 $(1,\ 2)$를 지난다.

ㅁ. 그래프의 폭은 x^2의 계수의 절댓값이 클수록 좁아지므로 $y=-2(x-2)^2+4$의 그래프는 $y=x^2$의 그래프보다 폭이 좁다.

따라서 옳지 않은 것은 ㄴ, ㄷ, ㅁ이다.

6 그래프가 아래로 볼록하므로 $a>0$

꼭짓점 $(p,\ q)$가 제3사분면 위에 있으므로 $p<0,\ q<0$

7 $y=x^2+8x-4$

$=(x^2+8x+16-16)-4$

$=(x+4)^2-20$

즉, 축의 방정식은 $x=-4$이고, 꼭짓점의 좌표는 $(-4,\ -20)$이다.

따라서 $a=-4,\ p=-4,\ q=-20$이므로

$a+p+q=-4+(-4)+(-20)=-28$

8 $y=3x^2+3x$

$=3\left(x^2+x+\frac{1}{4}-\frac{1}{4}\right)$

$=3\left(x+\frac{1}{2}\right)^2-\frac{3}{4}$

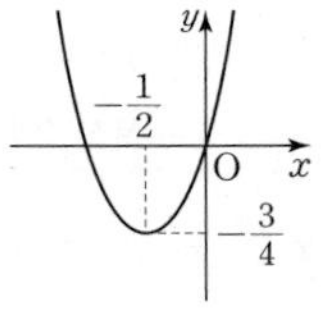

따라서 그래프는 오른쪽 그림과 같으므로 제1, 2, 3사분면을 지난다.

9 $y=\frac{1}{3}x^2-4x-2$

$=\frac{1}{3}(x^2-12x+36-36)-2$

$=\frac{1}{3}(x-6)^2-14$

⑤ $y=\frac{1}{3}x^2$의 그래프를 x축의 방향으로 6만큼, y축의 방향으로 -14만큼 평행이동하면 완전히 포개어진다.

10 $x^2+8x-9=0$에서 $(x+9)(x-1)=0$

$\therefore x=-9$ 또는 $x=1$

$\therefore$ A$(-9,\ 0)$, B$(1,\ 0)$

$y=x^2+8x-9$

$=(x^2+8x+16-16)-9$

$=(x+4)^2-25$

$\therefore$ C$(-4,\ -25)$

따라서 △ACB는 밑변의 길이가 10이고, 높이가 25이므로

△ACB$=\frac{1}{2}\times 10\times 25=125$

11 꼭짓점의 좌표가 $(2,\ -2)$이므로 $y=a(x-2)^2-2$로 놓자.

이 그래프가 원점 $(0,\ 0)$을 지나므로

$0=a\times(0-2)^2-2 \qquad \therefore a=\frac{1}{2}$

따라서 $a=\frac{1}{2},\ p=2,\ q=-2$이므로

$a+p+q=\frac{1}{2}+2+(-2)=\frac{1}{2}$

12 $y=ax^2+bx+c$로 놓으면 그래프가 점 $(0,\ -5)$를 지나므로

$c=-5$ $\cdots$ (i)

즉, $y=ax^2+bx-5$의 그래프가 두 점 $(2,\ 3)$, $(5,\ 0)$을 지나므로

$3=4a+2b-5 \qquad \therefore 2a+b=4$ $\cdots$ ㉠

$0=25a+5b-5 \qquad \therefore 5a+b=1$ $\cdots$ ㉡

㉠, ㉡을 연립하여 풀면 $a=-1,\ b=6$ $\cdots$ (ii)

$\therefore y=-x^2+6x-5$

$=-(x^2-6x+9-9)-5$

$=-(x-3)^2+4$

따라서 구하는 꼭짓점의 좌표는 $(3,\ 4)$이다. $\cdots$ (iii)

채점 기준	비율
(i) 이차함수의 식의 상수항 구하기	20 %
(ii) 이차함수의 식의 x^2의 계수와 x의 계수 구하기	50 %
(iii) 꼭짓점의 좌표 구하기	30 %

visang
ONLY META
다른 곳엔 없는
메타인지 학습 과
성취 기반 AI메타보드·AI채움퀘스트
교재 강의 로
업계 유일한 비상교재, 쎈 강좌 보유
시험이 쉬워지는
비상교육 온리원 중등
0원 무제한 학습!
지금 신청하기
★★★ 10명 중 8명 내신 최상위권
★★★ 특목고 합격생 167% 달성
★★★ 1년 만에 2배 장학생 증가
※ 2023년 2학기 기말 기준, 전체 성적 장학생 중 모범, 으뜸, 우수상 수상자(평균 93점 이상) 비율 81.2% /
특목고 합격생 수 2022학년도 대비 2024학년도 167.4% / 21년 1학기 중간 ~ 22년 1학기 중간 누적 장학생 수(3,499명) 대비
21년 1학기 중간 ~ 23년 1학기 중간 누적 장학생 수(6,888명) 비율
문의 1588-6563 | www.only1.co.kr

개념·플러스·유형·시리즈 개념과 유형이 하나로! 가장 효과적인 수학 공부 방법을 제시합니다.

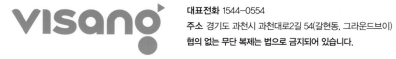

visang
대표전화 1544-0554
주소 경기도 과천시 과천대로2길 54(갈현동, 그라운드브이)